# 咖啡咖啡

第二版

齐鸣／著

江苏凤凰科学技术出版社・南京

咖啡、茗茶与可可，这世界三大饮品中，居于首席的咖啡一直以或华丽，或浪漫，或热烈，或温婉的方式融入我们的生活。她，是当之无愧的地球女儿。狂野的非洲孕育了她的灵性，神秘的伊斯兰世界是她的浓醇之源，浪漫的欧罗巴给了她精致与信仰，南美的丰饶为她注入了如火热情，而亚细亚则填充着她的细节之美。她，是全世界为之倾倒的浓情女神，苦涩的滋味开启了追寻甜蜜路途上的诱惑之门，溅洒的浓液滋润了苦难中紧闭的嘴唇，四溢的浓香迷醉了无数鲜活的灵魂。她，不仅是过往千余年间人类历史的见证者，更亲历了无数的高光时刻与黑暗瞬间，宗教、经济、政治、科技、军事、文艺、商业……都留下了咖啡的印记，抹不去，擦不掉。有此殊荣者，舍咖啡其谁？

我于2006年从北京外国语大学辞职后开始咖啡创业，当初咖啡于我，也同旁人眼里一般，是一种附加了场景增值体验的舶来文化，是浪漫午后、落地窗前、花间树下的一杯情怀。接下来的5年多时间里，一个莽撞的年轻人带着创业者的态度和改变世界的志向，跨进了咖啡馆这趟“浑水”，从此便沉迷，虽屡受打击，经常被虐，偶尔也得瑟，更不愿自拔，欢笑与泪痕并存。2011年前后，通过有限渠道分享的只言片语，“精品咖啡”进入我的视野，科学技术、商业模式、审美情趣、个性表达与品质追求等恰恰都符合时代大势，对此难免心潮澎湃：顾客们对现有咖啡馆形态陷入了审美疲劳，而店主们也都在“同质化竞争”泥沼中焦虑徘徊，“秀外慧中”的精品咖啡给了人们消费咖啡的全新理由，新的咖啡时代势必到来，如若乘势而为，咖啡事业可期，蚍蜉或可撼树。

如上便是2012年出版《咖啡 咖啡》的动机，没承想竟有幸记录了那个咖啡变革大幕开启的时代。《咖啡 咖啡》上市后很快成为咖啡领域畅销书，转而创办铂澜咖啡学院的我也沉溺于精品咖啡科学技术的学习实践中，如饥似渴，甘之若饴。越是学习，越发意识到自己过往的短视与不足，无数次冷汗淋漓。从咖啡馆一线经营中抽身而出后，一幅"从种子到杯子"的全球咖啡产业链图豁然呈现在眼前，处处是学问，每每藏玄机。一杯咖啡，是从育种环节起步，全球业者层层接力、环环相扣的最终产物，是从农业到工业再到商业，不断增值积累的结晶，杯中每一丝、每一缕风味都是可追溯的。咖啡馆只是消费咖啡的一种场景而已，而咖啡本身则是无所不在，场景无限。

时光荏苒，转眼到了2018年，自觉心湖泛起波澜，这才郑重应了出版社，开始本书的写作。

第一，我心目中的咖啡是一套庞大缜密的应用科学体系（Applied Science），研究的方向性和目的性非常明确——提供一杯品质臻于完美的好咖啡，不限场景，植入到人们日常生活工作中。知易行难，咖啡产业链如此冗长，全球上亿从业者分散于几大洲不同国家和地区，语言文化、地理条件、科技水平和经济收入都不相同，让大家精诚合作、共同进步谈何容易？立足于实践、建立一套对咖啡科学可检验的有序知识框架是唯一出路。因此，我旗帜鲜明地抵触那些反科学的咖啡言论，个别业者逢人便讲"做中国人自己的咖啡"，乍听起来情怀满满、自豪感爆棚，实则仍是缺乏自信，总想绕开刻苦学习的过程，自创一套"话术"来快速牟利，听者务必谨慎。全球最大精品咖啡组织——SCA的咖啡教育体系（Coffee Skills Program）便是一套关于精品咖啡科学的有序知识集合，更在实践中不断迭代更新，这套体系顺着"从种子到杯子"的咖啡产业价值链脉络，将精品咖啡分为基础知识、生豆、烘焙、研磨萃取、意式咖啡和感官技巧6个模块，这既是我们铂澜咖啡学院日常教学授课的基础框架，亦是本书的基本骨架。

第二，我理解的咖啡是积极入世的，是接地气的。文化内涵与商业价值是咖啡的双翼，失去翅膀的咖啡好似鸟儿无法翱翔蓝天，哪里还有魅力，更遑论吸引门外旁观者走进来。本书相当篇幅在讲解咖啡的历史文化、人文内涵和商业实践，用意便在于此。与在学院里授课时间紧凑、受课件大纲约束不同，我很庆幸能凭借写作"肆意而为"，以咖啡历史开篇娓娓道来。历史观给了我不同的思路与视角去理解今日之咖啡消费市场、科学技术与人文主义。只有知悉咖啡的过往，才能体会其中蕴含的气质与精神，不至于闭门造车，对于咖啡的爱才能日夜滋长。也只有知悉咖啡的过往，才能忘掉过去种种，积极审视今天，大胆开拓明天，咖啡事业才能一帆风顺，不至于按图索骥，谬以千里，亦不至于被外力蒙蔽裹挟。

第三，中国的咖啡力量值得关注。经过全球业者和消费者的不断积累，第三波咖啡浪潮气候已成，涵盖数十个行业领域、直接影响了全世界数千万人生计的精品咖啡产业链正快速迭代进化，中国终于不再只是看客，而开始扮演着越来越重要的角色。君不见，从产地咖啡庄园到都市网红门店，从兴建烘焙工厂到创办咖啡学院，从线上电商风起到全国咖啡展会，神州大地咖啡市场好一派锐意进取、热火朝天之景象。更有甚者，几乎全球咖啡企业都主动来中国“打卡”，都以在中国拓展市场业务为荣。去年以来我听到一种观点，认为中国会成为 21 世纪最重要的咖啡大国，这不仅是因为中国兼有成为咖啡生产大国和消费强国的潜力，更为关键的是，并无深厚咖啡消费积淀的中国既然少了些历史包袱，就势必更加洒脱无拘束，这个庞大的新兴市场增速如此惊人，完全可以引领咖啡消费的未来走向。作为一名中国咖啡业者，自当为此尽一份责任。

第四，《咖啡 咖啡》第一版伊始，我便畅想“第三波咖啡浪潮”后的理想图景，并称之为“新咖啡主义”，中国正将崛起成为举世瞩目的咖啡大国是我的底气所在。此时此间，天时（5G、人工智能、物联网等重要技术）、地利（政策利好与资本助推）与人和（有着咖啡消费需求的顾客群体）都日益成熟，中国正在咖啡全产业价值链上快速升级，咖啡开始成为有利可图的“大生意”。已经旁观许久的大品牌与大资本相继入局，几乎每天都会听到某某品牌进军咖啡产业的“重磅资讯”。有别于第三波咖啡浪潮下强调美学与个性特色的手工匠人，“新咖啡主义”将是一个崭新的大众咖啡消费时代：融入日常，品质卓越，形式各异，触手可及。针对各种细分消费市场的咖啡精品将无处不在，而如何能够做到这些呢？各式即饮咖啡和自动咖啡冲泡设备取代咖啡师的同时，大量咖啡品控专业人士和技术专家隐于产业链中、奋战于幕后才是关键所在。盛世降临，心潮起伏，一本顺势而作的综合性咖啡学习指南恰逢其时，风云际会中激发全面咖啡兴趣、掀起咖啡学习热潮，这亦是本书的定位。

第五，作为茶文化资深发烧友的我选择了咖啡为终身事业，并时常将二者对比体味，其中的乐趣难以言述。比如说，在创建了“和、敬、清、寂”茶道思想的日本千利休大师看来，茶道的最高境界并不是臻至极致的技艺，而是完整感悟并表达自己的内心，喝茶只是一个载体罢了。但是这个载体不重要吗？非也。喝茶时就应该认认真真、心无旁骛地侍弄茶，身心沉浸其中去体验，正所谓匠人之心也。今天精品咖啡风潮下，工匠精神越来越被人看重，热衷于探究咖啡细节的年轻人比比皆是，这些都是好事。与此同时，茶道的“一期一会”理念其实又与咖啡精神契合，平等博爱、珍视缘分，最终目的不囿于杯中之物，那是更高一个层次的境界了，借景生情，借物铭志，借其悟道罢了。本书撰写之时，正值茶饮行业崛起之时，难免有人将咖啡与之做比。我认为这是一个难得的契机，吹响了咖啡消费市场学习矫正、融合构建之号角。理由千万条，均在此书中。

杂念丛生，难免惶恐。基督教说凡事都有定期，天下万物都有定时。佛家也说诸法因缘生，当您捧起这本书时，便是我们因咖啡结下的累世善缘，我得以汇报些许在咖啡行业里学习实践的体悟，此时此刻，我之幸事。

2019 年 5 月

CONTENTS

# 目录

## Chapter 1
## 弹指千年，世界咖啡情史



## Chapter 2
## 百年风云，中国咖啡故事



## Chapter 3
## 相爱相伤，咖啡与茶

## Chapter 4
### 醇香世界，全球咖啡地图



## Chapter 5
### 循序渐进，从种子到生豆

## Chapter 6
### 创造风味，关于咖啡烘焙



## Chapter 7
### 临门一脚，研磨与萃取



## Chapter 8
### 工匠精神，滤泡式咖啡

## Chapter 9
### 科学范儿，意式咖啡话题



## Chapter 10
### 好坏优劣，咖啡感官评估

# Chapter 1

# 弹指千年，世界咖啡情史

当我们追溯过往，从历史尘封中找寻咖啡的醇香；当我们低头轻呷，透过如丝如缕的醉人香氲去凝视杯中的一抹深邃，思绪都忍不住飘回到那个金戈铁马的峥嵘岁月。关于咖啡的盛世荣光，还得从咖啡出世说起。

摄影：黄海强

# 01 咖啡出世

“温暖的阳光下，穿着宽松的睡袍，坐上舒适的靠椅，喝着新煮的咖啡，何等舒适自在，还有自由的绿色鹦鹉与花纹绚丽的地毯，打消了古老圣餐的静寂。”

——美国诗人华莱士·史蒂文斯

▲埃塞俄比亚咖啡产区的山村屋舍，咖啡树点缀于房前屋后

## 咖啡精神的第一粒种子：把世界当故乡

公元前330年，亚历山大凭借“马其顿方阵”和“把世界当故乡”的豪情第一次实现了东西方世界大融合。那时咖啡还远未出世，但咖啡精神已埋下了第一粒种子。在我的心目中，如果说一杯香茗代表着低头思念的故乡，那么一杯咖啡就代表着举头远眺时充满希望的远方。

## 咖啡：追求清醒的力量

200年后，恺撒和继承者屋大维将罗马从共和国时代带进了帝国时代。历经铁血和鲜花，文治与征伐，2世纪末的庞大帝国疆域将地中海都揽入怀里，实现了“条条大路通罗马”。比咖啡历史更加悠久的葡萄酒文明当年便是随着罗马铁骑传播到欧洲大陆各处。当他们津津乐道于种葡萄酿美酒时，恐怕不会想到千年以后，是“异教徒”

▲希腊神话中的酒神狄俄尼索斯是奥林匹斯的十二位主神之一。不同于追求理性和成功的咖啡精神，酒神崇拜代表人性的另外一面——狂热与无常

的咖啡将他们从酒精沉醉中解脱出来，赋予了清醒头脑、敏锐思维和无穷力量，以及大革命的熊熊烈焰。

此外讲一个毫无根据的咖啡起源故事：公元前 48 年，恺撒为了追击政敌庞培来到埃及，美艳与聪慧并存的克丽奥佩特拉（后世称为“埃及艳后”）赢得了恺撒的心。恺撒不仅帮助她将托勒密十三世赶出了首都亚历山大城，溺死于尼罗河三角洲，并将咖啡带回了欧洲。

## 咖啡气质之源：平等博爱

1 世纪，人类最伟大的事件无疑是迦南地耶路撒冷地区诞生了基督教。这个犹太人亡国落难中渴望“救世主”的产物，在经历 200 多年洗礼后迎来了罗马皇帝君士坦丁颁布米兰诏书，承认基督教的合法自由，自己临死前还甘愿脱去黄袍、穿上白色长衣接受洗礼——从此以后，原本广受排斥、底层色彩浓郁的基督教变成了罗马乃至欧洲的主导宗教。

今天在中国，有些人会将咖啡与星巴克以及美国文化划等号，还有一些人潜意识中会将咖啡与欧洲、基督教等做关联。事实上，只有极少数欧洲人提出过咖啡的“基督教起源说”“欧洲起源说”，并受到历史学家驳斥，但显而易见，基督教追求平等博爱的理念不仅成为当今的普世价值观，后来也融入咖啡与咖啡馆中，成为咖啡气质之源。

330 年，气数将尽的庞大罗马帝国分成东、西两半，定都于君士坦丁堡的拜占庭帝国拥有着“罗马的肉体、希腊的思想、神秘

▲想象力丰富者甚至认为，荷马史诗《奥德赛》中美女海伦用来忘却忧伤的饮料就是咖啡。油画《海伦与巴黎的爱情》，雅克·路易斯·大卫 1788 年作品，现藏于巴黎卢浮宫

主义的灵魂”（英国拜伦勋爵语），虽又勉力延续了千年，但核心利益在东方的它被冠以罗马的“冒名顶替者”，只留下一段纷乱不断、腐化堕落的“黑暗中世纪”。事实上，拜占庭对于新生且混沌的欧洲长达千年的守护不该饱受鄙夷，教权与皇权之间这种无休止争斗倒也换来一桩意外的好处：避免了欧洲出现政教合一的大一统局面——再强

大的皇权和再强悍的骑士也没有勇气与教会决裂，这也给接下来代表着“平等、民主”的咖啡精神之花绽放奠定了基础。

## 咖啡的故乡——埃塞俄比亚

科学家认为，最重要的咖啡树种——阿拉比卡种咖啡树诞生于苏丹南部，而发展壮大、开枝散叶则在与之毗邻的埃塞俄比亚，这里也因此被公认为是咖啡的故乡。在今天的全球咖啡圈，埃塞俄比亚情结挥之不去，去埃塞俄比亚咖啡产地考察可能是咖啡从业者一生最奇妙的旅行之一。

333 年，罗马帝国君士坦丁发布米兰敕令不过 20 年，盘踞于埃塞俄比亚的阿克苏姆（Aksum）还只是一个奴隶制大国，也是当时非洲文化的中心。这一年，阿克苏姆国王皈依了基督教，之后的一个多世纪，基督教在埃塞俄比亚曾盛极一时，壮丽的教堂和修道院比比皆是。少数人士提及咖啡的“基督教起源说”便以此为证据。可惜的是，直至今天也没能找到任何“咖啡基督教起源说”的证据，咖啡的荣光属于伊斯兰或许是上天注定的。

6 世纪的阿拉伯半岛正处于社会激烈动荡时期，一盘散沙的现状使其沦为四周强邻竞相争夺蚕食的肥肉，统一成为大势所趋，缺的就是能够振臂一呼的英雄了。570 年出生于沙特阿拉伯麦加城的穆罕默德在 40 岁时开始顺势而为，传播复兴伊斯兰教。等到 632 年他逝世时，一个以伊斯兰教为共同信仰、政教合一的统一阿拉伯国家已然雄踞阿拉伯半岛。之后统一的阿拉伯在“圣战”旗帜下不断对外扩张，从四大哈里发时期，到阿拉伯倭马亚王朝、阿拔斯王朝和阿尤布王朝，即史书上提到的白衣大食、黑衣大食和绿衣大食，很快形成了一个地跨亚、非、欧三大洲的庞大阿拉伯帝国，非洲东北部的埃塞俄比亚高原地区也被笼罩在阿拉伯帝国的势力范围中，过去

▲埃塞俄比亚咖啡馆里的“牧羊人故事”海报

几个世纪的基督教印记被洗褪，咖啡开始与伊斯兰联姻。

这时，各种版本的咖啡起源故事中知名度最高的“牧羊人传说”闪亮登场了，故事的发生地在埃塞俄比亚。更为有趣的是，同一时期的世界东方正好也由分裂走向统一——强大的隋唐帝国依次建立，不甘咖啡专美的茶文化逐渐在东方兴盛起来。

## 牧羊人的传说

牧羊人的传说大约发生在距今 1500 年前的埃塞俄比亚高原，今天也是当地普遍认可的故事，埃塞俄比亚首都咖啡馆里也张贴着关于这个故事的海报。据说，位于埃塞俄比亚西南部、东非大裂谷西侧的咖法森林（Kaffa）有一个叫卡尔迪（Kaldi）的牧羊少年，他发现羊群中总有些或焦躁不安，或兴奋异常的“捣乱分子”，甚至会抬着前腿站立起来与人一起翩翩起舞。卡尔迪通过观察很快发现，那些过于兴奋的羊是食用了一种绿色灌木的红色浆果。当他以“第一个吃螃蟹”的大无畏精神尝了些红色果实后，果然发现自己的精神极度旺健起来。于是，这种具有让人兴奋提神功效的红色果实被越来越多人认识，并很快在诸多部落间风靡起来，它就是野生的咖啡果。

虽然早在 18 世纪初的学术专著——《咖啡树的历史》已对如上故事的真实性提出了质疑，也有些人认为“牧羊人的传说”不过是 17 世纪中后期一位欧洲学者用拉丁文撰写的荒诞故事，并因后续一些其他作品未经考证而拿来引用将其坐实。以我本人在埃塞俄比亚考察期间观察的结果来看，无处不在、大大咧咧的羊们似乎对路边的咖啡鲜果视而不见，便是我亲自采摘并为其奉呈面前，它们也不屑一顾。只有一只灰褐色的小羊或许是少不更事、好奇心强，抑或是实在不忍拂我面子，勉强啃咬了一颗略微风干、甜度更高的咖啡果实，结果眼神怨恨，转身而去。这也为千年公案更增了三分悬疑色彩。

好吧，人们还是愿意相信曾有那么一群兴奋得会跳舞的羊，全世界有很多叫做“牧羊人”“跳舞的羊”“卡尔迪”“咖法”等名字的咖啡店，都与这个故事息息相关。由于埃塞俄比亚是公认的咖啡故乡，而各国语言中咖啡一词的最早版本多半源自这个叫作 Kaffa 的咖啡产地，所以很多治学严谨的咖啡学者也对“牧羊人的传说”报以宽容一笑。此外，牧羊人在西方政治思想和文学中还另有一些不可名状的寓意，比如希望、坚韧、勇气和梦想等。巴西作家保罗・科埃略的作品《牧羊少年奇幻之旅》中，热爱探险的西班牙牧羊少年圣地亚哥（Santiago）的梦想就是到达埃及的金字塔，找寻梦中的宝藏。

更加接近历史真相的是，至少 6 世纪前，已经活跃于埃塞俄比亚等地的奥罗莫人（Oromo）便已知道咀嚼咖啡果实和叶子以提神，他们甚至将捣碎的咖啡果实混合动物油脂制成便于保存和携带的丸药，战场厮杀时用这种丸药来提振精神，颇有奇效。在那个残酷的年代，咖啡的这类功效无疑拥有巨大价值，咖啡的出世与此密切相关。

▲埃塞俄比亚奥罗米亚州古吉地区奥罗莫人的房舍

# 02

# 信史之始：宠儿与灵药

“啊！咖啡！咖啡能消除伟人的烦恼，咖啡能将迷途者导回正途。咖啡是真主子民之饮，咖啡是渴望智慧者的甘露……当别人向你呈上精美咖啡时，忧愁瞬间消失殆尽。咖啡能融入你的情绪，使你保持活力，如果你还有任何怀疑，请看那些喝着咖啡的美人儿。咖啡是真主所赐，咖啡是健康之饮，无论是谁，只要见识过精致的咖啡杯，就再也看不上酒杯。咖啡是承载无上荣耀的佳酿，颜色象征着纯洁，理性证明着真实，喝咖啡吧，充满自信！”

——阿拉伯诗歌《咖啡颂》

## 药品与特种食品

我们有理由相信，6~9 世纪这数百年间，咖啡不仅已经出现在非洲东部埃塞俄比亚、肯尼亚、苏丹、索马里等地部落中，其靓丽的身影还随着阿拉伯帝国的扩张被带到了阿拉伯半岛广大地区。不过那时的咖啡主要是被当作药品、特种食品或干脆用来酿酒，如今天这般的咖啡饮用文化尚未出现。几乎同时代，陆羽的《茶经》已横空出世（7 世纪后期），在世界东方强大的唐帝国里，不忍咖啡寂寞的茶文化也靓丽起来。

当时人们认为咖啡的功效不仅有助消化、强心、利尿、治疗月经不调等，还可以提神醒脑、集中精力，对于长途旅行者意义重大，对于战场上的士兵更是意义非

▲崇尚自由的阿拉伯贝都因人热爱咖啡，且研磨、冲煮和饮用都一丝不苟

凡。至于用成熟的咖啡果实榨汁酿出来的咖啡酒，更是一款活力无限的佳酿吧。如今，这种咖啡酿酒的风俗在巴西、哥伦比亚等咖啡产地还有继承和发扬。我已品尝过云南酿造的咖啡果酒，只是目前出酒率太低，暂无巨大商业价值。相较于咖啡果实酿的酒，我还在埃塞俄比亚当地喝过咖啡花蜜酿酒，其风味堪称惊艳，令人印象深刻。

还有不少人认为，曾在也门等地与埃塞俄比亚人作战的波斯人早于阿拉伯人先接触到咖啡，也早于阿拉伯人先将咖啡带到了波斯帝国，这就要另当别论了。

## 咖啡的首次文献记载

进入 10 世纪，咖啡在低调传播数百年后迎来了信史时代。定居于伊拉克的著名医生拉杰斯（Rhazes）是历史上第一位将咖啡记载在文献上的人，他的医学百科全书中将咖啡豆叫作 Bunchum。在原产地非洲被称作“Bun”的咖啡阿拉伯语化之后被称作 Bunn，今天很多咖啡企业及咖啡产品命名中常包含有单词“Bunn”便是这个原因。书中不仅提到了咖啡的药理效用、食用方法，还指出咖啡的故乡是埃塞俄比亚，咖啡的种子也生长于刚果、安哥拉、喀麦隆、利比亚以及象牙海岸（科特迪瓦）等地。

## Qishr 与 Qahwa

进入 13 世纪，人们开始尝试将咖啡果在阳光下晾晒，通过降低含水量来获得更长久的保存条件。这些方法直到今天依然被广泛使用。

14 世纪中后期，一种叫做 Qishr（咖

▲阿拉伯贝都因人的传统咖啡待客礼仪

许）的咖啡饮料开始在阿拉伯世界出现：人们采摘成熟的咖啡果实，日晒干燥后，抛弃内里的咖啡豆（仅留取果肉），并用陶瓷器皿适当焙烤后捣碎研末，再用水来熬煮（或热水冲泡），最后将冲煮后的黄色液体趁热饮用。这种风味不错、口感微甜的饮品中含有少许咖啡因，兼有提神醒脑之功效，因此广受欢迎。终于，咖啡彻底由食物和药品变成了畅销饮品。直至今日，也门等地依旧保留有类似的咖啡饮用方法，名字叫作 Kisher，不过冲煮时可能还会添加咖啡粉及香料以增风味。

非常有趣的是，咖啡果皮茶数年前开始风靡国内，现如今我们可以通过电商渠道购买到精品咖啡果皮茶。姑且不论咖啡果皮茶未来是否大有可为，如果原本价值低微的咖啡果皮都能变成售价不菲的商品，那么对于咖农来说，将是值得尝试的巨大利好。此外，提高咖啡果皮茶本身甜度的主要方法便是控制采收和手选环节——严格挑选成熟度高的红果，显然这也将有助于提高咖啡的品质。

伊拉克巴格达曾发现有目前存世最早的咖啡烘焙专用器具，大约是 15 世纪的产物，金属制成，形如一个巨大的汤匙，用金属支架撑起，好似游乐场里的跷跷板一般，需有人一手持匙柄掌握平衡，再在匙斗中放置咖啡果肉或咖啡豆，匙斗下面生火灼烧，此人另一手持长杆不断翻动匙斗中的咖啡，以保证焙制均匀。

进入 16 世纪，据说是土耳其人发现了咖啡果实中果核——咖啡豆的迷人风味与巨大价值，咖啡的饮用方法进一步升级完善，其风味愈加香醇浓厚：

第一步，适当晾晒咖啡果以便保存。

第二步，将咖啡干果放置在密闭铁器中。

第三步，将铁器拿到火上烘烤（有时是将咖啡果肉与咖啡豆分别烘烤）。

第四步，将烘烤后的咖啡果取出并研磨。

第五步，根据饮用的人数将粉末分成若干份，并投入各人杯子中（贵族饮用时还会奢侈地添加一些糖）。

第六步，将刚刚沸腾的热水注入杯中，各人持杯趁热饮用。

这类咖啡饮品统称为 Qahwa，音译称作“咖瓦”，便是今天咖啡的前身。其风味更加突出，口感更加浓烈，咖啡因含量也更高，因此提神醒脑之功效更强。Qahwa 除了如上的“标配版”外，添加番红花、肉桂、豆蔻、丁香等各种香料调味的“升级版”也很常见，在此不做赘述。使我倍感兴趣的是，当时的土耳其已经有非常小巧精致的咖啡烘焙设备，依旧形如汤匙，一人从容操作，每次也就焙制数十克，堪称最早的手持式烘焙设备。

## 咖啡是伊斯兰教的宠儿

正是由于伊斯兰教圣经《古兰经》中严禁喝酒（经文中三次颁布禁酒令，将其视为“恶魔的行为”，并与赌博并列为两项大罪），使得阿拉伯人被迫去寻找酒的替代品，转而去大量消费咖啡，后来一直发展到“人们打着喝咖啡的幌子，几乎把所有时间都用来聊天、下棋、跳舞、唱歌，想尽一切办法来消遣”（一位阿拉伯学者语）。

宗教无疑是促使咖啡在阿拉伯世界广泛流行，并最终演变为世界性潮流的重要因素。除了无法考证的“牧羊人传说”，主张苦行禁欲、虔诚礼拜的伊斯兰苏菲派（Sufi）也被认为是咖啡的真正发明者和重要推广者。与早期正统伊斯兰教派将音乐、舞蹈与酗酒、赌博相提并论不同，苏菲派则有一系列包含吟诵、音乐和舞蹈等元素的宗教仪式，通过内心体验去实现“超验”。苏菲派认为神从来都是可以接近且对话的，是普通教徒也可以随时请教的安抚者，而不是高高在上、永不可及。咖啡如同那些宗教艺术形式一般，被赋予了灵性，成为人与主沟通的桥梁。

那么，为什么咖啡会成为宗教的幸运儿呢？如果我们对比佛教在我国的兴盛史便不难看出些端倪。作为与咖啡齐名的兴奋提神饮品，茗茶伴随着佛教的兴起传播开去，佛教徒是其最初的“铁杆粉丝”，也是最忠诚的“口碑传播者”——喝茶使人能够在宗教活动进行中保持清醒的头脑，提高效率并不至于亵渎神明。我曾看过一个野史故事：当年达摩祖师面壁 9 年而悟道开创禅宗，为了改变僧侣们精神萎靡不振的状态，不仅发明了强筋健体的少林武术，让大家每日习练，更鼓励僧侣们种茶、制茶、喝茶。我认为，饮茶兴起，乃至今天“禅茶一道”的提法与之关系密切。咖啡之所以能够在伊斯兰世界广受欢迎，其兴奋提神功效同样要记首功一件——只有喝着咖啡才能保证信徒们在进行冗长的宗教仪式时具有最佳状态，并有神奇力量涌入体内的感觉。伊斯兰教经典中描述了很多先知穆罕默德的“神迹”，都是在他喝过咖啡后发生的，这就不难理解了。

不难看出，15 世纪中叶以前的咖啡主要只是伊斯兰僧侣和医生的特殊饮品。前者在虔诚信仰中接触咖啡，将其当作宗教仪式中的兴奋剂；后者将其用来治疗消化不良等各种疾病。

# 03

# 走下神坛，眺望欧罗巴

“终于来了，那小小的瓷器里，盛着摩卡的浆果，带着阿拉伯的风情，小杯镶嵌金丝细边，免得烫伤手指，咖啡伴着丁香、肉桂与番红花，宠坏了土耳其人。”

——英国诗人拜伦

## 走下神坛的咖啡

与历史上的其他圣物、秘典一样，咖啡的来历和工艺被宗教人士长期保密，其底细不为世人所知。直到 1454 年，一位著名的伊斯兰宗教人士出于感恩，将咖啡这种带有宗教神秘色彩的饮品公之于众，咖啡逐渐转变为伊斯兰教地区大街小巷随处可见的大众流行饮品。另一种野史说法：1405~1433 年，明朝派出的郑和舰队下西洋，其间数次到达饮用咖啡的阿拉伯世界（郑和舰队曾驶入也门亚丁港，到达埃塞俄比亚、肯尼亚沿岸等地）。对咖啡视若珍宝的伊斯兰信徒们发现中国人饮茶如喝水，毫无神秘感，而茗茶同样具备兴奋提神效果，丝毫不逊于咖啡，这也促使咖啡很快走下了神坛，最终进入世俗生活。此外，中国人喝茶的瓷杯造型对于后世咖啡杯的基本样式，有一定关系。

数十年后，据说两位叙利亚人在麦加开设了阿拉伯地区最早的咖啡馆。可以脑补的场景是，在这家咖啡馆里，抽水烟、下棋、喝茶、喝咖啡以及闲聊天的男人们三三两两，充满果香的烟料化为烟雾从铜质烟壶中袅袅升起，与水烟壶中的咕噜声以及咖啡的啜饮声相映成趣，墙壁上装饰性宗教绘画随处可见，讲述各种宗教故事的长者们被大家簇拥……无不体现了浓重的文化风情。

历史学家们普遍认为咖啡在伊斯兰世界走下神坛、世俗化是 15 世纪末至 16 世纪初，但这一过程并非一帆风顺。三教九流的人们喜欢聚集在咖啡馆里，不仅减少了去清真寺做礼拜的次数，而且咖啡越喝越兴奋的特性，注定让咖啡馆成为议论朝政、宣泄不满、煽动民众的场所，由此引起了当政者的高度警惕。甚至在 1511 年，麦加咖啡馆曾因控讽刺统治者而被勒令全部关停。更有个别地区咖啡禁令严峻且恐怖，偷喝咖啡屡教不改者，有可能被装进封死的袋中扔入大海里。

但是，任由执政者如何下令禁止咖啡，咖啡已如暗夜滋生的情愫难以遏制，几番角力，几度兴衰，最终胜利者还是坚定站在民众这一边的咖啡。到了 16 世纪末期，喝咖啡已成为整个阿拉伯地区最基本的生活习俗，是每个家庭的生活必需品，还曾有过妻子因丈夫无法保障她的咖啡需求而坚决提出离婚的趣闻轶事。与此同时，咖啡馆已成为民众最重要的社交场所。失去了宗教功能的古老教堂，也不过是被历史抛弃的一具艺术躯壳，有了咖啡的咖啡馆，因为不断承载包容着人们的鲜活故事，接纳了人们的新锐思想，经历岁月，历久弥新。

## 被咖啡俘获的土耳其人

13 世纪初，强势崛起的蒙古帝国在欧洲掀起了一阵多米诺骨牌效应——不仅摧毁了辉煌的阿拉伯帝国，还迫使原本居于中西亚的奥斯曼土耳其人迁徙至毗邻拜占庭帝国而居。这个常年与蒙古人对抗的部族在军事上强大无比，在文化和宗教信仰上则落后得可怕——当它环顾四周开始炫耀武力、进而征服四方时，思想上、精神上却已先被先进的伊斯兰教征服驯化，进而建立了一个以伊斯兰教为国教的奥斯曼帝国。我们翻阅世界地图不难发现，土耳其的地理位置之特殊令人侧目——扼守着亚欧大陆之间的陆路通道，拥有土耳其的欧洲意味着大门紧闭，万无一失，失去土耳其的欧洲则意味着门户洞开，春光乍泄。

被伊斯兰文明层层裹挟并不断进化的咖啡文化，拥有难以想象的文化优势，就好像今天的星巴克坐拥美国综合竞争力带来的文化传播高位势入侵咖啡消费文化后进地区所具备的优越感那样，几乎可用“势如破竹”四个字概括。事实上，这几年星巴克打造豪奢宏大的沉浸式咖啡体验空间——臻选烘焙工坊，也可以视作星巴克在

▼君士坦丁堡时代城墙遗址

维系品牌文化优势上做的新努力。拥有巨大文化优越感的咖啡开始遥望欧洲，即将踏上新的征程，进而成为全世界的宠儿，起点就在脚下。那时的欧洲当然还没有咖啡，但有了基督教会保存下来的希腊与罗马时代的哲学、逻辑学等知识成就，这些文明瑰宝将在未来与咖啡结合爆发出最炫目的光华。

1453 年，奥斯曼帝国大军攻占君士坦丁堡，并将君士坦丁堡改名为伊斯坦布尔，意为“伊斯兰教的城市”。土耳其成了欧洲人心目中伊斯兰教和穆斯林的代名词，守护了欧洲千年的拜占庭帝国轰然倒塌，征服者——新兴的奥斯曼帝国一只脚踏在亚洲，另一只脚踏在欧洲，掌握着欧亚之间的主要陆路、海路贸易路线，欧洲已经门户洞开了。

## 人文主义情怀

拜占庭的灭亡、奥斯曼的征服意味着欧洲门户大开，漫长黑暗时代就此终结，紧随其后的文艺复兴让欧洲大陆涅槃重生，迅速走向文明开化。逐渐黯淡的神学思想被人文主义精神所替代，接纳和亲近咖啡也有了可能性——探讨人性以及人和人之间的关系，追求享受和幸福的人生是人文主义的主旨，咖啡与咖啡馆那种浓郁的人文主义气质便植根于此。如果让我只用一个词来描述咖啡馆的核心精神，答案正是人文主义情怀。很难想象，20 世纪初的“五四”学人们便对此十分在意。我们从蒋百里、梁启超、茅盾等人著作中便能看到文艺复兴运动的所有关键词：都市文化、自由精神、宪政民主、市民社会、世俗生活、个人主义、乐生享美……今天人们为什么那么依恋咖啡馆？正是因为咖啡馆与生俱来的人文主义情怀——人们在咖啡馆里喝着咖啡，往往更容易构建一种彼此平等、相互亲近的姿态。

另一个伴随而来的问题是，欧洲人了解外部世界必须绕开家门口的“异教徒”土耳其，他们被迫去寻找新的途径，地理大发现时代与文艺复兴时代几乎是同时登场。后来咖啡被欧洲人带到世界各地，全球咖啡版图也因此形成。

## 卡布奇诺的前世之缘

1480 年，一群天主教圣方济会的修

▲商贸繁盛的伊斯坦布尔港口

士代表罗马教廷从罗马出发去埃塞俄比亚——咖啡的故乡，他们首次见识到咖啡，并将其写进游记里。后来，人们根据他们身上的灰色袍子、所戴的那种中央高高耸起的帽子（或修剪成光秃的头顶），非常形象地命名了一款奶沫高高隆起的咖啡饮品——卡布奇诺。这也是今天全球知名度最高的奶咖饮品之一。当然，在精品咖啡运动日渐深入人心、牛奶拉花艺术迅速普及的今天，以卡布奇诺为代表的奶咖也在发生着深刻变革，咖啡与牛奶风味的匹配、杯中绵密柔滑的奶沫厚度、牛奶和咖啡彼此间的融合度、拉花造型的对称性及美观性等显得更加重要，至于奶沫与咖啡精确的比例关系、奶沫是否需要从杯中高高隆起，就鲜有人关心了。

## 咖啡通向欧洲的起点站

1505 年，奥斯曼土耳其大军南下占领阿拉伯地区，品尝并爱上了咖啡。没过几十年，喝咖啡的习惯便已传遍整个奥斯曼帝国。蓬勃发展的伊斯兰教裹挟着咖啡文化，即将吹响进军欧洲的号角。咖啡国际化传播的序幕缓缓拉开，伊斯坦布尔更被称作是“咖啡通向欧洲的起点站”。

其实进入 16 世纪时，奥斯曼帝国疆域内的土耳其人就不断对继承自阿拉伯的咖啡进行大刀阔斧的改革，并在咖啡历史上留下了重要一笔。

1536 年，攻占了也门的奥斯曼土耳其人开始涉足咖啡出口贸易，也门摩卡港口很快就成为咖啡出口的最重要起点，直到 1869 年苏伊士运河通航后，摩卡港口的地位才彻底丧失。今天，虽然已有些名不副实，但也门摩卡依然是享誉世界的名品咖啡。

1550 年前后，能进行粗糙研磨的手摇磨豆机出现在奥斯曼帝国的叙利亚一带。随后，依靠人力或牲畜拉动的石磨用到了咖啡上，咖啡豆能够获得更加精细的研磨，萃取质量的提升使得咖啡饮品的风味获得了质的飞跃。

以往阿拉伯人并不格外看重咖啡种子——咖啡豆，他们常常取用咖啡果肉而舍弃内里的咖啡豆。土耳其人则更加“识货”，他们将兴趣点集中在咖啡豆上，晒干、烘烤、研磨、煮熬、饮用……乐在其中。请注意，这里提到了咖啡的烘烤，事实上，1570 年土耳其的文献中已然记录了深度烘焙后的咖啡豆。我们有理由相信，烘焙咖啡豆既有追求咖啡饮品更佳风味的目的在驱动，也有土耳其人的经济算盘目的在作祟——咖啡贸易作为土耳其人最重要的收入之一，受到了严格保护。不仅咖啡苗木与咖啡生豆严禁出口，对外出口的咖啡豆还必须用沸水煮过或者烘焙过，使得咖啡豆不再具备生根发芽的能力，就可以放心大胆售卖牟利了。

## 文献可考的世界上第一家咖啡馆

1554 年，两个叙利亚人哈克姆（Hakm）和夏姆斯（Shams）在奥斯曼土耳其帝国首都伊斯坦布尔开设了一家咖啡馆——卡内斯咖啡屋，虽然在此以前伊朗等地早已有咖啡馆的足迹，但历史学家依旧将本店视作有文献可考的世界上第一家世俗咖啡馆。在这里，浓重的宗教色彩第一次从咖啡馆里褪去。事实上，Kaveh kanes 是当时对咖啡馆的统称，用来服务于那些无法在家中为亲朋聚会提供咖啡的顾客。

卡内斯咖啡屋不仅提供咖啡，还采用豪华装修来吸引顾客，首开咖啡宫殿（Coffee Palace）风潮，现代意义上的咖啡馆就此出现，并彻底从酒吧中独立出来。事实上，咖啡宫殿风潮对于顾客一直有着巨大魅力，便于俘获消费者的五感六识来构建完整的沉浸式消费体验，从当年摆放三角钢琴的上岛式咖啡馆、空间参差的漫咖啡，再到星巴克数千平方米的臻选咖啡烘焙工坊，都有这一风格延续的痕迹。

为了取悦顾客，当时售卖的咖啡多为添加了黑胡椒、藏红花、鸦片等多种药物或香料的特调咖啡，还会在消费咖啡之时附赠新烘轻食，从中不难体察业者之用心良苦。事实上，当时个别咖啡馆也有些与性爱相关联的元素，甚至不讳言，极少数咖啡馆兼有妓院的功能，被当时批评为“诱惑人去做那些令人厌恶的事情的一个场所”。为了能够催情助兴，咖啡中也会添加相关药物，比如说龙涎香。这种传统虽非主流，但在北非和中东地区却继承延续了数百年，直至 20 世纪。

## 智慧学院

果然，咖啡的消费热潮开始蔓延，伊斯坦布尔、开罗、大马士革、麦加等地不少跟风者竞相开店。有历史著作提及，1566~1574 年间，仅伊斯坦布尔便有大大小小咖啡馆 600 多家，其中一些装修豪华的咖啡馆里还设有沙发、软垫和躺椅，歌舞弹唱等节目时有安排；对外则设有落地窗、回廊或观景露台，喝咖啡、赏风景两相不误，堪称盛况。更因为有不少文化素养较高的人士光顾咖啡馆并高谈阔论，余者倾听受教，咖啡馆被称作“智慧学院”。由此不难看出，在咖啡馆里学习充电，古已有之，今日尤盛。

进入 16 世纪，咖啡逐渐变成阿拉伯世界最具代表性的饮料，对应的词汇叫 Kahwa。登上历史大舞台的土耳其人将咖啡继承并发扬光大，而与 Kahwa 对应的土耳其语词汇就是 Kahveh，这正是后来欧洲各国人称呼咖啡的演变之源。

随着土耳其咖啡文化逐渐被欧洲人接纳，欧洲各国语言中陆续出现了咖啡一词。1600 年，英国人的字典里出现了 coffee 一词，沿用至今。

## 咖啡之名的由来

埃塞俄比亚西南部、东非大裂谷西侧、奥莫河谷北部有一个地名叫 Kaffa，中文译作咖法森林，是埃塞俄比亚咖啡著名产地之一。主流观点认为，Kaffa 这一发音乃是当今全世界各种语言中咖啡一词的老祖宗（埃塞俄比亚人将咖啡称作 Buna，发音与此不同），而咖啡的前身 Qahwa（咖瓦）发音也与此接近。

各国语言中的“咖啡”一词

| 英语 | coffee | 中文 | 咖啡 |
|---|---|---|---|
| 德语 | Kaffee | 斯瓦希里语 | kahawa |
| 法语 | café | 罗马尼亚语 | cafea |
| 意大利语 | caffé | 土耳其语 | kahve |
| 阿拉伯语 | قهوة | 蒙古语 | kofe |
| 西班牙语 | café | 丹麦语 | kaffe |
| 荷兰语 | café | 挪威语 | kaffe |
| 俄语 | кофе | 瑞典语 | kaffe |
| 立陶宛语 | kava | 芬兰语 | kahvi |
| 韩语 | 커피 | 希腊语 | Καφές |
| 印尼语 | Kopi | 葡萄牙语 | café |
| 森加罗语 | kape | 日本语 | 珈琲 |

# 04

# 17 世纪的咖啡

“为什么必须禁止基督徒喝咖啡？假如你们口中所谓的‘撒旦饮料’是如此好喝，那么让异教徒独享岂不可惜？因此，我们要让咖啡受洗，使它成为上帝的恩赐，并借此好好愚弄撒旦。”

——克莱门八世教皇

## 意义非凡的土耳其咖啡

16~17 世纪，现代咖啡文化诞生于土耳其，第一批现代意义上的咖啡馆诞生于土耳其（也有人认为 1530 年前后，咖啡馆便在土耳其、叙利亚、埃及等地出现），第一个咖啡制作与品鉴的流派——土耳其式咖啡也就此诞生。容我姑且这么称呼吧，因为今日在埃塞俄比亚、土耳其以及希腊南部等地，这种咖啡制作品尝方式（彼此略有差异）还无处不在，其丰厚的文化内涵依然为人称道。

同样在此期间，土耳其对于向欧洲传播咖啡文化立下了赫赫功劳。1659 年，土耳其派遣庞大代表团出访日耳曼民族神圣罗马帝国（第一帝国），礼物中就包括咖啡和咖啡师。1669 年 7 月，法国国王路易十四第一次在凡尔赛宫接见奥斯曼土耳其大使，却因傲慢举动而令会谈不欢而散。回到巴黎的土耳其大使心有不甘，便开始营造舒适的宅邸并面向法国贵族展开土耳其式外交，咖啡便是其“撒手锏”。1669 年 12 月，路易十四第二次在凡尔赛宫接见大使，并要求他表演一次土耳其式咖啡礼仪。这一事件也让咖啡成为巴黎上层社会流行的社交活动，一时效仿者如云。

## 欧洲人的咖啡记录

16 世纪以来，欧洲社会非常热衷行游日记和旅行见闻录，咖啡开始不断在欧洲人笔下被提及。1573 年，威尼斯驻伊斯坦布尔的大使称咖啡为“怪异的黑水”，这可能是欧洲官方第一次记录咖啡。1582 年，一位德国植物学家的游记成了介绍咖啡的第一本欧洲读物，10 年之后的 1592 年，意大利植物学家第一次描述并出版咖啡书，欧洲人即将掀起咖啡的盖头来。

## 售卖咖啡的威尼斯商人

17 世纪初，在以“利润就是美德”为宗旨的威尼斯商人策划下，商业性质进口的咖啡开始以“阿拉伯酒”的名义从也门摩卡港和亚丁港出发运抵威尼斯，起初专供贵族享用，而后陆续由一群走街串巷的饮料商人四处兜售。1624 年，尝到甜头的威尼斯商人意识到咖啡贸易大有可为，于是向阿拉伯人取得了咖啡专卖权，开始直接从也门采购咖啡豆并运往威尼斯。

威尼斯商人的咖啡豆商业运输路径大体是：也门摩卡港出发——穿过红海——抵达埃及苏伊士（全长约 163km 的苏伊士运河直到 1869 年才开通）——转由骆驼商队接手——运抵地中海沿岸亚历山大港——海路分送阿姆斯特丹、伦敦、马赛、威尼斯等欧洲港口。

随着源源不断的咖啡运抵欧洲，咖啡逐渐积聚足以对抗蒸馏酒、柠檬水、啤酒的人气和力量。此举却让售卖酒水、柠檬水和巧克力的威尼斯本地商人感到了威胁，他们将咖啡形容为“来自异教的魔鬼饮料”，并要求教皇克莱门八世颁布咖啡禁令。哪知开明的教皇克莱门八世却给这种“撒旦饮品”举行了一场阳光下的公正审判。克莱门八世教皇说：“我们为什么必须禁止基督徒喝咖啡？假如你们口中所谓的‘撒旦饮料’是如此好喝，那么让异教徒独享岂不可惜？因此，我们要让咖啡受洗，使它成为上帝的恩赐，并借此好好愚弄撒旦。”克莱门八世教皇这个故事杜撰痕迹明显，但是其中表达的内涵和理性精神却让人们津津乐道——承认不足，积极学习，终将超越！

## 英国的咖啡情愫

1578 年出生在英国的威廉·哈维不仅是发现血液循环和心脏功能的医学家，也是最早饮用并积极宣传咖啡健康功效的英国人之一。据说他临死前居然还要求自己的同事们定期聚会，边喝咖啡边讨论学术话题。

▼享誉世界的牛津大学是英国咖啡馆的摇篮之一

1650 年的英国正值“光荣革命”时期，一位黎巴嫩犹太商人雅各布在英国牛津建立了可能是欧洲、至少是英国的第一家咖啡馆，而且居然是以大学生为主要受众的咖啡馆。数年后，另一家咖啡馆在牛津大学开张并在此成立了牛津咖啡协会，1660 年发展成英国皇家学会( Royal Society )。这两家咖啡馆创建时，牛津还是查理一世的王军大本营——象征封建暴政的中心，随后有暴君恶名的查理一世被送上了断头台，议会宣布英国为共和国。

1675 年 12 月 29 日，查理二世颁发了“咖啡馆取缔声明”，要求从 1676 年 1 月 10 日起，所有咖啡馆停止营业，理由大体是：咖啡馆已经成为闲散和反叛人士最大的据点，人们在咖啡馆里蓄意编造谣言，恶意诽谤王室，传播对王室不利的言论。这一声明发布后，整个伦敦民怨沸腾，逐渐被咖啡馆启蒙民智的大众已经有了独立认知，哪肯任由摆布？心中惶恐的王室在咖啡馆取缔声明生效日的两天前，也就是 1676 年 1 月 8 日，主动撤回了这份取缔声明。

数十年后的 1689 年，《权利法案》颁布，“光荣革命”成功，英国确立了君主立宪制度，整个世界都为之侧目。或许，咖啡馆在其间起到了润物细无声般的启蒙开智作用。我当年曾在中国人民大学、中央财经大学、中国传媒大学等校园里开过咖啡馆，并至今认为大学校园是咖啡馆的最佳选址之一，或许潜意识中也受到过牛津大学咖啡馆的影响吧。

直到 17 世纪中后期，伦敦的咖啡馆已成为人们习以为常的聚会场所，即使是 1665 年夺走了 10 万人生命的伦敦鼠疫和

1666 年将地标建筑圣保罗大教堂也付之一炬的伦敦大火，都未能阻止咖啡馆的星火燎原之势。对于英国人来说，咖啡馆是个沟通交流、指点江山、学习进步乃至商贸交易的场所。圆形或椭圆形的咖啡桌四周围着兴奋的人群（有人认为圆桌会议也是在英国咖啡馆里诞生的），激昂的语气并不能掩盖彼此之间形式上的平等、随和、自由，据说投票箱便是在英国咖啡馆里诞生用来取代暴力决斗的文明产物。又因通常咖啡馆装修简洁平民化，消费一杯咖啡坐上一整天不过几个便士，纵使不点单消费仅聊天也只需一个便士的入场费（或台位费），使之获得了“便士大学”的美称。“便士大学”直到今天一直是很多业者推崇的咖啡馆精神，既要有圈子的概念，还要有颇具亲和力的装修来营造氛围，低廉但美味的咖啡饮品作为压轴自然必不可少。

17 世纪 80 年代，伦敦有一家叫劳意德的咖啡馆（Lloy’s Coffee House），船员与贸易商们经常在此聚会交流，话题自然聚焦在利润丰厚但风险极高的老本行上——哪艘船能够如期到港，哪艘船可能遭遇风暴，哪位船主可能血本无归。这类话题受关注度极高，大家还可以就此下注做赌，甚至海运贸易从业者也可以在出海前为自己购买保险。久而久之，咖啡经营的主业就荒废了，世界上第一家、也是当时最大的保险公司诞生。

虽然英国拥有欧洲最古老的咖啡馆历史，但必须承认的是，当时更大范围内的英国人对咖啡却是一无所知的。如果你翻遍 1719 年出版的英国小说《鲁滨逊漂流记》，能看到甜酒等酒精饮品反复出现，却找不到咖啡的倩影。

## 意大利咖啡馆之始

17 世纪中叶开始，意大利的咖啡馆文化便在威尼斯圣马可广场附近发端，糕点铺和柠檬水摊点开始兼卖咖啡。1683 年，首家意大利咖啡馆在威尼斯圣马可广场开张。店名根据主要售卖的饮品来命名，因此会冠以 Caffè 之名，而这种风格数百年来延续下来成为咖啡馆的标准称谓，比如说法国咖啡馆会冠以 Café 之名。

在那时，精明的咖啡馆老板们靠完全复制伊斯坦布尔的土耳其风格咖啡馆揽客

而大获成功，但总体装修简陋、定价低廉、格调并不甚高，不过“走群众路线”的咖啡馆经营策略倒是积聚了巨大的人气和喧嚣终日的可观生意，以至于政府也不得不出面来整顿经营秩序。到了 17 世纪末期，威尼斯圣马可广场的几家咖啡馆已经闻名遐迩，“圣马可”这个品牌今天在咖啡世界里的赫赫声名也多少与此有关。

## 法国：用咖啡来结束晚餐

早在 1644 年，咖啡就传入法国，几乎与此同时，马赛迅速成为仅次于威尼斯的欧洲第二大咖啡输入及转运港口。最初法国人钟情于咖啡，只是将其视为赚钱的好生意，而非一种生活必需品。法国人爱上咖啡，则是 17 世纪后期的事情了，晚于意大利人和英国人。

1669 年，驻法国巴黎的土耳其大使索利曼将军受路易十四邀请，参加了在凡尔赛宫举行的一场豪奢派对。在此之前，这位大使已做足了功课：他在巴黎租下一所豪宅，并凭借极具异域风情的装修和香醇咖啡，吸引了不少法国贵族携眷光顾，甚至使之成为巴黎极具知名度的社交场所。此时此刻，土耳其大使在派对上向大家隆重介绍咖啡，并邀请现场所有嘉宾品尝。充满异域风情的咖啡香醇、优雅、精致，再一次令法国贵族们瞠目结舌。或许一开始只是出于猎奇心态，但当时咖啡消费在欧洲已经很盛行，法国只是相对保守、后知后觉罢了。这场咖啡派对显然起到了助推效果，里外夹击之下，一场由上而下的咖啡热潮很快在法国扩散开来。

一向钟情于精致生活的法国人终于爱上了咖啡，法国国内的咖啡消费也攀升至相当高的水准。一位同时期的英国作家描述说：“咖啡在法国非常流行，尤其是上流社会，不喝完餐后咖啡就不能算是晚餐结束。”任何事物发展过于快速，都会引起保守力量的恐慌和抨击，咖啡同样如此。1679 年，一位法国医生看到国内日渐兴起的咖啡消费热潮，忧心忡忡道：“我们惊讶地发现，异教徒带来的咖啡饮品将全面代替酒水，打破法国人钟爱葡萄酒的传统。”直到 1696 年，一位法国知名医生将咖啡用作灌肠剂而大获成功，才真正消除法国大众对于咖啡的负面情绪，法国咖啡消费与咖啡馆发展从此走上坦途。

十多年前我刚进入咖啡行业时，打开网站搜索中文关键词“咖啡”，几乎半数都是道听途说的咖啡负面消息，“褒茶贬咖”可谓当时舆情的主旋律，以至于经常需要对咖啡的健康性进行额外解释。近年来，咖啡的健康属性才渐渐深入人心。对比数百年前的法国，历史竟惊人的相似。

## 文艺范儿咖啡馆鼻祖：普罗科普咖啡馆

1687年，一个出生于西西里岛的意大利商人在法国巴黎创建了一家装潢奢华的饮品售卖店（前身是土耳其人开设的高级澡堂子），贩卖包括酒水、咖啡、柠檬水等在内的各式饮品。到了1689年，随着经营的日渐起色，咖啡的销量逐渐占到主导地位，于是更名为普罗科普咖啡馆（Café de Procope），这是目前世界上历史最悠久的咖啡馆之一，也是广受认可的文艺范儿咖啡馆鼻祖。伏尔泰、卢梭、拿破仑等都曾是它的常客，为其奠定了文艺沙龙格调。普罗科普咖啡馆的大获成功带动了一大批跟风者，可以将其视作法国巴黎咖啡馆文化兴起的重要标志。从更加深远的意义来看，普罗科普咖啡馆的内涵与形式依旧深刻影响着当代全世界独立咖啡馆的创建与经营。

法国巴黎的咖啡馆多以更加务实的餐饮混业经营为主，同时满足顾客咖啡、酒水、正餐、甜品等多种消费需求，数百年来一贯如此，并在此理念下精研出品技术、满足顾客需求，因此将其视作咖啡餐厅亦无不可。

有些开店学员总是纠结于咖啡馆是否能够售卖酒水、轻食或正餐，我常常用巴黎咖啡馆来解释宽慰：只要尊重咖啡文化，强调咖啡品质，认真冲泡每一杯咖啡，便是正宗的咖啡馆。至于同时售卖酒水和餐品，如果这些恰是客户连带的消费所需，与咖啡相辅相成，相得益彰，增加顾客消费体验之余还能提高客单价、大幅增加店内营收，何乐而不为呢？

## 咖啡登陆北美

目前可查的美国最早咖啡文献始于1668年。到了1670年，一位叫琼斯的波士顿女士向殖民政府申领了第一张咖啡经营执照，标志着咖啡正式登陆北美。1691年，在当时北美最大城市波士顿开张的London Coffee House是北美第一家咖啡馆。而1697~1832年期间营业的波士顿绿龙（Boston's Green Dragon），因为约翰·亚当斯等人曾在此一边喝咖啡一边讨论反抗殖民统治事宜，成为美国独立战争的策源地之一，被永久载入史册，是那个年代名气最大的咖啡酒吧。

正如其他很多国家一样，17世纪末期的北美咖啡馆同样是三教九流混杂的低端娱乐休闲场所，随时可能被政府“严打”。不过相较于同时代经常被文艺工作者占领的欧洲咖啡馆，最初美国咖啡馆则相对充满了更多娱乐精神，展现出咖啡馆的另一面性格。

## 土耳其人送来的咖啡

早在 1529 年，土耳其军队就曾围攻维也纳，虽然最终并未占领，但对神圣罗马帝国世袭领地核心的入侵却严重震撼了欧洲基督教世界，马丁·路德就将其视为“上帝对欧洲的惩罚”。直到 1571 年勒班陀战役后，土耳其才逐渐进入长久的衰退期，两者之间各有胜场。

1665 年，土耳其人在维也纳设立大使馆。好景不长，到了 1683 年，穆拉德四世（Murad Ⅳ）率领的 10 万大军沿着多瑙河第二次围攻维也纳。虽然轻敌的奥地利皇帝贻误了先机并选择逃命避祸，但经历过改造的要塞和英勇的市民还是保卫了维也纳长达 2 个月。直到一个精通土耳其语的乌克兰小伙子科胥斯基（Kolshitsky）冒充土耳其士兵冲出重围向波兰国王扬·索别斯基搬救兵，最终波兰和维也纳军队里外夹击，解除了维也纳之围。另有一个版本说，这个立功的小伙子一直潜伏于土耳其军队中从事谍报工作，有点类似《潜伏》中余则成的角色。经历了土耳其人的两次围攻之后，维也纳开始了辉煌的巴洛克艺术风格建设时代，人口持续增加，城市下水道、住宅门牌号码、国家邮政系统、城市公务员制度等都开始创新性地进入这座伟大的城市。维也纳很快便成为欧洲最重要的文化中心之一，海顿、萨列里、莫扎特、贝多芬和舒伯特将维也纳古典主义引领到顶峰。

不过当我们举起放大镜再细看当年那段历史时，发现了土耳其军队仓皇撤退时留下的 5 大麻袋咖啡豆。对咖啡一无所知的维也纳人以为这些绿色的咖啡豆不过是骆驼的饲料，便作为奖励品连同一座房子一同赏给了立下战功的科胥斯基。科胥斯基曾在土耳其居住多年，自然知道咖啡豆的底细，他便在那所房子里利用这些咖啡豆创办了维也纳第一家咖啡馆——蓝瓶子咖啡馆（今天赫赫有名的美国精品咖啡品牌 Blue Bottle 的命名便是向其致敬，其官网上还详细描述了本文所述的故事），这一年是 1683 年。

科胥斯基经营这家咖啡馆时面临许多困难，不得不向维也纳人的传统饮食习惯妥协，大量针对咖啡的创新便应运而生，比如说用滤布过滤掉咖啡渣，比如说在黑咖啡中加入糖和少许牛奶来调味，或许这便是科胥斯基被称作拿铁咖啡或卡布奇诺咖啡之父的原因吧（维也纳将牛奶咖啡称作 Kapuziner，发音近似意大利的 Cappuccino）。这些在今天看似“简陋”的变化，在当时却是了不起的创新之举。比如说咖啡里勾兑牛奶给客人喝，在当时可是冒着极大风险——不管是土耳其人还是印度人，他们都曾认为将咖啡与牛奶混合后饮用会使人得麻风病。

在土耳其军队围城期间，还发生了另一件趣事。一位叫彼得·温德（Peter Wender）的面包师有一次在夜深人静之时干活，无意间听到了土耳其人挖地道的响动，并立刻举报并因此立了大功。战事结束后，这位面包师心血来潮，制作了一款新月形的面包来自我包装宣传此事。看来这种宣传获得了巨大成功，早餐时用咖啡搭配新月形面包成为一种时尚。百年以后，维也纳公主下嫁法国国王路易十六，由于她坚持早

▲渔人堡所在地茜茜公主当年曾加冕匈牙利皇后，今天游客们坐在这里的咖啡馆可以俯瞰多瑙河乃至整个布达佩斯

餐要吃新月形面包，逼得法国御用大厨们不得不学习并研发升级新月形面包，使之更加好吃、好看。又由于法国王室的一贯傲慢，原来的名称也改为法语，这就是闻名全世界、素有“咖啡第一轻食伴侣”之誉的可颂面包(Croissant)的由来。

## 荷兰人盗来的欧洲咖啡树之母

早在17世纪初，欧洲人便开始觊觎咖啡产业上游的利润，希望能够种植咖啡树。在当时海洋贸易中扮演着霸主角色、商船数量超过欧洲其他所有国家总和的荷兰被称作“海上马车夫”，他们数次偷窃或抢夺也门的咖啡树苗，试图运回本国种植。直到1616年，荷兰东印度公司的咖啡树苗盗取行动终获成功，来自也门摩卡的咖啡树在阿姆斯特丹的温室里种植成功并开花结果，这便是欧洲咖啡树之母，其品种属于最为古老的阿拉比卡原生种之一铁皮卡(Typica Varietal)，这一品种是今天大多数咖啡变种的最初原型。

17世纪中叶，荷兰人击败葡萄牙，获得了斯里兰卡和印度部分土地作为殖民地。荷兰人惊喜地发现，当地人也成功盗取了来自也门摩卡的咖啡树并种植成功，同样也是铁皮卡品种，这些宝贝自然也被荷兰人一并笑纳。

17世纪的最后一年——1699年，荷兰东印度公司将铁皮卡咖啡树苗输出至殖民地印度尼西亚爪哇岛，并栽种成功。这一事件的意义在当时来看并不突出，却直接孕育了今天覆盖全球数十个国家和地区的庞大咖啡种植业。

# 05

# 18 世纪的咖啡

每当我啜吸香浓的咖啡，便会想起那位慷慨的法国人，他凭借不屈不挠的精神，让咖啡在马提尼克生根。

——英国诗人查尔斯·兰姆

▲西班牙巴塞罗那古老街巷中的咖啡馆

## 领先一步的荷兰咖啡种植业

进入 18 世纪，不断增长的欧洲咖啡消费需求已经非常惊人，使得也门一地的咖啡产量难以承受，奥斯曼帝国治下的也门摩卡港整日忙于输出咖啡豆，以至于 Mocha 一词至今亦与咖啡有着难以割舍的关联。精明的欧洲人在举杯痛饮咖啡之时，也开始越发关注这种当时世界上最昂贵的农产品，频频考察咖啡产业上游的诸多生意。这一点与今天全球咖啡店主都喜欢往产地跑是一个道理。与此同时，荷兰人在 17 世纪的诸多努力埋下的伏笔也将在新的百年里开花结果，奥斯曼帝国垄断的咖啡时代迅速终结。

1706 年，荷兰人将一株来自殖民地印度尼西亚爪哇岛的咖啡树运回阿姆斯特丹皇家植物园栽种，并成功培育后代，进一步佐证了荷兰人在此领域不可置疑的领先事实。数年以后的 1714 年，阿姆斯特丹市长向法国路易十四赠送了一株本市皇家植物园温室里的咖啡树作为炫耀。与此同时，荷兰人的咖啡种植版图在印度尼西亚的爪哇、苏门答腊、苏拉威西等岛屿上遍地开花，以至于十几年之后，荷兰东印度公司便实现了咖啡自给自足，再也无须购买也门摩卡的咖啡了。有资料显示，到了 1750 年，荷兰等殖民者已经将咖啡种植到亚非拉等各大洲。

## 后来居上的法国咖啡种植业

1723 年，一个叫德·克利的法国军官历经千辛万苦，未经允许悄悄将一棵咖啡树苗从法国南特带上了开往加勒比海区域的马提尼克岛( Martinique Island )的船上，其间经历的直布罗陀海峡暴风雨、一个多月随波逐流、缺少饮用淡水、客人偷盗、突尼斯海盗侵略等诸番波折难以尽述，并于 1726 年开花结果。此举不仅意味着法国咖啡种植产业大幕掀起，也意味着中南美洲的咖啡种植业开端。而这棵咖啡树便源自当年荷兰人送给法国的礼物，荷兰人即将为当年不经意间的炫耀付出惨痛代价。

经过数十年的苦心经营，到 1777 年，当时全欧洲约 65000 吨咖啡年消费量的一半来自于拉丁美洲的法属殖民地——法国在咖啡世界的王者地位一时无人能及，中南美洲咖啡种植热潮也就此兴起。这位法国军官当初偷盗咖啡的违法之举给法国带来了巨大的经济利益，他也因此被法国国王路易十五赦免，并授予西印度群岛某法属地总督之职。当然，欣欣向荣景象背后也有令人扼腕的残酷：拉丁美洲咖啡与蔗糖等劳动密集型种植业的兴起也推波助澜了非洲黑奴贩卖等罪行。

直到后来受到法国大革命熊熊烈焰的感召，法国殖民地圣多明哥的独立运动也蓬勃兴起，这才导致法国失去了咖啡产销大国的地位。西印度群岛所产的咖啡很快被爪哇咖啡取代，荷兰联合海上霸主英国将其取而代之，成为全世界咖啡的主要供应者，法国人的咖啡王国地位才逐渐坠落。

## 法国人的新发现：波旁原生种

还应该给法国的咖啡功劳簿记上一笔的是，18 世纪初，法国人在非洲东海岸马达加斯加岛以东的留尼汪岛（l'île de la Reunion，法国属地，原名波旁岛）上发现了一株形态与风味不同于铁皮卡的原生品种咖啡树，后将其命名为波旁（Bourbon Varietal）。这一发现使得法国人开始刻意关注波旁咖啡树，他们很快在也门当地发现了波旁品种的存在，并将其成功批量种植到留尼汪岛。限于留尼汪岛的地理位置，其所产咖啡在全球贸易竞争中不占优势，所以一直不温不火。

今天，我们普遍认为波旁品种咖啡树亦是源自也门摩卡。不同于果实成熟后果皮红色、咖啡豆身略长的铁皮卡，波旁是前者基因突变后另立门户出来形成的又一阿拉比卡原生品种，单株产量较铁皮卡略大，果实成熟后果皮颜色从黄到红均有，豆身较圆。

## 咖啡传播史上最大的“绯闻”

1727 年，法属圭亚那与荷属圭亚那发生了边界纠纷事件（法属圭亚那是法国的海外大区，荷属圭亚那现在是叫作苏里南的主权国家，另有一个圭亚那共和国以前是英属圭亚那，三者紧挨一起。15 世纪末起，西班牙、荷兰、法国、英国等国在此反复争夺），双方决定请出保持中立的葡萄牙属地巴西代表来进行调停。于是，一位名叫帕赫塔（Palheta）的年轻巴西官员欣然前来调停。需要强调的是，当时正值蔗糖价格大跌，巴西正在寻找新的替代性经济作物，颇有心机的帕赫塔显然早就盯上了咖啡种植业。

后来，这位英俊的巴西官员不仅顺利完成了调停使命，还顺带与法属圭亚那总督夫人结下“深厚情谊”。在他离别之际，总督夫人为他献上一束鲜花，并按照他的要求，将几颗新鲜健康的咖啡种子暗藏其中。于是，这位巴西人顺利拿到了当时任何正当渠道都无法得到的咖啡种子。

故事的后续发展不难想象，帕赫塔回到巴西后，不久便将咖啡种到了巴西北部靠近赤道的巴拉地区，虽然效果一般，但使得咖啡第一次扎根于巴西的土地。数十年之后，又有传教士将咖啡种植到巴西南部并大获丰收，从此咖啡种植业便广泛兴盛起来，作为日后的百年咖啡王国，巴西的咖啡王者之路从此起步。

▲威尼斯圣马可广场上的弗洛里安咖啡馆

## 意大利的享乐主义风潮

我每次去意大利威尼斯都会造访圣马可广场上的弗洛里安咖啡馆（Caffe Florian），时间充裕时进去消费一番，匆忙时也要驻足打量片刻。这家创建于1720年12月29日的咖啡馆是当时整座城市最知名的地标建筑、最时髦的社交场所、最有效的信息分享平台，目前则是世界上仍健在的历史最悠久的咖啡馆之一。今天的弗洛里安咖啡馆虽因游客众多而有些喧闹，咖啡价格高昂得令人咋舌，但依然能够嗅到一股浓浓的文艺气息，让人不禁遐想其当年的神韵。

18世纪的大部分时间里，意大利享乐主义盛行，各大城市纷纷效仿威尼斯圣马可广场弗洛里安咖啡馆，掀起了一股走高档奢华路线的咖啡馆风潮。

## 法国的咖啡馆文化

如果说神庙、议政厅、广场等公共建筑的出现是古希腊城邦形成的重要标志，那么与此精神一脉相承的公共领域建构则可以说是欧洲18世纪启蒙运动的主要成就之一。国家机器日渐庞大，私人空间受到冲击，高高在上的庙堂与每一位公民间需要一个至关重要的缓冲地带来填补真空、协调利益。

于是，散布于广场四周和城市角落的咖啡馆顺理成章地成为人们极为珍视、倍加呵护的公共社交场所。人们纷纷走出家门，走进咖啡馆，消费咖啡本身并不是重点，积极参与各种公共性事务才是核心，整个社会因此变得丰富而生动。久而久之，人们开始珍惜这种传承下来的平等、开放、分享的咖啡馆文化。

对咖啡馆等公共领域日渐警惕的法国政府开始严管巴黎咖啡馆，营业时间、顾客来源等都在限制之列。这反而导致巴黎咖啡馆层次大幅提升，原有的彻底开放性质发生了质变，咖啡馆开始依据各自不同的选址、装潢、定位等来招揽不同类型的客人。“沙龙”这个词最初被解释为：“私人房屋或者公寓里的接待房间。”在咖啡馆出现之前，法国贵妇们经常举办私人沙龙，邀请有社会地位的人聚集在一起谈论文学和艺术。咖啡馆的出现，则为各社会阶层的人提供了一个更加广阔的公共领域，更多的社会精英涌入，更多人贡献才智。

## 咖啡馆的“圈子”概念

“道不同，不相为谋”，固定客源的咖啡馆逐渐成为主流，咖啡馆的“圈子”概念也随即出现，这是人性使然，也是咖啡馆“进化”的必然。

我经常把“岛系咖啡馆”遍布神州的那些年称作“咖啡馆 1.0 时代”。在那个并不算遥远的时期，你走进一家动辄数百平方米的“岛系咖啡馆”，能够轻易找到各种不同性别、年龄和职业的人。大家志趣迥异，背景参差，却在店员们的桌前服务下，共享一处空间。这几年这种现象逐渐在减少，越往大城市走，我们看得越清楚，特别是在一些中小型个性咖啡馆里，客群与客层会比较接近。这对于咖啡馆经营来说是件好事，针对性的经营举措以及主题植入比较容易奏效，更易于产生共鸣与共振，也利于咖啡馆打造个性并增加顾客黏度。

## 咖啡馆是咖啡文化最大魅力之一

有人认为，文化与体制的差异，导致中国的咖啡馆里不可能形成那种欧洲古典咖啡馆所代表的“公共社交场所”。也有人认为，互联网社交网络平台足以取代传统咖啡馆所承载的功能，平等、开放、分享的咖啡馆文化与其一脉相承。因此，喝咖啡就是喝咖啡，不去咖啡馆，坐在家里同样可以。

但我认为，一些轻度社交场景会由线下移植到线上，但还是会有相当多需要沉浸式体验的社交场景依旧植根于咖啡馆等线下实体中。咖啡文化中的最大魅力之一便是咖啡馆文化，那是人类文明的精华传承，我们应该珍视并发扬。我相信，莫扎特之所以能够创作出《土耳其进行曲》《费加罗的婚礼》《唐璜》等惊世之作，除了自身天赋，萨尔茨堡和维也纳的咖啡馆也应该记上一份功劳。我在奥地利萨尔茨堡古老的特玛赛利咖啡馆（Cafe Tomaselli）二楼鲜花簇拥的露台上喝咖啡、吃甜品时，更加深了这种认知。今天我们如果仅仅将咖啡视为饮品，单纯用科学技术和工匠精神去追求极致的咖啡风味细节，而忽略人文主义情怀的话，或许是捡了芝麻，丢了西瓜。

## 民主之饮

科林·琼斯在《巴黎城市史》中认为：“巴黎既是革命发动机，又是最突出的革命圣地。在某种意义上来说，巴黎和革命是同义词……”进入18世纪，巴黎咖啡馆数量快速增长，启蒙文人所建构的新思想得以植根于市民中。有统计说截至1730年，巴黎大大小小的咖啡馆便多达4000家。在一杯杯让人清醒的咖啡助兴下，公共领域被强力构建，公共事务被人们热切关注，革命的热血逐渐沸腾，巴黎咖啡馆被人们描述为：“上流社会代表的是特权，咖啡馆则代表着平等。”事实上，巴黎所有咖啡馆在法国大革命前夕都相当活跃，水泄不通是一种常态。我们从1721年孟德斯鸠的作品里找到了印证：“如果我是这个国家的君主，我就要关掉咖啡馆，因为这些地方很容易让人们的头脑发热。我宁可看到他们在小酒馆里喝得醉醺醺的，至少他们不会做出对自己有害的事情，但是咖啡带给他们的狂热，对国家的未来而言，会让他们变得危险。”

1789年，德穆兰在佛伊咖啡馆（Cafe Foy）前的号召是法国大革命的里程碑事件。1789年7月14日，20万巴黎市民攻占巴士底监狱，法国的君主专制政体被推翻。当年8月份召开的制宪会议颁布了大名鼎鼎的《人权宣言》，强调“人们生来而且始终是平等的”。这一伟大理念的提出与巴黎咖啡馆近一个世纪来的“民主之饮”——咖啡密不可分。

如果说17世纪末期因为普罗科普咖啡馆的大获成功被视为法国巴黎咖啡馆文化兴起的一个标志，那么18世纪，巴黎咖啡馆便是各路政治家、文学家、思想者、诗人和艺术家“头脑风暴”的文艺沙龙。卢梭、伏尔泰、罗伯斯庇尔、孟德斯鸠、马拉、丹东都是咖啡馆的常客。这些体量较大、功能丰富的西方都会式咖啡馆不仅仅提供咖啡，客人还能享用到茶、可可、酒水、点心，甚至是精美的冷热菜肴。这使得覆盖更加广泛的各界人士云集其间——上流贵族们来此聚会时，仆从和马车夫们甚至还有专门的休息间。1760 年，一位记者对咖啡馆评价道:“在这里，不光政府部长被激烈批评，就连最高贵的皇帝生活也难免受到讥讽。”于是乎，原本略显单一和沉郁的咖啡馆气质更加人文化，更加丰富多彩，咖啡馆实际上已成为正在经历剧变的欧洲社会最具活力的社交中心和前沿思想阵地。欧洲大陆数百年咖啡馆文化的本质是在国家政权和公民个体之间构建了强力的公共领域来缓冲，既可以调解矛盾，也可以推动进程。

某一天，英国伦敦土耳其人头咖啡馆（Turk’s Head Coffee House）里第一次出现了代表现代民主精神的重要产物——投票箱。设置投票箱的用意，就是让客人们可以毫无顾虑地表达一些争议性的政治观点。事实上，早期英国的报纸社论都是从咖啡馆里发展而来，人头攒动的咖啡馆里，人们拿着诸如《伦敦公报》等印刷品热烈辩论是当时的常态。

## 美国咖啡的“意外”兴起

1700 年，英国伦敦的咖啡馆已超过 2000 家，但其蓬勃发展的势头不久以后便被遏制——英国人爱上了茶。这使得 18 世纪初期的北美人也随着英国殖民者的爱好变化而迷上了饮茶，但高昂的茶叶税却让人负担不起，而英国政府还颁布明令禁止普通民众走私贩卖茶叶（当时茶叶地下贸易占到了九成市场），并将专卖权给予东印度公司。美国人开始积聚愤怒，原本逐渐没落的咖啡也即将迎来新的发展契机！

18 世纪中叶开始，北美咖啡馆逐渐成为政治家、商人聚会之所，层次大幅提升，但政治氛围的加重自然减少了轻松愉快的氛围。尤其是波士顿的咖啡馆已成为当时策划革命的大本营。由此可见，不管在欧洲还是北美，最早的咖啡馆都是令政府头疼的“重灾区”。1773 年 12 月 16 日，一群美国波士顿的示威者为了反抗英国颁布的《茶税法》，乔装成印第安人将从东印度公司运来的一船茶叶倾入波士顿湾，史称“波士顿倾茶事件”。该事件不仅成为美国独立战争的导火索之一，也间接推进了美国的咖啡消费兴起。

1774 年，独立后的美国民众为了表达爱国情操，甚至拒绝喝茶转而饮用咖啡（美国距离咖啡产地更近、咖啡在价格上远比茶叶便宜），咖啡和咖啡馆生意暴涨。独立战争的领袖们更是经常在波士顿的咖啡馆里聚会，指点江山、策划革命。

## 德国的咖啡故事

17 世纪的上半叶，围绕君权与教权的“欧洲大战”在德国境内旷日持久地进行着。灾难过后，昔日欧洲大陆最强大的国家——日耳曼神圣罗马帝国被彻底“碎片化”，只剩下奥地利和普鲁士值得一提。今天欧洲的第一大咖啡消费国——德国，在 18 世纪欧洲大陆咖啡消费持续升温之时亦是如此。德国人疯狂爱上了咖啡，以至于延续了数百年的啤酒文化都受到了挑战。早在 1720 年以前，德国各大城市便都有咖啡馆的身影。

▲ 19 世纪药用植物专著中 James Sowerby 手绘的阿拉比卡种咖啡形态图

德国作曲家巴赫的女儿便是咖啡发烧者，从此获得灵感的巴赫在 1732~1734 年创作的作品《咖啡康塔塔》（Coffee Cantata）中借助剧中少女之口不无夸张道：“我只要有咖啡，一切不在乎……咖啡比情人的一千个吻更加甜美，谁想讨我欢心，就快献上咖啡……”

18 世纪后期的大音乐家贝多芬也是咖啡发烧友，他每次都要精确数出 60 颗咖啡豆来研磨冲煮一杯咖啡，留下了一段咖啡佳话。

在巴赫的歌剧中，少女既获得了好咖啡，也收获了好姻缘，但是现实中德国的咖啡之路却充满了坎坷。咖啡是一种只能生长在“咖啡种植带”的热带经济作物，普鲁士不仅本土种植不了咖啡，也缺少能够生产咖啡的海外殖民地。一旦民众喝咖啡上瘾导致咖啡进口大增，势必造成贸易赤字陡增，金银大量外流给英法等竞争对手，如何不叫政府心痛？因此，18 世纪中叶开始，普鲁士国王数次与啤酒商人携手，一边推销啤酒，一边禁售咖啡，更对进口咖啡课以重税，后来索性将咖啡烘焙权收归国有。这虽然使得国土范围内日益蔓延的咖啡消费热潮暂时抑制，但渴望与欧洲主流社会保持一致的德国民众不得不将各种谷物、玉米等混合烘焙作为咖啡替代品饮用，留下一段心酸的咖啡故事。

# 06

# 19 世纪的咖啡

“文艺复兴展现的新思潮，部分归功于一件养成新生活习惯、甚至改变民众气质的大事件——那就是咖啡。”

——法国历史学家朱尔斯·米切莱特

## 咖啡滴滤壶与法兰绒滤布

1800 年，一位巴黎大主教发明了原始的咖啡滴滤壶——将研磨后的咖啡粉放置在带孔的容器中，注入热水萃取咖啡粉，并将萃取后的咖啡液从孔洞排到下方的咖啡壶里。几乎与此同时，英国人习惯于将研磨后的咖啡粉放置在法兰绒或棉布袋里，注入的热水萃取后滴漏在底下的盛装器皿中。与前者不同的是，这种制作方法因为咖啡与水的结合程度深一些，萃取度自然也大一些，做出来的咖啡口感更加浓郁醇厚。

早期手冲咖啡都使用法兰绒滤布而非滤纸，在我看来调性十足，也曾一度十分喜爱推崇。无奈每次冲煮完成后，如果按照合理流程需要：长达十几分钟的反复沸煮、轻压阴干、保鲜袋包裹、密封存放……太过繁琐，还要时常关注滤布上的绒毛纤维是否已受损（一张法兰绒滤布精细保养也只能使用数十次），恐怕只有个别的咖啡匠人才能长期坚持。对于我辈，还是更感恩 20 世纪梅丽塔女士发明的滤纸吧。

## 波旁尖身的发现

1810 年，一位来自波旁岛（1810~1815 年恰好是英国占领该岛期间，叫作波旁岛，1848 年法国重新将其定名为留尼汪岛）的咖农发现了咖啡园中一些植株高度略显矮小的咖啡树，它们结出来的咖啡豆形状与普通波旁圆豆有所不同。后经科学家鉴定，确认它们为波旁变种，俗称“波旁尖身（Bourbon Pointu）”。大家发现，用这种咖啡豆制作的咖啡，味道很好，且提神效果并不明显。咖啡老饕们大为高兴，终于可以一杯接一杯饮用而不过分担心失眠了。据说，巴尔扎克等一大票爱喝咖啡的文学家都是波旁尖身的发烧友。直至 20 世纪，人们才了解，波旁尖身是一种天然咖啡因含量较低的咖啡树品种。

波旁尖身虽然风味上佳，但抗病虫害能力不强，产量也不高，因此长期以来被咖农抛弃，直至 2000 年后随着精品咖啡浪潮才重新崛起，目前在国内咖啡圈并不多见。2017 年夏天，我在巴黎逛遍各大独立咖啡馆，终于在某不知名的精品咖啡店里喝到了一杯价格高昂的波旁尖身，而且是用意式咖啡机来萃取，口味竟也不错。

## 维也纳：欧洲咖啡馆之母

“经过一个光线昏暗的窄窄的走廊，人们进入一间墙壁被烟熏烤得几乎看不出原来颜色的小屋子。一片烟气和热雾里，许多人挤在一起喝咖啡……这里的家具和摆设极为简陋，只有咖啡还勉强可口，但杯子是带缺口的，放糖的盘子里还有烟灰。唯一提供招待服务的老板娘穿着便服，一边看管灶台上滚滚喷香的咖啡壶，一边殷勤地照顾着言谈粗率的客人。在屋角里一张歪斜的桌球台上，三个年轻人正在聚精会神地斗技，头上还扣着半塌了帽檐的学生帽……”这是 18 世纪初一位奥地利作家笔下的咖啡馆场景。其实 18 世纪中叶，维也纳城里除了十余家装修精美的咖啡馆，更多的是一些简陋的土耳其式、波斯式咖啡馆，它们往往是普通市民阶层的乐园。但不管是什么类型的咖啡馆，除了售卖品种繁多的各式咖啡饮品，经营桌球生意往往也是收入来源之一。

进入 19 世纪，拿破仑在欧洲大陆强势崛起，两次军事征服给维也纳带来了空前灾难，物价上涨和自由人文精神退化使得这里的咖啡馆进入萧条期。1815 年，拿破仑时代宣告结束后，维也纳的咖啡馆生意才重新升温，并攀上新的高峰。

有道是“经济基础决定上层建筑”，19 世纪末期的维也纳咖啡馆数量多达 600 家，这既源自对政治的疲惫和气馁，对军国大事的有意回避，也是城市新兴布尔乔亚阶层兴起的写照。富裕的市民和文化精英们开始向咖啡馆聚拢，他们着意营造咖啡馆的温馨氛围，沉溺于个人生活方式的追求，刻意探寻人性深处的幸福。作为不可或缺的公共空间和那个宏大时代的重要产物，咖啡馆无不活力四射，创造性极强。对比来看，今日之咖啡馆看似雷同，实则存在意义迥异。有人认为咖啡馆是阶层更加固化后“小确幸”的附属产物，有人认为咖啡馆是网络社交的补缺和延展，也有人认为咖啡馆是其他实用性空间场所的填充剂，还有人认为咖啡馆是都市年轻人群“波西米亚式”哲学诉求的宣泄罢了。

我认为，19 世纪欧洲大城市咖啡馆文化大爆发、咖啡冲泡设备日新月异、咖啡品质越来越受到关注的另一个原因是城市水质的大幅改善。进入 19 世纪后，从苏格兰和英国伦敦开始，逐渐蔓延至欧洲其他城市甚至美国纽约的是一场轰轰烈烈的城市水系统革命：城市水处理站逐渐兴起，慢速砂滤池开始建立，避免外界污染的持续加压供水系统陆续普及，氯净化受污染水质方法开始被采纳……进入 20 世纪，水处理过程中的氯消毒和臭氧消毒已经开始普

▲同为欧洲文化重镇的布拉格素有“金色之都”的美誉，这里也是品味欧洲咖啡馆文化的好去处

及了。

维也纳新兴的咖啡馆顾客明显更加追求精致与品质，但他们中不乏有人喜欢穿着睡衣和拖鞋，端着咖啡游走在咖啡馆和会客室之间高谈阔论，咖啡馆是“第二会客厅”“第二空间”的美誉由此而来。如今咖啡馆的“第三空间”理论也是从这里“盗版”的。

维也纳咖啡馆以提供各种品类繁多的牛奶花式咖啡著称，对于常客来说自然无须太多介绍，但服务员携带一个由各种深浅浓淡不一的咖啡色组成的色标以服务“菜鸟级”客人还是很有必要的。稍后端出来的咖啡便是方才点单时看到的色泽，分毫不差。更多的调酒花式咖啡和其他咖啡饮品则需要客人费好一番功夫研究。今天，我们漫步在东欧城市街头，蓝天、白云、绿树、花簇，还有一张张热情而纯净的笑脸，我相信那是纯正咖啡馆文化熏陶洗礼后的产物，更生对那个时代的神往。

当年维也纳的咖啡馆里还提供免费的报纸阅读服务，人们纷纷将其视作能提供咖啡服务的报刊阅读室，结果严重影响了报纸销量，还曾被愤怒的报社告上法庭，咖啡馆主们与报社之间为此打了一场旷日持久的官司。时光荏苒，数百年后的今天，许多传统杂志社、出版社受互联网冲击非常严重，他们都不约而同想到了当年的“宿敌”咖啡馆，并主动将精美的杂志和图书送到咖啡馆，希望联手咖啡馆来获得新的生机，真是令人感叹不已。

在那个长达半个多世纪、与法国巴黎

并驾齐驱的维也纳咖啡馆时代，其“欧洲咖啡馆之母”的称号逐渐为人所知。心理学家弗洛伊德、作家克劳斯、作曲家马勒、画家克里姆特、哲学家维特根斯坦、革命家托洛茨基、戏剧家施尼茨勒等“思考者”，都曾在咖啡馆里进进出出，或高谈阔论，或伏案疾书，或神态自若，或蹙眉凝神，他们被称作“咖啡馆精英一代”或“咖啡馆作家群”。卡夫卡曾经在维也纳中央咖啡馆充满深情地朗读着《变形记》草稿。被誉为“咖啡馆作家第一人”的阿登伯格曾在那里深情写道：“你如果心情忧郁，不管是为了什么，去咖啡馆。深恋的情人失约，你孤独一人，形影相吊，去咖啡馆。你跋涉太多，靴子破了，去咖啡馆。你所得仅仅四百克朗，却愿意豪放地花五百，去咖啡馆。你是一个小小的官员，却总梦想着当一个名医，去咖啡馆。你觉得一切都不如意，去咖啡馆。你内心万念俱灰，走投无路，去咖啡馆。你仇视周围，蔑视左右的人们，却又不能缺少他们，去咖啡馆。等到再也没人信你，借贷给你的时候，还是去咖啡馆。”

与鲁迅先生同年出生的奥地利作家茨威格是我钟爱的国外作家之一，他的人物传记《人类的群星闪耀时》，读之能深深感受其人格情怀。怀着对维也纳咖啡馆的无限钟爱，茨威格曾经说道：“我不在咖啡馆，就在去咖啡馆的路上！”这句今天被无数咖啡馆引用为广告语的名言，读来叫人神清气爽、趣味横生。

## 拿破仑与菊苣咖啡

19 世纪初，欧洲强人拿破仑横空出世。他在欧洲大陆纵横无敌，对英国采取的“欧洲大陆经济封锁”举措却未能奏效，尤其是其海军实力不足，反而将自己封锁孤立起来，欧洲大陆经济一度陷入困境。困境中的拿破仑提出了一系列经济自给自足、丰衣足食的口号，比如从本地产的甜菜中提取甜味物质来取代进口蔗糖。再比如，一生酷爱咖啡的他尝试用菊苣取代咖啡——菊苣根部烘焙、研磨和煮制后的汁液颜色与口感都近似咖啡，菊苣咖啡由此出世。但显而易见的是，没有丰富的咖啡香气和咖啡因刺激，这种替代咖啡的菊苣咖啡只能是自欺欺人。我经常看到欧美探险家的荒野探险类电视节目中，有人早晨起来便选取植物根部烘烤熬煮后饮用，并且自嘲般笑称不亚于咖啡，无疑这些探险家潜意识中都中了拿破仑菊苣咖啡的“毒”。

1815 年，滑铁卢战役兵败后的拿破仑被迫退位，并被流放到大西洋上的圣赫勒拿岛，与非洲大陆隔海遥望。所幸这座岛屿上有英国人无心插柳的咖啡树，风味相当不错，喝咖啡也成了拿破仑不多的乐趣之一。这位军事天才不仅每日固定时间喝 3 杯咖啡，还指定要用何处的泉水来冲泡咖啡，更明确盛装咖啡的精美瓷器，令我辈咖啡人肃然起敬。1821 年，拿破仑病逝前还曾苦苦索要咖啡喝，其侍卫的回忆录中清楚记下了这一幕，令人叹息。

直至今天，圣赫勒拿岛咖啡都是一款世界级的名品咖啡，且价格高昂。虽然其自身风味确实不错，天价也与产量极少有关，但主要原因还是拜拿破仑所赐。

## 咖啡王国的诞生

18 世纪 70 年代以来，咖啡种植业在巴西南部地区日渐兴盛起来。那片曾经掀

起开采黄金和钻石狂潮的红土地，因为矿藏枯竭一度沉寂，又因为咖啡种植业而再度兴盛。随之再次兴盛的也包括罪恶的非洲黑奴贩卖。据资料统计，仅 1848 年一年，巴西奴隶主们便“进口”奴隶 6 万人，咖啡种植业是主要的输出领域。有人曾深刻指出，巴西咖啡王国的地位是建立在非洲黑奴血泪之上的，巴西的奴隶制度延续之长冠绝全世界，也与咖啡种植业密切相关，而这一切，直到 19 世纪 80 年代才彻底终结。另有历史学家指出，巴西咖啡种植园的开垦是用粗暴砍伐上百年的热带巨木、成片毁坏原始热带雨林换来的。这些年来，每当我采购巴西咖啡时，如上这些背景话题都会情不自禁浮现脑海，令人倍感每粒咖啡豆都珍贵异常，需要好生珍惜。

1850~1900 年间，咖啡种植业在危地马拉、哥伦比亚、墨西哥、哥斯达黎加、萨尔瓦多、尼加拉瓜等中南美洲国家陆续展开，且发展势头一片大好。

19 世纪末期，奴隶制度在巴西咖啡种植领域被彻底废除，替代性的劳工制度虽然谈不上完美先进，但确实刺激了咖啡种植业的蓬勃发展，咖啡种植面积与产量都持续暴增。

## 巴黎咖啡馆的美好年代

19 世纪中叶，当政的拿破仑三世决定效仿英国伦敦，大兴土木，启动了一项庞大的巴黎城市建设计划，从下水道到城市道路，可谓立体改造。此举让巴黎彻底摆脱了脏乱差的过往形象，清新明丽的“新巴黎”闪亮登场，以塞纳河为界的左岸、右岸就此出现。与之呼应的是，巴黎咖啡馆开始好戏连台。花神咖啡馆、利普咖啡馆、双偶咖啡馆、红磨坊等相继开业迎宾。与塞纳河右岸的流光溢彩、富丽堂皇相比，左岸的波西米亚风情更多了几分浪漫不羁，更为哲学家、作家、艺术家等人群喜爱。据说一生喝过 5 万杯黑咖啡的大作家巴尔扎克写道："咖啡一进入肠胃，人便会产生一种骚动，思绪便会像战斗打响时的大军席卷而来，记忆会飞奔而至，迎风飞舞。"法国浪漫主义作家缪塞也说："如果你没有带够 50 法郎，千万别去推开巴黎咖啡馆的大门！"正是在那个属于咖啡馆的美好年代里，法国巴黎奠定了世界咖啡馆之都的王者地位。

▲鼎鼎大名的花神咖啡馆

与维也纳内敛深沉、意大利随性开放的咖啡馆文化气质不同，法国的咖啡馆文化端庄典雅、浪漫气质中又带着几分诱惑。咖啡馆临街的巨大落地窗后是衣冠楚楚的客人们，他们乐于打量行人和街景，其实也乐于被行人们打量，彼此互为风景。

19 世纪末的美好年代里，法国人将其特有的享乐主义发挥到极致。咖啡馆早已超出了吃喝范畴，宴会、展览、婚礼、沙龙、创作、歌舞表演等各种活动都靠咖啡酝酿，都在咖啡馆里开花……就连 1895 年人类第一部电影的放映也是在咖啡馆进行的——今天许多咖啡馆里看似非凡的创意，其实一百多年前法国人便都尝试过了。咖啡馆从精英文化逐渐变成一种大众文化和一种亲民的生活方式。喝不喝咖啡不重要，泡不泡咖啡馆却是一件大事情。

▲丹麦哥本哈根咖啡馆里静静读书的客人

## 北欧咖啡馆

不管是在童话王国丹麦，还是在隔海相望的斯堪的纳维亚半岛上，咖啡馆林立都是城市里最普遍的现象，北欧人同样喜欢走出家门，去咖啡馆里社交。丹麦与瑞典的咖啡馆数量之多、咖啡品质之优秀、搭配的面包之好吃，以及咖啡之外的啤酒之美味，都给我留下了深刻印象。

▲双偶咖啡馆

▲有人说波西米亚是只有巴黎才会接纳的灵魂。巴黎蒙马特高地圣心大教堂一带的咖啡馆是波西米亚风的发源地之一

一位瑞典朋友对我说：“仅仅想喝一杯咖啡，在家里就行了。我们为什么要跑到咖啡馆消遣，因为那是社会，那是一个交流的世界。”与西欧、南欧人不同的是，北欧人以“沉默的大多数”“精神洁癖者”著称，他们更喜欢阅读，喜欢心灵深处的交流，喜欢在独处时去感受世界的喧嚣。于是我们发现，北欧的咖啡馆相较而言更加安静，阅读者比比皆是，豪爽洒脱的高声谈笑被更多会心的窃窃私语所取代，置身人群中体现存在感的单身顾客比例更高一些。

## 德国咖啡的兴起

经历了18世纪的政府打压后，咖啡在19世纪的德国强势回归，又一次成为德国人的“心头肉”。事实上，直到19世纪中叶以后，德国超过法国成为欧洲大陆第一强国，自身经济实力的强大导致自由经济理论受到重视，再加上迫于咖啡消费者和商人等各方压力，这才将咖啡禁令取消。咖啡在与啤酒的竞争中完胜，德国咖啡消费量暴涨，最终成为欧洲咖啡消费之冠。我曾经见过一幅插画，画中描绘的是一幕19世纪80年代德国女性主题咖啡馆里的场景，女人们在咖啡馆里高谈阔论，热闹非凡。有道是“三个女人一台戏”，这么多女人聚在咖啡馆里，再借助咖啡因的兴奋作用，不知会上演多少好戏来！

## 美国咖啡的崛起

19世纪初期，数以万计的美国人越过阿帕拉契山，开始向西部迁移。开拓者们勇敢、勤奋，寻求更好的生活，他们用双手开拓家园，温暖的咖啡成为他们战胜困难的精神支柱。19世纪中叶以后，咖啡已经成为美国人不可或缺的日常饮品，人均年咖啡消费量持续攀升，一度是欧洲人的6倍之多。

南北战争期间（1861~1865），咖啡是美国军队的基本给养之一。每一位士兵领取军需时都会非常在意配给的咖啡是否公

平，背着磨豆机出征的士兵比比皆是。我曾读过一则野史趣闻，说有一小队南方士兵因为不满长官在发军需时擅自克扣了他们应得的咖啡豆，因此发生哗变。如果故事属实，那么确为美国咖啡史又添三分异彩。

1864 年，杰贝斯·罗恩斯（Jabez Burns）发明了一种改良版的咖啡烘焙设备。第一，这种咖啡机通过在烘焙仓中安置两组螺旋状叶片，让咖啡豆可以受到相对均匀一致的烘焙受热，且热风带来的对流传热效应在烘焙过程中的占比大幅提高。第二，比较好地解决了烘焙完成后的快速出豆问题，让咖啡豆可以迅速从烘焙仓进入冷却盘中。这种烘焙机的问世和热卖使得工业化规模烘焙生产咖啡成为可能。

19 世纪中期，美国加州出现了一家名为 The Pioneer Steam Coffee and Spice Mills 的公司，生产罐装咖啡产品，并立志让更多普通家庭能够享受到咖啡。1872 年，该公司更名为 J. A. Folger & Co。正是从那时起，美国咖啡市场开始呈现爆发式增长。19 世纪 70 年代开始，美国咖啡业蓬勃发展，现代咖啡业在美国诞生，一度产生了 Bowie Dash、Amold 和 Kimball 等垄断全美咖啡市场的超级巨头，并促使纽约咖啡交易所在 1881 年诞生。仅根据 1876 年的统计数据来看，美国进口了当年全世界咖啡出口总量的四分之三，堪称咖啡消费王国。

当然，在那个年代以及后续相当长一段岁月里，美国人对待咖啡的态度一直比较“粗糙”，甚至可以用“粗暴”二字形容，换来了一个牛仔咖啡 (Cowboy Coffee) 的“雅称”。何为牛仔咖啡？支起架子生火，待锅中热水煮沸后，将咖啡粉投入其中，毫无规则地搅拌若干次以后，撤火，略微静置沉淀后，也懒得过滤咖啡渣，便可以倒给大家喝了。因此，那个年代美国咖啡消费量大而品质低劣，给世人留下了难以磨灭的“负面印象”。直到 2013 年，我去意大利与当地人聊天，还有意大利人坚持认为美国人咖啡消费量虽大，但是根本不会喝咖啡。当然，这种偏见与目前实际情况是不符的。

# 07

# 20 世纪的咖啡

“每当一个国家接纳咖啡，就会引起革命。咖啡是人间最激进的饮料，它总能引发人们思考。而民众一旦思考，就会反抗暴政和专制，对集权统治者构成威胁。”

——威廉·乌克斯

## 20 世纪咖啡消费老大：美国

进入 20 世纪，人类的咖啡故事出现了两条主线。一条依旧是欧洲的咖啡馆与知识分子群体的相互依存、彼此滋养，诞生了无数伟大作品和人文思想。比如，奥地利作家茨威格在维也纳中央咖啡馆里创作构思了《一个陌生女人的来信》，徐静蕾和姜文更是将其演绎成为大银幕作品，堪列文青必看清单。另一条是以美国为主线的咖啡故事，摆脱了欧洲咖啡故事以往的叙述风格，我们便着力讲讲后者。

19 世纪末期以来，美国超越英国成为

▲狂野范儿的美国牛仔咖啡

世界工业总产值第一（事实上自从 GDP 理论于 20 世纪被人提出以后，美国就一直霸占着老大的位置）直至今天，现代咖啡业在美国诞生。与之同步的是，美国民众陷入了难以自拔的“咖啡瘾综合征”，美国成为全世界最大咖啡消费国与进口国，直至今天。美国当仁不让地成为全球咖啡产业技术革新、咖啡消费产业升级的策源地、主要推手。一个多世纪以来，全球咖啡产业几番起伏，但不论品质好也罢，坏也罢，卖得贱也罢，贵也罢，都与美国关联甚大。

1900 年，Hills Bros 创始人 R.W. Hills 发明了一项可以将罐中空气抽出，从而保持罐中咖啡较长久新鲜的技术工艺，以往“一地生产，一地销售”的传统咖啡烘焙生产—销售模式被彻底打破，“一地生产，多地售卖”的模式拉开序幕。进入 20 世纪的跨国食品企业几乎同时意识到：咖啡是一种最有利可图的快消品。只见咖啡广告铺天盖地，几乎遍布全美各处，今天我们仍然能够看到很多那个年代的美国咖啡广告画，而且不乏上乘之作。

事实上，20 世纪相当长的时间里，美国人虽然迷恋咖啡，但对风味口感要求不高，与其说是品尝咖啡，不如说是渴求咖啡因带来的澎湃激情，咖啡因此处于量大而品质低劣的窘境。大家试想，咖啡生豆只图便宜，烘焙环节毫无章法，烘焙后保存不讲究，研磨环节不讲究，甚至会提前磨成咖啡粉保存，冲煮水温不讲究，甚至用滚沸的水来冲泡，冲泡多长时间也随意而为，最后过滤咖啡渣后大口牛饮……这样的咖啡会是什么风味？虽然今天美国咖啡早已洗心革面，整体品质大幅上升，甚至在某些精品咖啡领域也是执牛耳者，但依旧有欧洲人不屑于美国咖啡，便与那个漫长的美国咖啡不好喝的时期有关。

## 速溶咖啡崛起

随着咖啡消费规模的日益暴增，人们不约而同开始关注起咖啡萃取物的提炼技术，多项关于速溶咖啡的专利或商品先后问世。而第一次世界大战的爆发，给了速溶咖啡亮相的最佳舞台。虽然第一次世界大战结束后，速溶咖啡需求量锐减，但作为全新的咖啡类商品，其可行性还是被确认下来。虽然我们都厌恶战争，渴望和平，但过往大量事实使我们不得不承认，战争越是残酷，士兵们对于咖啡的渴望便越强烈。第二次世界大战期间，欧洲战场上的美军士兵又做了速溶咖啡最好的推销员，战后速溶咖啡行销全世界与此密切相关。可以说，速溶咖啡是两次世界大战的附属产物之一，最初仅仅只有“便捷”这唯一的标签。

第二次世界大战后，随着持续的和平和商业发展，速溶咖啡开始与高节奏的现代生活相结合，生产工艺不断改进，使其在“便捷”以外又多了“美味”等诸多新标签。速溶咖啡真的美味吗？对于口感风味偏好这种主观问题，仁者见仁，智者见智。但是市场上的大部分廉价速溶咖啡产品，因其生产工艺和市场竞争策略决定了其原材料品质不可能太高，而是通过添加物来“创造风味”，健康专家不建议长期大量饮用。

## 第二次世界大战前的欧洲咖啡大事记

1901 年，意大利人路易吉·贝泽拉（Luigi Bezzera）发明了世界上第一台商用浓缩咖啡机，其复杂且精美的装置充满奢华感，吸引了另一位意大利人迪赛德里奥·帕沃尼（Desiderio Pavoni）将专利买下，并在此基础上发明出 1 小时能够出品 1000 杯咖啡的高压蒸汽式浓缩咖啡机。30 年后，意大利浓缩咖啡机已经遍布意大利、法国等地的咖啡馆及餐厅，甚至在美国的意大利餐厅里也能够看到。不过当时的美国人刚刚从沸煮咖啡的时代走出来，用热水滴滤式冲泡咖啡，以及用精美的虹吸壶冲煮咖啡越来越流行，显然还没来得及真正关注意大利浓缩咖啡机。

▲ 20 世纪 40 年代，泛美咖啡局的一则咖啡广告

意大利生产的咖啡豆同样声名赫赫。今天，在中国咖啡市场上售卖的三大意大利咖啡品牌（Caffe Vergnano 于 1882 年创建；Lavazza 于 1895 年创建，Illy Caffé 于 1933 年创建）其实都历史悠久，有些甚至创建于 19 世纪。

更值得一提的是 1867 年便创立于瑞士，以婴儿食品、巧克力、糖果盒饮料为主营业务的雀巢公司，也于 1938 年正式宣布进军咖啡市场，并推出一款速溶咖啡产品。如果将前文提到的速溶咖啡产品看作 1.0 版本的话，那么雀巢的速溶咖啡产品无疑是工艺彻底升级后的 2.0 版本产品，香气、风味等都明显增强，并由此奠定了其后来的速溶咖啡霸主地位。

近年来，雀巢为了迎接消费产业升级浪潮，也在加速咖啡产业上的布局和调整，胶囊咖啡机产业上的成就自不必说，从收购 Blue Bottle 股份到与星巴克组建全球咖啡联盟，永久获得星巴克店外消费产品和餐饮服务的提供权，可谓大手笔连连，我们也期待未来能看到更多惊喜。

## 美军咖啡冲泡技术标准与罗斯福咖啡

早在第一次世界大战期间，咖啡便是最受美国士兵欢迎的饮品之一，且总是供不应求。美国军方曾专门设定了“咖啡冲泡技术标准”：5 盎司咖啡粉对应 1 加仑热水来冲泡，约合 1:26.7 的粉水比例，这显然严重违背正常的咖啡冲泡常识，更别说精品咖啡的技术标准。这样做出来的咖啡风味、口感之寡淡与古怪可想而知。更为夸张的是，纵使是这样的咖啡，美国军方还要求士兵们只能将冲泡出来的咖啡喝去一半，保留咖啡渣在其中待用，再按照接近 1:45 的粉水比例（3 盎司咖啡与 1 加仑热水）继续勾兑饮用。今天我们说起来当作笑话，但遥想当年，士兵们依旧将其视为琼浆甘露，喝得涓滴不遗。

第二次世界大战期间，得益于美军登陆欧洲战场参战，速溶咖啡品质获得了大幅提升的机会，为今天美味的速溶咖啡奠定了基础。此外，当时美国实行物资配给制，咖啡作为重要物资，每人每天只能喝上 1 杯。作为咖啡爱好者，罗斯福总统早餐时会要求助理为其准备好咖啡壶，他本人亲手制作咖啡来搭配早餐，更显得诚意满满。有一次，罗斯福总统在招待记者时，炫耀自己每天早晚各能喝上 1 杯咖啡，结果引起记者们的不满和质询。罗斯福平静地解释说：我确实是早晚各喝 1 杯咖啡，不过晚上那杯是把早晨煮过的咖啡再煮 1 次。从此，人们把煮过 2 次的咖啡叫作“罗斯福咖啡”。

## 哥伦比亚咖啡的崛起

在咖啡行业，如果说第一次世界大战的最大受益者是速溶咖啡，那么排在第二的应该就是哥伦比亚了。第一次世界大战前的哥伦比亚在全球咖啡版图上无足轻重，但是待到战后，谁也无法小觑哥伦比亚咖啡的力量。主要原因有两点：

第一，作为当时全世界最大的咖啡产国——巴西，通过输出咖啡这种军需品成为第一次世界大战的获益方之一。要知道在长达数十年的漫长岁月里，巴西出口的咖啡一度占到整个巴西出口总额的一半以上，这种占比虽然反映了巴西经济产业结构极不健康，但通过各种行政指令及经济举措来强行调控，努力维系自己在第一次世界大战期间的咖啡收益也就不难理解了。于是，第一次世界大战前后，巴西政府频繁通过增产、提价、囤货等诸多组合拳以求利益最大化。1912~1913 年，刚刚经历过内战、百废待兴的哥伦比亚瞅准时机，开始大规模种植咖啡，咖啡种植热潮兴起。

第二，第一次世界大战期间，欧洲满目疮痍，对于咖啡的需求量直线锐减，拉丁美洲到欧洲的诸多航线更在战时被封锁，大量原本直接运往欧洲的咖啡被迫就近运到美国，大部分咖啡直接在美国本地消费掉，少部分再从美国转口运往欧洲。这样一来，原本几乎只喝巴西咖啡的美国人顿时“开了眼界”，开始接触到更多的中南美洲咖啡。一则当时很多中南美洲的咖啡品质、风味超过巴西咖啡，让美国人大开眼界；二则也给了美国咖啡消费市场更多的可选择性，巴西咖啡不再独美。这其中，给美国人留下最深刻印象的便是种植于高海拔火山土壤中、风味更加突出的哥伦比亚咖啡，原本打算给巴西的许多咖啡订单被哥伦比亚抢走也就可以预料了。

## 格雷欣法则引发的困惑

由于美国咖啡消费长期处于“量大质低”的状况中，经济学中著名的格雷欣法则（即“劣币驱逐良币”现象）便在整个咖啡行业发挥作用了。比如，进口咖啡豆时，品质好、售价高的咖啡豆逐渐被品质差、售价低的咖啡豆所取代，而品质更差、售价更低的咖啡豆还会进一步取代前者……恶性循环导致诸多问题：咖啡普遍越来越不好喝，咖啡商家只能打价格战，导致利润越来越薄。一些“觉醒”过来的消费者发现咖啡越来越难喝，于是抛弃咖啡，转而选择别的饮品。

AMC 公司出品的著名美剧《广告狂人（*Mad Men*）》讲述的是 20 世纪 60 年代美国纽约一家广告公司的故事，便真实生动地反映了那个年代的美国。第一季剧中有个小插曲，一家叫马丁森的咖啡公司来广告公司求助，他们抱怨说 25 岁以上的年轻人都不喝咖啡了。事实上，20 世纪 60 年代正是美国咖啡产业劣币驱逐良币现象发展到极致，原有庞大而低端的咖啡消费产业崩盘前夕的真实写照。新生代咖啡消费者纷纷远离（只有喝了大半辈子咖啡、实在

▲ 1975 年，Mr.Coffee 滴滤咖啡壶的广告

难以割舍的中老年顾客还在一如既往地购买咖啡），咖啡企业生意普遍艰难，整个产业涅槃重生势在必行。

## 美式电动滴滤咖啡壶 Mr. Coffee

1972 年，美国人 Vincent George Marotta Sr 开始大力推广他发明的电动滴滤咖啡壶 Mr. Coffee（即今天我们所说的美式滴滤壶），并邀请体育明星为其产品代言。此举大获成功，虽然咖啡机定价达 39.99 美元（约相当于今天的 226 美元），但订单依旧如雪片般涌来。到了 20 世纪 70 年代末，他的公司 North American System 每天能卖出 40000 台咖啡机，已经算是很大的生意了。

## 艾佛瑞·毕特：拯救美国咖啡的大师

在 20 世纪中叶那个咖啡品质粗劣不堪、顾客纷纷远离、企业维系艰难的岁月里，有一个人的出现宛如黑夜中的明灯。在某种意义上，他不仅带领美国咖啡业涅槃重生，影响和教会了一代人怎么喝咖啡，还带领全世界叩开了咖啡精品化之门，他就是艾佛瑞•毕特（Alfred Peet）。

1920 年，艾佛瑞•毕特出生在荷兰阿姆斯特丹的一个咖啡世家——父亲拥有一家咖啡贸易公司，叔父经营着一家咖啡店。这种从小开始的熏陶使其血液里流淌的都是咖啡，生性叛逆的艾佛瑞•毕特大学辍学后，便不出意料地进入了咖啡行业。一家荷兰报纸记者曾探访过艾佛瑞•毕特，说他家里各种咖啡设备器具堆得像座小山。

第二次世界大战结束后，艾佛瑞•毕特曾到英国伦敦和印度尼西亚爪哇从事过茶叶工作，还曾在新西兰做过葡萄酒品鉴师。作为一个骨子里都是咖啡味儿、最终还会回到咖啡行业奋斗的人来说，茗茶和葡萄酒的从业经验无疑是巨大的加分，因为三者之间有很多可以学习借鉴和触类旁通之处。

1955 年，艾佛瑞•毕特来到美国旧金山。几番尝试未果后，1966 年他选择在加州湾区伯克利创办了 Peet’s Coffee &

Tea，促使他决心创业的理由是："世界上最富有的美国人居然喝着世界上最难喝的咖啡。" 通过深入研究后他发现，美国咖啡难喝主要有两大原因：一是咖啡豆品质低劣，二是咖啡烘焙不得其法。比如，烘焙过程中由于咖啡豆水分丧失和碳元素逸散（变成二氧化碳等）导致减重，而减重太多势必影响售价和利润，于是咖啡烘焙商纷纷选择浅度烘焙，让减重控制到最少。整个烘焙策略的选择和实施完全基于纯粹且鄙陋的商业逻辑，毫不考虑咖啡风味及顾客体验，听起来匪夷所思，但在当时却司空见惯且极为合理。今天我们将一种非常浅的咖啡烘焙程度称之为"美式烘焙"，也是那个时代的"遗留产物"。

艾佛瑞•毕特一方面去全世界咖啡产区寻找优质咖啡生豆，另一方面凭借高超的技艺来深度烘焙新鲜咖啡豆，让咖啡变得醇香甘甜、喉韵悠长且无半点焦苦难咽的负面体验。很快，艾佛瑞•毕特的美味重焙咖啡征服了顾客，Peet' s Coffee 成为当时从大学生到嬉皮士都喜欢的热门聚会之地，甚至成为当地的地标建筑。Peet' s Coffee 的成功绝不仅仅是在咖啡品质上，与大时代背景也密不可分。20 世纪 60 年代是一个十分值得后人研究的时代，当时的欧美国家普遍出现了由年轻人主导的反战运动、无政府主义、乌托邦主义、黑人民权运动、妇女运动、反传统运动等。美国总人口有一半在 30 岁以下，后来还曾经发展到 17 岁以下人口占到 40%，"年轻就是正义" 成为当时的主流认知。许多青年亚文化族群，如摩登一族、摇滚青年、嬉皮士等不断涌现，放荡不羁给美国社会带来了很多负面影响，但特立独行、讲究品位和调性的 Peet’s Coffee 等咖啡馆拥趸无数也就不难理解了。

作为一名近乎偏执狂的咖啡信徒，从来都是打着领带、穿着马甲、一丝不苟的艾佛瑞•毕特对待任何细节都十分严谨。据传甚至连咖啡馆打烊关门该如何拧钥匙，他都会亲自示范，其对于咖啡要求何等苛刻可想而知。在那个年代，艾佛瑞•毕特事实上担负着重燃民众咖啡激情、托起低谷中咖啡产业的使命。

1979 年，60 岁的艾佛瑞•毕特将 Peet’s Coffee 出售，之后仍活跃在咖啡圈从事顾问、教育等事业。虽然在性格上有所偏激，但为人慷慨、一生致力传授咖啡知识、给予他人咖啡创业经营帮助或灵感的艾佛瑞•毕特桃李满天下，这笔财富堪称无价。2007 年，被誉为“一生为美国人冲泡完美咖啡”“咖啡世界至高无上的存在”“教会全世界喝咖啡的人”“精品咖啡革命开创者”的艾佛瑞•毕特在美国俄勒冈州去世。全球咖啡圈悲伤一片，美国主流媒体都进行了报道并表达哀悼之情，其在美国乃至世界咖啡界的崇高地位可见一斑。

离开创建者的 Peet's Coffee & Tea 这些年持续高歌猛进，不仅已在全美拥有超过 200 家门店，更在精品咖啡领域深度布局，新兴的精品咖啡品牌 Stumptown（树敦城）、Intelligenstia（知识分子）等都已被其收购股权，成为旗下拓展精品咖啡战场的尖兵。2017 年 10 月，Peet’s Coffee 来华登陆上海滩开店，中文唤作“皮爷咖啡”。

## 美国人的咖啡精神

第二次世界大战以后，美国迎来了一个崭新时代。美国人信心十足，自豪感爆棚，几乎所有人都认为自己过得比父辈好。他们自认为慷慨是其最大性格特征，随后依次是友好、理解、虔诚和崇尚自由，缺点是有一点利己、奢侈和拜金主义。至少 500 万套住房的缺口使得大量劳动力涌向建筑行业，全国上下都是热火朝天的施工场景，所幸工作期间 15 分钟的咖啡时间得以延

续下来；加州最先出现了八车道的高速公路、四叶式立交桥和自动找零的公路收费系统；斯波克医生的《育婴手册》霸占着畅销书排行榜第一名，书中倡导自由放纵、回归天性的育儿策略；美国人口急剧增长，人均年收入却仍一度是欧洲人的 15 倍，人均年咖啡消费量达到 9 千克；工地上的男人们围坐一起，大杯喝着廉价咖啡和速溶咖啡；年轻姑娘们开风气之先，穿上了半裸的泳衣在沙滩上招摇；妇女们普遍认为家里应该有 3 个孩子，她们喝着咖啡大声讨论孩子的话题，不时捧腹大笑，根本不担心给孩子整牙或将来送去上大学的开销；1952 年，第一部需要戴眼镜观看的长篇 3D 电影《非洲历险记》在洛杉矶公映……那个年代的美国之美好，与当下形成巨大反差。

20 世纪 60 年代，冷战中的美国启动阿波罗登月计划，美国人乘坐阿波罗十三号宇宙飞船进行人类第一次登月之旅时，曾经发生过一次可怕的故障——返航中的载人航天飞机有可能无法顺利进入大气层。当时的地面指挥部人员满怀深情地不断安慰三位生死未卜的宇航员：“加油！香喷喷的热咖啡正等着你们。”后来，我们也可以从无数的美剧中听到类似的鼓励话语。咖啡代表了一种惬意、幸福而又简单的生活。

2008 年，奥巴马竞选总统时还曾有个趣闻，据称他很多洋洋洒洒的竞选演讲文稿都出自一位年仅 27 岁的年轻幕僚之手。这位年轻人有个怪癖——喜欢坐在华盛顿咖啡馆的露天散座上奋笔疾书，没这“情调”就无法工作。

# 08

# 关于星巴克

1983 年，当霍华德·舒尔茨在西雅图的星巴克咖啡馆里安装第一台意式浓缩咖啡机时，它引发的是一次咖啡馆复兴运动。

——美国学者

## 绕不开的星巴克

不管你是喜欢它，还是憎恨它，是欣赏它，还是抵触它，但凡谈论起咖啡，星巴克都是绕不开的重要话题，在美国如此，在日本如此，在中国亦如此。过去数十年的咖啡商业史，甚至人类历史上，都已打上了它的印记。2014~2016 年间，我在铂澜咖啡学院授课时曾在学生中频繁做过一个小调查："请你写出唯一的关键词，它是你听到'咖啡'后的第一反应。"超过 25% 的受调查者写下的是星巴克，其重要性可见一斑。

在精品咖啡运动深入发展、逐渐成为主流的今天，在 90 后逐渐站到商业舞台中央的当下，在居功至伟的霍华德·舒尔茨辞职并转战政坛的如今，从“不惑”迈向“知天命”的星巴克也面临着越来越大的挑战。“星巴克还能坚挺多久？”“星巴克之后会是谁？”早已是业内外的热议话题，风投们手上捏着一份不断增加的挑战者名单，兴奋地为干掉前者提供着充足弹药。但“瘦死的骆驼比马大”，星巴克多年来积累的品牌、管理、团队与客户资源岂能轻易束手就擒？更何况星巴克在新兴领域并非毫无建树，其自我创新的意识与能力也远比很多人想象中还要强大。

## 星巴克与 Peet's Coffee

1970 年，杰瑞（Jerry Baldwin）、戈登（Gordon Bowker）、泽夫（Zev Siegel）三个年轻人希望在西雅图开一家高品质的咖啡店，他们慕名来到伯克利拜访艾佛瑞•毕特，向他学习取经。在随后几周的时间里，艾佛瑞•毕特投入了极大的热情传授从咖啡烘焙到咖啡店经营管理的所有知识，并亲临西雅图现场指导，协助三人在第二年（1971 年）创办了一家今天声名赫赫的咖啡企业，那就是星巴克。

客观来说，星巴克创始团队师承艾佛瑞•毕特，早期较完整复制了 Peet’s Coffee 的经营模式——主推新鲜且深度烘焙的高品质咖啡豆，并教授大家采用法压壶来冲泡咖啡。当时两者关系之紧密令人惊讶，甚至1984年星巴克曾一度将其收购。2017 年 Peet’s Coffee 来华开店，便有媒体将之冠以“星巴克之父”之名，或许是巧妙的公关营销，果然一炮而红，不过也言之凿凿，确有其事。

## 星巴克初创之时

霍华德•舒尔茨在其著作《将心注入》中描述道，20 世纪 70 年代初的美国西海岸人，越来越追求饮食的品质、风味和健康，他们开始抛弃富含添加剂、香料、防腐剂的包装食品，不屑于纯粹靠包装取胜的诸多噱头，拒绝再加工食品，转而购买新鲜蔬菜、吃新烘面包、烹饪刚捞出的海鲜、购买新烘咖啡豆自家研磨冲煮……如上这些正是星巴克诞生时的环境土壤，是社会经济高度发展到特定阶段后的必然结果。舒尔茨曾承认早期并没研究过市场，只是厌恶身边那些品质低劣、价格低廉、风味平庸的罐装咖啡，只是心中饱含着对于梦想的渴望、对于品质生活的热盼。可见星巴克也是一头“碰巧”站上大风口的“猪”。当下中国咖啡消费增速如此迅猛，正也是整个经济发展阶段使然，如若顺势而为，同样大有可期。

事实上，1971 年的西雅图市正陷在经济不景气、波音公司大裁员、失业率暴增的氛围中。当时有一句很有名的玩笑话，提醒最后一个搬离西雅图的人别忘了关灯。但有道是“势、市、事”三个字，一旦顺应了时代发展（势），选对了行业赛道（市），又何惧眼前局面（事）？当年 4 月，星巴克低调地在派克市场开张营业，以售卖新烘咖啡豆为主业，并迅速取得了开门红。

星巴克店名与 LOGO 都带有浓厚的北欧风情、航海情怀，LOGO 本身便是源自一幅 16 世纪斯堪的纳维亚的木刻图画——咖啡、茶和香料这三大主营业务围绕着神话传说中袒胸露乳的塞壬女妖（Siren），象征着咖啡巨大甚至致命的诱惑。传说西西里岛附近有座塞壬岛，居于其上的塞壬女

妖袒胸露乳，长着鹰的羽翼，拥有美丽的面容和天籁般的嗓音，她日夜歌唱引诱过往的船只。但凡听到她歌声的水手们都会调转航向，循着魔音驶向那暗礁密布的塞壬岛，最后心甘情愿地触礁身亡，死时还面带微笑。美国知名作品《了不起的盖茨比》中女主角黛西其实就是塞壬女妖的再次演绎，可见其在美国文艺青年心目中的地位。而 Starbucks 则取名于《白鲸记》中勇敢坚毅的大副，让人联想海洋的浪漫神秘和早期咖啡贸易商的航海精神。其些许北欧风与早些年成立的同城咖啡品牌 Seattle's Best Coffee 非常相似，这也与西雅图北欧移民多、北欧风情受众广关系密切，要知道全美唯一的北欧博物馆也位于西雅图。

在后来数十年的经营扩张中，星巴克的 LOGO 紧随时代更迭而多番更新，塞壬女妖变成了一条来自希腊神话的双尾美人鱼，简单化、时尚化、国际化趋势明显，至于其中更多的内涵则是后来的好事者有意或无意赋予的。星巴克用行动告诉我们：企业的品牌知名度与美誉度是一个浸润于每日经营点点滴滴中的漫长过程，是在岁月沉淀中不断丰满的，也是针对消费人群心智不断改变的，而非一个最初设定的结果。

## 星巴克初期的商业哲学之美

1982 年，舒尔茨放弃了纽约的高薪工作，举家搬迁到千里之外的西雅图定居，怀着“星巴克是一块有魅力的璞玉，我能帮助它成长”的理念，他正式加入了星巴克。当时的星巴克与今日之星巴克商业模式大不相同，作为艾佛瑞·毕特的门徒，星巴克始终强调品质至上，关注咖啡技术，不盲目妥协于大众消费市场，强调工匠精神，虽然

当时发展速度并不快，但顾客忠诚度高，口碑价值无与伦比，并给未来打下了坚实的基础。舒尔茨用了数年才逐渐体会到当初星巴克的商业哲学，后来他能大展拳脚也得益于这些看似微不足道的积淀。而这些也正是现今独立咖啡店初创期应该秉持的基本理念，在社交网络媒体大爆发、口碑传播依赖互联网的今天，这种商业哲学在裂变式网络营销中威力最是惊人。

正如一个人需要成长，一家企业同样如此。市场广阔无垠的美国与中国有着相似的企业基因，“不断长大”是每一家企业骨子里挥之不去的执念，而很多欧洲或日本企业未必能深刻体会这一点。

## 关于咖啡品质

令我印象深刻的是，不管后来星巴克的商业模式发生了何等进化，不管星巴克走到了世界哪个角落，包括舒尔茨在内的企业管理者始终将品质挂在嘴上，将其视为企业文化的核心、最宝贵的精神财富。舒尔茨自言每当在经营上难以决断时，每当被官僚主义扰乱心绪之际，都要重温那段高举“品质至上、客户至上”理念的初创岁月，来安抚自己的情绪，找回正确的路。今天有部分专业咖啡人（尤其是精品咖啡业者）不屑于星巴克咖啡的风味和品质，甚至认为星巴克不过是在做“穿着咖啡外衣的牛奶和果露糖浆生意”。如今，确实多数独立精品咖啡馆的单杯咖啡品质都可以挑战星巴克，但是若从一名咖啡企业经营者的角度来客观评价，如此庞大规模的星巴克能够做到今日这样稳定的门店品控已殊为不易，相信舒尔茨的诸多言辞绝对是真诚走心的。

## 意大利咖啡馆之魅惑

欧洲大陆无疑以意大利的咖啡最为好喝。高速公路上开车只要一离开意大利境内，不管是身处瑞士、法国或德国，其服务区的咖啡风味水准立马会有一个层级的下滑。看你是不是还在意大利境内，闭着眼睛喝一杯咖啡就能判定。不得不说，意大利是咖啡的王国，也是盛产“吃货”的沃土。

1983 年春，作为星巴克员工的舒尔茨去意大利米兰参加一个家居用品展，深深地被意大利的诸般风情所打动。他在《将心注入》中的一番评价堪称世人对意大利最精妙的评价之一：……意大利人在享受日常生活方面无人能及，他们明白工作的意义，更明白休闲和享受生活……虽然基础设施很糟糕，没有什么东西完备，但食物美好得令人难以置信，建筑美轮美奂，灯具令人心醉，时装优雅独树一帜……在食物售前制备上，意大利人有着心存敬畏的固执，不做到完美绝不歇手……最后商家会以一种艺术家的自豪感递给顾客……很快，舒尔茨关注到遍布米兰街头的小小咖啡馆，发现它们是如此普及，如此美好生动，又如此具备魅力四射的仪式感和浪漫风情，“就像一道闪电直击心灵，我全身都为之震颤了”。

令舒尔茨震颤的意大利咖啡馆究竟有些什么？

第一，选址定位于居所之延展、社区公共空间，熟客占比高、黏性极强。

第二，体量小巧，甚至是逼仄，有利于提高坪效与人效。

第三，主要制售咖啡，兼营简餐，少数还有酒水等其他产品。

在意大利如果提到“咖啡”一词，那么必然是指意式浓缩咖啡。意大利人往往会慵懒地靠着吧台，撕开一小袋砂糖倒入咖啡中，搅拌数下，分作三口饮毕，满嘴风味爆炸而来，畅快淋漓，然后转身离开。

日本咖啡专家横山千寻曾在意大利咖啡馆工作过，他对意大利咖啡师有着精确的描述：意大利几乎没有兼职咖啡师，大家认可这是一份需要全职全心参与的专业岗位。咖啡师总是将视线放在客人身上，关注顾客的一切。纵使再繁忙，客人再多，有经验的咖啡师也会将衣服的颜色、领带的花纹、身上的配饰等当作辨识顾客的线索，制作咖啡的同时，仍会不住地往客人方向观看，就连客人放下消费小票后的动作、眼神、情绪等，都在关注和分析之中。或许这就是以客人为尊的体现吧。

很显然，当时的舒尔茨意识到星巴克忽略了咖啡最本质的文化、最内在的精神，咖啡这种商品体验增值的最佳形态不是咖啡豆零售商店。他得出一个最终重塑星巴克，让其成为伟大企业的结论：意大利人知道人与咖啡之间怎样产生互动关系，知道怎样让咖啡融入人们的日常生活。如果能够在美国创造出一种意大利式的咖啡馆文化和经营业态，星巴克将成为人们生活中难以割舍的卓越体验，甚至引起共鸣……星巴克要把咖啡提升到一个新的高度！

## 星巴克的成长之路

舒尔茨震撼于意大利人将喝咖啡变成一曲融入生活的咏叹调，其中的浪漫情怀和社区情结深深打动了他，更让他有了在美国发展意式咖啡馆连锁事业的想法：最好的创意是那些创造了新的精神状态，在他人还未意识到之前就捕捉到人们需求的事情。重新改造咖啡这种看似老掉牙的普通商品，给它融入浪漫主义情怀，发掘它几个世纪以来沉淀的迷人特性，让顾客迷恋天天咖啡馆的风格、氛围和其中蕴含的知识，人与人之间的关系也因此得到加强。

当时的星巴克虽然只有四家门店，但已是经营多年的"老企业"，保守与固执在所难免，在与创始人交涉无果后，舒尔茨不得不于 1985 年离开星巴克自行创业，筹资创办了"天天咖啡馆"。这其中的艰辛只有创业者才能体会。仅仅是与 242 位投资人接洽、被 217 人直接拒绝就可以让绝大多数人崩溃。舒尔茨后来直言"那是一段让人感到非常低贱的日子"。

大约是 2008 年，作为一名入行不久的咖啡馆老板，我买来舒尔茨的自传《将心注入》阅读，囫囵吞枣后得出一个草率的结论：营养有限、自吹自擂的企业软文！若干年后我再次细读《将心注入》，深为自己当时的结论感到羞愧。有些事情，必须自己亲身经历过，才能有深刻体会。1987 年 8 月 18 日，完成筹资、创办了天天咖啡馆的舒尔茨又买下星巴克，双方品牌形象融合，全新的星巴克从此诞生，并迈上了发展的快车道。

## 创建一个成功的零售品牌

1991 年，星巴克进入洛杉矶并大获成功，《洛杉矶时报》将其评为全美最好的咖

啡，仿佛一夜之间，星巴克就成了时尚的代言人。舒尔茨对此有一番经营体会：创建一个成功的零售品牌，应该去占领具备文化辐射作用的高地，必须创造一种吸引人们注意力的最佳策略，必须成为时尚，必须有一些引领潮流的“明星”为你“代言”，口口相传的威力远远大过硬广。2008 年世界拉花大赛冠军、日本咖啡大师泽田洋史也认为，既然要把咖啡当作商业来做，就必须打造成功商业化的店，采取具有战略性意义的营销推广策略。他在介绍自己 2010 年创办的 STREAMER COFFEE COMPANY 时分享过，他人生中一次重要机会是凭借拉花艺术表演与木村拓哉共同演绎了尼康电视广告，此举在当时影响巨大。有了明星代言的光环，不仅自己的门店沾光，更使得牛奶拉花艺术风潮在日本引爆。

当下，瑞幸咖啡（Luckin Coffee）等新兴咖啡品牌正携资本威势，利用绚丽的互联网手段挑战星巴克，并已取得令人瞩目的阶段性“战果”。其使用的诸如重新定义咖啡消费、占领文化辐射高地、找流量明星代言、争做时尚代言人、吸引注意力做到口口相传等策略，正是星巴克当年起势的手段，甚至较之更加犀利，堪称“以其人之道还治其人之身”。

## 商业扩张核心理论之第三空间

1989 年，一位美国社会学教授出版了《第三空间》（*The great good place*）一书，它成为星巴克后来商业扩张的核心理论之一。书中认为，人们永远需要不是那么严肃正式的公开场所以满足人际交往、互通有无。在那个场所里，人与人之间是平等的，人与人之间的交流是轻松的，这也是一座城市的本质需求之一。20 世纪 90 年代以后，越来越多的美国人过上了单调乏味的两点一线生活，整日游走于居所与办公室之间。人们内心更加渴求彼此间的聚会、交流，哪怕半个小时也好。这种社会发展走向在很大程度上成全了星巴克，星巴克也顺势而为，走上快速扩张之路，直至取得今日之商业成就。

1992 年，星巴克上市时拥有 165 家连锁门店，除了加拿大温哥华，其他主要位于西雅图、芝加哥、波特兰、洛杉矶、旧金山等大城市，经营集中于美国西海岸（芝加哥等除外），甚至还没进入纽约。这可以看作是一家餐饮企业发展前期的常见策略：选定一个优质地区后，通过核心口岸密集布局开店来做区域深耕，从而彻底俘获本地消费市场，迫使竞争对手出局或改弦更张，后院无忧后，再考虑辐射扩张到下一个地区。这种密集布局策略也可以保证顾客的高接触度、全天多次消费的频度，更形成一种称之为“路径依赖”的消费惯性。曾有数据统计表明，20 世纪 90 年代热衷于星巴克的消费者平均每月光顾星巴克高达 18 次，这是很傲人的成绩。事实上，星巴克今天在中国拓展市场也是采纳相同的竞争策略，在很多大城市核心商圈，某些竞争对手门店被星巴克的“肉搏式策略”挤兑得够呛。

在互联网高度发达、社交媒体无孔不入的今天，某些轻度社交确实已经被线上场景取代，但依然有相当多的消费场景需要线下实体门店营造的沉浸式体验。“第三空间”理论随着时代发展需要升级改造，但不会就此消亡。

## 星巴克理解的咖啡生意

今天，据不完全统计，铂澜咖啡学院已有超过 100 位学员工作于世界各地的星巴克门店中，我们团队中也有来自星巴克的前雇员，当然我们自己也是星巴克的顾客，甚至在世界各地都喝过星巴克的咖啡。我们对于星巴克的理解便是诸多认知碎片整合在一起的图景。在我们看来，星巴克虽然有着技术驱动、品质至上的过往基因，但很早便确立了“盈利是未来成功的基础”这一信条，“卖服务而非卖咖啡”才是内在驱动力，商业上的巨大成功无疑更加令人敬佩。星巴克很好地将咖啡视为商品，创造出一种既大众化又超越平庸的生活方式，被人们贴上了“时尚轻奢”“买得起的奢侈”等标签，他们用先进务实的经营逻辑、激情澎湃的商业创新来维系每一天的每个片段。

或许在星巴克看来，咖啡生意其实就是咖啡因生意、糖生意与牛奶生意的三者结合体，甚至只有将咖啡进行如此深度烘焙，才能产生对应的强烈风味和厚重质感，才需要尽可能多的牛奶、奶油、糖、果露糖浆、巧克力酱等利润率高于咖啡本身的物料，才能让消费者产生最大化的感官刺激、饮用快感，顾客黏性才能最高。

## 一切皆非偶然

20 世纪 90 年代，星巴克迎来了发展的第一个黄金时代，主要在美国本土拓张。1995 年，每家星巴克新门店第一年实现的营收比 1990 年平均增长了 60%。1993~1997 年星巴克在美国的年均开店速度和 2010~2014 年其在中国的开店速度大致对应，而 1997 年星巴克在美国的总门店数也和 2014 年在中国的总门店数基本相当。事实上，20 世纪 90 年代后期，星巴克就开始走上冲击全球咖啡霸主的道路。

1996 年，星巴克在日本的第一家店在东京银座盛大开业。1998 年，60 多家星巴克同时亮相英国街头。1999 年，星巴克来到中国北京，第二年秋天便进入金顶碧瓦的紫禁城。位于故宫乾清门广场东侧九卿朝房的迷你星巴克门店，为了各种避嫌，选择了隐忍低调，甚至取名叫作“很多人休息的位置”。甚至在炮火连天、经营时断时续的阿富汗坎大哈，星巴克门店也能做到日均 500 杯咖啡出品。

这些傲人业绩的背后，一切皆非偶然，而是星巴克对于顾客咖啡消费“深挖掘战略”成功的必然结果。早在 20 世纪 90 年代，星巴克就有意识地与大量顾客进行深度访

谈交流，这种访谈甚至长达 2 个小时。部分受访者被要求闭上双眼，进入一种半催眠状态，从五感六识等方面来描述自己美好的咖啡体验。最后得到的结论多有相似之处：第一，大部分受访者都不会在意咖啡的口感、酸度等风味细节；第二，大部分受访者都渴望在一个安全舒适的氛围中，获得片刻的身心放松。

除了从顾客调研中获得信息，星巴克还非常注重商业逻辑的悄无声息的渗透——触目所及之处非常整洁、订单精准和高效便捷。比如说，收款台左右两侧的产品摆放顺序就暗藏玄机，直接与产品利润率、顾客消费习惯等关联。纵使大多数人在星巴克柜台前排队不会超过 90 秒，但是在这短短 90 秒之内，你的脚步挪动、身体姿势、视线变化、注意力聚焦点等都已在其“算计”之中。再比如说，作为一种“争分夺秒的生意”，星巴克的运营分析专家不断优化每一处细节。有时为了高效便捷，不仅需要对流程进行优化、对动作进行调整，还需要专门设计一些特殊工具来辅助，比如说制作星冰乐的定量冰铲等。

## 星巴克的门店布局架构

我们无意过多列举星巴克的拓店历史，过去的历史只代表过去的商业环境和消费生态。到了 2018 年，星巴克甚至将公司投资者大会都放在了中国召开，因为“几乎所有的增长亮点都集中在这里”。也因为“第三空间”魅力依然巨大，更因为多年精心经营的品牌已展现出淋漓尽致的优势，所有的雄心壮志都需要在此来表达宣泄，未来也将从这里窥探获悉。事实上，星巴克在中国内地已经构建了比较完整的门店架构：

▲在星巴克之外，%Arabica 等网红咖啡馆品牌通过差异化竞争彰显自身魅力

第一层次：使用全自动咖啡机、不在乎个别顾客差异化消费体验的普通门店，这些门店主要是普通门店，像毛细血管网络一样，源源不断地给母体供应能量——赚取最大化的利润。

第二层次：星巴克臻选店充当起迎接消费产业升级浪潮的“排头兵”角色。虽然某些从业者并不认同目前臻选店的咖啡已达到精品咖啡水准，但通过展现诸多精品咖啡概念元素来实现更好的顾客消费体验却是事实——黑围裙店员穿梭往来、使用高大上的半自动咖啡机及研磨设备、提供手工冲泡与冷萃咖啡、冗长详尽的单品咖啡信息罗列……至少这些美好的细节是顾客能够真切感知到的。不同城市的星巴克臻选店数量甚至催生出一个用来比较城市竞争力的“臻选指数”。

第三层次：全球第二家星巴克烘焙工厂店于 2017 年底在上海太古汇开张营业，一栋恢宏豪奢的楼宇将咖啡烘焙生产、咖啡门店、烘焙轻食、时尚饮品、新零售等有机整合在一起。消费者走入其中，能够接触到自己所能想象和无法想象的与咖啡相关的全部。位于北京前门北京坊的星巴克同样恢宏堂皇。从星巴克战略角度来说，宛如咖啡宫殿一般的烘焙工厂店不仅是一种面向未来的业务探索和布局，更是直接在金字塔顶布局，构建相当长一段时间内难以被竞争对手超越的竞争壁垒，保持自身的市场地位和品牌价值。

星巴克上海烘焙工厂店已成为上海旅游景点新坐标和粉丝朝圣地。更为重要的是，其构建的深度沉浸式咖啡综合体验空间给了我们很多关于咖啡和咖啡商业的新思考，也推动了我国咖啡烘焙生产许可审

查制度的进化——上海食品药品监督管理局在这家店开张前夕，专门出台了《上海市焙炒咖啡开放式生产许可审查细则(征求意见稿)》，第一次将食品生产许可证照与食品经营许可证照结合起来。很多时候，站在巨人的肩膀上思考问题更有效率；艰深的工作由巨头来推进更有可能，中小创业者更适合选择顺势跟风。

## 星巴克之隐忧

金无足赤，人无完人。杰出如星巴克，也并非无懈可击。有人会提及星巴克对自家某茶饮品牌门店的经营不善；有人认为星巴克虽有足够的创新能力和意愿，但体量太大，不够灵活、反应滞后；还有人认为，门店供给不足与门店运营成本上涨一直是星巴克在中国面临的重要问题。但或许，星巴克自身的问题终归只是“癣疥之疾”，消费市场与竞争态势等来自外部的变化才是关键所在。

首先，挑战来自过往品牌内涵与商业模式在未来的竞争力。“星倍醇”即饮咖啡、“星专送”咖啡外送服务、会员数据接入阿里、包装咖啡业务由雀巢操盘……虽然星巴克创新连连，但其最核心的品牌价值(尤其在中国)还是归结为“给消费咖啡赋予场景体验增值”，庞大的75后~80后人群是其粉丝和拥趸，宫殿般恢弘的星巴克烘焙工坊是其典型象征。那么，第二战场同时展开的诸多创新是否会动摇其品牌认知呢？而更加年轻的消费客群此时还游离在星巴克光环之外，他们既未产生足够的咖啡消费依赖性，更无对星巴克的特殊情感，又赶上了新式茶饮与全新咖啡物种大爆发的时代，“喜新厌旧”程度可想而知，星巴克需要有勇气和能力重回起跑线前公平竞争。

其次，挑战来自于经营品类甚或不同赛道的对手们。手机和智能手环给了传统腕表行业致命一击，餐饮外卖兴起让方便面行业一度衰落。打破一个行业或品类竞争格局的，往往是跨界者、颠覆者和破坏式创新者，因为它们无拘无束、针对性出牌，因为它们践行“天下武功，唯快不破”的信条。当星巴克将顾客名字写在纸杯上以提高“拥有感”等小技巧渐失用武之地时，瑞幸咖啡等新兴咖啡物种则强调咖啡的无处不在，让一杯咖啡重回纯粹与简单，并挑衅式地直接质疑：“你喝的是咖啡还是咖啡馆？”热钱汹涌澎湃的当下中国，互联网人群庞大、网络社交应用繁盛，咖啡生意一旦与“巨量资本”“裂变式营销”等概念触碰，就好比木炭、硫黄和火硝按比例混合一样，可以创造出很多难以想象的威力来。最终能否成就另一个星巴克尚未可知，但其成长势头和摧毁性却不容小觑，对于资本市场的催化作用更是可观。

星巴克，祝好。

# 09

# 速溶咖啡不简单

“1789~1921 年，仅在美国专利局记录在案的煮咖啡工具就有 800 多项，还不算 185 项研磨工具和 312 项烘焙工具，以及其他 175 项和咖啡有关的各式各样的发明。”

——Edward Bramah（*Tea & coffee*）

## 初识速溶咖啡

速溶咖啡（Instant Coffee）是 20 世纪科技进步在食品工业领域的重要成果之一，也是当今人们品尝咖啡风味、摄取咖啡因的重要方式之一。

不同于新鲜冲煮咖啡（Freshly Brewed Coffee，又叫现磨冲煮咖啡，简称现磨咖啡），为了终端消费咖啡的最大化便捷，制作速溶咖啡并不容易。咖啡熟豆在研磨、萃取之后，还需通过工业化设备，在特殊压力和温度下浓缩、干燥，才能将有效风味物质提取出来，并最终获得速溶咖啡粉。

## 真正的老大：速溶咖啡

以 2018 年我国大约 1000 亿元规模的

咖啡消费市场来看，现磨咖啡其实只占到18%的份额，即饮咖啡又占去10%的份额，剩余大约72%的份额都由速溶咖啡分享，可见其市场之大。纵使现磨咖啡与即饮咖啡都是未来发展的重点方向，而速溶咖啡增速已显疲态，其庞大势力依旧可见一斑，不少国人心目中的咖啡选择还是速溶咖啡无疑。如果在淘宝、天猫、京东等电商平台比较一番各类咖啡商品，看看销量几何，便不难得到上述结论。

区分并比较速溶咖啡与现磨咖啡，是今天SCA咖啡理论知识（Introduction To Coffee）中的第一个知识点，是走进咖啡世界的起点。区分速溶咖啡粉与现磨咖啡粉其实非常简单——前者可以完全溶于水中，哪怕是冷水也没问题，而后者必然有大量不溶于水的咖啡渣（纤维质）沉淀。这一简单事实可以充分说明：速溶咖啡与现磨咖啡并不是一码事。

## 速溶咖啡之崛起

20世纪初，随着咖啡消费规模的日益暴增，人们不约而同开始关注起咖啡萃取物的提炼技术，并有多项关于速溶咖啡的专利或商品几乎先后问世。1901年，日裔美国化学家萨托利·加藤（Satori Kato）在芝加哥举行的泛美博览会上展示并出售了速溶咖啡产品，并在1903年就此获得了专利（U.S. Patent No. 735,777 – August 11, 1903）。

但当时美国市面上知名度最高的速溶咖啡商品则非一款叫作乔治·华盛顿的速溶咖啡产品莫属，他们的广告也是拿自家品牌和开国总统华盛顿同名来做调侃。1918年，美国国防部采购了这款速溶咖啡产品，并将其作为军需品投入第一次世界大战前线，这款速溶咖啡借助美军士兵之口大获成功。虽然战争结束后速溶咖啡需求量锐减，但速溶咖啡作为全新的咖啡类商品获得了认可，速溶咖啡工艺技术也得到了迅速完善。

1929年，雀巢集团董事长Louis Dapples接到一项求助任务：解决掉法国与意大利银行位于巴西仓库里积压的库存咖啡。雀巢需要做的是将这些咖啡豆变成“可溶性固体咖啡”，以便售卖。为此，化学家莫根特尔等加入了研发团队，并在数年以后研发成功：利用充分的碳水化合物在高温高压环境下创造出固体粉末状易于溶解的颗粒，并发明了喷雾干燥法。1938年4月1日，雀巢公司正式宣布进军咖啡市场并推出速溶咖啡，“雀巢咖啡”品牌创立。很多速溶咖啡从业者会将这一年算作是速溶咖啡的真正诞生日，雀巢速溶咖啡的历史地位可见一斑。

果不其然，第二次世界大战期间欧洲战场上的美军士兵又做了速溶咖啡最好的推销员，到1940年4月，雀巢咖啡已经在全球30个国家有售。在此容我引用一段雀巢中国官方的自述：“……雀巢咖啡虽然在法国、英国和美国开始生产，但战事还是造成了雀巢咖啡在商业分布上的停滞。幸运的是，速溶咖啡易于携带、方便冲调的便利特性，使其在战争年代成为保障军队时

▲雀巢位于瑞士日内瓦湖畔的总部大楼

刻保持警备状态的必需品。雀巢咖啡名列军队采购名单前列，并迅速赢得忠诚的消费团体……”

第二次世界大战以后，随着持续的和平和商业发展，全球尤其是欧美社会生活发生了巨大变化。男女平权导致广大妇女走出家门、走上工作岗位，家里失去了一位专业、体贴又有耐心的“超级咖啡师”，而社会节奏则在飞速加快。气运俱佳的速溶咖啡正好与高节奏的现代生活相适应，其生产工艺不断改进，在“便捷”“提神”以外，又多了“风味丰富”“变化多端”等标签。

我国的速溶咖啡事业起步于 20 世纪 80 年代。1986 年 3 月，海口咖啡香料厂从丹麦引进中国第一条速溶咖啡生产线。1988 年，中国第一家速溶咖啡生产企业——海口速溶咖啡厂正式成立。到了 1992 年，完成股份制改造的海口速溶咖啡厂更名为海口力神。我还清晰记得自己在高中期间，可是喝了不少力神牌速溶咖啡，提神效果不俗，可见罗布斯塔种咖啡中咖啡因含量着实不少。

## 喷雾干燥法速溶咖啡

虽然在“长相”上，速溶咖啡粉与咖啡豆研磨后的咖啡粉有几分相似，但即冲即饮、并无咖啡渣残留的速溶咖啡粉，其实只是固态呈现的咖啡中的可溶物，两者具有本质区别。前者是现代食品工业科技的结晶，后者则是大自然的恩赐。

制作速溶咖啡最核心的步骤是脱水。脱水主要有两种方式：喷雾干燥法和冻干脱水法。喷雾干燥法是最常见的传统工艺，生产效率较高，又叫作热干法或喷干法。简单来说，就是将咖啡凝缩液放入高温喷射器中，接下来在高温环境下进行喷射作业，咖啡液中的水分会被蒸发掉，留下干燥的小颗粒——咖啡提取结晶物。但最大的问题是，咖啡中的风味化合物多是些热敏性极强的物质，高温干燥的环境下难免会持续挥发逸散，后期需要通过工业手段来填补芳香物质，以弥补咖啡风味损失。

## 冻干脱水法速溶咖啡

冻干脱水法又叫冷冻干燥法，是利用食品保鲜领域广泛运用的一种工艺来制作。1965 年，雀巢推出的“雀巢金牌咖啡”首次采用了冷冻干燥法制作，让雀巢金牌咖啡一时傲视天下，举世无敌。

冻干脱水法的依据是热力学的相平衡理论（Phase Equilibrium）——水三相点，纯水在 0.0076℃、611.73Pa 时会出现气、液、固三相共存。此时降低压强，并适当供给热量，固态的水会直接升华为水蒸气逸散，而不转化为液态水形态。咖啡浓缩液中的水同样存在着三相点，只是温度和压强更低一些。

具体来说，冻干脱水法是指将咖啡浓缩液放在零下几十度的冷冻干燥机里，在真空低温状态下将食物中的水分速冻成冰，再改变压强并供热使其升华。由表及里，咖啡液里面的水分会升华逸散，最终便得到干燥的颗粒状冻干咖啡粉。这种工艺制作的速溶咖啡不仅能够较好地保留咖啡芳香风味物质，水蒸气逸散时在咖啡粉颗粒内部留下的细微空隙还进一步提升了咖啡粉的溶解效率，可以大幅提高速溶咖啡粉的品质，因此被视为大势所趋。

## 是否该选择速溶咖啡

速溶咖啡是否健康？看似简单的问题却并不容易回答，网上对于速溶咖啡铺天盖地的负面评价也不能全盘采信。事实上，关于饮用速溶咖啡导致患上各种疾病的消息大多是空穴来风，并无切实可信的证据。为了抵制某一事物，进而哗众取宠、添油加醋，甚至栽赃陷害都是不可取的，更有违科学精神。我的选择自然是现磨咖啡，而非速溶咖啡，理由有三。

其一，咖啡是大自然的恩赐，我们受用咖啡的美味，也享受采摘、处理、烘焙、研磨、冲泡咖啡的完整过程。这种基于过程、具有仪式感的极致享乐宛如人生，历历在目，回味无穷，岂是单调冲泡 1 勺速溶咖啡粉可比？与前者相比，速溶咖啡宛如一个人被抽取了灵魂，再塞进一副皮囊中，纵使再鲜活，也失了趣味。

其二，在过往数百年里，咖啡与近现代史深度纠缠，彻底融入人类文明发展进程中。饮用咖啡，早已不仅是品尝一种饮品，还具有更深层次的体验。从需求层次理论来看，咖啡满足的不仅是生理需求，还有情感需求和社交需求。而速溶咖啡满足的显然只能是最低层次的生理需求——获得咖啡香醇风味，得以提神与兴奋。两相对比，高下立判，取舍自明。

其三，目前充斥各类市场的速溶咖啡还是以一味追求廉价的低端产品为主，尤其是三合一速溶咖啡。所谓三合一，听起来似乎高大上，实则是糖、植脂末和速溶咖啡粉三者的混合物。糖乃发胖增肥的罪魁祸首，都市男女无不切齿痛恨，每天两三包三合一咖啡下肚，健身房老板们都会很开心；俗称“奶精”的植脂末则是由精制植物油高温氢化干燥而成的一种不健康食品添加剂，特别是在氢化过程中，容易导致植物油脂发生变化，产生过量的反式脂肪酸，对心血管健康有害。而其所含的饱和脂肪酸也不易被人体吸收，摄入过多饱和脂肪酸会出现反酸、反胃等症状，可见这两种脂肪酸都对人体的健康危害不小，需要警惕。

最后，“高大上”的冻干速溶咖啡粉价格并不亲民。如果不考虑其简单便捷的固有优点，仅就价格而论，冻干速溶咖啡和新烘现磨的精品级咖啡处在同一价格区间，这也会阻碍一部分消费者选择购买的脚步。

## 速溶咖啡，持续成长

2015 年后，年轻的咖啡消费群体开始加入精品咖啡浪潮，日益关注花果酸香等呈杯风味，但是对于便利性的需求并未减弱。这种“既要，又要，还要”的需求逻辑使得速溶咖啡价值再现，高品质的速溶咖啡回归成为必然。

初创于湖南长沙的“三顿半”早期只是一家精品咖啡店，在 2015 年那个精品咖啡运动初兴的年代，更远离北京、上海等认知相对领先的一线城市，想要通过吧台研磨萃取一杯杯咖啡实现盈利并不现实，消费者显然对于速溶咖啡更为熟悉。这一切促使其将心思放到了如何将“好喝的咖啡”与速溶咖啡结合之上，之后便有了 2017 年横空出世的三顿半精品冻干速溶咖啡，更借助成熟强大的电商平台和其娴熟的内容营销策略迅速席卷开来。借助先进的“冷萃”加工工艺，全新的速溶咖啡保留了较多特色风味和新鲜口感，大幅减少了广受诟病的化学添加剂味道，越来越像一杯好咖啡了。更为重要的是，这些拥有便捷、快速等优势的速溶咖啡，借助高颜值包装和社交网络，还具备令人咋舌的传播速度。

▲手工冲泡咖啡的匠人（摄影：黄海强）

2018 年开始，资本开始密集进入精品冻干咖啡等相关赛道，不仅三顿半获得了多轮融资，一系列便捷式精品咖啡产品如雨后春笋般涌现，更有多家咖啡工厂也因此获得融资。可以预见的是，随着技术工艺的持续革新，20 世纪诞生的速溶咖啡还将持续成长！

# 10

# 三次咖啡浪潮与第四波咖啡

2008 年之前，北美第三波咖啡浪潮的明确中心是纽约、芝加哥、洛杉矶、旧金山、波特兰、西雅图、温哥华和多伦多这八座城市。自 2008 年起，第三波咖啡浪潮已几乎扩展到北美的每座城市……环顾北美我们发现：这一趋势正渗透到人们生活的每一个场景中。

——scanews. coffee

▲日本某网红咖啡店门前排队的粉丝顾客

## 第一次咖啡浪潮

19 世纪末 20 世纪初以来，随着科学技术的巨大进步，咖啡工业得到了迅猛发展，生产、储存、保鲜、包装等环节的新工艺层出不穷，全球船运贸易的发展使得来自遥远产地的咖啡豆源源不断地运到咖啡消费国。再加上两次世界大战的刺激，人类对于咖啡因的渴望达到了历史新高。这些因素都使得咖啡消费迎来高潮，且咖啡馆之外第一次成为咖啡消费的主力战场——咖啡商业广告铺天盖地，即饮咖啡、速溶咖啡等渗透进人们的日常生活。这样的情况持续至 20 世纪 70 年代到达最高潮，当时全世界生产的咖啡豆的三分之一均被用来制作速溶咖啡。

▲摄影：黄海强

凡事物极必反，对于咖啡因的过度迷恋，对兴奋提神的生理渴望，使得咖啡品质风味成了无关痛痒的因素。今天我们回顾“第一波咖啡浪潮”时总是充满批评和不屑，为了咖啡产品的便捷性和规模化批量生产，放弃口味、品质而一味追求咖啡因，确实不算正途。但“第一波咖啡浪潮”也是整个咖啡产业链迅猛发展的时期，不管是上游的咖啡种植，还是咖啡烘焙生产，以及储存、包装、保鲜和营销推广等，都堪称咖啡历史上一个黄金发展时期。举例来看，现在重新受到热捧、甚至被某些人誉为“咖啡新零售标志性商品”的罐装即饮咖啡其实并非新生事物。早在 1969 年，日本知名品牌“上岛咖啡 UCC”便研发推出了罐装即饮的牛奶咖啡，其浑厚顺滑的口感广受好评，销售额开始飙升。到了 1990 年，罐装即饮咖啡的销量达到日本饮料市场的四分之一，随处可见的自动售贩机也居功至伟。

## 第二次咖啡浪潮

20 世纪 70 年代，美国人 Vincent George Marotta Sr 发明的电动滴滤咖啡壶 Mr. Coffee 开始热卖，美国家庭开始具备便捷、稳定冲泡咖啡的能力，反复沸煮的时代成为过去。这一事件在 20 世纪全球咖啡史堪称重量级，它预示着一场新鲜的咖啡因革命即将到来。

前文中讲过，1966 年，认定“世界上最富有的美国人居然喝着世界上最难喝咖啡”的艾佛瑞 • 毕特来到加州湾区伯克利，并在此创办了 Peet’s Coffee & Tea。当我们回顾时赫然发现：艾佛瑞 • 毕特的咖啡创业恰恰是咖啡产业走向精品化的一个转折点。

推动 20 世纪七八十年代“第二波咖啡浪潮”出现的最主要动力便是“第一波咖啡浪潮”时期“低劣咖啡”所造成的恶劣反响和行业哀鸿遍野的惨状。消费升级是当时的大势所趋，咖啡消费者不愿意仅仅将咖啡看作一杯普通饮料来解渴提神，他们想要了解更多，想要从咖啡中获得更多体验价值。他们想知道咖啡产自哪里，又是在哪里如何烘焙生产的，风味上有何特色等，“精品咖啡”的概念也在那段时期逐渐成型。事实上，这种转变也与当时领先咖啡一步的葡萄酒产业发展关系密切，葡萄酒品鉴文化给了精品咖啡概念发展富饶的土壤。

咖啡精品化是一个循序渐进的缓慢发展过程，消费者由关注咖啡因转到关注咖啡品质绝不可能一蹴而就，第二波咖啡浪潮的使命更多在于商业模式的重构探索上。星巴克站在了历史的大风口上，成就了自己的商业传奇，也成为第二波咖啡浪潮的弄潮儿。咖啡变成一种附加场景属性的精致饮品、一种社交工具、一种生活方式，古老的咖啡馆也焕发新生，成为都市人群依恋的“第三空间”。

除了星巴克，Caribou Coffee（驯鹿咖啡）、Seattle’s Best Coffee（西雅图百斯特咖啡）、Costa Coffee（咖世家）、Illy（意利咖啡）、Gloria Jean’s Coffee（高乐雅咖啡）、The Coffee Bean & Tea Leaf（香啡缤）、Port City Java、Its A Grind Coffee House 等赫赫有名的咖啡连锁品牌，都可以看作是第二波咖啡浪潮的明星企业。虽然品牌历史有所差异，具体出品也有不同，但以意大利式咖啡店为框架雏形，以实体门店为社交空间，以意式咖啡（尤其是意式奶咖）为主要盈利来源，以全球化为舞台拓展咖啡连锁经营模式……几乎是它们共同的特征。

▲摄影：黄海强

## 努森女士与“精品咖啡”的提出

出生于挪威北部，5 岁时便随母亲及姐妹们来到美国纽约定居的咖啡烘焙师娥娜·努森女士（Erna Knutsen），直到 40 多岁才改行从事咖啡，可谓大器晚成。当时她就职于旧金山一家咖啡公司，受到老板和同事鼓励，开始接触咖啡并学习杯测。凭借其过人的感官鉴别能力和对于咖啡的热爱，她发现咖啡会因品种、种植地域的不同而呈现出不同的风味特征，找寻大自然赋予咖啡的风味密码变成一件有趣的事情。从此，她一头扎进咖啡感官评测的世界，并成立了自己的咖啡贸易公司 Knutsen Coffees, Ltd。在那个互联网应用并未普及的年代，努森女士通过信件和传真等形式积极传播、分享她的咖啡理念和技术知识，Knutsen Coffees 在咖啡圈内外名噪一时。

1974 年，努森女士在接受《茶与咖啡月刊》（*Tea & Coffee Trade Journal*）专访时，第一次明确提出“精品咖啡（Specialty Coffee）”的概念，用以和大宗商业咖啡（Commercial Coffee）建立有效区隔。即：特殊地理气候微环境孕育风味独特的咖啡豆。相信这一表述在当时并不引人关注，但却对后来数十年全世界咖啡产业的发展指明了重要方向，也成为最主要的咖啡消费升级方向。1982 年，

▲摄影：黄海强

努森女士成为美国精品咖啡协会的最初成员和组织者之一，并两次在董事会任职。1991 年，美国精品咖啡协会将首座终身成就奖颁发给努森女士，将其称作“精品咖啡教母”毫不为过。2018 年 6 月 16 日，努森女士去世，享年 96 岁。

## 第三波咖啡浪潮乍起

咖啡产业精品化升级改造经历了数十年的积累后，终于在 2000 年前后初露峥嵘，有了些明确的大气象。一则是，美国精品咖啡协会、日本精品咖啡协会与欧洲精品咖啡协会分别于 1982 年、1987 年和 1998 年成立，2003 年咖啡品质学会（CQI）的 Q 项目也开始启动，精品咖啡组织机构和教育培训体系日渐完备，很多标准化表格和测量工具问世；二则是，知识分子咖啡（Intelligentsia Coffee）、反文化咖啡（Counter Culture Coffee）、树墩城咖啡（Stumptown Coffee）、蓝瓶子咖啡（Blue Bottle）等精品咖啡品牌声名日渐鹊起，全新的咖啡商业模式愈发明晰起来。

2002 年，来自美国旧金山 Wrecking Ball Coffee Roasters 的联合创始人 Trish Rothget 在 SCAA 烘焙师协会杂志上发表了一篇文章，首次将咖啡历史上的三次重大变革定义为“浪潮”，“第三波咖啡浪潮”的理念逐渐被业界所接纳。为了描述方便，咖啡业内一般将 2000 年至今的发展阶段称为“第三波咖啡”。

## 第三波浪潮本质：重回咖啡本身

如果说“第一波咖啡浪潮”是以单纯的咖啡因消费为主导，以咖啡令人兴奋提神这一核心功能作为切入点，关注咖啡这一新兴品类的大规模市场推广和工业化生产布局的话，“第二波咖啡浪潮”则是基于前一波浪潮的必要修正和调整。在“咖啡因生意”之外，拿铁咖啡代表的“牛奶生意”和星冰乐代表的“糖（甜食）生意”大兴，咖啡的品质有所改善，全新的咖啡馆商业模式开始兴盛，基于第三空间与咖啡体验式消费的广告营销逐渐植入消费者心中。

“第三波浪潮”则将关注点放在了咖啡本身，一大堆崭新的用以描述咖啡的关键词应运而生。正如第二波咖啡浪潮时“发明”了“意大利”“新鲜烘焙”“现磨咖啡”等修饰咖啡的关键词那样。不过“此一时，彼一时”，追求高品质的咖啡成了兴奋点和发力点，并以品质和顾客体验为导向进行咖啡消费升级。基于此，精品咖啡运动可以说是第三波咖啡浪潮的内在动力之泉，不断探索更加美味的咖啡是所有精品咖啡人坚持不懈的追求。若论及眼下的“第三波咖啡浪潮”究竟有何具体表现，大体可以归纳出如下几点：

回到产地源头，重视地域风味，强调品种血统，关注采收处理。任何行业在重构升级之时，都会阶段性将资源布局倾斜向产业上游，并创造出更多价值来，这一点在冗长的咖啡产业链上表现得尤为突出。“去咖啡产地”是今天咖啡人共同的话题，每到咖啡采收季节，全世界的咖啡人便如同候鸟迁徙一般，奔赴咖啡产地，单纯的学习考察固然有之，更多人也会背负着商业目的——找寻甚至创造心仪的咖啡豆。

咖啡烘焙环节日益受到关注，咖啡烘焙技术与相关软硬件技术层出不穷。作为咖啡产业链的中坚环节，人们日益发现咖啡烘焙的重要性：不仅实现巨大增值，创造咖啡风味，更是扼守产业链上下游的枢纽，是沟通产业链上下游的桥梁，进可攻（终端领域），退可守（上游领域）。一时间，各种烘焙技巧、烘焙流派层出不穷，咖啡烘焙师从来没有这般站在舞台中央受追捧。与此同时，家庭烘焙概念也日渐兴起。买一台微型咖啡烘焙机，自家新鲜烘焙咖啡豆，每天都有新鲜好心情，会成为未来的一种重要趋势。

黑咖啡重获关注，各种研磨与萃取技术百花齐放、百家争鸣。秉承与前两点一脉相承的理念，人们希望更多感受到不同品种、微环境、采收、处理及烘焙给咖啡带来的风味特色，甚至可以称之为风味灵性。于是，各种研磨萃取技术大行其道，不管是加压萃取，还是常压滤泡，尽管技术手段不同，但目的都是获得一杯令人感动的黑咖啡。未经专业感官训练的消费者可能难以完全感受到咖啡彼此之间的细微差异，或许也对此缺乏兴趣，但同样一杯咖啡下肚，如若旁人能够获得数倍、甚至百十倍于你的体验和满足感，你为何不去尝试一下呢？

咖啡美学再次兴起，内涵与理念却大不相同。其实每一代人都有属于自己并视若珍宝的咖啡美学，我们回顾咖啡历史时不难一窥端倪。但这一次兴起的咖啡美学则是完全基于咖啡科学、工匠精神和手作理念，很纯粹，很个性化，也有很多新生代的小确幸在其中，更抛弃了诸多表面上的装饰、堆砌与浮夸。或许是互联网普及导致的全球化现象，甚至可以说全球85后~95后这一代人的审美情趣都有共通之处，而这种审美共性与第三波咖啡浪潮的咖啡美学非常契合。

## 第四波咖啡浪潮

随着人们收入水平的提高、消费群体的代际变迁以及数字化浪潮的兴起，使得消费升级无处不在，咖啡领域表现得尤为明显。如果我们细数过往几波咖啡浪潮，无不代表着主流群体咖啡消费范式和消费体验的变迁升级，从这个角度来看，第四波咖啡浪潮大幕确已正在开启。

首先，无限场景的咖啡消费正在变成可能。越来越多的咖啡消费发生在家庭、办公室、户外、健身房、通勤路上、艺术展、文化节、自驾等咖啡馆以外的场景中。这既得益于线上与线下的高度融合，也归功于咖啡商品形态的极大丰富。

其次，从大众视角来看，咖啡普遍越来越好喝的同时，精品咖啡的概念似乎已越来越不重要。精品咖啡大众化与商业咖啡精品化的商业实践正在同步进展中，彼此之间正在寻求一个平衡点，那个平衡点将意味着“高品质的平价咖啡”。

再者，咖啡馆门店不会消失，但肯定不再是传统的“第三空间”，而是服务于新兴消费群体的沉浸式体验乐园，更是由数字化驱动的线上与线下融为一体的全域运营体。每一位顾客都参与其中，每一个“ID”都得到礼遇，每一个消费场景都在精心设计，每一次消费体验都有“预谋”。

最后，“从种子到杯子”的咖啡产业价值链全程将借助物联网技术实现数字化驱动。或许决战还在终端门店端，但决胜一定是在供应链上。

第四波咖啡浪潮，正快步而来。

# 11

# 精品咖啡详解

进入 2018 年第二季度后，精品咖啡行业似乎弥漫着一股焦虑的气息。第三波咖啡浪潮曾经是一种新颖而酷炫的咖啡形态，自精品咖啡开始颠覆混合、机械化和含糖饮料的垄断以来，已经过去数十年时间。最近，对于最初盈利道德的担忧已经让位于大型消费品公司之间的大规模品牌交易。

——scanews. coffee

▲摄影：黄海强

## 精品咖啡已无处不在

精品咖啡早些年曾被人称之为特质咖啡、精制咖啡，自打命名就稍显矫情做作，因而深令某些资深从业者不悦。但正是在这种“打压”中一路狂飙成长的精品咖啡，现今已变成主流，咖啡圈各路诸侯莫不依附而至。其实原因很简单，精品咖啡不仅是高品质的咖啡，更是认真而为的咖啡，追求更好喝、更精心的咖啡不好吗？

如果说 2011 年我撰写《咖啡 咖啡》第一版时，精品咖啡还只是少数业者口中的生僻关键词，那么“精品咖啡大众化、大

▲摄影：黄海强

众咖啡精品化”则已成现如今的主旋律。作为一名咖啡从业者，不管你是否认同这一概念，精品咖啡的诸多技术标准和品控理念已然深埋并贯穿每天工作的方方面面。生豆分级、水质要求、风味轮、冲煮控制表、金杯萃取、杯测表、感官描述……缺少这一套体系，恐怕任谁都会无所适从。作为一名咖啡消费者，概念并无实际意义，真切感受到杯中咖啡更好喝了，更爱喝了，便是最大的利好。

精品咖啡，不知不觉间已无处不在。

## 精品咖啡概念的提出

1974 年努森女士第一次明确提出“精品咖啡”这一新概念，用以和大宗商业咖啡建立有效区隔。应该说，努森女士的见解相较于当时的咖啡消费市场来说十分超前，对后来数十年间全世界咖啡产业的发展指明了一个符合大势所趋的、重要的消费产业升级方向。这一点至关重要，因为同样是做消费升级，不同的理念和动机可以将整个咖啡产业引向不同的方向，结果可能面目全非。比如说，将咖啡与其他物料食材调制成迥然不同的饮品或食品其实也可以算作是一种升级方向，如果照此发展下去，那么今天整个咖啡产业面貌将截然不同。我也曾经调侃过，同样是消费升级，一边喝咖啡一边泡澡搓脚难道就不算升级吗？幸运的是，努森女士及一大群同时代的咖啡精英创造出“精品咖啡”的概念来，深度挖掘咖啡饮品的自身价值，他们选择了科学精神，选择了通过咖啡去讴歌大自然。

## 精品咖啡，区别于大宗咖啡商品

首先，精品咖啡概念的最早提出，意在与纽约咖啡期货交易市场的大宗咖啡商品做区别。咖啡品质学会（CQI）认为精品咖啡只占到全球咖啡市场总量的大约 10%，虽然我认为这一数据略嫌保守，但是精品咖啡确实属于咖啡金字塔的上层部件。

精品咖啡概念的提出是对咖啡的一次全新认识。从买卖双方来看，它是咖啡消费者阵营与咖啡生产者阵营的一次“角逐”，是咖啡世界消费者势力真正崛起的象征，是对咖啡生产国制定的那些简单粗暴、缺少技术含量、毫无消费者视角的分级规则的全面挑战。精品咖啡拥趸们郑重宣布：咖啡饮品最终的风味与口感才是掏银子喝咖啡的人关心的问题。从经营业者角度来看，为了能够与大宗咖啡商品建立有效区隔，另辟一方崭新天地，精品咖啡重构了一整套对于咖啡的认知体系，并用完全不同的视角和维度来剖析咖啡。从市场竞争的角度来说，传统主流的竞争策略定标比超（benchmarking）是将本企业各项活动、各个指标拿出来与本行业的领先者逐一进行对照分析，从而发现不足、不断改进。而精品咖啡则完全重构了一个竞争评估的坐标系，几乎是瞬间实现了对行业原有领先者的“超越”。

## 精品咖啡是全球业者努力的结果

1982、1987 和 1998 年相继成立的美国精品咖啡协会、日本精品咖啡协会和欧洲精品咖啡协会，对精品咖啡的发展起到了关键作用。一大堆精品咖啡的评估技术标准、评价工具和方法陆续诞生，再加上咖啡品质学会（简称 CQI，从美国精品咖啡协会中独立而出）于 2003 年推出影响力巨大的咖啡品质 Q 认证项目，并被越来越多国家和企业采纳，所有这些都为后续精品咖啡的井喷式发展奠定了基础。当然，正因为我们这样“高看”精品咖啡，其概念体系的完善还有个循序渐进的过程，全世界咖啡人都在实践探索中，没有谁能主导话语权，现在好戏才刚刚开始。

## 精品咖啡：Terroir 大受关注

精品咖啡概念的提出，是充分学习借鉴了葡萄酒等饮品品鉴理论后的产物，着重强调品种、水土、气候、种植等上游要件与杯中咖啡品质的密切关系，并通过烘焙、杯测来验证。我在从事咖啡业的同时，也是一名葡萄酒发烧友，因而对此感触更深——葡萄酒爱好者最喜欢讨论某某产区的土壤特性、某某葡萄品种的特性、某某地区的微气候环境、某某庄园的葡萄藤年龄，以及酿酒师的传统风格等。精品咖啡理念的横空出世，也让咖啡爱好者嘴边挂满了这类与树种、气候、土壤、品种等相关的词汇，由此派生出一个重要词汇——Terroir。

Terroir 来源于法语，中文可以译作“风土”或“人文风土”，是咖啡树所处微观

▲摄影：黄海强

土壤气候环境与人的互动结合的产物。我们研读精品咖啡的产品描述时，会发现其中充斥着关于种植园的详尽图文介绍，因为只有这些足够强大且匹配，才能将咖啡树种的个性风味表达得淋漓尽致，才能与顾客之间产生更多话题和共鸣，最大化激发消费体验，连星巴克也在其臻选店里大谈产地咖啡之美，也就不足为怪了。

根据精品咖啡的观点，一杯咖啡呈杯品质之中，咖啡生豆环节至少占据着50%的权重。“巧妇难为无米之炊”，如果没有品质卓越的咖啡生豆，是不可能诞生一杯好咖啡的。国际咖啡品质鉴定师（CQI QGrader）考核中便需要能够熟练进行咖啡生豆的等级评估（Green Grading）。世界咖啡烘焙赛也会严格考核选手的生豆知识，生豆的重要性可见一斑。正因如此，每年全国各地的专业咖啡展会上，生豆贸易商的展位都是舞台聚焦的中心，各种杯测品鉴活动热火朝天。每年咖啡采收季节，我们能够在全球热门咖啡产地见到全世界各地的咖啡人。对于生豆贸易商或寻豆师来说，掌控好豆源才是来年营收增长的坚实保证；对于优秀咖啡竞赛选手来说，拿到风味卓越的好豆子，才是取得好成绩的坚实保证。

## 精品咖啡是基于科学的

精品咖啡概念的提出是基于科学精神的。通俗地说，科学本身不是宗教，不是信仰，也不谈什么情怀，而是要拿证据说话，可以解释，可以验证。这是一种态度、观点和方法。

科学不是认识世界的唯一渠道，科学也不是我们享受咖啡乐趣的唯一途径，但是科学为探索客观咖啡世界，尤其是为遍布全球的冗长咖啡产业链构建了最可靠的实践方法。只有建立在科学基础之上的精品咖啡，让全世界的咖啡人找到共同依循的标准，才可以学习分享，可以积极创造，可以传播推广。过去的2018年被很多人认为是咖啡生豆研究大爆发的元年，成百上千篇探讨生豆的技术论文相继发表，从咖啡生豆的化学成分出发，承上涉及树种、种植、采收和处理法，启下涉及烘焙生产和研磨萃取，越来越多的咖啡人从这些科学研究中实实在在受益。这些就是科学的力量。

## 精品咖啡是“三好学生”

精品咖啡概念的提出，虽然以“品种、气候、水土、种植等上游因素共同作用来获得好的咖啡豆”为核心，但并不局限于此。它明确提出：一杯好咖啡的获得是个讲究完整流程的“系统工程”，接下来的采收、处理加工、烘焙、研磨、萃取等每一个环节都干系重大——咖啡产业链的上下游在此被彻底贯穿整合。烘焙、萃取与品种一样都是重

点，“好豆子、好烘焙、好萃取”被认为是精品咖啡的三大要素——我们在铂澜咖啡学院常常戏称精品咖啡都是“三好学生”。

欧美精品咖啡业界更加侧重于“好豆子”，不管是生豆标准还是杯测评估，其实都是聚焦于生豆。此外，不可不提一个与此相关的英文词汇 Traceability，它强调咖啡从选种开始的整个生产过程的可追溯性和可描述性，我们不妨叫作“出身血统明明白白、种植加工清清楚楚的咖啡”。微批次的精品咖啡应该都是“有身份证的豆子”，可以完整地追溯其过往种种。而日本精品咖啡协会（SCAJ）则更加强调精品咖啡的呈杯风味，为了好的风味就要往上游去追溯，“三好”所代表的整个产业链上每个环节都不可或缺。

## 精品咖啡：真正的咖啡生意

如果将“第一波咖啡浪潮”看作是单纯的“咖啡因生意”，那么“第二波咖啡浪潮”则是“咖啡因生意”“牛奶生意”与“甜食（糖）生意”的结合。到了当下“第三波咖啡浪潮”之时，随着精品咖啡运动日渐趋于主流，真正的“咖啡生意”才浮出水面，展现出巨大的价值来。在科学技术保驾护航下，回到咖啡本身、不断挖掘咖啡风味的巨大潜力是第三波咖啡浪潮的本质，也是精品咖啡运动的宗旨，以咖啡品质和顾客体验为导向进行咖啡消费升级正在进行中。

## 精品咖啡也只是历史阶段性的产物

精品咖啡是个偏技术性的概念，对于从业者的重要性毋庸置疑，但消费者需要的永远只是一杯足够好喝且价格合理的咖啡而已，最好还能触手可及，无限消费场景，不拘商品形态。事实上，精品咖啡大众化与商业咖啡精品化的商业实践正在同步进行中，无数咖啡企业投身其中，寻找着其中的平衡点，探寻什么是真正高性价比的好咖啡，这其中乐趣无穷，这其中价值无限。

# 12

# SCA 与 CQI

“过去很多行业都有过自己的黄金时代，但我相信咖啡产业对于品质追求的巅峰时代才刚到来，此时正值一个令人期待的时刻！”

——詹姆斯·霍夫曼

▲摄影：黄海强

## 精品咖啡协会

精品咖啡协会（Specialty Coffee Association，简称 SCA）是一个基于会员制的非营利性全球精品咖啡组织，建立在开放性、包容性和知识分享的基础之上，前身是 2017 年合并的美国精品咖啡协会（SCAA）和欧洲精品咖啡协会（SCAE），目前会员广泛来自于全球 100 多个国家和地区。SCA 通过在活动赛事、教育培训和科学研究这三个方面的实践，致力参与、激励和扩展可持续的全球精品咖啡贸易生态系统。从咖啡种植者到咖啡烘焙商、咖啡师、咖啡爱好者，其遍布全球的会员几乎涵盖了咖啡产业链上的每个环节，堪称今天全球声势浩大的精品咖啡运动之头号功臣，包括我们铂澜咖啡学院在内的全球诸多新兴咖啡企业，也都伴随其成长，并且在这个过程中受益匪浅。

## SCA 的咖啡技能计划

面对庞大的咖啡“旧势力”，面对过往数百年全球咖啡贸易沉淀下来的诸多固有认知，系统、科学且完整的教育培训是推广精品咖啡运动、引导全球咖啡产业走向新阶段的唯一解决之道，而不断更新升级的精品咖啡教育培训体系（又叫咖啡技能计划，Coffee Skills Program，简称 CSP）正是 SCA 的重要特色和优势所在。

目前，SCA 的 CSP 分为六大独立模块，分别是咖啡简介（Introduction to Coffee）、咖啡师技术（Barista Skills）、研磨萃取（Brewing）、咖啡生豆（Green Coffee）、感官评估（Sensory Skills）和咖啡烘焙（Roasting）。除了咖啡简介是所有学习者必备前提且没有分级，其他五大模块分别对应咖啡产业上五大不同职业——意式咖啡师、手冲咖啡师、生豆贸易者、品质鉴定师和咖啡烘焙师。从职业发展角度考虑，又进一步分为初级（Foundation Level）、中级（Intermediate Level）和高级（Professional Level），学习者可以根据自身需求、职业规划和兴趣爱好进行取舍。

可以在一天之内完成的咖啡简介不仅是所有精品咖啡从业者的必备知识，也是零起点爱好者走进精品咖啡世界的最佳入门课程。如果仅需要开阔视野，了解一些精品咖啡基础知识，知道咖啡产业链“从种子到杯子”的来龙去脉，增加一点茶余饭后的即兴谈资，那么这个轻量级课程就非常合适。其他课程模块虽然对应不同职业，但产业链整合的大趋势使得从业者需要具备越来越全面的知识体系。例如，如果希望成为一名优秀的咖啡烘焙师，单一咖啡烘焙模块未免显得单薄，加上咖啡生豆与感官评估这两个模块就非常丰满了。

## 世界咖啡赛事组织

另一个与 SCA 相关的便是总部设在爱尔兰都柏林的世界咖啡赛事组织（World Coffee Events，简称 WCE）。该组织最初由 SCAA 和 SCAE 共同创立，在各种咖啡竞技赛事风起云涌的今天，WCE 不仅是先驱者，还是目前最具影响力的世界级咖啡赛事组织者，已有超过 50 个国家和地区将本国或本地区冠军推选至 WCE 的各项赛事中，构建了从本地小型赛事到世界总决赛这样逐级晋升的完整体系，让每一位咖啡从业者都有足够大的舞台驰骋和憧憬。

目前，WCE 组织的赛事共有 6 项：世界咖啡师大赛（WBC）、世界咖啡拉花大赛（WLAC）、世界咖啡冲泡大赛（WBrC）、世界咖啡烈酒大赛（WCIGS）、世界杯测师大赛（WCTC）和世界咖啡烘焙大赛（WCRC）。每年大部分时间里，全国各地都有其中某项分赛区赛事如火如荼进行着。一旦角逐出本地咖啡之王，就能参加中国赛区总决赛，一番残酷竞技后，还能选出代表中国的冠军选手去参加 WCE 的世界总决赛，吸引了众多年轻咖啡人的瞩目。

除了组织如上 6 大赛事，WCE 也运营其他项目，如 Re:Verb 咖啡论坛、All-Stars 全明星活动（show feature）等，大家在国内也能亲身参与。

## 咖啡品质学会

由 SCAA 初创于 1996 年的咖啡品质协会（Coffee Quality Institute，简称 CQI）是一家致力提高咖啡品质和咖啡生产者生活水平的国际性非营利组织。在中国，CQI 为人所知主要因其组织全球认可的咖啡 Q 项目（Q Program），颁发大名鼎鼎的 Q Grader 证书——精品咖啡品质鉴定师（简称 Q 证），很多咖啡从业者都将拿到 Q 证作为职业生涯的一个小目标。CQI 的 Q 项目始于 2003 年，用于培训咖啡生产者并认证咖啡品质，是当前最为重要且广受认可的精品咖啡国际品质认证标准，可靠性和实用性都非常强。过去 Q 项目仅仅针对阿拉比卡种精品咖啡（Q Arabica），这几年随着育种、种植、采收和处理等环节的大幅改善，越来越多罗布斯塔种咖啡展现出迷人风味，找寻优质罗豆（Fine Robusta Grade）的罗布斯塔 Q 项目（Q Robusta）也应运而生，开始受到关注。

## 中国本土的咖啡培训认证

2012 年是大家公认的“中国精品咖啡发展元年”。2012 年之后的数年间，精品咖啡在从无到有、从小众到主流的培育及发展过程中，SCA、CQI 等国际咖啡培训机构和认证项目起到了重要作用。2018 年以来，随着越来越多的资本入局，新兴品牌如雨后春笋般涌现，中国咖啡消费市场迎来爆发期。为了更好地适应中国本土化咖啡消费市场，一大批既能兼容国际咖啡技术标准，又具备接地气特征的中国本土咖啡培训认证项目应运而生，越来越多优秀的咖啡师、咖啡品鉴师、咖啡烘焙师、咖啡门店经理等崭露头角，成为咖啡市场上的一抹亮色。

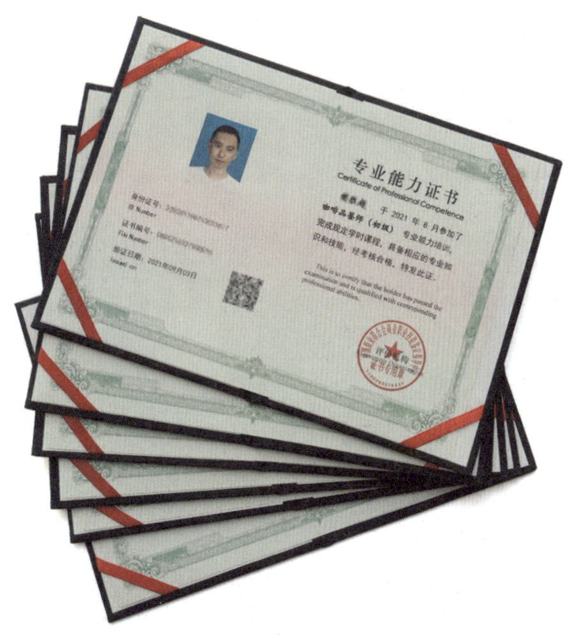

# Chapter 2

# 百年风云，中国咖啡故事

国粹京剧，若从乾隆五十五年四大徽班进京算起，至今不过二百多年；传统内家武术功夫其实到明清才基本完善，清末至民国年间才臻巅峰；被视为国之瑰宝的中国茗茶，也是到了清朝才有今日这般的冲泡形式，距今只有二三百年。咖啡，虽是一种舶来文化，但若细细算来，也有将近一百五十年的“汉化历史”。不知不觉间，华夏神州其实已有了属于自己的咖啡文化。

COFFEE

# 13 中国咖啡之始

对我来说，咖啡非常特殊，它催情般的效力给生活带来具体影响。一是决定了我地理意义上的居住环境，二是决定了我心理意义上的创作环境。

——作家周晓枫

▲百年古老咖啡林环抱的云南宾川朱苦拉村，位于金沙江南岸干热河谷地带（供图：朱苦拉咖啡）

## “咖啡”一词的来龙去脉

成书于康熙五十五年（1716）的《康熙字典》虽然收录47000多个汉字，但遍寻全书既找不到“咖”字，亦寻不见“啡”字，更无“咖啡”一词。大量史料也从旁显示，清朝初年国人尚未接触到咖啡。到了嘉庆年间（1796~1820），越来越多的洋人来到当时中国最大的对外通商口岸广州，咖啡也随之而来。当时的《广东通志》有了这番记载：“外洋有葡萄酒……又有黑酒，番鬼饭后饮之，云此酒可以消食也。”很多历史学家认定，文中所谓的“黑酒”便是咖啡。

1866年，定居上海的美国传教士高丕第的夫人为教授中国厨师做西餐，精心编写了一本西洋烹饪实操书籍，取名《造洋饭书》（*Foreign Cookery In China*）。

该书开篇讲述后厨卫生管理，强调餐饮环境的重要性，不同擦拭功用的毛巾分开使用，与今日餐饮管理如出一辙，令我印象深刻。此外，书中首次提到如何烘焙及制备咖啡，不过“咖啡”一词却被译作“嗑肥”。中国厨师学习西餐，偶尔也需亲身品尝，洋人邀请中国人赴宴，国人更是接触到完整的西餐。由此可见，清朝同治年间（1862~1875），咖啡已经被国人所接触。其实“嗑肥”中的“嗑”字用得极妙，其“聊天闲谈”之意切中了咖啡真意。

1877 年，福建巡抚丁日昌支持并辅导台湾当地民众发展种植业，并在《抚番开衫善后章程》中明确提及“咖啡”，这是目前我国最早出现“咖啡”一词的文献记录。作为近代洋务运动代表人物之一，曾创办江南制造局的丁日昌一生致力富国强兵，对于“强兵御侮”的主要对象——日本熟悉至极。此外，他的另一个身份是中国近代四大藏书家之一，学识渊博。当时，日语“咖啡［コーヒー］”一词在汉字表中就是“珈琲”二字，丁日昌文中的“咖啡”一词应该便是化出于此。

“考非何物共呼名，世上相传豆制成。色类砂糖甜带苦，西人每食代茶烹……”这是清末（1909）上海滩文人朱文炳对于咖啡的咏叹，竹枝词名作《考非》。清末民初，上海、天津等通商口岸出现了商业性质经营的咖啡店。有文字记载如下：“饮咖啡：欧美有咖啡店，略似我国之茶馆。天津、上海亦有之，华人所仿设者也，兼售糖果以佐饮……”

毫无疑问，“咖啡”一词是在民国时期正式进入汉语词汇库的。1915 年，中华书局出版的《中华大字典》中明确了 coffee 的准确译法：咖啡，西洋饮料，如我国之茶，

英文 Coffee。20 世纪 30 年代商务印书馆出版的《辞源》中，则不仅收入“咖啡”一词，还给予了详细且正确的解释。

## 台湾，中国咖啡种植之始

《中国大百科全书》《中国农业百科全书》都认为，台湾咖啡种植始于 1884 年，实施者是一名叫劳伦斯的英国茶商。这位英国商人非常看好台湾的风土气候，萌生了开垦咖啡种植事业的心思。于是，他从菲律宾马尼拉进口 100 多株咖啡树苗，栽种在今新北市三峡（三峡位于台北盆地的西南，三面环山，仅西北面向大汉溪河谷平原）。虽然到了后来，台湾咖啡种植业才真正发展起来，但这样一笔史料记载，却坐实了台湾乃“中国咖啡种植之始”的论断。

▲海拔 1400 米以上的云南保山潞江坝咖啡园

## 中国台湾咖啡种植概述

从 1884 年到 1891 年，英国商人陆续从菲律宾、斯里兰卡和美国向中国台湾引种咖啡，但并未收到实效。一则，过于靠北的种植地冬季温度过低，影响咖啡树生长；二则本地化的咖啡种植技术不够成熟；三则本地咖啡消费市场还未形成，民众饮茶习俗根深蒂固，种出来的咖啡也卖不出去，无利可图便没有种植必要。这几次咖啡种植都不了了之，并未形成后续之势。

1901 年，台湾一位园艺师引进印度尼西亚爪哇的咖啡品种，种植于台湾屏东县垦丁一带，此举获得成功以后，他又陆续引进更多品种并推广种植到花莲、高雄等地。到了 1919 年，嘉义农业试验所成立，意味着咖啡种植研究机构启动工作。几乎是在同一时期（1904 年，另一说是 1902 年），一位法国传教士将来自越南的咖啡树苗带到云南种植，中国大陆咖啡种植拉开了序幕。

1928 年，第一批中国台湾咖啡销往日本并因性价比高而大获成功。随后数十年间，台湾便一直是重要的咖啡种植地，每年源源不断地输出咖啡。事实上，台湾一直是诸多资源的输出地，除了咖啡，还有糖、大米、樟脑、木材等。这种状况到 1942 年达到最高潮——台湾全岛咖啡种植面积超过 967 公顷。这一数字纪录在整个 20 世纪一直保持，直至最近这几年才被打破。

后来，台湾的咖啡种植则好运不再，由

▲云南普洱海拔 1350 米的咖啡种植园（摄影：魏宁）

顶峰呈现断崖式消亡，后虽有过短暂复兴，但终究是昙花一现，一直难有大作为。究其原因，我认为是从 20 世纪 60 年代开始，中国香港、台湾，以及新加坡和韩国等经济体开始实施出口导向型战略，重点发展劳动密集型加工产业，快速实现了经济腾飞。20 世纪 80 年代，“亚洲四小龙”可谓声名赫赫，艳羡旁人。但正是因为聚焦劳动密集型的加工制造产业，吸纳了大量中青年劳动力，导致咖啡种植业发展急需的人力稀缺，且社会平均人工成本变得非常高昂，纵使种出好咖啡，也因价格太高，根本没有市场竞争力。

直至 2000 年前夕，中国台湾才再次发力咖啡种植业，台东、屏东、南投、嘉义、云林、台南、高雄等地都有咖啡种植。这一次恰逢第三波咖啡浪潮，新一代的中国台湾咖啡业者纷纷投身精品咖啡运动，重质保价不重量，所以至今虽然产量逐年上升，但基数实在太小，依旧供不应求，纵使大陆咖啡消费者想要品尝还并不容易。这些年我可以说喝遍了全球各产区的咖啡，单论瑰夏也喝了上百款，但唯独品尝台湾咖啡次数寥寥，更不用说普通消费者了。

# 14
# 上海，最正宗咖啡范儿

“咖啡馆的历史比俱乐部都悠久，那是一个民族的礼仪、道德和政治的真正所在。”

——伊萨克·德瑞里

## “魔都”的咖啡馆气质

从很多角度来说，上海都称得上一座“咖啡之都”，会喝咖啡是上海咖啡消费者的骄傲，在中国似乎也没有哪座城市比上海更能散发咖啡醇香。从 2021 年的一份统计数据来看，上海拥有超过 7000 家咖啡馆，数量上雄踞全国第一，第二名北京的咖啡馆数量仅为上海的 60%，而第三名广州仅有上海一半数量的咖啡馆。即使将庞大的人口基数考虑在内，上海平均每万人拥有 2.85 家咖啡馆，已接近甚至达到纽约、伦敦、东京等国际文化大都市的水平。

找寻中国最潮的咖啡范儿，应该将目光聚焦于上海，探索中国咖啡馆文化的根系，还是要从那十里洋场咖啡馆说起。

## 十里洋场咖啡馆

上海滩第一家咖啡馆始于 1886 年，一家叫作虹口咖啡馆的咖啡酒吧在虹口租界区开张营业，服务对象主要是船员。到了 20 世纪 20 年代，“五四”新文化人开始云集上海，同时咖啡馆也如雨后春笋般在上海开张营业，一时盛况空前。曾经滋润了整个欧洲哲学和文学艺术的咖啡馆再度获得上海滩知识分子的青睐，两者间颇有些相见恨晚之憾，“液体圣经”咖啡与思想火花碰撞之后，咖啡馆很快成为各界精英针砭时弊、社交联谊的场所。更有人将咖啡馆与百货公司、电影院、歌舞厅、跑马场，并称上海租界的五大娱乐休闲场所，其重要性可见一斑。

田汉的独幕剧《咖啡店之一夜》描绘的就是 1920 年初冬在一家咖啡店发生的故事：某咖啡店服务生白秀英在咖啡店偶遇旧时恋人李乾卿，携女友同来的李乾卿先是竭力掩饰他们之间的过往，后又企图出钱换回以前的情书和照片。性格坚毅的白秀英将情书、照片和钱一并投入火炉。故事并不复杂，但如果适当包装一番，纵使放到今天的言情偶像剧中依旧不过时，堪称经典桥段。从中既可见人性之市侩卑劣一如既往，亦可见当时的咖啡馆便已是社会众生相的集中地，“咖啡馆情调”跃然纸上了。

如果说上海滩初生的咖啡馆还多是些充满靡靡之音的场所，那么到了 20 世纪 30 年代，上海滩咖啡馆就已成为“左联”作家和其他文艺界人士激扬文字、纵论天下的场所。据不完全统计，20 世纪 30 年代中叶，仅霞飞路两侧便有咖啡馆和酒吧 125 家，今日都难以想见当初盛景。只能从诗中一窥：“电灯交绮光，荡漾柏油路，泻地车无声，烛天散红雾。丽服男和女，揽臂矜晚步。两旁琉璃窗，各炫罗列富。精小咖啡馆，谑浪集人妒，狐舞流媚乐，缭绕路旁树……”

一时间，卡夫卡、文艺复兴、君士坦丁堡、公啡、德大、凯司令、东海、喜来临等咖啡馆在上海滩各展风情，一言难尽。顾客也开始出现细分，有人热衷于布尔乔亚情怀，也有人钟情于波西米亚精神；有人喜欢霞飞路上那些张扬奔放的露天咖啡馆，也有些人更中意东海咖啡馆、公啡咖啡馆等深沉内敛、价格亲民的所在。

进入 1937 年，随着抗日战争的全面爆发，“孤岛时期”的上海租界涌入大量人口。虽然咖啡进口艰难，但凭借过往囤积储备，咖啡馆反而获得了进一步发展。当时有人记录：“咖啡茶室的设立，宛如雨后春笋，蓬勃一时，咖啡馆中增添了乐队、女歌手、舞蹈等表演的各类设备，极耳目视听之娱。”1945 年抗日战争胜利后，享乐主义随之抬头，加之咖啡、牛奶等美国商品倾巢而入上海，更刺激了当地新的咖啡馆大量涌现。截至 1946 年，上海已经有 160 多家咖啡馆，这种风光一直延续到 1949 年。新中国成立后，代表“腐朽堕落的资产阶级生活方式服务”的咖啡馆难免遭受打击，上海滩万国咖啡馆林立的盛况不再，但上海的咖啡消费文化并未彻底断绝，咖啡馆情调已经彻底融入上海市民文化观念中，咖啡馆也将在 20 世纪 80 年代重新绽放。

## 上海咖啡厂

1949 年新中国成立后，在上海高举专

业咖啡旗帜、延续咖啡消费文化的头等功臣，当之无愧便是上海咖啡厂了。

1935 年 4 月，上海咖啡厂（老上海人称之为“上咖”）的前身——德胜咖啡行在原静安寺路（南京西路在 1862~1945 年之间所用名字）由张宝存先生创建，这是中国有据可查的最早的咖啡烘焙工厂。1959 年，德胜咖啡行完成“公私合营”，正式转变为国营企业。由此，德胜咖啡行变成了上海咖啡厂，不久后品牌由 C.P.C 变成了“上海牌”，大名鼎鼎的上咖铁罐咖啡诞生，并一统全国咖啡江湖长达数十年——一直到 20 世纪 80 年代，上海牌咖啡不仅垄断了上海本地市场，也供应全国的咖啡消费场所。据说很多上海本地人，喝完咖啡后会将铁罐保留用以存放其他物品，渐渐也形成了一种身份标签。大约 10 年前，illy 咖啡的铁罐也曾在国内独立咖啡馆一度形成这番风尚，只是上咖铁罐已不可得。

## 鲁迅先生与咖啡

“哪里有天才，我是把别人喝咖啡的工夫都用在工作上了。”“时间就像海绵里的水，只要愿挤，总还是有的。”鲁迅先生这两句话完全可以选入其十大名言之列，竟也成了今天善意调侃的段子。有人笑称：凭着鲁迅先生对咖啡的热爱，真相可能是，他确实把别人工作的时间都用在了喝咖啡上。还有人笑称：鲁迅先生一辈子挤出了大量喝咖啡的宝贵时间。虽然也有学者说鲁迅先生并非酷爱喝咖啡，只是喜欢在咖啡馆里喝咖啡、热烈讨论、暗藏机锋的氛围。但被鲁迅先生称作“加非”的咖啡在其日记中大量出现，却是不争的事实。

# 15 中国海南咖啡

“除了坐写字间，或到书店渔猎，空闲的时期，差不多都在霞飞路一带的咖啡馆中消磨过去。我只爱同几个知己的朋友，黄昏时分坐在咖啡馆里谈话，这种享乐似乎要比绞尽脑汁作纸上谈话来得省力而且自由。”

——张若谷《咖啡座谈》

▲海南兴隆华侨农场的罗布斯塔种咖啡树（供图：曾祥亮）

## 海南咖啡概述

海南岛宛如镶嵌在南中国海上的一颗明珠，地处热带北缘，属热带季风气候，与全国其他各地迥然不同，这里一年中分旱季和雨季两个季节，全岛平均气温23~25℃，最冷月份的月均气温也有16~20℃，≥10℃的积温为8200~9200℃，年光照为1750~2650小时，光照率为50%~60%，光温充足，全年无霜冻，光合作用潜力非常大，素有“天然大温室”之美誉。也正因为如上诸多优势，国家正在着力将海南打造为国际旅游岛。

有一种观点认为，世界上最好的咖啡产自北纬15°至北回归线之间，我国云南南部和海南澄迈、万宁等地区恰巧都在这

▲海南罗布斯塔种咖啡鲜果

个区间，再加上土壤多为玄武岩和花岗岩风化形成的红壤，土层深厚，有机质丰富，给海南澄迈、万宁等地成为咖啡种植理想之地创造了有利条件。但也由于空气湿热、海拔较低、温差较小等诸多因素，海南并不适合种植阿拉比卡种咖啡（大量实践已证明，小粒种咖啡在海南种植能正常开花结果，但果实鲜干比极不划算，产出率低，豆粒小，品质也远不及云南），量体裁衣、因地制宜方是上策。这么多年实践下来，海南现已成为我国单一罗布斯塔种咖啡（即中粒种咖啡）产地，澄迈、万宁、文昌、琼中、白沙、三亚等地都有咖啡种植及当地咖啡品牌，"力神""兴隆""福山"都曾享誉全国。

此外，海南诸多地区充满南洋色彩的咖啡消费文化也十分浓厚，这与当地南洋侨乡的历史积淀密不可分。在我国其他地区被演绎得颇为时尚小资范儿的咖啡馆文化，在这里却以"老爸茶馆"的亲切随和范儿示人，非常值得咖友们来此体验。

## 海南咖啡简史

海南最早的咖啡种植记载始于 1898 年。当时，海南文昌南阳镇石人坡村农民邝世联从马来西亚将咖啡种子带回老家种植，后来种活了 12 株咖啡树，只是未能再接再厉。

1908 年，海南华侨创办的几家垦务公司分别从马来西亚、印度尼西亚等地大量引进咖啡种子，并相继在琼海、文昌、澄迈、三亚等地种植推广。同样可惜的是，这项事业最后也未能成功。此后，还有多项侨商探索咖啡种植事业的史料记载，可惜都因种种原因，未能结出硕果。

1935 年，爱国华侨陈显彰先生怀着"振兴实业，实业救国"的抱负，从印度尼西亚带回约 200 千克罗布斯塔咖啡种子，并在福山大吉村创办"福民农场"，开始大面积种植咖啡。澄迈福山也成为海南现代咖啡种植之始。今天的科研检测显示，澄迈地区多为火山质红壤土，有机质丰饶，这给咖啡带来了更高蔗糖含量和风味上的多样性。到了 1942 年，陈显彰先生的福山咖啡已呈现出供销两旺、远销粤港沪津等地的大好局面。

新中国成立后不久，万宁被国家设定为归国华侨安置所在。到了 1952 年，来自印度尼西亚、马来西亚、新加坡、泰国等 21 个国家的归难侨共计 1.3 万人先后来到万宁兴隆，自己拓荒种植，建起了"兴隆国营华侨农场”。熟悉那段历史的读者应该知道，国家投资建立国营农场、林场和渔场是持续数十年、席卷全国的大事业，直到 20 世纪 80 年代以后才逐渐转变为承包到户等新的经营组织形式。但很快，“兴隆国营华侨农场”的归国同胞们遇到一个困惑：习惯了每日饮用咖啡的他们，如今想喝到一杯咖啡却并不容易。一切顺理成章，1952 年，我国第一家咖啡厂——太阳河咖啡厂诞生于万宁兴隆，新中国成立后的海南咖啡种植热潮渐兴。1960 年，周恩来总理来到海南视察，对兴隆咖啡赞不绝口，不仅留下了一段美谈，还为后来海南咖啡走进人民大会堂列入国宴奠定了基础。

作为海南咖啡产地的“绝代双骄”，万宁与澄迈齐名绝不仅仅因为如上这段历史过往。今天的科研成果显示，万宁地区多为酸性红土壤，所含物质成分上与澄迈的火山红壤同中有异，这使得万宁咖啡中绿原酸、石竹烯、香草素等有效风味物质含量更高。

最鼎盛时期，海南全省咖啡种植面积曾达 1.53 万顷，咖啡产品畅销全国及东南亚地区。后因诸多原因，其咖啡种植面积及产量逐年锐减，大片咖啡种植园被橡胶园取代，至 2008 年仅余 140 公顷。这些年随着全民咖啡消费热潮渐兴，政府与民间开始同步发力，咖啡种植快速回温。2016 年，海南咖啡种植面积为 753.33 公顷，到了 2017 年，仅万宁市一地的咖啡种植面积便超过 650 公顷。

20 世纪 70 年代，传奇实业家徐秀义先生在福山创办福山咖啡种植园并配套加工处理厂，其事迹曾被《人民日报》等媒体报道。这些年来，借着创建海南国际旅游岛的国家战略之机，澄迈福山咖啡文化风情镇顺势而生，将休闲旅游与咖啡产业相结合，还通过举办福山杯国际咖啡师冠军赛来填充优质咖啡内容，着实值得为其点赞。

## 海南咖啡的进阶之路

过去这些年，精品咖啡浪潮同样深刻影响着海南咖啡人，从而带动了海南罗布斯塔种咖啡产业的提升。在并未刻意寻觅的前提下，我已经喝到了为数不少的高品质海南罗豆，海南精品咖啡逐渐散发出无穷魅力。但迥异于云南，海南应有属于自己的咖啡故事。随着海南自贸港的建设，前所未有的巨大机遇正降临每一位海南咖啡从业者身上——如何充分利用好自贸港相关税收优惠政策，聚集国内外咖啡及相关企业，积极发展咖啡贸易，建设咖啡交易平台，规划咖啡产业园区，创建咖啡文旅项目，将海南打造成中国首屈一指的国际咖啡贸易中心与咖啡文化旅游目的地。

## 海南的华侨传统咖啡

应邀去海口参加福山杯国际咖啡赛，见识到海南诸地流传颇广的传统糖炒咖啡。如若身处兴隆，这种咖啡形式又叫“兴隆华侨传统风味咖啡”或“南洋华侨传统咖啡”，倒是海口人的“糖炒”二字道尽精妙之处，不可不提。其过程充满仪式感，风味超乎预期，着实令人难忘。

海南兴隆、福山等地这种传统糖炒咖啡使用类似京津冀一带传统小吃糖炒栗子的炭火大炉和大铁锅，首先将日晒处理的本地产罗布斯塔种咖啡生豆置入，烘焙师

▲ 20 世纪 80 年代，福山咖啡自主研发的咖啡烘焙机

持大号长柄铁铲用大火不停翻炒，待得美拉德反应开始呈现肉桂色；有可能先后加入食盐和奶油混合煎炒，煎炒至一爆开始，烘焙师会加入大量白砂糖，再更换小铲继续混合煎炒，直至糖融化；舀起一铲来，可以明显看到焦糖拔丝现象，这才一铲一铲将豆子转移到摊凉板上，摊平、冷却。此时如果你细看黝黑油亮的咖啡豆，会发现它们都被一层焦糖外衣包裹，倒也有隔绝氧气、保持新鲜的效果。现如今，出于健康考虑，完全传统方式糖炒已不多见，但却值得我们将其作为文化风俗记录下来，偶尔回顾。

待咖啡豆完全冷却后，用石块敲打使板结的豆子颗粒化，最后用石臼研磨成咖啡粉。冲泡环节也很有意思，虹吸壶、爱乐压和各种滤杯都是拿不出手的，有些岁月感的冲泡壶里已是厚厚一层经年的咖啡渍。咖啡师傅最好上了些年纪，高高将壶提起，将滚沸的开水冲淋在咖啡粉上，必须用滤布过滤咖啡粉，方得“苦醇香甜”四字之妙。饮用前添加些炼乳并无妨，开心惬意喝起来就好。

夕阳西沉，老榕树下，湖岸边的地上已经用大桶水泼洒了数遍，燥热霎时消减一空。三五知己围坐，聊天喝茶起来。海口当地人将年长者称作“老爸”，价格和形式亲民的大众茶就叫作“老爸茶”。

虽然叫“老爸茶”，却不局限于茶。咖啡往往也是有的，一定是烘焙得蛮深的罗豆，甚至可能是用的传统糖炒方法，油亮乌黑，研磨后香气扑鼻，提壶冲泡过滤后，必然添加些炼乳，香醇浓厚，妙不可言……曾经在央视某访谈节目里，看到一位当地的百岁老人陈阿婆，其养生秘笈就是“咖啡”二字——早中晚各 1 杯咖啡，早餐时更是用咖啡蘸着油条和馒头吃，并习以为常，令人感叹不已。既感叹原来在中国也有这般深厚的咖啡消费传承，也感叹咖啡消费习惯的形成需要岁月积累，一蹴而就绝不可得。

# 16 中国云南咖啡

“回想自己有关咖啡的最早记忆自然也和很多昆明人一样，源于老昆明金碧路上的‘南来盛’咖啡馆。记忆中有服务员用长柄大勺从一个大铁桶里舀黑乎乎液体盛到搪瓷口杯里或是玻璃茶杯里递给客人。当时年少的我自然不知道那其实就是咖啡，但从那大铁桶里腾起的咖啡香却留在恒久的记忆里。”

——作家黄蜀云

▲铂澜咖啡学院云南咖啡体验基地——位于云南保山隆阳区海拔 1300 米的瑰夏咖啡种植园

## 云南咖啡概述

我国幅员辽阔，纵贯北纬 3° 51′ ~ 北纬 53° 34′，北回归线自西向东穿过我国云南、广西、广东和台湾，再考虑到当地小气候及海拔高度等因素，南方诸多省市其实都有咖啡种植或具备咖啡种植条件，甚至四川省攀枝花和西藏墨脱也能找到咖啡种植的身影。但截至目前，除了台湾，只有云南和海南形成了相对完整的咖啡种植及加工产业集群。这既与自然条件密切相关，也与政策扶持导向等关系甚大。

而若论及宜植面积、产量规模、种植品种、产业生态以及国际影响力，云南——这个中国茶叶生产第一大省，也是当之无愧的中国咖啡之乡，中国 98% 以上的咖啡产自云南。根据美国农业部 2018 年 11 月数据来看，目前中国阿拉比卡种咖啡产量排在巴西、哥伦比亚、洪都拉斯、埃塞俄比亚、秘鲁、墨西哥、危地马拉和尼加拉瓜之后，位居世界第 9，且产量增速稳居世界前 5。这些既要归功于政府的大力扶持，也要归功于民间资本投身咖啡产业的巨大热情，还要归功于“彩云之南”那一片美好的土地。

位于北纬 21~29° 之间的云南属山地及高原地形，北回归线从南部横贯而过。南部及西南大部分区域海拔在 1000~2000 米，地形以山地、坡地为主，且起伏较大、土壤肥沃、日照充足、雨量丰富、昼夜温差大，纬度与海拔高度的匹配恰到好处，诸多恰到好处的自然条件都为培育优质咖啡提供了坚实保障。也正因此，云南的咖啡宜植区非常广，目前 129 个县级行政区中有 42 个、超过 38 万户、共计约 114 万咖农从事咖啡种植，主要集中在普洱、临沧、保山、德宏等地。尤其是保山潞江坝、普洱孟连等地，已经成为小有名气的中国云南精品咖啡产地。

## 云南咖啡简史

1883 年，中法战争爆发。2 年后，清政府被迫与法国签订条约结束了中法战争，并于 1887 年开放蒙自（红河州蒙自县）为通商口岸。又过 2 年，蒙自海关拉开了西南边陲与外互通的序幕，顿时外商云集，洋行接踵而至。据考证，云南第一家咖啡馆便是当时由法国人开办经营，咖啡馆与酒吧相融合的业态也非常法国化。到了 20 世纪初，咖啡馆与酒吧、网球场、酒店、赛马场等西洋场所开始出现在街头，为各色人等提供休闲服务。

据《宾川县志》记载，1904 年，一位中文名叫田德能的法国传教士（Alfred Li é tard）来到云南省大理宾川县平川镇一个叫朱苦拉的山村定居传教，酷爱喝咖啡的他将一株来自越南的咖啡树苗种在了新搭建的天主教堂旁，第二年便开始挂果。时至今日，朱苦拉全村上下几十户人家几乎家家喝咖啡，更有那批咖啡树繁衍的后代存活至今，古老的咖啡树林在晨露晚霞中诉说着百年的过往。

1938 年，北京大学、清华大学和南开大学联合成立西南联合大学，并迁至昆明以

▲ 1904 年，法国神父田德能在去朱苦拉村的路上（供图：朱苦拉咖啡）

▲朱苦拉村天主教堂始建于 1904 年（供图：朱苦拉咖啡）

▲保存至今的 8658 平方米的古咖啡林、天主教堂建筑物景观、教会学校、当地农村百年传承制饮咖啡的习俗、彝族 84 户农村家庭集居的传统村落建筑景观和大山深处自然景观相结合（供图：朱苦拉咖啡）

避战火。后由于昆明校舍不足，文学院与法学院迁往云南蒙自。可以说，当时的中国有一半文化精英都在云南。但覆巢之下，安有完卵？偌大华夏，已容不下一张安静的书桌。联大师生以“刚毅坚卓”为校训，在困境中“内树学术自由之规模，外来民主堡垒之称号”。昆明与蒙自的咖啡馆成为当时师生发愤学习、激扬文字、积极参与抗日救亡运动的阵地。1942 年，在“一寸山河一寸血，十万青年十万军”的悲壮慷慨口号下，中国远征军赴缅甸支援英军对日作战。1943 年某日，一群来自西南联大和国立重庆大学的青年学生聚在昆明一家咖啡馆里相约参军，有人言到，谁若侥幸生还，便由他赡养众人父母。可怜后来在场众人均魂归他乡，无一人生还，令人唏嘘扼腕。我在昆明一家咖啡馆里听到这个故事，知之不详，难以展开，但有必要专门为此记录一笔。

▲摄影：郄怡彬

1893 ~ 1914 年间，英国传教士与当地景颇族山官、寨头等陆续将咖啡从缅甸引入云南德宏州各地少量种植，后经鉴定品种以铁皮卡为主，少量为波旁，这些成为后来云南小粒咖啡产业化种植发展的重要种源。1952 年，云南省农科院热经所专家无意间在云南德宏潞西县发现了咖啡，采集鲜果后育苗 2 万多株，后带到保山潞江坝一带定植 100 多亩，新中国云南小粒咖啡产业化种植由此开启。1955 年后，随着潞江坝成立国营农场以及大批移民涌入，再加上供应苏联的巨大需求，咖啡种植产业迎来第一次高潮，这才有了滇缅公路沿线婆娑摇曳的咖啡树。此后随着中苏关系恶化，国内并没有庞大的咖啡需求市场支撑，多达数千公顷的咖啡园或荒芜，或改种其他经济作物。之后又碰上“十年浩劫”，大破四旧，作为“舶来文化代表”之一的咖啡被视作“代表着剥削阶级的腐败思想和风俗习惯”也在劫难逃。这些因素都使得云南的咖啡产业一度跌入谷底，古老的阿拉比卡咖啡树品种的延续岌岌可危。

▲摄影：彭叶

1988年，雀巢在中国成立合资公司，通过启动咖啡种植项目等方法开始在云南支持当地咖啡产业发展。翌年，雀巢总经理率专家团队来普洱（时称思茅）做专项考察，通过启动咖啡种植项目、免费对咖农进行技术培训等方法，开始在云南支持当地咖啡产业发展，云南咖啡再次崛起。在此之前，云南咖啡产量第一的桂冠一直戴在保山头上，育种卖给普洱是当时保山咖农的最重要生意。但雀巢的参与改变了这一切，到了1990年，普洱咖啡种植面积便达到3.7万亩，位居全省第一并直至今日。1992年起，雀巢成立咖啡农业部，专门指导、研究云南咖啡的改良与种植，并按照美国纽约现货市场的价格收购咖啡。到了2014年，云南咖啡交易中心落户普洱，“中国咖啡之都”的美誉便顺理成章戴在了普洱头上。卡蒂姆便是在此时由雀巢引种，并成为今天云南咖啡的绝对主力品种。截至目前，不仅雀巢、星巴克等咖啡巨头均在云南从事咖啡业务，一大批本土咖啡企业也逐渐发展壮大。截至2017年，云南普洱咖啡种植面积达78.9万亩，咖啡豆产量5.86万吨，总产值24.69亿元，且80%出口至美国、德国、日本、韩国等30多个国家和地区。

2018年11月，我应邀又一次来到云南保山潞江坝素有“中国咖啡第一村”之誉的新寨村，并以生豆赛杯测裁判长的身份全程参与了第三届保山国际咖啡文化节。眼前是万亩绿衣红果的咖啡园，啜饮着近百款好咖啡，更深刻意识到在共同打造“云南咖啡”这一品牌之时，云南咖啡不同的地域风味也有极大潜力有待发掘。

## 云南咖啡的“四化发展策略”

并不讳言，云南咖啡产业现状并非一派盛世繁华景象，成长之中已有危机，欣喜背后更有挑战。劳动力短缺、人力成本太高、土地资源有限、价格持续低迷、低端同质化竞争、咖啡树种问题、天牛等病虫害困扰、其他经济作物盈利诱惑……几乎所有咖啡同行都能扳着手指头数落一番。在此背景下，2017年4月，云南省政府出台《关于咖啡产业发展的指导意见》，提出立足本地区位资源优势，稳步扩大精品咖啡原料基地面积，加快改造提升咖啡加工业，强力推进咖啡品牌打造，把云南建设成为世界优质咖啡豆原料基地、全国最大的咖啡精深加工生产基地、咖啡豆交割仓和贸易中心，构建第一、二、三产业融合发展的现代咖啡产业体系，实现从咖啡原料大省向咖啡加工、咖啡旅游、咖啡贸易和咖啡文化强省的转变。

2017~2018年咖啡采收季，云南咖啡再次受国际大宗咖啡价格低迷的影响，生豆价格下挫直逼咖农种植成本价，甚至出现亏损，作为一名中国咖啡从业者倍感痛心。以 2018 年云南咖啡产地的成本计算，如果是企业租地种植，1 千克生豆的成本接近 18 元，而咖农自种也达到每千克 12~14 元。考虑到咱们甚至十倍于非洲咖啡产地的人工成本，一味瞄准大宗咖啡商品并非正确方向，一味重量不重质绝非良策。恰逢此时，我们从官方《关于咖啡产业发展的指导意见》中看到了诸如“精品咖啡原料”“改造提升咖啡加工业”“咖啡品牌打造”“一二三产业融合发展”等关键词，均与我思考的下一步云南咖啡“发展策略”吻合，索性借助本书，斗胆将我的设想和盘托出，权当抛砖引玉。

政府加大支持力度。增加当地咖啡产业发展配套资金的投入、完善较为落后的基础建设、强化产业集群效应、创新型涉农险种落地等都已在进行中，无奈过去起点太低，依旧任重道远。比如，农村土地租期的延长和手续简化就能大幅提振咖农们间种经济作物、更换咖啡树种的积极性。再比如，政策到位也会让上下游甚至跨界企业更有意愿入局，积极参与咖啡产业价值链的重构工作中。

种植加工科学化。从种植到处理加工各环节协同努力，大幅提高云南咖啡品质，从而增强产品竞争力是毋庸置疑的核心课题。以我主持评审的保山咖啡节生豆赛为例，事后了解到前 12 名生豆均是在种植、采收和处理加工环节花了很多心思的产物。

发展多元化。发展多元化才能增加风险抵御能力，增加综合营收。具体举措涉及方方面面，不管是咖啡树种的局部更新，还是咖啡园里间种澳洲坚果、黄花梨等经济价值高的遮阴树，或是生态农业旅游项目的创建，抑或是咖啡衍生品如咖啡酒、咖啡树叶茶、咖啡果皮茶、咖啡种皮茶等创新商品，都应该被大力提倡。

地理标识商标品牌化。品牌化战略是塑造云南咖啡形象、获得利润最大化、构建竞争壁垒的主要手段。利用云南本地不同咖啡产地截然不同的自然因素和人文因素，由地方政府牵头，精细发掘国家地理标识相关政策红利应该是最佳途径。

## 云南咖啡，未来看好

与这些年云南咖啡产量大幅提升相比，更大惊喜来自于云南咖啡品质的大幅提升。2011 年我动笔撰写《咖啡 咖啡》第一版时，精品咖啡理念和科学技术尚未深入人心，云南咖啡种植和采收刚出现一丝令人欣喜的变化——个别有远见的咖农开始尝试通过品种改良、剪枝、施肥、全红果采摘、改善水洗发酵池、购置先进机器设备、搭建晒床等来提高咖啡品质。但是前路一片未知，同道者寡，这份辛劳折腾后品质究竟能否大幅提高？哪个环节的改善升级最是立竿见影？品质提升与否该当如何评判？品质提高后是否能够提高售价来值回这份辛劳？当时一切尚在萌芽中，还没有值得欣慰的成果出现，孤独寂寞中的坚持最是考验人心。

这条遵循科学精神的创新之路是对的。大约 2014 年起，精品咖啡理念与科学技术开始被云南咖啡所接纳，越来越多全球咖啡专家参与云南咖啡品控和宣传推广，普洱云南咖啡生豆大赛、保山咖啡文化节、

临沧云南精品咖啡文化节、德宏亚洲咖啡年会等一大批高水准的咖啡盛事将云南咖啡产业装点得愈发妖娆。

2014 年从铂澜咖啡学院考取 QGrader 后，李绍权回到老家云南德宏，启动高海拔咖啡计划，尝试从种植环境、植株管理、采收管理、生豆处理到产品研发构建一套科学体系。而他，只是这几年越来越多投身产业上游的中国咖啡人中的一位。

如果按照 SCA/CQI 杯测评分，达到 80 分才能称为精品级咖啡。大约 2015 年之前，仅靠外观品相筛选出来的“云南好咖啡”大多达不到精品级，它们不仅缺少令人愉悦的特色风味，由于采摘及处理环节关注不够，还经常会出现瑕疵风味，因此留下了“魔鬼尾韵”等诟病。2015 年，首届云南咖啡生豆大赛的精品率只有 50%，杯测平均分为 79.95 分。但最近数年惊喜在持续发生，2018 年第四届云南咖啡生豆大赛的精品率已经提升至 94.31%——123 支参赛生豆中仅有 7 支在 80 分以下，杯测平均分为 82.19 分，最高分达到 84.35 分。2023 年，第二届 GCEF 中国云南咖啡评选汇聚了云南各大产地 61 款精品级咖啡，并在全国近 200 家咖啡机构开展专业人士与大众的“联合评价”。“好喝”“很棒”“惊艳”等是我们在活动现场听到的最多评价，大家深为云南咖啡的巨大进步所欢喜！

▲云南德宏高海拔咖啡种植环境（供图：李绍权）

2018 年夏天，我们铂澜咖啡学院选手王宇鹏老师拿着一款产自云南保山的铁皮卡品种咖啡参加了 2019 年世界咖啡冲煮大赛中国分赛区北京站比赛，凭借对这款云南豆品质和特殊处理技术、自身烘焙实力和临场表现水准的足够自信，最终在全顶级瑰夏选手中脱颖而出，取得第三名，并拿到中国区总决赛的一席名额。之后几年，云南本地种植的瑰夏、铁皮卡、波旁、SL28、云咖 1 号、云咖 2 号等不断出现，各级各类赛事中云南咖啡的参赛成绩也一次次令我们惊艳。“用云南咖啡能拿冠军”逐渐成为很多同行的共识。云南咖啡，未来看好。

# 17 咖啡消费渐兴

“咖啡馆的历史比俱乐部都要悠久，那是一个民族的礼仪、道德和政治的真正所在。”

——伊萨克·德瑞里

## 第一位咖啡启蒙师

20 世纪 90 年代以来，随着最大咖啡消费国美国经济复苏，一举摆脱了持续数十年的咖啡消费低迷期，全世界掀起又一股咖啡消费热潮。同样是 20 世纪 90 年代前后，我国咖啡消费几乎是从零起步，但启蒙师却是当时被国人视为“时髦”“高档”代名词的麦斯威尔和雀巢速溶咖啡。1984 年，麦氏速溶咖啡正式在中国投产，并在 1997 年更名为麦斯威尔咖啡，其经典广告语“滴滴香浓，意犹未尽”竟将产品从感官体验到情感体验描述了个透彻，堪称“速溶咖啡最佳中文广告语”。

令人稍感惋惜的是，麦斯威尔虽然曾阶段性领先于市场，但最终笑到最后的是雀巢。1988 年，雀巢在广东东莞合资成立东莞雀巢有限公司，开始生产速溶咖啡。1989 年，雀巢经典广告词正式登陆中国电

▲摄影：黄海强

视台，“味道好极了”五个字虽然稍逊于麦斯威尔的八字广告语，但也堪称佳作，日后雀巢咖啡渐渐家喻户晓与此关系密切。

1992 年，雀巢在云南思茅（今普洱）成立咖啡农艺服务部，帮助当地发展咖啡种植业，更颇有眼光地做了扎根本土化布局。到了 1997 年，东莞雀巢咖啡生产厂已经直接从云南采购所需的全部小粒种咖啡豆。2008 年，在某知名刊物主办的评选中，雀巢咖啡被评选为“30 年改变中国人生活的品牌”，这个大奖可谓实至名归。

除了如上广告语，将自己包装成“西方人饮用的茶”的速溶咖啡，也会着力强调其功能性，诸如“提神又醒脑”“困了来杯咖啡”之类的广告强行植入了消费者的心智，以“摄取咖啡因”为核心需求构建的咖啡消费市场慢慢形成。需要注意的是，同样含有咖啡因的茶显然也具备这种功能，而且更加亲切易得，所以咖啡只是在追求时尚的学生和年轻族群中普及，离大众消费尚远。

## 第二位咖啡启蒙师

前文讲过，20 世纪 80 年代后期，霍华德·舒尔茨主导下的星巴克完美转型，开始贩卖一杯杯咖啡饮品，大幅提高了利润率，还与顾客之间构建了更加深度的黏性，有了后续的诸多可能。星巴克此举是顺应当时美国人消费升级大趋势的一次华丽之举，是一次完美的咖啡消费升级，将贩卖咖啡变成了贩卖一种醇香四溢的生活方式。

1999 年，随着星巴克在北京国贸开设

▲日本京都的 %Arabica 是打卡网红店（摄影：黄海强）

内地第一家门店，标志着其正式进入中国市场。中国咖啡消费者迎来了第二位启蒙师，它将咖啡与咖啡馆糅合在一起拿给我们消费，等于郑重其事告诉了我们：咖啡有场景属性和体验增值。彼时，恰逢北京海淀区咖啡馆文化兴起，文科生追求浪漫自由气质的我对此实在是毫无抵抗力，几乎逛遍了当时大大小小的诸多咖啡馆，相信很多同龄人对此心有戚戚焉。

## 从数字看咖啡

全球咖啡同热。2010~2018 年，中国、俄罗斯、印度尼西亚、泰国、菲律宾、越南等诸多新兴咖啡消费市场表现尤为靓丽，市场增长率均接近、达到或超过 20%。

先看看老牌咖啡消费大国。2004 年，全球最大咖啡消费国美国消费了 125.84 万吨咖啡，而日本消费了 42.7 万吨咖啡。到了 2014 年，美国和日本的咖啡消费量分别达到 142.6 万吨和 45 万吨，如果细看每年数据，更是年年都增长，岁岁创新高。如今，26% 的美国人每天的咖啡饮用量都在 1 杯以上，不喝咖啡的美国人不到其总人口的 7%。而仅仅 20 年前，超过 37% 的美国人都还拒绝饮用咖啡。

2006 年我国咖啡豆消费量为 2.6 万吨，2015 年是 13.3 万吨，到了 2017 年则增至 21.9 万吨。2000 年我国（不包括港澳台）进口咖啡豆总量仅为 5700 吨，2014 年这个数字增至 7.57 万吨。到了 2021/22 年度，我国咖啡进口总量达已超过 24 万吨。饿了么平台发布的《2022 中国咖啡产业白皮书》数据显示：2021 年中国咖啡市场规模达到3817亿，预计2025年市场规模将超过10000亿。

估值约800亿美元的星巴克早已取代麦当劳成为全球最有价值餐饮连锁品牌，也是评估中国当下咖啡消费市场的一面镜子。截至2020年初，其在华拥有4000多家门店，分布于150多座城市。中国已成为星巴克仅次于北美地区的全球第二大市场，每年售卖出超过4亿杯咖啡、净利润增长达到30%、超过6%的同店销售增长率等数据，无不体现了中国市场的容量之大和前景之佳。正是基于这些利好，瑞幸咖啡等新兴品牌以咖啡消费的“无限场景”为概念，狂奔而来，某种程度上已重构了咖啡生意的信息流（社交网络）、商品流（实时物流）和现金流（在线支付），引起业界瞩目。

在中国咖啡消费力初显峥嵘的今天，虽然更多国人还是习惯于一杯清茗相伴，咖啡消费依旧只是少数人的选择；虽然速溶与即饮咖啡仍然在咖啡消费中占绝对主导地位，高品质的现磨咖啡居于绝对劣势。然而，一旦将日渐兴起的咖啡消费热潮、年轻人倾注的巨大热情、疯狂涌入的资金、两位数的市场增速以及约14亿的庞大人口基数关联在一起，任何人都有理由为中国咖啡市场的美好前景而振奋。

## 值此大时代，你是否察觉

近年来，插上“资本”与“互联网”双翼的咖啡产业渐露峥嵘。2015~2018年5月，中国咖啡市场累计融资金额为6.09亿元，仅2018年前5个月创投金额便达到3.22亿元。不管是星巴克、Tim Hortons、Blue Bottle等国外巨头，还是Luckin Coffee、%Arabica等新贵，旌旗猎猎，逐鹿天下——全球的眼光和资源都在向中国咖啡市场集聚！高速发展时代已到来，咖啡产业链重构带来的巨大势能更是助推了一个全新咖啡时代端倪乍呈。

过往的数年无疑是波澜壮阔的新时代。精品咖啡运动快速发展之际，互联网浪潮也汹涌澎湃，各种移动互联网应用深入根植人们生活的每个场景细节中，很多商业规则与普罗大众的生活方式也随之改变，包括饮用咖啡。

咖啡的魅力无与伦比，延续了500年的咖啡馆产业魅力永恒。接下来，有人选择消费降级，渴望高性价比咖啡的无处不在；也有人选择消费升级，看重赋予咖啡消费以场景体验和文化加持。“为余势负天工背，索取风云际会身。”值此大时代，你是否察觉？

## 大众咖啡消费时代正快步到来

大约2016年底开始，在经历多年的低调积累后，看似微不足道的持续量变一夜之间带来了质变——至少大佬们认为时机已至：早就虎视眈眈在旁的大资本、大品牌相继出手，瞬间风云变色、天地为之骤变，中国的大众咖啡消费时代正在快步到来。问题也随之而来，咖啡师这一职业的前景如何？咖啡馆（尤其是独立咖啡馆）是否能够跟风受益？从90后到即将登场的00后，时代已大不同，网络化生存、小确幸、懒（佛）系价值观、低（异）欲望、只为兴趣付费、二次元和孤乐主义在年轻人中日渐

盛行，咖啡馆（尤其是独立咖啡馆）该如何顺势而为？

## 咖啡馆不会消亡，还将蓬勃发展

有位哲学家曾说过一番话，大意为：真正的建筑不应只是物理存在，应该有所意指，是人性的空间化和凝结。从这个角度来看，我认为咖啡馆便是最伟大的人类建筑。除了“第三空间”理论，德国当代哲学家尤尔根·哈贝马斯在《公共领域的结构转型》中做了更加深刻的解读。在他看来，咖啡馆、图书馆、剧院、博物馆等公共领域空间的必然存在和人们的趋之若鹜，与人性关系甚大。只有在这些场所空间里聚集，个体才会意识到自己是集体中的一员，从而汲取到心智力量。可以肯定的是，咖啡馆不会消亡，而将作为咖啡消费升级的核心产物，守护我们所在城市的精、气、神。

## 一起憧憬：5 年后的咖啡馆

咖啡馆商业模式创新实践正如火如荼进行中，或许 5 年以后，全新的具备商业价值的咖啡馆便将耀世而出，不管是出品体系、视觉呈现，还是商业模式、赢利逻辑，抑或是创建步骤，都将焕然一新。

第一，多元空间。未来的咖啡馆将是一个包含咖啡元素在内的多元混搭空间。只要锁定好受众，跨界融合将成为主流，众创空间、文创中心、政务大厅、阅读空间、亲子乐园、时尚卖场、体育场馆等，都将成为咖啡售卖之所。

第二，咖啡新零售。未来的咖啡馆一定是虚实结合、彼此不可缺失的“咖啡新零售综合体”，有别于以往单纯依赖流量的门店经营思维，升级为以数据来驱动的思维模式，以综合获客及维护顾客成本最低为目标，回归消费者视角的咖啡零售经营业态。

▲摄影：黄海强

第三，共谋产物。除了基于现有场所植入咖啡元素的混搭空间，未来从零创建一家咖啡馆应该是全程基于互联网平台、以大数据商业智能分析为决策依据、充分整合多方需求和资源的共谋产物，届时共筹共创、风险分担、利润共享才会在咖啡馆行业真正落地实现，而传统的“房东—租户”开店类型将相应减少。

第四，咖啡师升级。虽然由人全程参与服务的咖啡馆永远不会消失，但未来越来越多的咖啡馆将无须固定聘用包括咖啡师在内的一干全职人员。大量无人咖啡馆的诞生将使得传统“站吧台、挣工时”的咖啡制作师需求锐减，而全自动咖啡机器设备可以完全达到甚至超越顾客对于咖啡品质的需求，且毫无疑问更加稳定、成本更加低廉。但也无须那么悲观，伴随着传统低端咖啡师的出局，则是新的职业机会和大量自由职业者的涌现。市场呼唤更多通晓整个咖啡产业价值链应用知识的客服专员、技术专家、品控专家和解决方案一站式实施者。或许同样叫咖啡师，本质却不同了。

## 这五年，七种武器

“这是最好的时代，这是最坏的时代；这是智慧的时代，这是愚蠢的时代；这是信仰的时期，这是怀疑的时期；这是光明的季节，这是黑暗的季节；这是希望之春，这是失望之冬；人们面前有着各样事物，人们面前一无所有；人们正在直登天堂，人们正在直下地狱……”接下来这五年，对于咖啡馆店主和咖啡师都至关重要，狄更斯在《双城记》开篇的这番言论送给大家，也送给我们自己，大家共勉之。

第一，学习为先，看产业链。新一代咖啡从业者都需要前期系统、全面和深入

▲应用于咖啡馆门店的全自动智能咖啡冲煮设备如雨后春笋般出现

地学习，因为每在价值链上挪一步，就意味着利润增加一分，乐趣增加一成，事业笃定一筹。

第二，拥抱下线，找寻桃源。高线城市的运营成本和竞争态势越来越成为独立咖啡店难以消化的硬伤，在“小镇青年”崛起的今天，往下线城市走是不错的选择。

第三，拥抱熟客，融入周边。随着街边店时代的快步远去，独立咖啡馆要有甘当绿叶衬红花的“觉悟”，义无反顾地委身于顾客，选址不因商铺而定，而由咖啡消费需求来决定。

第四，坪效人效，小店体验。虽然星巴克们还在构建气势恢宏的深度沉浸式咖啡体验空间，但只有高品质的自雇性小店才能将坪效、人效和时效发挥到极致。

第五，颜值就是正义，设计关乎成败。咖啡馆天生嗜美，未来的咖啡馆应力求消费过程中的每一帧、每一瞬都是精心营造的美好场景，将消费者浸泡在“蜜罐儿”里。

第六，咖啡一流，餐饮品类。高品质的咖啡是一家咖啡馆未来存在下去的必要条件。此外，搭配咖啡、促进消费的丰富轻食必不可少。

第七，线下留恋，线上关键。为了最大限度降低获客成本，为了最大可能增加售卖，增加利润，提升顾客体验，未来咖啡馆将是线上和线下结合的产物。

# Chapter 3

## 相爱相伤，咖啡与茶

采撷自世间绿色海洋里的一捧精灵，貌不惊人，卓尔不群，是咖啡，也是茶。经历水与火的魔法，四溢的是香气，流动的是液体，荡漾的是情谊。原本凝固的空间活跃起来，彼此间的隔阂瞬间消弭，传递，凑近，嗅闻，啜吸，有人闭目沉吟，有人不住咂抿，余韵来袭了，话匣子打开了，众人满心欢喜……是的，我们爱咖啡，同样也爱茶。它们同为大自然的恩赐，美好得像一首诗，值得用真心来加持。我们所爱，是一种生活方式。

# 18
# 爱恨交织咖啡因

产生咖啡因需要很珍贵的、植物生长所需的氮。咖啡树通过一种咖啡因循环利用系统最大限度地利用它们。

——美国生物学家索尔·汉森

## 从生物碱说起

氮是植物生长必不可少的核心营养物质之一，而生物碱是植物中广泛存在的一类含氮代谢物，咖啡因（Caffeine）就是一种较常见的黄嘌呤生物碱。所有生物碱都有一个相似的氮基结构，植物用此进行各种排列组合，并重新形成2万多种不同的形式用于制造化学防御武器。

目前，科学家已在4000余种植物中发现了3000多种生物碱。最早发现的生物碱是1805年从罂粟中提取的吗啡，此外还有辣椒素、尼古丁、奎宁、可卡因等，而最有名的则无疑是咖啡因。

## 咖啡因概述

通常呈现为白色粉末或六角棱柱结晶的咖啡因可溶于水，虽有苦味，但由于在滤泡式咖啡中浓度较低，不是其最大的致苦因素。此外，咖啡因熔点高达 235~238℃，不管咖啡豆烘焙程度如何改变，咖啡因含量大体维持不变。

咖啡因目前在咖啡树、茶树、可可树、马黛茶（巴拉圭冬青）、可乐果树、瓜拿纳树等超过 60 种植物的叶片、果实或种子中都能找到，命名也因此各异。瓜拿纳树中的咖啡因也被称为瓜拿纳因子，存在于玛黛茶中的被称为马黛因，而存在于茶中的则被国人称为茶素或咖啡碱。

在自然界中，咖啡因是一种植物分泌生成的驱虫剂，能使啃咬吞食含咖啡因植物的昆虫产生麻痹，从而起到自我保护的作用。自然界中最主要的咖啡因来源是咖啡树的种子——咖啡豆，这也是将此化合物命名为咖啡因的主要原因。咖啡因具有阻碍细胞分裂的功能，是自然界中强有力的全能驱虫剂和杀虫剂，只有咖啡虎天牛等极少数已经进化形成免疫力的昆虫能够肆无忌惮地啃食咖啡豆。更有意思的是，越是生长于低海拔地区，遭遇虫害威胁就越严重，越需要植物触发自我保护机制。低海拔地区的罗布斯塔种咖啡较之高海拔地区的阿拉比卡种咖啡含有更多的咖啡因，便与这种逻辑暗合，可见造物之神奇。

## 咖啡树体内的咖啡因转移

科学家已经对咖啡树产生和运输咖啡因的过程做了更加精细的研究，结论叹为观止：咖啡树会在不同部位生产制造咖啡因，以抵挡自然界中超过 900 种有威胁的昆虫和有害生物，而这一切的起点是新生的咖啡树嫩叶——只有咖啡因能够使嫩叶抵挡昆虫和蜗牛的啃食糟蹋。随着咖啡树树叶越长越大，质地也越来越坚硬，这种借助咖啡因的保护机制意义就开始下降。于是，咖啡树将宝贵的咖啡因资源从树叶中撤离，转到下一个保护对象——咖啡花朵。等到咖啡花落结果，咖啡因又转至保护新生的咖啡果实。咖啡因的最终战场则是咖啡果实最内里——咖啡种子，并在那里沉淀固定下来。

问题接踵而至，咖啡因对于细胞分类、生物生长具有阻碍作用，如果没有精妙的设计，大量聚集在咖啡种子里的咖啡因无疑会起到阻碍种子萌发的负面作用。幸运的是，咖啡树远比想象中聪明，通过快速吸收水分，种子快速膨胀，能够促使种子里萌生的根芽远离咖啡因积聚的部位，并快速脱离而出，再进行细胞分裂，进入真正的生长过程。与此同时，咖啡种子也会将咖啡因从不断萎缩的胚乳中渗透排出到土壤中，这种天然“除草剂”的释放能够尽可能抑制周边其他植株成长，保证自身对于周边资源的独占性。

咖啡因也会被运输到咖啡花蜜中。这样做的目的何在呢？一位在纽卡斯尔大学研究蜜蜂的神经学家认为，咖啡树这样做是为了让蜜蜂摄取微量的咖啡因，从而刺激神经元反应，让蜜蜂对于这一趟“采蜜路径”加深印象，从而多次光顾，让咖啡花的授粉效率大幅提高。

## 人类初识咖啡因

早在石器时代，人类便开始通过咀嚼特定植物的叶子或果实来缓解疲劳、提神兴奋，这是人类使用咖啡因之始。很多远古传说中，都有那些神奇植物的身影。到了近代欧洲，咖啡虽然已是一种饮品，但消费依旧与风味口感关系不大，获得咖啡因才是最终目的，这导致咖啡始终无法摆脱药品的影子。比如说在17世纪的伦敦，许多医学相关的宣传册中都讲到咖啡对抑郁症、天花、鼠疫、麻疹等疾病有疗效，医生们会开出各种稀奇古怪饮用咖啡的处方单，让患者“花式摄取咖啡因”。将咖啡渣、色拉油、奶油和蜂蜜混合下咽，然后医生用一有韧性的细长物体探入患者喉咙直至胃中，进行若干次搅拌，便是当时一种疯狂的治疗胃病的处方。

再到后来，茶、咖啡、可可、可乐果等富含咖啡因的植物陆续被人们发现并加工利用。直到1819年，德国化学家弗里德里希·费迪南·龙格从咖啡豆中第一次分离得到纯咖啡因，咖啡因的真面目才逐渐为人们所知。如今，全球每年咖啡因销量达到12万吨，这个数字相当于每人每天消费1杯咖啡饮品。

## 咖啡因的功效

咖啡因是一种被普遍使用的精神药品，更被某些人称作“世界上唯一合法毒品”。作为一种中枢神经兴奋剂，摄取咖啡因会刺激中枢神经，暂时提高人体血压2~4毫米汞柱，并加快心跳。与此同时，人体的镇定机制暂时受到抑制（干扰了大脑中某些化学物质的自然功能），这种“阻断剂”让大脑“误判”从而释放更多兴奋信息，提高脑内的神经递质多巴胺。结果是：增加人的警觉度和注意力，保持快速而清晰的思维，暂时驱走睡意并兴奋起来。临床医学上还用咖啡因来治疗神经衰弱和昏迷复苏等。也正因此，含有咖啡因成分的咖啡、茶以及其他能量饮料都十分畅销。当然我们应该明白，摄取咖啡因并不能真正取代睡眠，只能暂时减弱困的感觉罢了。

一杯咖啡下肚，咖啡因会在 45 分钟内被胃和小肠完全吸收，并分布于身体的所有器官中，且峰值浓度最多能够持续 2 小时。这个时间说长不长，说短不短。个别心急的朋友指望一杯咖啡下肚后，瞬间就能精力满满，元气恢复，也是不现实的。

对于很多动物来说，咖啡因可谓剧毒之物，因为它们的肝脏分解咖啡因能力不强。我们人类则幸运得多，大量临床研究证明，正常摄入的咖啡因是安全且有益的——咖啡因是一种能提升大脑和身体能力的机能增进剂。从商业本质来看，全世界繁荣了数百年的所谓“咖啡生意”，尤其是消费降级时代的咖啡生意，其实就是赤裸裸的“咖啡因生意”。如果说庞大的咖啡因生意之外还有一点什么的话，那就是牛奶生意和甜味剂生意。

一大杯咖啡下肚，多数人都会出现兴奋、尿液增加、胃肠蠕动加速（饥饿感）、脸微红、心跳加快，甚至失眠等现象，这些都是正常的，不用担心。但如果出现烦躁易怒、神经过敏、胃肠紊乱、肌肉抽搐、思维涣散、心悸胸闷等现象，则意味着中枢神经系统过度兴奋，很可能是因为短时间内摄入了过量咖啡因，从而导致身体不适。对此我的建议有三点：第一，与自身对话，了解自己的身体状况，减少单次咖啡饮用量，调整到身体能够适应的量。第二，改变饮用咖啡的时间，比如说改晚间喝咖啡为午后喝咖啡，或由午后喝咖啡改为早间饮用咖啡。第三，尽量不要空腹饮用咖啡。

## 日常生活中的咖啡因来自何方

日常生活中，我们摄取的咖啡因究竟来自何方呢？2016~2017 年，北京市海淀区妇幼保健院曾针对孕妇做过一个调查，结果显示大部分孕妇认知有失偏颇，尤其搞不清楚软饮料、功能饮料、巧克力和茶中是否含有咖啡因，只是一味将咖啡因与咖啡划等号。殊不知，一罐普通可口可乐的咖啡因含量约为 35 毫克，一罐红牛饮料的咖啡因含量为 76~80 毫克，而一罐立顿茶饮的咖啡因含量为 45~55 毫克。换言之，我们日常生活中摄取咖啡因的来源是多样化的，不能只将目光聚焦到咖啡上，某些咖啡涓滴不沾的朋友也可能存在咖啡因摄取过量的问题。

## 妊娠期妇女和儿童能否喝咖啡

妇女妊娠期间如何调整饮食结构来确保胎儿和自身的健康，一直是大家高度关注的话题。早在 1998 年，国外曾有观察性研究表明，孕期每日持续高咖啡因摄入量可能造成胎儿生长受限、流产、低重儿等不

良后果，但是如何界定高咖啡因摄入量却没有定论。与此同时也有一些研究显示，孕前和孕期咖啡因摄入与流产并无相关性。2014 年，北京中医药大学的一个研究项目建议，妊娠妇女在孕期最好减少或停止饮用咖啡及其他含有咖啡因的饮品，只是猜测每日饮用含有大于 300 毫克咖啡因的饮品，可能会增加流产的风险。

当然，我们还可以从咖啡因在人体半衰期的角度来讨论。咖啡因在一个健康成年人体内的半衰期是 3~4 个小时，4~6 个小时会代谢完，但也与个体的生理情况密切相关。比如说年龄、体重、肝功能、是否处在妊娠期、是否摄入了其他药物等，都会影响咖啡因的代谢进度。

医学研究发现，咖啡因在孕期女性体内的半衰期为 9~11 个小时，而在新生儿的体内可能长至 30 个小时。因此，出于谨慎考虑，医生往往不鼓励妊娠期妇女饮用咖啡。此外，儿童体内咖啡因的半衰期也明显长于成年人。儿童的大脑和身体仍处于发育期，摄入太多咖啡因势必影响睡眠，而睡眠对于儿童发育至关重要，所以医学家也不鼓励儿童饮用咖啡。

## 咖啡与茶，谁更提神

茶是自然界中除咖啡以外最重要的咖啡因来源，虽然与加工工艺、制作方法、饮品浓度等关系密切，但粗略来看，一杯茶的咖啡因含量约是一杯咖啡的一半。这一事实符合大部分消费者的生理感受——饮用等量的咖啡与茶，饮用咖啡后的兴奋提神效果更加明显。但也有少数消费者获得的感受截然相反，这是为什么呢？这可能是其他黄嘌呤生物碱在“作怪”——茶饮中还含有少量的可可碱以及比咖啡中含量还略高的茶碱，它们具有与咖啡因类似的结构和药理学特性。医学家告诉我们，人体摄入咖啡因之后，咖啡因会在肝脏被分解产生三个初级代谢产物，即副黄嘌呤（84%）、可可碱（12%）和茶碱（4%）。

我将自己视为一个有意思的研究对象，由于对咖啡因的耐受性很强，咖啡对我的提神兴奋作用就相对有限。晚间喝 1~2 杯咖啡基本不会影响睡眠，长途驾车也无法依靠咖啡提神。与此同时，喝茶却能够给我带来明显的提神兴奋效果，而绿茶较之红茶、乌龙茶更加奏效，我猜测发挥作用的应该是茶碱。茶碱类药物在临床上主要用来治疗哮喘，也有一定的兴奋中枢神经系统功效。想必自身对茶碱更加敏感，所以长途开车时，我都会泡上一大罐浓浓的绿茶，不是为了品鉴，缓解旅途乏累罢了。

# 19
# 脱因技术与低因咖啡

如果我不能每天喝上三杯咖啡，那么我将像被炙烤的羊羔那样倍感痛苦。

——约翰·塞巴斯蒂安·巴赫

## 低因咖啡与脱因咖啡

咖啡里含有的物质非常丰富，但对人体影响最大的始终是咖啡因。含有少量咖啡因的咖啡被称作低因咖啡( Decaf Coffee )。“少量”二字究竟意味着多少呢？我们简单看几组数据就清楚了。

阿拉比卡种咖啡中咖啡因的含量为 1.2%~1.6%，而罗布斯塔种咖啡中咖啡因的含量在 2.8 % 左右，约为前者的 2 倍。如果咖啡饮品中咖啡因的含量不超过 0.3%，那么这杯咖啡便可被 ICO 冠以“低因咖啡”的称号。美国 FDA 则认定“脱因咖啡”的标准是：原咖啡中 97% 的咖啡因必须从咖啡豆中提取出来，而并没有严格限定原咖啡生豆中咖啡因的确切含量。一杯 350 毫升左右的普通咖啡中，咖啡因含量在 100~180 毫克，而同样一杯低因咖啡饮品的咖啡因含量通常在 5 毫克以内。咖啡因含量已经锐减至此，却不代表不含有咖啡因，更不代表彻底失去了兴奋提神的功效。

天然低因咖啡较少，现阶段我们喝到的低因咖啡多为人工脱因处理后的产物。生豆脱因技术多样，但都是促使豆体膨胀（如借助水或水蒸气），利用渗透技术将咖啡因萃取出来，再将生豆含水量恢复至正常的 8%~12.5% 之间。这一番脱因处理，且不说风味是否损失，势必影响生豆细胞结构，加速老化，导致有效保存期缩短。

## 脱因技术：溶剂萃取法

脱因处理是在咖啡生豆环节操作，取出其中绝大多数的咖啡因。大体有三种方法：传统溶剂萃取法（Solvent Process）、瑞士水处理法（SWP，Swiss Water Process）和二氧化碳超临界处理法（$CO_2$Process），这三种方法都十分有效，处理完的咖啡生豆仅保留 2%~3% 的咖啡因含量。

1819 年，德国化学家 Runge 首次从咖啡豆中提取到咖啡因。1903 年，使用三氯甲烷等溶剂来提取咖啡豆中咖啡因的脱因技术被德国人发明。具体可分为直接溶剂萃取法和间接溶剂萃取法两种。直接溶剂萃取法就是先用蒸汽熏蒸，使咖啡生豆表面气孔舒张，再用溶剂直接浸泡使之接触，溶解抽取其中的咖啡因，最后以蒸汽形式将包裹了咖啡因的溶剂带出。间接溶剂萃取法则将咖啡生豆浸泡于热水中，尽可能使生豆中的风味物质饱和溶解于热水，再倒入溶剂，咖啡因会与溶剂结合并上浮至液面表层，然后通过分层操作去除上层的咖啡因，最后将处理过的咖啡生豆重新浸泡，咖啡生豆会将失去的风味物质大部分又吸附回来，唯独去除的是咖啡因。

溶剂萃取法制作脱因咖啡虽然成本低廉、技术成熟，但势必损失少许风味，乙酸乙酯、二氯甲烷、三氯甲烷等化学溶剂一旦残留，还存在健康隐患。

## 脱因技术：瑞士水处理法

20 世纪 80 年代以后，随着“瑞士水处理法”的广泛使用，脱因咖啡才逐渐摆脱“口感拙劣”的恶评。

首先，前置处理生成一批饱和咖啡风味的溶液——“饱和风味水”（Flavor-charged Water）。方法是在高压环境下将一批咖啡生豆浸泡于热水中，使咖啡因在内的所有风味物质全部析出。将这批丧失了“灵魂”的咖啡生豆弃之不用，再将饱和风味热水用活性炭滤器过滤掉咖啡因，剩余的便是含所有饱和风味物质（咖啡因除外）的溶液了，称之为“饱和风味水”。接下来，用饱和风味水浸泡处理第二批咖啡生豆，显然咖啡风味不会再析出，仅咖啡因析出而已，这样第一批脱因咖啡处理完成，只需干燥到适当的含水率就可以“瑞士水处理低因咖啡”的名义包装出售了。溶解了咖啡因的溶液只需用活性炭过滤器再次处理，便是可以继续使用的饱和风味水了。不难看出，瑞士水处理法不同于以往的化学溶剂脱因处理，它是以最常见的纯水做媒介，以活性炭过滤器做咖啡因收集器，可以最大限度降低污染，保证咖啡风味丧失极小，是当下主流且商业效率较高的脱因处理方式。

二氧化碳超临界处理法是第三种脱因技术，技术昂贵，但适合大批量处理。它是将咖啡生豆浸泡在高压下已压缩成临界状态（半气态半液态）的二氧化碳中，这种状态下的二氧化碳具有高度选择性，能主动吸附结合咖啡因而忽略其他，再将咖啡因用活性炭过滤器去除即可。

## “过度关注”低因咖啡没必要

从欧美咖啡消费市场来看，低因咖啡市场占有率不小。不过我认为，这股风潮现阶段国人大可不必“过度关注”。那些把咖啡视为生理需求的欧美人士，每日饮用的咖啡惊人（一天饮用6~7小杯者很常见），存在过量摄取咖啡因的风险，低因咖啡的需求因此而生。而绝大多数国人仅将咖啡视作偶尔为之的时尚饮品，如果用低因咖啡取代普通咖啡，不仅掏了更多银子，喝到的咖啡不一定风味最佳，还势必丧失适量摄取咖啡因的诸多健康益处，实在是不划算。

# 20
# 好咖啡是健康的

“你知道咖啡是驾车时最适合喝的饮料吗？你知道在咖啡生产和销售大国经常饮用咖啡能挽救生命吗？……过去20年，研究人员已经对咖啡进行了广泛研究，对于这一看似简单的饮料所拥有的大量益处，科学才揭开冰山一角，已经有很多证据显示了咖啡所具有的功效和价值，但研究结果都发表在专业性很强的杂志上，很多读者阅读不到。”

——《咖啡无罪的101个理由》

## 世界上最健康的饮品

2018年，中国疾病预防控制中心营养与健康所、中华预防医学会食品卫生分会等五家机构联合发布了《咖啡与健康的相关科学共识》（以下简称《科学共识》），明确表示目前没有证据表明咖啡致癌，适量饮用咖啡不增加心脏病和心血管疾病风险。《科学共识》指出，健康成年人可根据个人情况适量饮用咖啡，每天不宜超过 3~5 杯。建议消费者初次尝试时小口啜饮，并根据自身情况，合理掌握饮用频次和饮用量。《科学共识》算是我国官方第一次给咖啡“平反”，欣喜于这份“拨乱反正”的公告之余，我想更进一步强调：黑咖啡是世界上最健康的饮品之一。

## 咖啡是来自纯天然植物的健康果实

纯天然虽然并不等同于无毒性，但却是通往健康之路的可靠保障。纯天然的植物各部位——根、茎、叶、花、果中，果实往往是精华所在。茶叶虽然也是大家心目中健康的化身，但农药存留的阴影却始终难以根除。咖啡豆恰恰源自纯天然植物咖啡树的健康果实，且是咖啡果实中最具营养的部分——种子。如上这一事实已然注定了咖啡健康无匹的本质。

## 咖啡可以提神醒脑

传统中医时常提及的疗效关键词中便有“提神醒脑”四个字，西医中也有莫达非尼等明确疗效为醒脑提神的药物。一杯咖啡下肚，摄取的咖啡因作为一种中枢神经兴奋剂会让大脑释放更多兴奋信息，提高脑内的神经递质多巴胺，增加警觉度，注意力也更容易集中起来。

## 适量摄取咖啡因有益健康

对于人类而言，咖啡因是“双子座”无疑——同时拥有天使和魔鬼两张面孔。适量摄取咖啡因对健康成年人身心都有益，但过量摄取咖啡因则对人体有害无益，摄

取极大剂量的咖啡因甚至会导致死亡。

美国法律中“咖啡因”不在管制药物之列，其药用和食用都是合法的。美国食品药品监督管理局（FDA）认为，只要饮料中作为食物添加剂的咖啡因含量在每千克 200 毫克（200ppm）以下就是安全的，含有咖啡因的食物和药物都必须在包装上注明咖啡因的含量。80% 的美国成年人每天摄取约 200 毫克咖啡因，大约相当于饮用 2 杯咖啡饮品。欧洲食品安全研究协会也认为，成年人每天的安全咖啡因摄入量应为 400 毫克，且每次摄入量不应超过 200 毫克。

适量的咖啡因能够刺激中枢神经系统，对注意力、记忆力、逻辑思维能力、社交行为能力、情绪控制能力等都有积极正面影响。而且随着适量饮用咖啡习惯的建立，这种正面影响具有持续性和永久性，预防中风、老年痴呆症、帕金森氏综合征、忧郁症等都与此密切相关。科学家告诉我们，每天摄取 300~400 毫克咖啡因对于防止认知能力下降（如阿尔兹海默症）非常有好处。给父母购买优质咖啡，鼓励老人家每天适量饮用，是日常工作繁忙的白领们尽孝道的好办法。至于某些人害怕喝咖啡上瘾，现代医学已经为咖啡“平反”——大多

素，快速通便。很多咖啡消费者都有类似感触：越是腹中饥饿时饮用咖啡，越是饥饿难耐。便是这番道理。

## 黑咖啡能减肥

黑咖啡能够减肥并不只是传说，而是事实。从直接角度来说，因为咖啡因的存在，饮用咖啡能刺激人体中枢神经，激发神经系统自主活动，从而刺激人体产热，加速新陈代谢，促使减轻体重（当然也需要适当运动来辅助配合）便是由此而来。从间接角度来看，黑咖啡含热量极低，用黑咖啡取代其他高热量饮品（如碳酸钙饮料、鲜榨果汁等）是减少日常摄取热量的有效途径。可以说，黑咖啡的间接减肥功效要数倍大过直接功效。此外，时常听闻国外有机构提供咖啡粉沐浴的温热疗法，据说有助瘦身减肥、减脂紧肤。

数咖啡消费者都不会持续提高日常咖啡摄入量，可见并无依赖性。

## 咖啡有益于开胃助食

我们经常说咖啡店应该兼售一些轻食，不仅基于商业经营逻辑，也有一定的科学道理。一杯咖啡下肚，咖啡因会兴奋交感神经，刺激胃肠分泌胃酸，促进消化，防止胃胀、胃下垂，及促进肠胃激素、蠕动激

## 咖啡与癌症

2018 年 3 月 28 日，美国加州洛杉矶高等法院根据该州 65 号法案做出初步裁决，认定星巴克咖啡没能按照要求，对其在境内出售的咖啡饮品上给消费者提供致癌警告，多家国际知名咖啡公司也一同被列为本案被告。一时全球咖啡圈内外刷屏无数，健康无匹的咖啡似乎一夜之间被蒙上阴影。

加州 65 号法案全称为《安全饮用水及有毒物质管控 1986 法案》，目的在于保护

加州饮用水源，减少人们暴露于可能导致癌症、出生缺陷或损害生殖系统的有毒物质中。加州政府需每年公布并更新一份已知的致癌或损害生殖健康的化学物质清单，目前已有超过 950 种有毒物质被列入 65 号法案清单。咖啡烘焙过程中产生的一种名为丙烯酰胺的化学物质早在 1990 年就被作为致癌物收录于清单中，直到 2002 年才被发现其可以产生于食品高温烹调和加热的过程中。美国加州环保署设定的丙烯酰胺安全水平是 0.2μg/d。根据美国消费者日均咖啡消费量来做理论计算，假如某人一生（70 年）坚持不懈，每天持续按此消费量饮用咖啡，那么每十万人中可能会有 1 个因丙烯酰胺摄入超量导致的癌症案例。

看到这里，估计喝咖啡的读者朋友们都松了一口气。但美国加州这场咖啡致癌案为什么会爆发呢？这就不得不说到加州 65 号法案中的举报奖励条款，在该条款下，除了公职人员，任何加州个人都有权举报和起诉违反了该法案的企业，并可以领取罚金的四分之一作为奖励。在面临诉讼的压力下，大多数企业会选择和解来“大事化小”，这导致一个新兴团体迅速诞生并活跃起来——单纯依靠举报来谋利者，正如“职业打假人”“职业索赔人”一般。事实上，咖啡致癌案 2 个月后，美国加州环境卫生危害评估办公室就赶紧宣布了一条新法规来特别豁免咖啡企业。根据这一新法规，所有因为咖啡豆烘焙产生的包括丙烯酰胺在内的有毒物质将不需要作为可能的致癌物进行评估。

咖啡真的致癌吗？答案显然是否定的。除了那句广为流传的俏皮话“抛开剂量谈毒性都是耍流氓”，更因为咖啡的成分极其复杂，咖啡中含有的大量活性物质还可以起到预防癌症的作用。权威的国际癌症研究组织（IARC）发现，咖啡的摄取和癌症的发病率呈负相关。也就是说，喝咖啡越多，癌症的发病率越低。换言之，活性物质足以抵消含量微不足道的致癌物丙烯酰胺的负面效应。2016 年 IARC 的明确论断是：没有足够证据证明喝咖啡会增加人类患癌症的风险。2017 年国际癌症研究基金会也指出，没有证据证明喝咖啡会致癌。

同时更有部分证据表明，定期饮用咖啡有助于保持 DNA 完整性，减少 DNA 损伤，但咖啡确实具有抑制癌细胞生长的作用，其不仅对大肠癌、肝癌、前列腺癌、乳腺癌、子宫内膜癌有潜在的保护作用，对膀胱癌、恶性黑色素瘤也有一定的效果。这些都与咖啡豆自身所含及烘焙受热过程中生成的强抗氧化剂，可以中和体内活性氧自由基密切相关。

## 咖啡与心脏病

第 26 届世界咖啡科学大会上国外专家学者的研究报告显示，饮用咖啡对心血管保健长期有益。在健康人群中，每天饮用 3~4 杯咖啡能将患心血管疾病的风险下降 15%。高剂量饮用咖啡不会提高心血管疾病风险，而在已患心血管疾病人群中，饮用咖啡也不会增加发病风险。极少部分咖啡因敏感人士在饮用后可能出现心跳加速、恶心、头晕等不适感，可以根据自身情况调整频次、饮用时间及饮用量。

## 咖啡与糖尿病

与遗传基因、肥胖、年龄、饮食起居等因素关系密切的 2 型糖尿病越来越成为人

▲用咖啡粉擦拭洗澡已成为 SPA 馆里很流行的一种温热疗法

类健康的巨大威胁。这种指以胰岛素抵抗伴胰岛素分泌不足造成的糖尿病类型，其主要特征是慢性高血糖。医学研究显示，糖尿病患者适量饮用咖啡可能会降低 2 型糖尿病的风险，但应当注意控制糖的摄入量，黑咖啡是正确的选择。对于女性来说更是如此。数年前，欧洲科学家在一项研究中发现：咖啡中“咖啡醇”（cafestol）的存在不仅会让胰腺分泌更多的胰岛素，让肌肉细胞获取葡萄糖的能力上升，而且不会造成低血糖的状况。

## 咖啡中营养物质丰富

咖啡中富含的大量营养物质甚至超过很多重要食物。咖啡是美国等咖啡消费国民中抗氧化剂的最大来源，甚至超过蔬菜和水果。这些年，国外关于咖啡健康性的报道很多，困扰人类的很多顽症也从小小的咖啡豆上找到了可能的突破口。2018 年，一份来自加拿大科学家的研究表明，咖啡烘焙中产生的苯基林丹化合物能有效抑制 β 淀粉样蛋白和 tau 蛋白，而这两种蛋白是阿尔兹海默病和帕金森综合征患者机体的两种特殊蛋白片段。喝咖啡能帮助个体抵御阿尔兹海默病和帕金森综合征又有了一项力证。

## 咖啡与骨质疏松

需要关注的是，本就亚健康的成年人如果摄入过多咖啡因会增加骨质疏松的风险，但这一点在运动量足够、膳食结构合理的健康人群中并无任何体现。因此，对骨质疏松患者来说，自身体质决定了不仅需要适当控制咖啡因饮料的摄入量，更应当保持膳食平衡以确保足量的钙和维生素摄入，并辅以足够的运动和户外阳光照射。

# 21

# 咖啡 PK 茶：历史、文化、功效、工艺与品鉴

“戒瘾咖啡多年后，重回咖啡世界，恰恰逢上产地庄园咖啡越来越风行的此刻，我用品饮红茶一样的心情，品味咖啡。”

——作家叶怡兰

## 古斯塔夫三世的实验

咖啡、茶和可可，世界三大饮品。自从可可更多被制成巧克力食用后，算是“不务正业”，有点“脱离组织”了，只留下咖啡与茗茶百般纠缠，千般较劲。

早在 18 世纪，某些欧洲人还一度认为具备提神兴奋功效的咖啡与茶都有致命毒性。18 世纪下半叶，曾亲手创办了瑞典学院（每年诺贝尔文学奖的颁发机构）的瑞典国王古斯塔夫三世便希望证明这一点。他特赦了两名犯有谋杀罪的双胞胎兄弟，换取生命和自由的代价很简单——必须终身作为咖啡与茶毒性检测的实验对象。于是，兄弟俩开始接受“致命的实验”：一人每天被迫大量饮用咖啡，另一人则每天被迫饮

用同样分量的茶。古斯塔夫三世冷眼旁观，端看谁先中毒而亡，由此证明咖啡与茶哪个毒性更大。结果非常不幸，国王未能坚持到实验结束便撒手先逝，终日饮茶的兄弟活到 83 岁去世，而与咖啡厮守的兄弟则活到了 88 岁，在当时都可谓高寿。

## 近似的发端

与咖啡完全相同，我国先民与茶的接触，也是从采集野生茶叶开始，后来才尝试栽种茶树。到了农业时代，随着手工业和商品经济的发展，茶叶需求量激增，茶树栽种和培育产业逐渐兴盛起来，有了今天“古树茶”与“台地茶”的区别。在具体认知和使用上，茶由最初的药用、食用，渐渐发展为后来的饮用，无不与咖啡的历史神似。

我国发现和利用茶树已有 2000 多年历史。大约成书于秦代的《尔雅》中便出现茶树的古称“槚”。汉代时，四川、贵州、云南等地就是茶叶生产中心，汉朝末年的《桐君录》中便有对于东汉产茶地区的记载。北魏杨之《洛阳伽蓝记》中出现了长江中下游一带普遍种茶、饮茶的记载。而截至这一历史时期，咖啡并无任何记载和历史传说，野生咖啡树还孤零零生长在埃塞俄比亚等地的原始山林里。

我国的茶叶生产和饮用在唐代进入第一个历史高潮，唐中期的“茶圣”陆羽经过艰苦的实地考察，写出皇皇巨著《茶经》，并将唐代产茶地区分作山南、淮南、浙西、浙东、剑南、黔中、江南和岭南八大产区，每个地区的自然风土、文化习俗、茶叶样品和风味特色都有所不同。几乎同一时代——6 世纪前后，埃塞俄比亚等地的奥罗莫人（Oromo）刚学会咀嚼咖啡果实和叶子提神，或者将捣碎的咖啡果实混合动物油脂制成便于保存和携带的丸药，战场厮杀时用以提神振奋。至于定品种、划产区、谈风味、论烹煮……这些都是近现代咖啡学才逐渐完善起来的知识框架。而单一产地咖啡（Single Origin Coffee）直到近几年才成为咖啡消费中的主角。两相对比，愈发感到茶圣陆羽之伟大，自豪感油然而生。

## 林奈命名

1753 年，现代生物分类学之父、瑞典博物学家卡尔·林奈在《植物种志》中不仅首次确认了阿拉比卡种咖啡的学术命名，还将中国茶树定名为：Thea sinensis（或 Camellia sinensis），sinensis 在拉丁文中便是“中国”之意。

## 波士顿倾茶事件

18 世纪大部分时间里，美国人都学着英国殖民者那般沉迷于饮茶，咖啡只算是“二等饮品”。突然爆发的转折点是 1773 年，英国议会通过《茶税法》给予东印度公司到北美殖民地销售积压茶叶的专利权，免缴高额的进口关税，只征收茶税，该法案还明令禁止殖民地贩卖“私茶”。由于拥有茶叶生意的垄断权，英国东印度公司获得了巨大利润，但这引起了殖民地居民的强烈不满，波士顿、纽约、费城、格林尼治等地人民团体纷纷组织抗茶会，波士顿青年们组织波士顿茶党。更有一些人通过不喝茶或改喝咖啡等其他饮料，来抵制该法案。1773 年 12 月 16 日，近 60 名美国波士顿的示威者为了反抗英国国会《茶税法》，乔装成印第安人将东印度公司运来的一船茶叶约 342 箱倾入波士顿湾，史称“波士顿倾茶事件”。该事件间接推进了美国咖啡消费兴起。1774 年，独立后的美国民众为了表达爱国情操而拒绝喝茶，转而饮用咖啡（美国距离咖啡产地更近，咖啡在价格上远比茶叶便宜），咖啡和咖啡馆生意空前暴涨。

当然，不理智现象只是一时，美国最终走上了咖啡与茶共同繁荣的道路。1784 年 2 月，美国的“中国皇后”号从纽约开航，经大西洋和印度洋到达广州，直接运回茶叶而获得了巨大利益。由此，美国商人纷纷投入中美之间直接的茶叶贸易。1784~1811 年间，美国共有 368 艘商船从中国运出茶叶。有数据显示，1828 年茶叶一项占中国输美货物总额的 45%，1837 年是 65%，到了 1840 年更是占到惊人的 81%。

## 相爱相伤

相爱时常伴随着相伤，尤其是在茗茶的故乡——中国，咖啡与茶的纠缠无处不在。有一年去茶厂参观，恰巧目睹一场做燃气滚筒炒青设备的培训教学，听师傅谈到控制传导与对流热，谈到杀青叶片温度与酶活性的对应关系，谈到含水率的变化，竟然都与滚筒式咖啡烘焙机如出一辙。不久后又偶得机会参观茶粉制作，茶浓缩液的喷雾干燥车间与速溶咖啡何其近似（另有冷冻干燥工艺也是一般）。

在我过往咖啡从业的十二年间，无数次或主动或被动地将咖啡与茗茶放在一起比较。创业之初时常有人问：“为何选择咖啡而不是茶？”后来问题变成了：“怎样比较咖啡与茶？”还有些技术性的探讨，诸如：“咖啡与茶哪个更加提神？”“咖啡与茶香气的成因分别是什么？”2018 年咖啡业

▲上海某人气爆棚的茶饮品牌，从店内陈设到设备器具，都是从精品咖啡领域“照搬拿来”

内第一热门话题则是：“咖啡馆的风头是否会被新式茶饮店抢走？”

## 阴阳相济的咖啡与茶

有人说中国人的文化属性是阴阳相济，水乳交融。儒家思想可以看作阳，“修身，齐家，治国，平天下”，无不充满了入世积极进取的精神。道家思想则可以看作阴，“水善利万物而不争”“弱之胜强，柔之胜刚”。激励人心的声音是儒家，“天行健，君子以自强不息”，这样社会便充满了积极奋斗的勃勃生机。一旦受挫失败，道家便出来为人寻得解脱，“知足不辱，知止不殆”，弃名利，修身心。这样让个人能够心态平和，避免走极端，社会能够安宁和谐。数千年来，这种阴阳相济的文化属性给了中华民族最为强大的生命力和海纳百川的能力。

事实上，咖啡与茶在一个人的生活中恰恰也能做到这般，相得益彰，缺一不可。咖啡的精神神似儒家，积极进取，主张入世建功业，鼓励积极亲世人，非常适合点缀于社会交往、人际沟通、商务往来或思考创作等过程中。茗茶精神则更多与道家思想共通，更多追求的是一种天人合一的感悟，所以既适合与二三知己清谈之时，也适合闲来独处之际。陆羽在《茶经》中便说过，茶的性味至寒，是那些品行端庄、崇尚俭朴之人的最爱，这种气息我们从千百年流传下来的茶诗、禅茶思想或日本茶道中都能有所感悟。

## 年轻人理解的咖啡与茶

进入 2018 年，某机构曾做过一项“那些大叔级营销都糟蹋了什么东西”的调查，结果显示年轻人也喜欢穿羊绒衫、喝茶，只是它们在过往广告里总是被设定为中老年经典形象，令人望而生畏。一些年轻人就明确表示很爱喝茶，但厌烦“茶道”“禅意”的捆绑销售，给人巨大压力，只能转而寻求时尚且简单的咖啡，这也是“日常”一词被咖啡霸占多年的原因之一。正是把握了年轻消费群的想法，越来越多的新兴茶饮品牌在调性上越来越像咖啡，越来越“松弛”，空间里、菜单上的咖啡与茶实现了共存。

当下的年轻人们，喜欢的不仅是味道，更是简单自在的方式。

## 咖啡树与茶树

最早的茶树都是野生，即“古树茶”，

形态与今日茶园中所见“台地茶”大不相同。但在国人数千年的精心栽培与着意驯化下已经发生了诸多变化，其中大部分进化性状不可逆转。例如，原先较为高大的乔木（如云南森林里的古茶树）渐渐变成了小乔木（如凤凰单枞等）和灌木，便于人们日常采摘作业；原先树木多为主轴分枝，现多为合轴分枝，植株上部呈开展状态，有效扩大了光合作用面积，利于多长叶、多开花和多挂果，是丰产的分枝方式；原先叶片较大，现在则更多中叶型和小叶型。此外，花冠、花瓣、果室、果壳、种皮等也都有些变化。

人类栽种驯化咖啡树的历史较之茶树短了许多，但咖啡树也已走在变化之路上，尤其是阿拉比卡种咖啡树，如果将埃塞俄比亚山里那些被统称为 Heirloom（传统珍贵品种）的野生咖啡树种与中南美洲现代化咖啡种植园中的进行对比，审视植物学的每一个细节，那种无处不在的差异会叫你大吃一惊。

作家尤瓦尔·赫拉利在《人类简史》中质疑，到底是人类驯服了小麦，还是小麦驯服了人类。他尝试用小麦的角度来看农业革命这件事，小麦在极短的时间内就从一种普通的杂草传遍了世界各地。如果从进化的角度思考，小麦是地球史上最成功的植物——操纵智人、为其所用。事实上确实如此，从种植小麦开始，人类困守于土地，从早到晚只忙这件事就已经焦头烂额。有时我也用这种思想来审视茶树和咖啡树，尤其是“林妹妹”一般弱不禁风的阿拉比卡种咖啡树，只因俘获了人们的感官喜好，于是数千万精壮劳动力、万亿级资金和巨量科技成果都在精心呵护这种进化失败、生命脆弱的低产植物，居然还使其称霸了全球，成为地球上最成功的物种之一——阿拉比卡种咖啡树已遍布占地球总面积 40% 的地区（南北回归线之间及周边地

带），便是明证。

另外需要说明的是，虽然咖啡树与茶树同样有着对土地的需求，但专家们一直在积极探索两者和平共生的最佳方式。以我国云南为例，茶树喜晒，采摘期为每年 2 月 ~11 月。而茶叶采摘结束则意味着咖啡采摘的开始，每年 12 月至第二年 3 月为咖啡的采摘期，两者几乎正好错开，造物主的精心设计为咖啡与茶避开各自生长与采摘，更为云南经济作物丰富性提供了可能。

## 相似的诸多逻辑和方向

我们饮用咖啡针对的是咖啡树的果实内核——咖啡种子，茶树同样有果实，称作蒴果（capsule），是干果的一种。茶果中的茶籽可以榨油，用处极大，不过饮用主要针对的是茶叶。殊不知咖啡树叶同样可以制茶，制成的红茶香气丰沛，别有一番韵味。

同一纬度前提下，咖啡种植的海拔高度与其风味、等级之间有着十分密切的关系。一般来说，高海拔地区出产的咖啡属于上品，更受青睐。其实茗茶的世界同样如此，尤其是西方文化浸润比较深厚的红茶文化。以斯里兰卡红茶为例，一般根据海拔高度分为三个等级：高地红茶（种植在海拔 1300~2300 米）、中地红茶（种植在海拔 670~1300 米）和低地红茶（种植在海拔 670 米以下）。高地红茶茶汤清亮，风味高雅细致，属于高级货。中地红茶比较醇厚，风味独特，涩感最少，也广受欢迎。而低地红茶的茶汤色泽最是浓烈，香气却逊色很多，少了很多精致的风味细节。

采摘咖啡鲜果非常讲究时间，同一株挂果的咖啡树，早几天或晚几天采收，雨前或雨后采收，不仅含糖量不同，甜度与风味不一，更会对后续处理环节带来影响。茶叶的采收更是如此，加上一年有几个采收季节，使其重要性有过之而无不及。例如素有“红茶之王”的印度大吉岭红茶，3~4 月为初摘期，茶汤呈现淡橘黄色，风味清新淡雅，一般称作 First Flush。到了 5~6 月份的次摘期，香气和风味都到达顶峰，茶汤为深橘黄色，醇厚浓郁，成熟水果风味突出，最受世人青睐，更有驰名世界的所谓“麝香葡萄”风味。入秋的雨季之后还会迎来全年最后一个采摘期，叫作 Autumnal，产量不大，茶汤色泽深红，风味平衡感很好。

如果不考虑这些年崛起的全新精品咖啡理念，过往咖啡与茗茶的等级划分其实都与风味无关，无关是否好喝。现代茶叶的分类主要有两种，一种是根据加工工艺不同，另一种则是根据产地不同。对茶叶进行分类时，因加工工艺不同导致所含茶多酚氧化程度会有差异，白茶、黄茶、绿茶、红茶、青茶和黑茶便是这个意思。咖啡的最主要分类方法居然也遵循相似逻辑——

水洗、日晒以及半水洗、半日晒等便是依据加工处理法的不同得到的分类。实际购买咖啡时，虽然强烈建议直接购买咖啡熟豆，冲泡前自行研磨，但是包装好的咖啡粉依然占据着相当大的市场份额，满足了很多“懒人”需求。红茶的世界同样如此，甚至会以此形成一套国际通行的分级制度，从OP、BOP、BOPF一直到D和CTC，就是根据尺寸大小由大到小来分级的，其中D意思是Dust粉状茶，是最细小的红茶，也是东南亚地区常见的红茶。CTC则是把红茶倒入两个转速不同的揉切机滚轴中，用机器迅速切割红茶细胞，部分红茶汁液析出，并制成一种极细碎的颗粒状产品，最大限度提升了风味萃取效率。印度东北部的阿萨姆红茶超过八成都是以CTC制法的包装出售，阿萨姆CTC也是咖啡馆吧台最常使用的红茶产品之一。

## 绕不开的低因话题

“低因”话题不仅纠缠着咖啡，同样也关乎茶。在咖啡世界里，天然低因咖啡树是科学家研究的重要方向之一。低咖啡因茶树的育种工作同样在热火朝天地进行中——这才是解决茶叶脱咖啡因最有效、经济、安全和彻底的途径。除了杂交培育天然低咖啡因茶树外，科学家还通过其他手段抑制咖啡因在茶树体内的合成，并促其加速降解。

## 茶叶的脱咖啡因技术

天然低因短期内难成气候，脱因才是关键。前文介绍了脱因咖啡技术，同样的话题也发生在茶的世界里。在保持茶叶基本风味和营养成分的前提下，低因茶叶、茶

饮和茶制品同样受到消费者欢迎，也是很多企业和科研机构的努力方向。目前，茶叶领域的脱因技术主要有传统热水脱除法、溶液萃取法、吸附分离法、超临界二氧化碳萃取法和生物酶降解法等。其中传统热水浸泡脱除咖啡因虽然会损失些许风味，但安全且经济，可惜的是只适合于鲜叶和杀青叶，所以只在绿茶中应用较广。溶液萃取法多少容易造成有毒性的有机溶剂存留，安全性堪忧，已经被淘汰。吸附分离法是利用了茶叶咖啡因易于被多孔性物质吸附的特性，专门研发针对性的吸附树脂来做脱因处理；超临界二氧化碳萃取法是目前比较热门的技术，不仅溶解性大，还安全无毒害，工艺相对简单。至于微生物酶降解脱因处理法，目前还是一种不太成熟的前沿科学，在此略过不提。

▲如今，用各种咖啡冲泡器具来煮茶已十分常见

## 一大堆神奇的功用

茶叶与咖啡还有很多近似的功用，共同守护着人们的健康生活，值得列出来一说。

药用：从茶叶或咖啡中提取的咖啡因、绿原酸、茶多酚、多糖等，具有多种药用保健功能。当然，咖啡因和绿原酸是咖啡的特色之源，而茶叶中丰富的多酚类物质则是其绝对骄傲。

食用：鲜茶叶和茶粉可以用于烹调菜肴，其实深度烘焙的咖啡豆或研磨咖啡粉也可以用来制作美食。日本就有一些巧克力商品，内里包裹着深焙咖啡豆，一口咬下去，苦甜脆香，非常美味。

食品添加剂：从茶叶或咖啡中提取的某些有效成分可以作为食品抗氧化剂、着色剂、保鲜剂等使用。

化妆品：从茶叶（茶粉）和咖啡（咖啡液）提取出来的有效成分已经用在了制作护肤、护发等化妆品上，且效果极佳。例如，从咖啡溶液中提取的咖啡酸作为一种天然抗氧化剂，具有抗菌活性、抗氧化、抗病毒活性、抗紫外线辐射、预防动脉硬化等功效。将咖啡酸溶解在 pH 为 7.2 的饱和水溶液中，能够保护皮肤免受紫外线照射而引起红斑，近年来已大量应用到化妆品中。

肥料：茶渣和咖啡渣都是非常好的花草肥料，适当处理后酌情施用，对于给植物追肥、保持土壤水分都有很好的效果。

除臭剂：干燥后的茶叶、茶渣和咖啡粉、咖啡渣都是上佳除臭剂，不管是放置食物容器中、鞋袜中、抽屉里还是冰箱中，都能发挥神奇的功效。国内外数家企业从废弃的咖啡渣中提炼制造出咖啡碳纤维，这种织物具有非常好的吸湿快干、除臭、防紫外线等功能。

除腥味：家里的铁锅和其他烹煮器皿如果出现腥味儿，可以用残茶水或咖啡液沸煮一会儿，去除腥味的效果非常不错。

## 泡茶与冲泡咖啡

我国饮茶习俗经历了从煮茶到泡茶的演变过程，直到 17 世纪清朝建立后，散茶才逐渐取代团茶和饼茶，热水（沸水）泡茶才取代煮茶，距今只有二三百年。咖啡饮用史竟也如出一辙，经历了漫长的演变过程，从沸煮最终发展为冲泡。到了当代，咖啡和茶叶的萃取技术又出现融合和相互借鉴的趋势，Steampunk 等咖啡冲泡机已经广泛应用于高档茶饮店里，而随着意式咖啡加压萃取技术的流行，也带动了茶叶高压萃取技术的发展，各种高压萃茶机、茶咖萃取机竞相登场。

泡茶与冲泡咖啡都有诸多讲究，细细比较，竟然十分类似。

首先，冲泡不同的茶推荐使用不同的杯具。比如说冲泡龙井用玻璃杯，太平猴魁则用直身高玻璃杯以便看到“两包一枪”的自然舒展，凤凰单丛使用盖碗，台湾文山包种则以白瓷器具为佳，这些都是漫长饮茶历史过程中，人们根据五感六识的体验精心琢磨出来的学问讲究，值得继承发扬。如果将冷热黑咖啡与花式咖啡放在一起作为咖啡饮品来看，冲泡萃取咖啡一样非常讲究杯具的选择。盛具选择不当，感官体验也会大打折扣。日本东京有一家咖啡店，老板会为每位顾客精心挑选不同风格的咖啡杯，且每一只咖啡杯都是独一无二的，值得点赞！

其次，不同的茶需要配合“上投法”“中投法”“下投法”等不同的冲泡策略。策略不当，美观打折扣，甚至败兴。例如，冲泡太平猴魁时，应该先往直身高玻璃杯中注入约三分之一的沸水，静置等待，水温下降至 90℃时再缓缓投茶，随后轻摇杯身数十

下润茶，待茶叶浸润舒展成形后，再向杯中注水至七八分满，静置2~3分钟就可以开始品茶了。咖啡的冲泡则更繁琐，讲究技术体系化，本书后面章节将详细讨论。

最后，水质与水温的讲究很多。水质先略过不提，这里单说水温。叶色翠绿、纤细挺直如针的恩施玉露茶建议用70~80℃的热水冲泡，极品甚至可以用凉水来冷泡。而对于条索肥壮紧实的武夷内山岩茶，往往就要用100℃的沸水来冲泡。针对不同的咖啡豆烘焙程度以及所使用的不同器具，同样需要精心选择冲泡咖啡的水温，一把精确控温的电子手冲壶已成为咖啡师的必备工具，各种细节后文再展开论述。

## 品茶与品咖啡

看、闻、尝是任何饮品鉴赏三部曲。茗茶与咖啡的品鉴既有相似之点，也有迥异之处。咖啡熟豆的颜色与咖啡烘焙过程中美拉德等褐变反应密切相关。干燥过程中美拉德反应产生的物质对茶叶色泽的形成同样具有重要作用，特别是发酵茶的干茶色泽，在烘焙过程中变化较大。咖啡“看”的环节着实没有太多亮点，倒是牛奶拉花艺术和调酒咖啡弥补了些许遗憾。对于品茶来说，“看”的门道则“深不见底”——茶叶外形需要认真辨析，沏茶之时需要用心赏茶，茶汤需要细致评价，甚至叶底也需要欣赏一番。

轮到嗅闻，美拉德反应不仅是咖啡香气的主要塑造者，同样也是创造茶叶香气的“大功臣”。目前从各种茶叶中分离出来的挥发性芳香物质已达700多种，以醇类、酯类、酮类、醛类和碳水化合物为主。咖啡中的香气物质则多达上千种，已经识别确认的超过850种。在嗅闻环节，咖啡品鉴已经发展出一套完整的科学体系，而茗茶品鉴学尚属于“隐学范畴”，有些名茶已形成典型性认知。例如，西湖龙井的兰花豆香气、洞庭碧螺春的花果香、东方美人茶的蜜香、凤凰单枞的花香、正山小种的松烟香等。更多的茗茶则只是配以清香、浓香、浓郁、清雅等修饰性词语。

品尝环节同样如此。同样是啜吸，咖啡品鉴已经进化到多维度的感官定量矫正和评估阶段，而茗茶品鉴中还在使用鲜美、鲜爽、醇厚、润泽、浓醇等深奥难明的形容词，看似恰到好处，实则千人千面，倒是留下了臆想发挥的空间。不过二者意境气质不同，文化属性迥异，茗茶品鉴中适当注入些科学理性便可，还是应保留丰沛的国学内涵为宜，苏东坡海南月夜，汲江煎茶，孤夜独品，意境千古,《红楼梦》中一段栊翠庵待客妙玉论茶，已臻天人之境。仅这一点上，咖啡终是不及的。

## 咖啡与新茶饮

新冠疫情爆发后，诸多内外因交织愈发刺激了新茶饮赛道爆发式增长，其来势“凶猛”不逊于咖啡。这也与新茶饮门店往往投资更低、规模更小、选址更易、入行更快、受众更广、下沉市场接受度更高密不可分。如果将新茶饮与咖啡做对比，如今其所处的发展阶段以及主要客群差异较大。总体来说新茶饮的消费人群更加年轻，而年轻的咖啡和新茶饮比起来，则是实实在在的“成人饮料”。迈出象牙塔、走进职场才是人们密切接触咖啡的开始，并将在 30 岁左右成为咖啡的拥趸。与之相比，新茶饮的消费人群多在 30 岁以下，甚至是十几岁，他们很多还远没迈入职场。

# Chapter 4

# 醇香世界，全球咖啡地图

咖啡，是当之无愧的地球女儿。狂野的非洲孕育了她的灵性，神秘的伊斯兰世界是她的浓醇之源，浪漫的欧罗巴给了她精致与信仰，南美的丰饶为她注入了如火热情，而亚细亚则填充着她的细节之美。限于篇幅，我们只能蜻蜓点水般选取几个咖啡产国，管中窥豹，聊胜于无。

# 22

# 全球咖啡种植带

“如果买到一包很喜欢的咖啡豆，你应该询问更多关于这款豆子的信息，大多数烘焙商都乐意分享，而且通常对他们所做的努力感到自豪。”

——詹姆斯·霍夫曼

## 咖啡种植带与全球三大产区

全球几乎所有咖啡种植都在南北纬25°之间，核心产区则与南北回归线接近，我们称之为“咖啡种植带”“咖啡带”，英文叫作 Coffee Belt 或 Coffee Zone。作为一种热带经济作物，咖啡树生长在气候条件卓越的咖啡带，那里终年阳光直射，有着丰沛的热量和充足的雨水，年平均气温往往在 20℃以上。但高温、多湿、强光照并非任何品种的咖啡树都能忍耐，尤其是某些娇贵的阿拉比卡种咖啡树，便需要种植到高纬度地区或者低纬度的高海拔地区。比如说，如果是在纬度 16~25° 之间，种植海拔则往往低于 1200 米，加之产区雨季和旱季较为分明，这样每年才能有一个稳定可期的咖啡收获期。反之，如果在赤道附近的产区，纬度一般低于 10°，咖啡就需要种植到海拔更高的地方，甚至可能达到或超过 2000 米。持续充沛的降雨会让花开得更频繁，因此一年通常可以收获两次。肯尼亚、哥伦比亚等都属于这类产区。

如果我们手持一个地球仪或展开一幅世界地图，再结合“咖啡带”来观察，会发现中美洲、南美洲、非洲、亚洲以及诸多大洋岛屿都具备种植咖啡的条件。事实亦如此，为了便于描述，我们往往将全世界的咖啡种植归纳为三大产区：中南美洲产区、亚洲及太平洋产区、非洲产区。

## 土壤与地形

咖啡树不宜生长在寒流通道上，开阔向南、冬季无霜和静风的山坡无疑是种植的首选地，背阴面有时因生长期较慢也会成为好的选择。坡度太陡于种植、采收、土壤保肥等都不利，我国云南种植咖啡树时强调坡度小于 25 度。为了尽可能保护生态环境，山顶和山脊通常不宜种植咖啡树。

种植土壤条件至关重要，对于咖啡呈杯风味的权重不亚于树种或处理法。咖啡树属于浅根系植物，土壤富含有机质（且保肥力强）、水汽丰沛（且排水通畅）、土层深厚（通常 1 米以上）、呈弱酸性等都是适宜咖啡树生长的条件。危地马拉、哥伦比亚，以及美国夏威夷、牙买加蓝山、印度尼西亚爪哇、中国云南等地能成为优秀的咖啡产区，都与拥有这类火山土壤或森林土壤有关。

咖啡园艺师在寻找适宜咖啡树种植地块时，往往通过查看本地热带经济作物及“指示植物”的生长状态来辅助完成。随着“健康、环保、有机”等理念逐渐深入人心，还要对土壤的酸碱度、污染物浓度等指标进行检测。我国云南咖啡种植的土壤 pH 一般在 5.5~6.5 之间，但少数地块开发过度、养护不足，表层因缺乏有机质造成板结硬化，这时强化后置加工处理就意义不大了。相反，一些过去经营保守的业者，拥有大片富含有机质的红色肥土，一旦开始发力，不难生产出风味惊艳的好咖啡。

## 全球最大咖啡产国

全球共有 70 多个国家生产、出口咖啡豆，但产量和品质却参差不齐。ICO（International Coffee Organization，世界咖啡组织）公布的 2017~2018 年产量排名，排在第一位的依旧是巴西，产量高达 51000 千袋（每袋 60 千克），产量亚军是亚洲的越南，29500 千袋（每袋 60 千克），第三位是南美洲的哥伦比亚，14000 千袋（每袋 60 千克）。从第四位开始依次是（由多到少排序，单位为千袋，每袋 60 千克）：印度尼西亚（10902）、洪都拉斯（8329）、埃塞俄比亚（7650）、印度（5840）、乌干达（5100）、秘鲁（4280）、墨西哥（4000）、危地马拉（3800）、尼加拉瓜（2500）。

这些产国是当今世界最主要的咖啡输出地，大家日常喝到的咖啡也多半来自这些地区。再来看一看咖啡产国中的第二阵营，虽然“比上不足”，但“比下有余”，且后续潜力值得关注。它们是：厄瓜多尔、马达加斯加、巴布亚新几内亚、坦桑尼亚、喀麦隆、哥斯达黎加、科特迪瓦、萨尔瓦多、肯尼亚、老挝、泰国和委内瑞拉。

看罢第二阵营，想必大家已经对全球咖啡输出国有了大体认识，如果你心仪的某国依然不在名单中，便可以大体猜到其每年产量几何了。基于“物以稀为贵”的原则，某某产国的咖啡售价高得令人咋舌也就不难理解了，只是卖得贵并不一定表示其品质高人一等。

需要注意的是，我国目前还不是 ICO 成员国（仅为观察国），却是目前 ICO 产国名单中为数不多“游离在外的大咖”，因此咖啡产量并未进入如上排序名单。

# 23

# 非洲产区：埃塞俄比亚（上）

“只要有正确的咖啡观念，不难煮出够水准的咖啡。”

——詹姆斯·霍夫曼

▲供图：弘顺咖啡

## 非洲咖啡产区概述

非洲是人类的摇篮。大约 1000 万年前，一群居住在非洲热带雨林里的古猿扶老携幼，进入了东非草原。在草原上，他们逐渐进化，学用工具，强化交流，解放前肢。大约 300 万年前，他们终于学会了直立行走。20 世纪 80 年代后期曾有一则消息震惊全世界：科学家通过检测细胞线粒体中的 DNA 证明了人类祖先来自 15 万 ~20 万年前的非洲大陆，那位英雄母亲“夏娃”的后代们沿着印度洋海岸线“走出非洲”，进而移居到全世界。除了孕育人类，非洲还孕育了无数的世间珍宝，其中就有咖啡。直到今日，非洲不仅依然是全世界最主要的咖啡产区之一，还因基因奥秘无穷、风味复杂多变、挖掘潜力巨大而著称。除了下文中提到的埃塞俄比亚、肯尼亚、坦桑尼亚、乌干达、喀麦隆等核心产国，布隆迪、卢旺达、赞比亚、科特迪瓦、马拉维等国前景也值得期待。

## 埃塞俄比亚概述

位于非洲东北部的埃塞俄比亚，平均海拔近 3000 米，素有“非洲屋脊”之称，东与吉布提、索马里毗邻，西同苏丹、南苏丹交界，南与肯尼亚接壤，北接厄立特里亚，不仅是世界上最重要的咖啡产国之一，更是人类和阿拉比卡种咖啡的故乡，是每一位咖啡人向往踏足的圣地。世界咖啡版图中的埃塞俄比亚是如此卓尔不群，以至于我经常认为全球的咖啡产区不妨分作两个：一个是埃塞俄比亚，另一个是埃塞俄比亚之外。

埃塞俄比亚上下 400 多万小农、全行业 1500 万人以此为生计，约占全国人口的 15%。95% 的咖啡生长于不到半公顷的小块土地，中南美洲规模宏大的咖啡种植园在这里几乎见不到，通常也不使用杀虫剂和肥料，采收全部基于人工。作为阿拉比卡种咖啡发源地、咖啡世界当之无愧的“伊甸园”，埃塞俄比亚已记录在册的咖啡树种多达 2000 个，据说其中有 1927 个原生品种，还有上百个外来引进品种。其树种之丰富、基因库之庞大在全世界绝无仅有。为了保护本国宝贵的咖啡树种资源，不使 1931 年瑰夏流失出去的“惨案”再度发生，埃塞俄比亚有意模糊本国咖啡树种，并笼统以 Heirloom（当地原生特色品种）来称呼。当然作为生豆商，想要详尽标注所有品种也着实太过繁琐，往往同一麻袋中也

▲埃塞俄比亚首都亚的斯亚贝巴的百年咖啡店 TOMOCA

是各种品种和品相混杂，一个“Heirloom”概括倒也正中下怀。作为咖啡烘焙师，烘焙埃塞俄比亚豆子便增加了难度，不同含水量、密度和形状大小均有，想要均匀一致烘焙着实不易。作为咖啡顾客，购买到的埃塞俄比亚咖啡熟豆经常会有大小不一、形状各异、色差明显等问题，看了本文后便应多一份包容理解。很多有经验的咖啡品鉴师更是认为，这种“Heirloom 大杂烩”带来的风味丰富性和层次性恰恰是埃塞俄比亚咖啡风味的最大魅力所在。

近年来，埃塞俄比亚政府积极鼓励增加咖啡价值和咖啡出口创汇，越来越多的现代咖啡馆品牌和烘焙企业涌现，越来越多中国咖啡人奔走往返。目前埃塞俄比亚已有大大小小 30 多家咖啡烘焙厂，如 TOMOCA、MOYEE、WILD COFFEE、ARADA、TARARA 等，甚至连 120 千克的德国 PROBAT 烘焙机也已安装投入使用，埃塞俄比亚的现代咖啡工业雏形已现。

## 从 Lucy 说起

埃塞俄比亚与毗邻的坦桑尼亚、肯尼亚等国共同守护的东非大裂谷是孕育了人

类的一片古老神奇之地，过往几十年间不断发掘出来的骨骸化石奠定了今天的智人“非洲起源说”。其中最有名的当属 1974 年，考古学家在埃塞俄比亚东部 Afar 谷地 Hadar 发现了一具生活于 320 万年前的南方古猿化石，并认为这是最早直立行走的人类祖先骸骨。经科学家考证，其生前是一位 20 多岁的女性，脑容量只有 400 毫升，并且有过生育。考古发掘当夜，营地的录音机里恰好播放着英国摇滚乐队 The Beatles 的歌曲 Lucy In The Sky With Diamonds，遂将骸骨化石命名为 Lucy。我上高中时便读到这则故事，直至 2017 年底于埃塞俄比亚首都国家博物馆里见到了存世唯一的复制品（真品被保存在美国休斯敦自然科学博物馆），亦是心潮澎湃。

如果从阿拉伯半岛南部肤色较浅的含米特人迁徙定居并建国算起，埃塞俄比亚是一个拥有着 3000 年文明史的古国。直至第二次世界大战埃塞俄比亚被意大利入侵（1936~1941 年）前，都一直维持其古老制度和社会生态，未曾受到外界巨大冲击，这一点迥异于周边其他非洲国家。

罗马帝国初期，犹太教的一个分支演化成为基督教，信奉上帝耶和华和基督耶稣。之后数百年间虽屡受打压，依旧坚韧发展，最终成为罗马帝国国教。但此前半个多世纪，基督教的荣光已经属于非洲。1 世纪前后，北方的阿克苏姆建立起强大的阿克苏姆王国（Aksumite Empire），扼守非洲之角与红海之间的海陆咽喉，掌控地中海与印度之间的贸易。4 世纪极盛时国王自称“万王之王”，改奉基督教为国教，一边向埃塞俄比亚高原中部扩张，一边以东罗马帝国（拜占庭）盟友的身份出兵占领也门等阿拉伯半岛南端，心甘情愿卷入了罗马帝国的兴衰战局，版图囊括了红海两岸大片地区，直至阿拉伯帝国崛起后才逐渐衰亡。7 世纪，阿拉伯铁骑南下的步伐受阻于阿克苏姆（当时已改名阿比西尼亚），随后才转戈向西，一路杀奔北非，最后跨过直布罗陀海峡踏上了欧洲本土。从这个角度来看，埃塞俄比亚间接改变了欧洲史和世界史。

今天，位于西北部高原地区的塔纳湖（Lake Tana）在全世界游客中名气极大，这里不仅是埃塞俄比亚最大的湖泊，还是尼罗河的发源地。塔纳湖区诸岛及周边还是埃塞俄比亚国内比较另类的一个咖啡产区，这里咖啡产量并不大，每年不足 10 吨，品质也谈不上卓越，但贵在与其他咖啡产区风情迥异，咖啡树自然地散布在湖区岛屿、森林和田园中，与点缀其间的数十座道院、教堂相映成趣，基督教分支科普特教会（近似东正教）色彩浓郁，造就了这里“世上最具基督神韵的咖啡”。此地并没有知名的咖啡种植企业，甚至没有专门的咖啡种植园。每逢咖啡采收季节，一些咖啡商人来到集镇上收购农民从森林里采集而来的咖啡果，正如数百年前来自欧洲的修士们所做过的那样。

虽然早在 17 世纪埃塞俄比亚便有咖啡出口记录，但是那时的荣光属于近邻也门，仅仅依靠少许森林咖啡出口的埃塞俄比亚只是当时咖啡贸易大潮中看不见的一滴水。到了 19 世纪初，埃塞俄比亚再次出口咖啡，并且在哈拉尔地区开始成规模地种植咖啡。

来到风云变幻的 20 世纪初，非洲大陆只剩下两个国家还保持着独立，一个是美国羽翼保护之下的利比里亚，另一个就是自力更生、艰难求存的埃塞俄比亚（阿比西尼亚）。这缘自 19 世纪后半叶，埃塞俄比亚横空出世了西奥多二世、孟尼利克二世等堪称非洲历史上最伟大的统治者，他们不仅缔造了现代埃塞俄比亚国家，还先后打败了英国、意大利等欧洲列强的吞并入侵，成为整个非洲的英雄和精神信仰。

20 世纪 50 年代末代皇帝海尔·塞拉西一世（Haile Selassie I）执政期间，埃塞俄比亚的现代咖啡产业开始蓬勃兴起，国家咖啡管理机构成立了，国家的咖啡分级制度建立了，现代咖啡贸易兴起了……但是这位非洲人心目中的英雄对外全面倒向美国，对西方彻底开放，对内皇权独揽，奴役民众，导致国内民生凋零，埃塞俄比亚沦为世界上最贫穷国家。1974 年的一场军事

▲埃塞俄比亚当地的各种美食

流血政变便是恶果，新上台的门格斯图政权全面投入苏联怀中，随后的激进社会主义和大饥荒给埃塞俄比亚带来沉重打击，埃塞俄比亚的咖啡产业只剩下原始山林里采摘咖啡果实。

真正的转折点是 20 世纪 90 年代，埃塞俄比亚终于迎来一连串利好，军政府被推翻，过渡政府成立，新宪法制定，新政府成立……我们当下见到的埃塞俄比亚便是始于那时，不断发展的咖啡产业也成就了当今世界第六大咖啡产国。

## 非洲屋脊

火山活动与地球版块运动息息相关，非洲有 30 余座活火山，多分布在东非大裂谷的断裂附近。自东非大裂谷形成以来，火山活动频繁，而发生在埃塞俄比亚境内的主要是裂隙式喷发，形成了玄武岩熔岩高原台地。埃塞俄比亚素有“非洲屋脊”之称，高原占全国面积的 2/3，便是由这种在过去 30 万 ~50 万年间上百次喷发后玄武岩浆沿着裂隙溢出过程中积累而成的熔岩，厚度可达 4000 米。埃塞俄比亚西南部咖啡产区的土壤剖面中火山灰沉积比比皆

是，土层极其深厚、腐殖质丰富、呈弱酸性，含有排水性、保温性和透气性都极好的壤土，堪称咖啡生长的温床。

▲供图：弘顺咖啡

埃塞俄比亚平均海拔近3000米，首都亚的斯亚贝巴位于海拔2300米以上。乘埃航抵达时，飞机甫一落地我就迫不及待查看一番：海拔2200米。随后开车流连于埃塞俄比亚南部盛产咖啡的山林中，相较于首都亚的斯亚贝巴实则是“下山”而非“上山”。在这种海拔高度下日常生活、行走、工作并无大碍，但肆意奔跑则难免气喘。令我心惊的是，古吉（Guji）一带咖啡山林海拔普遍较高，位于2000~2400米之间。山村中的孩童少见外人，更不用说我们这种亚洲肤色的异乡客，跟着我们的越野车长距离奔跑毫无疲态，笑容灿烂，嘴里喊着“LaWaJi（奥埃塞第二大种族罗莫人的语言，大意是浅肤色的人）”便是表达热情的最佳途径。我顿时意识到，长跑这项竞技运动除了科学的训练外，天赋与基因才是决定性的。但凡看见埃塞俄比亚年轻女子，我都会情不自禁去关注她们是否戴着金属项圈——戴着金属项圈代表已婚，只佩戴项链代表未婚，但显然并不是每个部族都遵循这一点。

“非洲屋脊”埃塞俄比亚的高海拔给咖啡产业带来的价值无比巨大，甚至可以说是天赐的。天性娇弱、喜欢凉爽的阿拉比卡种咖啡在此找到了属于自己的“伊甸园”，并凭此才勉力抵抗了周遭强壮罗布斯塔种咖啡军团的野蛮侵略。

## 东非水塔

“东非水塔”是埃塞俄比亚的另一个自豪称谓，言下之意便是埃塞俄比亚的水资源非常丰饶。这一点对于咖啡种植和精细处理加工的价值难以估量。我走访过很多山林间的日晒处理场和水洗处理场，高度依赖水资源、初始投入更大的水洗处理场实则商业价值更大，这源自水洗处理法可以更有效率、更具规模地生产高品质咖啡，而精品级日晒咖啡毕竟只是纯粹靠密集劳动力换来的微批次产物，着实谈不上规模效应。

上文提到的塔纳湖在当地语言中便是水蓄不干涸之意，此间不仅是埃塞俄比亚最大湖泊，还是非洲第三大湖泊，是尼罗河的最大水量来源。拜大自然伟力之赐，整个东非大裂谷其实就是一座巨大的天然蓄水池，大大小小数十座湖泊连缀，纵贯多个国家，水色湛蓝，烟波浩渺，几乎将非洲大部分淡水资源都汇聚于此。

从埃塞俄比亚首都驱车南下，中国援建的高速公路及收费站等设施让人恍惚觉得置身于京郊怀柔或密云，不消数小时，便可到达 Hawassa。接下来通往咖啡产地的道路目前尚在修建中，因此通常会在此住宿一夜，顺便体验一下周遭湖区的自然人文风光，观赏一下湖边大型水鸟（可能是鹈鹕）与人协作捕鱼，品尝一下当地人烹制鲜鱼的手艺，身处其中才能深刻意识到“东非水塔”绝非虚名，更加深了对于“伊甸园”的体悟。

▲埃塞俄比亚的水资源非常丰饶

## 独特的埃塞俄比亚咖啡分类

埃塞俄比亚的整个咖啡生态都非常特殊，仅仅从种植环境来看便可以分作三大类：森林及半森林咖啡、田园咖啡和种植园咖啡。

森林咖啡（Forest Coffee）与半森林咖啡（Semi-forest Coffee）是第一种，前者占比仅为 8%~10%，咖啡树与其他作物在原始森林中杂乱无章地共存共生，没有任何人工打理，天生天养。后者占比达到 30%~35%，咖啡树也多是天然，杂乱种植于森林与农户生活范围周边，原生品种无序，相互杂交，遮阴树纵横，少有人为打理。

森林咖啡与半森林咖啡是埃塞俄比亚最重要且独具特色的咖啡生态现象，不管是山林中的咖啡树还是成熟的咖啡果，都属于上天恩赐而非某人私产，只要你足够勤劳，愿意不辞劳苦进山采摘，那么劳动成果就属于你。因此，每到咖啡成熟季节，居住在周边的农户便会进入山林中采摘咖啡果，然后到就近的收购站或处理厂贩卖。

▲ Hawassa 附近湖区的大型水鸟会与人协作捕鱼

埃塞俄比亚西南部那些赫赫有名的咖啡产区，便以这种形态最为常见。

咖啡树种、海拔高度、土壤、光照等微环境系统的差异性，使得直线距离相隔 500 米的两处小山头上的咖啡风味也存在明显差异，甚至可能截然不同。很多巅峰级咖啡风味都隐藏在海拔动辄 2200 米以上的茂密山林中，性能出众的山地皮卡也难以到达，只能乘坐当地人的摩托车或者徒步到达。在不断探寻惊喜的过程中，骑摩托在山林间颠簸的技艺自然是突飞猛进，我也突然意识到，获取最优质埃塞俄比亚咖啡风味和资源其实很简单：第一步，踏破千山万岭，找寻最佳风味。第二步，就近申请建立处理场，

▲供图：弘顺咖啡

吸引农户来此出售鲜果，将风味留在自己这里。当然，申请建立处理厂需要当地政府审批，并在卫星勘测图上标注存档，这些权利尚未对外国人开放。很多中国咖啡商人只能选择与本地人合作经营的方式来将触手深到最上游的茫茫森林里。

此前，我曾经无数次想探寻埃塞俄比亚咖啡树种的奥秘，但是踏进山林的第一分钟便知道，这不过是无知者的痴念而已。因为不经意间我发现，横亘在我面前，甚至叶片都轻微缠绕在一起的三株咖啡树，竟然明显呈现出三种截然不同的细节特征——分明就是三个完全不同的咖啡树种彼此为邻居。我长舒一口气，反而轻松起来。由于成百上千种原生品种千百年来彼此杂交，毫无规则地生长在山林里，给了埃塞俄比亚咖啡不断涌现出惊喜的可能性，以及超乎想象的强大生命力。试想一番，当咖农背后那一袋鲜果中竟然是数不清的原生品种咖啡树混合之时，难保其中没有超越瑰夏的基因血统，难怪埃塞俄比亚咖啡被称为“风味的海洋”。

除了的森林咖啡及半森林咖啡，田园咖啡（Garden Coffee）占到50%~55%。

▲咖啡产区的雨后路面

▲在埃塞俄比亚咖啡产区大山里，相邻的咖啡树很有可能都是截然不同的品种

咖啡树种植在农户房舍前后或生活区周边，多为农户自行栽种，或基于原有咖啡树进行补种，人为管理的痕迹较为明显，遮阴树多为假香蕉树，也有牛油果等经济作物，咖啡树单株产量普遍高一些。

种植园咖啡（Plantation Coffee）是中南美洲最常见的咖啡种植形态，但在埃塞俄比亚占比仅有5%~6%，多为较大规模的私有种植者拥有。来自埃塞俄比亚Ries Engineering S.C的咖啡事业部经理、在铂澜考取QGrader的肖波先生十分热情地给我提供了过往十年埃塞俄比亚咖啡的详细数据。从中不难看出，埃塞俄比亚政府一直寄希望于咖啡产量飙升来大举创汇，每年都会提出产量宏伟目标，但实现度却往往惨不忍睹。究其原因，肖波认为不能单纯归结为埃塞俄比亚经济落后、投入有限，主要是因为埃塞俄比亚咖啡产地的丘陵形貌，咖啡种植面积拓展困难，产量大幅增长乏术，最应寄予厚望的种植园咖啡占比太低且难以快速成长。

# 24

# 非洲产区：埃塞俄比亚（下）

黑暗如魔鬼，滚烫如地狱，纯洁如天使，甜蜜如爱情。

——法国外交官塔列朗如是评价咖啡

▲供图：肖波

## 埃塞俄比亚咖啡产区概述

埃塞俄比亚的咖啡产区主要分布于西南部广袤山林中，行政区划上隶属于南方各族州（Southern Nations, Nationalities, and People's Region）与奥罗米亚州（Oromiya Region）。

金玛（Jima/Jimma/Djimmah）位于奥罗米亚州，是埃塞俄比亚产量第一的咖啡产区，也是最主要的大宗商用豆来源地，占埃塞俄比亚咖啡出口量的三分之一，海拔高度在1350~2000米之间，素以原始野生品种著称的咖法森林便在这里。金玛的英文译法比较多，从地图到咖啡生豆麻袋，需要加以辨别。金玛是咖法省的首府所在，也是此地区咖啡贸易集散地。由于本地区的基本定位，导致从采收环节开始就比较粗糙，金玛的好风味经常会被掩盖。但也有一些贸易商反其道而行之，会从此间寻找风味干净的水洗金玛替代中美洲咖啡用于拼配中，取得了不错的效果。

西达摩（Sidamo/Sidama）位于南方州最东侧，无疑是名气最大的埃塞俄比亚咖啡产区之一，海拔高度在1400~2200米之间，不管是水洗处理还是日晒处理，咖啡往往以花果香气丰沛迷人而著称。耶加雪菲（Yirgacheffe）原本就隶属于西达摩，后来此间国际知名度实在太高，俨然成为埃塞俄比亚最具影响力的咖啡产地，于是政府索性将其单列出来，成为一个独立的咖啡产区，并且做了扩展，使得周边都能分享耶加雪菲的荣光，此举像极了法国扩大香槟地区（Champagne）的做法，可以理解。

驱车从Hawassa出发，沿着直达肯尼亚的国际公路一路南下，首先会抵达西达摩产区，穿过西达摩大约1个小时，便

▲耶加雪菲小镇上

▲古吉Hambela海拔2300米深山产的咖啡风味惊艳世人，咖啡树也有与众不同的形貌特征

来到热闹繁华的耶加雪菲镇。这里海拔高度并不甚高，在1750~2000米之间，不过在树种、土壤等诸多因素共同作用下，孕育了迷人且独特的耶加雪菲风味，尤其是水洗耶加雪菲，柑橘、柠檬与淡淡的花香萦绕，丰沛又优雅，再辅以明媚的酸质，让人念念不忘。Wenago、Kochere、Gelena、Abaya、Konga等都是耶加雪菲之下的子产地，很多都是一些村庄级别的小地名，开车转瞬即过，不过却因盛产耶加雪菲咖啡而名满全球。

不得不说的是，或许耶加雪菲咖啡已出现了看不见的天花板——海拔高度有

限，土地肥力过度索取而无暇恢复，大小年份等。这两年在埃塞俄比亚的咖啡竞技赛事中，耶加雪菲咖啡逐渐让出了冠军宝座，紧邻的一个新兴产区逐渐崛起，那就是古吉。虽然按照 ECX 现行咖啡分类定义，将古吉纳入西达摩类目之下，但古吉却堪称目前埃塞俄比亚风头最为强劲、未来成长潜力最大的精品咖啡产区，行政上隶属于奥罗米亚州，而不是西达摩所在的南方州。海拔 2000~2300 米的广袤森林，数不清的优质咖啡树种和复杂变多的微环境，再加上正当年的咖啡树龄，这一切都预示着古吉美好得难以言说的未来。Shakiso、Hambela、Adola、Bore、Kercha 等来自古吉的地名，未来都会成为闻名遐迩的咖啡产地。

利姆（Limu）位于奥罗米亚州金玛以北的 East Welega，是并不逊色于周边的又一咖啡产区，海拔高度在 1200~2200 米之间，各种种植形态和处理法都有所体现，甚至还有几座国营大型咖啡种植园，咖啡产品非常丰富。利姆的咖啡往往没有那么明显的花果香气，但酸质、甜度和体脂感却较为出色，处理得当也非常干净。过往多半外销欧美市场，去年以来国内也越来越容易买到。用 Limu 设计拼配豆是目前国内精品咖啡业者比较喜欢探讨的方向。

金比 / 列肯提（Ghimbi/Lekempti）同样位于奥罗米亚州的 East Welega，毗邻利姆，是埃塞俄比亚另一个大宗商用豆产区，精品豆极少，以本地区两座城市金比和列肯提的名称联合命名，包装时可以随意使用。这个产区海拔高度在 1500~1900 米之间，森林及半森林咖啡为主，日晒与水洗豆兼有。这一产区的生豆外观品相比较类似哈拉尔产区的长身豆，虽然并无爆炸性的风味，但也有几分水果调性，果酸和干净度不错，价格却远不及哈拉尔那么贵，所以受到很多欧美买家欢迎，得了个“穷人的哈拉尔”的称呼。

班其玛吉（Bench Maji）是位于埃塞俄比亚南方州的一个偏远咖啡产区，毗邻南苏丹，海拔高度 1800~2100 米，境内 Gesha 山便是大名鼎鼎的瑰夏发源地。近年来，随着瑰夏村（Gesha Village Coffee Estate）的强势崛起，再辅以其强大的网络营销推广能力，475 公顷咖啡园产出的埃塞俄比亚原生种瑰夏风味惊艳全世界，班其玛吉重新被纳入世人眼中，成为埃塞俄比亚又一方新兴咖啡热土。

最后要说一下埃塞俄比亚东部一个隶属于哈拉尔州（Harari Region）的咖啡产区——哈拉尔 / 哈拉（Harrar）。哈拉尔咖啡产区围绕在古城 Harrar 周围，是埃塞俄比亚历史最为悠久的咖啡产区，也是咖啡种植业在埃塞俄比亚国内兴起的第一站，海拔高度在 1500~2100 米之间。由于气候干燥、降雨量小等诸多因素，这里的咖啡往往需要人工灌溉，更是长久以来独尊日晒处理法，以发酵水果及香料等丰沛的香气而著称。大部分哈拉尔咖啡品质不高，土壤、木质等令人不愉悦的杂味明显。但如果精心采摘和日晒处理的话，则能够呈现出蓝莓、果酒、香料等惊艳的风味，且体脂感出色、甜度丰沛，无疑是上佳的精品级咖啡。早在 2004 年，埃塞俄比亚政府特意将三大产地咖啡注册商标着力进行全球推广，除了西达摩和耶加雪菲之外，第三个便是哈拉尔，其地位可见一斑。

除了上述产区，埃塞俄比亚还有铁比( Teppi )、贝贝卡( Bebek )、伊鲁巴柏等商业豆咖啡产区，合在一起称作埃塞俄比亚九大咖啡产区，在此略过不提。

## ECX 概述

咖啡作为埃塞俄比亚第一大出口商品和最大的外汇来源，政府一直在寻求最大限度地提高咖啡出口收入，为此不惜反过来限制国内消费。虽然普通民众也能从黑市偷偷买到高品级咖啡豆，但埃塞俄比亚明确规定，最高等级的咖啡严格用于出口创汇，较低等级的则用于当地消费。我特意参观了当地农贸市场上售卖的咖啡生豆，品相之差令人惊讶，更加深了去了解埃塞俄比亚咖啡分级制度的兴趣。

讲到埃塞俄比亚的咖啡管理与分级，就不得不提到 ECX，其全名为“埃塞俄比亚农产品交易所( Ethiopia Commodity

▲ ECX 总部大楼

Exchange )”。ECX 是由前世界银行高级经济学家、国际粮食政策研究所主任 EleniGabre-Madhin 女士等人于 2008 年创办。作为埃塞俄比亚乃至整个非洲首个现代化的农产品交易所，其创建初衷是通过引入定价机制、仓储物流、即时通信手段等现代交易规则和技术，改变埃塞俄比亚农产品市场高交易风险、高交易成本的状

▲埃塞俄比亚 P. RIES 的生豆处理厂( 供图：肖波 )

况，搭建一个高效可靠、公正透明的商品市场，从而振兴埃塞俄比亚的立国之本——农业。

**Scale of Washed and Unwashed Cup quality attributes**

| Cup Value (60) | | | | | | | | | | | | | | | |
|---|---|---|---|---|---|---|---|---|---|---|---|---|---|---|---|
| Aromatic Quality (5) | | Aromatic Intensity (5) | | Acidity (10) | | Astringency (5) | | Bitterness (5) | | Body (10) | | Flavor (10) | | Overall cup Quality+ (10) | |
| Quality | Pts | Quality | Pts | Quality | Pts | Quality | Pts | Quality | Pts | Quality | Pts | Quality | Pts | Quality | Pts |
| Excellent | 5 | V. strong | 5 | Pointed | 10 | Nil | 5 | Nil | 5 | Full | 10 | V. good | 10 | Excellent | 10 |
| V. good | 4 | Strong | 4 | M. pointed | 8 | V light | 4 | V light | 4 | M. full | 8 | Good | 8 | V. good | 8 |
| Good | 3 | Medium | 3 | Medium | 6 | Light | 3 | Light | 3 | Medium | 6 | Average | 6 | Good | 6 |
| Regular | 2 | Light | 2 | Light | 4 | Medium | 2 | Medium | 2 | Light | 4 | Fair | 4 | Regular | 4 |
| Bad | 1 | V light | 1 | Lacking | 2 | Strong | 1 | Strong | 1 | V. light | 2 | Bad | 2 | Bad | 2 |
| Nil | 0 | Nil | 0 | Nil | 0 | V. strong | 0 | V. strong | 0 | Nil | 0 | Nil | 0 | Unacceptable | 0 |

Note: * *Typicity is an after taste aromatic quality that could be Winey, Citrus, Mocha, Fruity, Spicy, Flora*
+ *Overall standard is evaluated based on the other attributes (Aromatic Quality, Acidity, Body, and Flavor)*

▲埃塞俄比亚 ECX 的水洗及非水洗杯测评估计分表

有了国家公权力做担保，ECX 发展很快。比如，埃塞俄比亚不同地点修建了很多 ECX 仓库，其中不少都是咖啡仓库，大幅减少了运输成本，咖农也可以通过电话查询相关最新信息。须知国内这一段的物流成本一直是埃塞俄比亚咖啡贸易成本结构中非常刚性、难以消化的一环，甚至远远高于海上运输环节。再比如，ECX 会从咖农手上以相对稳定且优渥的价格收购咖啡豆，再利用自己的平台售出，这给了咖农一颗定心丸，平抑稳定了市场价格。当然更为关键的是，ECX 充当了一个公正的裁判，会对收购的咖啡豆进行分级，以国家权威的身份来确定品质等级和价格区间，并以不同批次的形式标注，买卖双方之间并不彼此知晓，这种巧妙的制度设计能做到大体公正不偏私。

2012 年前后我初学 ECX 制度之时，ECX 非常强大。这些年随着精品咖啡理念的深化和相关业务规模的不断增加，埃塞俄比亚有识之士也意识到 ECX 毕竟与精品咖啡可追溯性、减少中间商环节、通过高品质实现高额溢价等略有抵触。于是 2017 年前后，埃塞俄比亚启动了一场咖啡价值链改革，允许在 ECX 之外有更多操作空间，对于那些高品质咖啡的生产者给予更加灵活的制度设计，鼓励其更多获利。

## ECX 的咖啡分级制度

第一步：品相外观等物理特征（Raw Value）与杯测环节感官评估（Cup Quality Value）各自占据一定权重，且水洗与日晒有所差异。不管是水洗还是日晒，零瑕疵并且杯测感官良好（Premium Cup）都可以被认定为 G1，不过水洗会有 G2，日晒却往往跳过 G2 从 G3 开始。

第一步完成后，便将咖啡分作了从 1~9 和 UG（undergrade）这一系列等级，以及三个大的等级区间：精品级（Specialty）、商用级（Commerical）和本地消费（Local / Domestic）。精品级和商用级都针对出口国际市场用于创汇，大约占到 55%，而用于本国咖啡消费市场的则是最差的等级区间，大约占到产量的 45%。

第二步：将第一步确定的 G1~G3 单独拿出来进行第二轮“复赛”，按照 SCA/CQI 标准做更加精细的杯测评估。评分结

▲当地普通民众饮用的咖啡很可能来自类似低品质咖啡的果实

果达到或高于 85 分的 G1、G2 评定为 Q1 等级；80~85 分的 G1~G3 评定为 Q2 等级；80 分以下的 G1~G3 则评定为 G3 等级。Q1 与 Q2 确认为出口的精品级咖啡，品相出众，风味出色，代表埃塞俄比亚咖啡的最高形象。第一步便已确定的 G4~G9 保持原分级不变，与 G3 一起分类为商用级咖啡出口。

## 埃塞俄比亚传统咖啡礼仪

埃塞俄比亚的咖啡话题实在太多，难以尽述。如果非要挑些重点，魅力四射的埃塞俄比亚传统咖啡礼仪（Traditional Coffee Ceremony）值得多说几句。

埃塞俄比亚传统咖啡礼仪与土耳其咖啡礼仪有几分近似，都是一种将咖啡烘焙、研磨、萃取和饮用结合在一起的咖啡饮用世俗文化，在阿拉伯及周边地区拥有广泛的群众基础，也是现今世界咖啡文化多样

▲在餐馆里，埃塞俄比亚传统咖啡更有仪式感

▲妇女在家里煮咖啡

▲路边贩卖咖啡的小摊

性中的瑰宝。虽然首都和其他大城市里意式咖啡馆也在兴起，越来越多白领和年轻人走进咖啡馆品尝咖啡，进口的咖啡机和咖啡烘焙机也日渐增多，但埃塞俄比亚传统咖啡依然占据着一席之地，从家庭到路边小摊，再到餐饮休闲场所，传统咖啡无处不在，处处彰显着埃塞俄比亚纯正的咖啡血统和文化传承。近年来，也有咖啡人锐意进取，在首都开设了现代人文艺术气息浓郁的咖啡馆，并将埃塞俄比亚传统咖啡改良后融入其中。

埃塞俄比亚传统咖啡是地道的平民咖啡，“烘焙师兼咖啡师”一般由家庭妇女全权担任，很少有男性充当这一角色。选用的咖啡豆一般都是专供本国市场消费的UG（Undergrade），听上去“惨不忍睹”，实际喝起来倒没那般不堪。由于品相不佳且豆表可能残留污物，所以习惯上都会先用清水冲洗数遍。当然，适当增加豆表含水量，还能够起到烘焙均匀一致的作用，有效弥补直火式烘焙的负面问题。

待咖啡豆清洗干净后，便放置到一个薄薄的铁盘上，置于炭火炉上烘烤，妇女端坐在炉前，手持一根细长的条状物反复拨弄翻炒。待第一次爆裂启动，咖啡香气大量释放时，会邀请围坐的客人嗅闻感受，据说其中也有分享及赐福的含义。另有一种轻巧的长柄平底锅比较多见，锅底均匀地凿出很多孔洞，好似直火烘焙机的滚筒那般，这样便于咖啡烘焙过程中排烟透气。为了避免火苗直接撩到咖啡豆表造成焦黑，凿出的孔洞并不是直上直下，而是一律侧向，非常讲究。

埃塞俄比亚传统咖啡通常烘焙度比较深。据我观察，虽然各家略有差异，但第二次爆裂密集期是最为常见的焙度，咖啡豆表乌黑油亮。接下来是研磨，最常用的研磨设备是一种厚重敦实的实木凹槽，用一根粗重的木棍一下一下往下砸，砸下去时还有一个碾压的动作。虽然粗细均匀一致很难保证，但是仪式感很强，而且这种“碾压式研磨”原理可以尽可能保存香气，使之在冲煮环节再释放，有一定的科学道理。

咖啡粉研磨好之后，将其倒入一个专用于煮咖啡的称作 Jebena 的长颈尖嘴陶壶中，倒入热水，放置炭火上烹煮。为了使壶中的咖啡尽可能均匀，妇女会在壶中咖啡初次沸腾后，刻意倒出一杯放置一旁，稍后将这杯凉下来的咖啡重新倒入其中，摇晃一番，便耐心等待壶中咖啡再次沸腾。如果嫌混合不够均匀，还会重复如上混合操作数次。

▲埃塞俄比亚传统咖啡

妇女判断咖啡煮好后，会将 Jebena 离火静置数分钟，一则略微降温，二则等待壶中咖啡渣沉淀下来。街边贩卖咖啡的小摊就不会有这种耐心，倒咖啡之时，辅以一个手持的小小过滤网就必不可少了。

为客人倒咖啡前，冲洗干净的咖啡杯已放置在小桌上，细心的妇女会询问客人是否需要加糖。加糖是常见选择，不仅为了掩盖咖啡中难免会有的苦味、杂味和涩感，还因为增加了些许甜味，可以修饰咖啡的酸质和香气，形成更加美妙的感官体验。另一种比较常见的“添加物”是类似艾草叶的植物，将其枝叶在咖啡液中泡一泡，据说有某些健康功效。不过在我看来，增加些许香草风味之余，更添三分仪式感才是重点。

一场完整的埃塞俄比亚传统咖啡需要喝上三轮，其间不再加粉，只兑水反复烹煮。讲究一点的话，还会搭配爆米花或烤饼。第一杯称为 Abol，风味最盛，浓度最烈，档次最高，其间聊的都是“高大上的场面话”，类似领导的开场发言；第二杯称作 Tona，其间所聊是这场“社交活动”的核心话题，当然大多也是些家长里短的内容。根据我的感官体验，Tona 不管是风味还是浓度，其实往往都是最好的。继续加水煮沸喝到的第三杯称作 Bereka，风味和浓度都会逊色很多，算是散场前的序曲，喝完这杯就意味着一场社交活动的完美结束。

# 25 非洲产区：肯尼亚与坦桑尼亚

不喝咖啡我将无法微笑。

——克拉克·盖伯（美国电影男演员）

## 肯尼亚概述

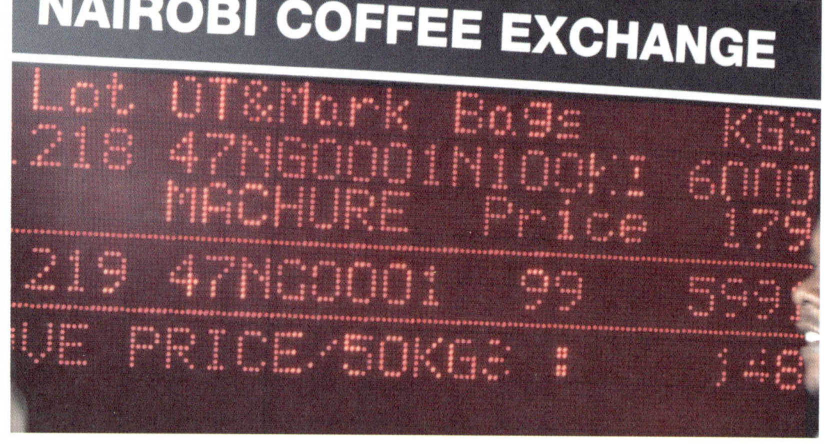

▲肯尼亚内罗毕咖啡交易所（供图：中茶咖啡 贾刚）

肯尼亚跨越赤道，北与埃塞俄比亚接壤，西与乌干达交界，南与坦桑尼亚相连，虽然咖啡产量上略逊半筹，但品质卓越、特色鲜明，与埃塞俄比亚并称非洲咖啡产国的“双子星”。肯尼亚东南沿海为平原地带，其余大部分为平均海拔1500米的高原，是今天国人最喜欢去的非洲国家之一。

顺着国际公路由北向南开车从埃塞俄比亚的知名咖啡产地耶加雪菲到达肯尼亚不过数个小时，但肯尼亚的咖啡种植史却只有百余年，与之形成了鲜明对比。根据记载，1893年是肯尼亚咖啡种植之始，1896年则是肯尼亚首次收获咖啡的年份。1933年肯尼亚咖啡委员会建立后，次年咖啡拍卖系统便建立起来，虽然其后不断完善优化，但大体模式保留至今。1963年肯尼亚脱离英国独立以后，咖啡产业获得了蓬勃发展，尤其是肯尼亚的咖啡分级制度非常成功，肯尼亚AA和肯尼亚AB享誉全球。

肯尼亚非常重视咖啡种植业，服务于咖农的技术中心、合作社、培训机构、行业协会、研究所、基金会等较为发达，使得其咖啡生产者的整体素质在非洲首屈一指，给咖啡品质带来了很多积极影响。基于20世纪30年代构建的咖啡拍卖系统，肯尼亚咖啡采取一种非常特殊的持牌代理人机制来构建卖家和买家之间的联系，再辅以首都内罗毕（Nairobi）的中央咖啡交易所进行公开拍卖，同一批次咖啡，价高者得之，大约85%的肯尼亚咖啡豆都是通过这样的流程完成交易。2006年以后，尝试改革变通的肯尼亚政府开放了一个称作“第二窗口”的直接贸易机制，允许持牌的独立销售代理人绕过中央交易所完成交易，目前大约 15% 的咖啡豆交易属于这种形式。

## 肯尼亚咖啡分级

对于精品咖啡买家来说，我们接触到的肯尼亚咖啡通常是 AA、AB 和 PB 三个级别。肯尼亚 AA 等级最高、品相最棒、售价最贵,18 目以上的粒径绝对是“颜值担当”，但单论风味丰富性和复杂度，有时反较之粒径更小、大小略显参差的肯尼亚 AB 级略逊一筹。每年肯尼亚咖啡总产量的 30% 左右为 AB 级。此外，用筛网分拣出来的小圆豆 PB 也是一个独立的分级，受到很多买家欢迎。

肯尼亚咖啡还有 C、TT、T 等属于低级品的等级设定，不管是品相外观还是风味都不值一提，作为中国消费者很难接触到。

## 肯尼亚咖啡产区

肯尼亚咖啡主要种植于首都内罗毕至位于赤道线上、东非大裂谷最大死火山肯尼亚山区周围海拔 1350~2100 米的地区。受印度洋季风影响，每年两次如期而至的雨季带来每年两场采收季，年底一般是产量更大的主采收季，年中 6~8 月份则是产量稍小的次采收季。

如此紧邻赤道却拥有这等卓越的海拔高度，咖啡种植的潜力之大、风味天花板之高就可以想见了。肯尼亚的精品级咖啡多产自这片土壤肥沃、形似向上翘起的一抹弯月的黄金区域。Nyeri、Kirinyaga、Embu、Meru、Nakuru、Machakos、Kiambu 等咖啡产地都位于这一区域。近年来，肯尼亚西部 Kisii、Keiyo、Marakwet 等知名度稍逊的咖啡产地也有品质不错的咖啡产出，我在国内均已买到喝到。

## 肯尼亚咖啡品种

肯尼亚绝大多数优质咖啡出自 SL-28 和 SL-34 这两个由肯尼亚政府委托史考特实验室( Scott Laboratories ) 于 1930 年培育出来的特色品种，它们是一场庞大“品种海选”之后的幸存者，血统上接近波旁。虽然这两个曾经寄予厚望的品种最终在抗叶锈病等方面并不算出色，产量也一般，但结合当地水土和精制水洗处理法，经常能够表现出明亮活泼如黑醋栗般的酸质和甜美的莓果类丰富风味，迷倒全球消费者无数，尤其是女性消费者和冰咖啡爱好者，其已经成为肯尼亚精品咖啡的标志性风味。此外，肯尼亚另有 Ruiru11、Batian 等人工培育的品种，目前都在大力推广中，我们经常能够喝到。

▲肯尼亚咖啡处理加工厂( 供图：中茶咖啡 贾刚 )

## 坦桑尼亚咖啡

坦桑尼亚位于非洲东部，东临印度洋，北与肯尼亚、乌干达交界，南与赞比亚、马拉维、莫桑比克接壤，西与卢旺达、布隆迪和刚果（金）为邻，是位于南半球的著名非洲咖啡产国。受印度洋季风影响，坦桑尼亚北部（含维多利亚湖周边塔里梅产区）、东北部和东部咖啡产区每年会迎来两个雨季——3~5 月是第一个雨季，10~12 月是第二个雨季。两个雨季带来了两个咖啡采收季。西部和南部少数咖啡产区则属于内陆高原气候，每年 11 月至次年 4 月经历一个单一长雨季，咖啡采收季也对应只有一个。因此，坦桑尼亚每年 7~12 月才是最主要的采收季节，在 ICO 的全球咖啡生产数据中被归入一个比较特殊的“7 月组”中，而不是常见的南半球 4 月组（如邻国卢旺达、布隆迪等）和北半球的 10 月组（如邻国肯尼亚等）。

坦桑尼亚旅游资源非常丰富，非洲三大湖泊维多利亚湖、坦噶尼喀湖和马拉维湖均在其边境线上，海拔 5895 米的非洲第一高峰——乞力马扎罗山 (Mount Kilimanjaro) 更是世界闻名，乞力马扎罗咖啡也因此声名不小。

与埃塞俄比亚、肯尼亚一样，坦桑尼亚同样是古人类发源地之一，拥有数百年的咖啡种植和饮用历史。其现代咖啡种植业始于 20 世纪初，1961 年坦桑尼亚摆脱英国“托管国”地位，1964 年又推翻了苏丹王统治，咖啡才逐渐进入良性成长通道中。

坦桑尼亚拥有丰沃的土地资源，适宜的海拔高度、温度和降雨量，非常适合高品质的阿拉比卡种咖啡和罗布斯塔种咖啡生长。目前，阿拉比卡种咖啡的主要产地是乞力马扎罗山（Kilimanjaro）、阿鲁沙 (Arusha)、姆贝亚 (Mbeya)、塔里梅 (Tarime)、基果玛（Kigoma）和鲁瓦玛 (Ruvuma)，阿拉比卡占咖啡总产量的 70% 左右，剩余 30% 为罗布斯塔种咖啡。坦桑尼亚咖啡种植以小农户为主体，较大规模的庄园只占到一成左右，但品控环节比小农户做得更好。精品级的坦桑尼亚咖啡酸质活泼，干净高甜，部分甚至还有媲美肯尼亚咖啡的莓果风味。

据坦桑尼亚咖啡委员会（TCB）统计，虽然国内咖啡消费量每年平均增长 1.5 % ~2 %，但国内咖啡消费量仅占全国咖啡总产量的 7% 左右，更多生产的咖啡用于出口创汇。坦桑尼亚在莫希（Moshi）建有集中式的咖啡交易中心，每周四进行大宗咖啡商品的拍卖交易，价格一般取决于纽约期货市场阿拉比卡咖啡价格和伦敦期货市场罗布斯塔咖啡价格。精品级咖啡因为报价更高，TCB 允许其绕过咖啡交易中心进行出口，这一点和埃塞俄比亚等国类似。

坦桑尼亚政府正在实施一个旨在促进咖啡增产的宏观规划，计划到 2021 年实现咖啡产量翻番，该计划不仅涉及提高现有农场的产量，还鼓励企业与个人投资新的咖啡种植事业。不过该国咖啡产业也面临资金匮乏、灌溉系统不足、咖啡树龄老化、咖农缺乏相关知识经验等问题。

# 26

# 中南美洲产区：咖啡王国巴西

深入的沟通交流好比一杯提神的黑咖啡，让你无法入眠。

——安妮·默洛·林德伯格（美国飞行员兼作家）

## 中南美洲咖啡产区概述

中南美洲咖啡产区是中美洲 7 国及南美洲咖啡产区合在一起的笼统描述，其实还应包括北美洲的墨西哥、加勒比海上的西印度群岛( The West Indies )12 个海岛国家和 7 个各国属地，牙买加、古巴、海地、波多黎各、特立尼达和多巴哥等隶属于西印度群岛的诸多咖啡产地在全球咖啡传播史上占有重要的一席之地。有欧洲咖啡机构直接将其称作美洲咖啡产区，亦无不妥。在说英语的美国人看来，美国以南的美洲地区包括墨西哥、中美洲、西印度群岛和南美洲，都讲西班牙语和葡萄牙语等拉丁语言，是 16 世纪后西班牙与葡萄牙势力扩张到整个中南美洲的产物，因此美国咖啡机构习惯将之称作“拉丁美洲( Latin America )”。

作为不折不扣的“新世界咖啡”，美洲咖啡产区供应了全球一半以上的咖啡消费，是全世界最大的咖啡豆输送之地。由于国别众多，政治经济制度不一，地理气候复杂，品种多种多样，品质上差异巨大，这些都给了解其咖啡带来了难度。与此同时，这个咖啡产区在咖啡新品种培育、加工处理方法创新、庄园生态观光旅游、精品咖啡品牌建设、农耕可持续发展等诸多领域都处于领先地位，值得从业者学习。可以说，今天全球精品咖啡产业上游的诸多创新都始于这里。

## 咖啡王国巴西

南美洲最大的国家巴西不仅享有“足球王国”的美誉，还因长期雄霸全球第一大咖啡产国的宝座，影响着全球咖啡价格走势，自身又是全球最大的咖啡消费国之一，被誉为“咖啡王国”。在很多咖啡产国，因为咖啡于国民经济的重要性实在是太高，政府便索性将咖啡元素放置到国徽中铭记在心。在巴西国徽图案中，环绕着居中大五角星的便是用咖啡树叶和烟草叶编织而成的花环。

体会巴西的咖啡文化，必须亲身来一次巴西。满大街的咖啡馆自不必说，如果恰逢开学日，会看到学校忙碌着准备咖啡和零食，接待前来的学生和家长，众人畅饮。当然，更好的办法是去好客的巴西人家做客。除了巴西烤肉，巴西国菜“奴隶饭”也是不错的选择，腊肠、腌肉、猪脚和各种豆子放在砂锅中混合炖煮，再配上巴西当地大米，实在是美味至极。饭后主人一定会奉上咖啡，非常类似埃塞俄比亚传统咖啡礼仪，葡萄牙语称作 Cafezinho 的咖啡饮品是任何时间都可以喝的，当然也包括餐后。将咖啡粉倒入滚沸的糖水中熬煮，适当搅拌后离火过滤，再分到小杯子里，浓浓一小份，端着与客人们分享饮用。

## 地理概况

赤道横贯巴西国土的北部而过，将这个全世界最大的咖啡产国划分到了南半球。虽然国土面积巨大，但巴西的地形地貌特征并不算复杂，主要可以分为两大部分：一部分是中部和南部海拔 500 米以上的巴西高原等地，它是一个发育于巴西陆台的古老高原，基底岩系由花岗岩、片岩、千枚岩和石英岩等组成，地表起伏平缓，地势向北和西北倾斜，热带草原气候和热带雨林气候为主，间有亚热带湿润气候。这里是巴西咖啡的主产区，约占国土总面积的三分之二。另一部分则是海拔 200 米以下的平原，主要分布在北部和西部的亚马逊河流域一带，约占国土总面积的三分之一。

## 学习巴西好榜样

早在 1500 年，葡萄牙人佩德罗 · 卡布拉尔及后续者来到巴西这块土地时就发现，除了红木（巴西国名的来源）等资源外，巴西并无丰富的白银、黄金、钻石等矿藏，倒是世界第一的水资源（全球 12% 的淡水资源）和肥沃广袤的土地非常适合耕种（耕地潜力只用了 30%），几乎是要啥就种啥，种啥就长啥，可谓条件得天独厚。事实亦如此，始终坚持以农业为本的巴西是世界上最重要的农业大国之一，除了咖啡，蔗糖、柑橘、大豆、牛肉、鸡肉、烟叶、皮革等很多农畜牧业产品的出口量都排在世界第一，可可、棉花、玉米、稻米、水果、干果等也都位居前三位，被誉为“21 世纪的世界粮仓”，还有人曾发出“上帝一定是巴西人”的由衷赞叹。

巴西农场家庭平均收入超过政府官员家庭，大庄园会通过销售合同来提前定制农业计划。巴西城镇年轻人每天一早坐班车去农村上班，晚上再坐班车回城。农村建有大量吸引城市青少年参与的生态项目，以及各种各样的农业优惠举措和评奖等，深以为我国农业，尤其是还有不少问题亟待解决的咖啡种植业，应该以巴西为师，悉心学习。目前我国极少数人沉溺于资本力量，热衷于各种拍卖会，全球范围买买买，一味推高咖啡价格，却于我国自身咖啡产业无任何助益，着实需要反思。

## 产量称雄，品质不齐

20 世纪 20 年代，巴西的咖啡产量曾一度占到世界咖啡总产量的百分之八十。俗话说“站得越高，摔得越重”，20 世纪 30 年代的全球经济大萧条给巴西的咖啡种植业带来了巨大打击，虽然巴西政府通过烧毁几千万袋咖啡的方式试图稳定价格，但收效依然不大，直至第二次世界大战结束后咖啡价格才稳定下来。攀上过最顶峰之后，虽然巴西咖啡产量的全球占比持续下降，但一直稳稳占据全球咖啡第一产国的宝座，并影响着全球咖啡贸易秩序和其他相关规则，至今已超过 150 年。根据 2017~2018 年采收季的最新统计数据来看，巴西咖啡依然占据全球总产量的 32%，“咖啡王国”当之无愧，并将继续下去。

除了阿拉比卡种咖啡产量巨大，巴西同时也是全球主要的罗布斯塔种咖啡产国之一。我们在查阅 ICO 网站上的年度各国产量报告时，会在每一个产国之后看到一个括号，如果标注为“( A )”，意味着该国是单一的阿拉比卡种咖啡产国；如果标注为“( R )”，意味着该国主要生产罗布斯塔种咖啡；如果标注为“( R/A )”，意味着该国罗布斯塔种咖啡和阿拉比卡种咖啡产量都很大，且罗布斯塔种咖啡大于阿拉比卡种咖啡。而巴西一栏的标注是“( A/R )”，说明巴西的阿拉比卡种咖啡和罗布斯塔种咖啡产量都很大，且阿拉比卡产量高于罗布斯塔( 罗布斯塔种咖啡在巴西称作 Conillon )。

除了产量称雄，品质良莠不齐也是我们评价巴西咖啡时最容易联想到的。秉持注重产量的一贯传统，且大自然恩赐的广袤平坦土地实在是得天独厚，大型咖啡庄园的规模化生产非常流行，让巴西成为全世界最发达的工业化咖啡产国。可惜的是，不管是基于平原地形的机械化采收，还是依旧存在的咖啡树枝粗暴式摇落采摘( Strip Picking )，都让咖啡鲜果成熟度堪忧，也坐实了巴西咖啡“量大质低”

▲巴西奶酪面包搭配黑咖啡就是一顿不错的巴西式早餐

的现实。

这些年，巴西国内咖啡消费量持续提升，并已成为顶级咖啡消费大国。巴西国内路边和咖啡馆里能见到不少小孩子喝咖啡的场景，这一幕我在其他国家都很少见到。再结合其不允许进口国外咖啡豆、国内消费的咖啡虽然量大但品质普遍较之出口略低等，所有这一切都看得出政府的基本目的：不仅要用咖啡来拉动内需，还要用咖啡尽可能创汇。

▲ 1998 年落成的圣多斯咖啡博物馆就建立在 1922 年开业的前官方咖啡交易市场里

## 关于巴西圣多斯

精品咖啡时代到来以前，商用级巴西咖啡基本都是采取大宗贸易形式，无法追溯具体产地信息。始建于 1543 年的巴西圣保罗外港圣多斯（Santos）是巴西第二大海港和世界最大的咖啡输出港，巴西咖啡大多经由此港外销，标注 Santos 顺理成章。久而久之，“巴西圣多斯”倒成为一个知名品牌了。2006 年底我进入咖啡行业开店创业，也学市面上那些岛系咖啡馆的做法，用虹吸壶来冲煮几款单品咖啡，如巴西圣多斯、哥伦比亚麦德林、印度尼西亚曼特宁等都是出品单上的常见品类。当然，那时对于单品咖啡的理解也比较片面，“国别”便是构成单品的全部要素，至于树种、产地、处理法、粒径大小等都忽略了。

当时，各家咖啡店对于巴西圣多斯的风味介绍大体都是：低酸醇厚、坚果风味。那时缺少精品咖啡感官评估体系支撑，如上这番“高大上”的描述已经是极致体现。现在想来有些好笑，其实任何中深焙的豆子都可以套用这“八字点评”。再加上选择单品咖啡的顾客远不如喝意式奶咖那么多，单品熟豆的出品速度比意式咖啡熟豆缓慢得多，有时单品咖啡就难免有点“氧化风味”了。但从另一方面来想，这类巴西单品的风味特征确实与普通顾客的感官喜好较为一致，低酸醇厚，坚果和巧克力风味，更重要的是：没有特别的短板。相反的是，这几年我们在推广酸质明媚、花果风味丰沛的浅焙精品豆会遇到些阻力，很多中年顾客会认为这与他们认知的“咖啡味道”不匹配。基于此，我认为主流消费者不会沉迷于追求特殊的风味关键词，缺少惊艳的风味关键词并不会成为大麻烦，口感才是关键，精品级的巴西咖啡未来会有很大市场潜力，保留低酸、醇厚、坚果、巧克力等关键词的前提下，如何让甜度更突出，风味更干净，醇厚更饱满，余韵更顺滑，或许是大家努力的方向。

为了表达对于咖啡的热爱，巴西人自创了属于自己的咖啡节，并将庆祝地点放在圣多斯。2015 年，这座有“巴西咖啡大使”之誉的城市历史博物馆迎来了首届巴西咖啡节。

## 海纳百川的巴西

走在巴西最大城市圣保罗的保利斯塔大街上，看着满墙的涂鸦艺术、各式各样的建筑和摩肩接踵的人群；穿行于萨尔瓦多上下城的古旧街道，一会儿恍惚身处葡萄牙里斯本，一会儿又仿佛置身非洲某国，1822 年巴西人宣布独立时“不独立，毋宁死”的豪言不禁浮现脑海；再逛一逛圣保罗和里约热内卢的东方区，中日韩餐厅鳞次栉比，不论数量还是竞争激烈程度都叹为观止……体验过这一切，便可感受到这个国家的正面气质：热爱生活，自由随性，热情大方，极其包容。据说 200 年前巴西曾联系清朝政府，希望组织中国人移民去巴西从事咖啡种植业，1895 年康有为也曾为此撰文呼吁，可惜清廷并未响应，巴西只好转而与日本寻求合作，目前巴西已经成为日本在海外最大的“根据地”。我们日常需求量最大的巴西咖啡豆（用于意式拼配中）也往往是由日本转口贸易而来。

其实，巴西咖啡表现出的最大特点正是这种强大的包容性，香气、酸质、余韵、风味……所有的感官体察要素不一定做到极致，却都足量具备。更为难得的是，风味的平衡性做得极好，使得巴西咖啡虽无惊艳之名，却能够海纳百川，讨好大多数人，不管是用作拼配还是单品，都实力满满，征服着全世界的咖啡消费者。

## 创新的巴西

巴西在咖啡育种育苗、新型设备研发、处理法创新等领域也颇有建树，既不乏优质精品级咖啡亮相，也不缺新的品种和工艺问世。如果说埃塞俄比亚是上天留给人类、尚待发掘的咖啡基因宝库，那么巴西就是人类改良和探索咖啡品种的前沿大本营。有人曾经统计过，阿拉比卡原生种之下超过 90% 的人工培育品种都诞生于巴西，尤其是出自大名鼎鼎的巴西农业研究所（IAC，Campinas Institute Of Agronomy）。卡蒂姆（Catimor）、新世界（蒙多诺沃 Mundo Novo）、卡杜拉（Caturra）、卡杜艾（Catuai）、马拉戈日佩（Maragogype）等其实都是“巴西籍”，实

▲巴西的咖啡处理设备（供图：中茶咖啡 贾刚）

在令人佩服。

20 世纪 90 年代，水资源远不及邻国哥伦比亚丰饶的巴西人为了适当节约用水、遵循本地气候条件，同时大幅提升咖啡品质，创造出半日晒处理法（Pulped natural process），并在今天取代了过往粗糙的日晒法，发展成巴西的主流咖啡处理法。半日晒处理法一扫巴西咖啡过往的瑕疵风味，提高了甜度和果香，让巴西咖啡跻身“精品咖啡俱乐部”。等到半日晒处理流传到中美洲诸国后，又经过一系列细节改进和商业

▲孩子们在巴西米纳斯吉拉斯州一个农场的咖啡晒场上玩耍

包装，便成为名气更大的蜜处理。

## 巴西主要咖啡产区

位于巴西东南部的内陆州米纳斯吉拉斯（Minas Gerais）咖啡产量位居全国第一，人口数量位居全国第二。这里有全国海拔最高的几处山脉，为优质咖啡种植提供了重要条件，因此也是巴西精品咖啡产地之一。谈到米纳斯吉拉斯州，首先就要提到知名咖啡产地南米纳斯（Sul De Minas）。这里的咖啡种植在海拔 700~1400 米地区，每年 5~9 月为采收季，是巴西咖啡产量最大的产区，很多庄园的规模都在百公顷以上，既有阿拉比卡种咖啡，也有大量罗布斯塔种咖啡。喜拉多（Cerrado）位于米纳斯吉拉斯州西部，海拔 800~1300 米，每年 5~9 月为采收季，咖啡产量同样巨大，也是巴西知名精品咖啡产区之一，庄园的规模较之南米纳斯更大，机械化采收、灌溉等高科技作业等都很常见。

圣保罗州（Sao Paolo）的摩吉安纳（Mogiana）位于本州东北部，同样是巴西知名精品咖啡产区之一。这个产地之名缘自 1883 年成立的摩吉安纳咖啡铁路公司，海拔 800~1400 米，每年 5~9 月为采收季，紫红色的土壤和起伏的丘陵是这个产区的特点。摩吉安纳以中小规模的庄园为主，有不少历史悠久的家族企业。

巴拉那州 (Parana) 不仅是巴西境内最靠南的咖啡产地，也被认为是地球上最南端的咖啡产地。这些年由于霜冻等因素，加上缺乏高品质咖啡需要的足够海拔高度，其咖啡种植和产量均不断下降。每年巴西咖啡气势恢宏的采收季便是从 5 月的巴希亚州（Bahia）起步，然后逐渐南下，一直到10月在巴拉那州结束。

讲过了最南，再来讲最北。巴伊亚州（Bahia）地处巴西东北部，首府萨尔瓦多紧靠大西洋，是整个南美名气很大的古城，是16~18世纪欧洲、非洲和中北美洲三地文明的交融之地，被联合国列为世界文化遗产。萨尔瓦多是巴西第三大城市，还曾是葡萄牙殖民巴西的第一城（葡萄牙皇室设置的总督府所在地）、巴西第一任首都所在地，城市的很多细节都与葡萄牙里斯本神似，16~17世纪的古老建筑随处可见，饮食等生活文化等则无处不体现了非洲的影子，端是神奇。

随着巴西咖啡种植产地北迁，这里成为巴西最靠北的咖啡产地（靠近赤道），东部的Chapada da Bahia和西部的Cerrado da Bahia都是本地崛起势头强劲的新兴精品咖啡产地，自动灌溉系统和水洗处理法很流行，咖啡种植海拔在700~1300米。

圣埃斯皮里图州（Espírito Santo）位于巴西东南部，是巴西26个州之一，首府维多利亚也是重要的咖啡出口港。本州除了靠近海岸线的低洼地区，便是适合种植咖啡的高原地区，海拔900~1200米，平缓的丘陵和陡峭的山岭比比皆是，虽然面积并不大，却是巴西咖啡产量第二大的地区，更是传统的罗布斯塔种咖啡产地，近年来正在全力以赴用阿拉比卡种咖啡取代罗布斯塔种咖啡。

## 巴西咖啡分级

作为全世界咖啡产量的老大，巴西的咖啡分级制度对全球咖啡产业影响深远。广为人知的巴西式瑕疵豆“扣分法”分级制度将等级以阿拉伯数字标注，依据300克取样咖啡生豆中瑕疵豆的数量进行扣分，最高等级是1，1颗瑕疵豆都没有。扣分在4以下归为No.2，最低等级是8。由于1级数量稀少且无法保证持续稳定供给，商业价值有限，因此只在理论上存在。实际交易中的最高等级是2，大名鼎鼎的巴西圣多斯NO.2就是由此而来。

瑕疵豆扣分之余，巴西会用以1/64英寸（1英寸约为2.54厘米）为基准的标准网筛进行筛选继续分级，网筛尺寸通常为14~20。巴西咖啡豆最大目数是19目，且数量非常稀少，无法稳定货源，商业价值不大，因此巴西将17/18目确定为最高等级。如果看到巴西圣多斯“NO.2 SC-17/18”，那么就能够知晓生豆粒径的大小和等级了。

此外，巴西咖啡分级还要经过巴西式的杯测感官评估，并依据口味分为strictly soft（极柔顺）、soft（柔顺）、softish（较柔顺）、hard（粗糙）和rio（碘呛味）。最低的等级rio又被称作里约味，是非常典型的咖啡负面风味。通过上述可以看出，巴西式的杯测感官评估不关注香气、风味、酸质、干净度等精品咖啡评估的要素，是一种针对巴西咖啡特点扬长避短、主要用来“找毛病”的感官评估思路，在“口感型”咖啡消费市场还是很有价值的。

进入精品咖啡时代，巴西咖啡人也越来越多地积极融入参与，巴西的SCA教育培训发展如火如荼。早在1999年，巴西便开始举办COE赛事，越来越多的巴西好咖啡正在进入我们的视野。

# 27

# 中南美洲产区：胡安大叔的哥伦比亚

如果有人说咖啡做好了但其实并没，我将心急如焚。

——《麦田里的守望者》主人公霍尔顿·考菲尔德

▲哥伦比亚咖啡种植园（供图：哥伦比亚国家咖啡生产者协会）

## 哥伦比亚概述

哥伦比亚位于南美洲西北部，东南与巴西接壤，西北与巴拿马为邻，国土面积约是日本的3倍，自古有“黄金之国”的美誉。哥伦比亚西临太平洋，北临大西洋加勒比海，是南美洲唯一拥有北太平洋海岸线和加勒比海海岸线的国家，地理位置非常重要，对其开展咖啡国际贸易、抢占全球市场更是起到了至关重要的作用。

哥伦比亚历史悠久，至今还能找到公元前直至公元800年间的圣奥古斯丁石像遗迹。但1499年西班牙人登陆后留下的西班牙文化和天主教文化才是今日之面貌。哥伦比亚说西班牙语，信奉天主教，国民以印欧混血种人和白人为主，黑人占比极少。哥伦比亚有着相对健康且多元化的经济结构，是被普遍看好的世界新兴市场之一。

## 地理特征

北起阿拉斯加，南到火地岛，纵贯南北美洲大陆西部、绵延 1.5 万千米的科迪勒拉山系是世界上最长的褶皱山系。其在北美洲的一段为大名鼎鼎的落基山脉，加拿大班芙国家公园、美国黄石国家公园等世界级景点都位于其上。其在中南美洲的一段则叫作安第斯山脉。很多中南美洲的咖啡产国，都坐落在这道恢宏无比的山脉之上，包括哥伦比亚。纵贯而来的安第斯山脉在哥伦比亚境内分作三条南北走向的庞大山体——东部山脉（东科迪勒拉山脉）、中央山脉（中科迪勒拉山脉）和西部山脉（西科迪勒拉山脉），占据哥伦比亚约三分之一的国土面积，称作西部的安第斯山区。离开山地的东部冲积平原则是亚马逊河与奥里诺科河上游流域，水资源异常丰沛。

安第斯山脉、太平洋（西）、加勒比海（东北）、亚马逊河、赤道（横穿哥伦比亚南部）……国土面积并不甚大的哥伦比亚享受着上帝的偏私恩赐，咖啡便在这种条件下孕育生长，其品质可以想见。数年前的一份统计显示：哥伦比亚全国 1100 个市镇中有 564 个种植咖啡，且各自自然地理条件差异性极大。

## 咖啡传播史

早在 1723 年，咖啡便由欧洲传教士传入哥伦比亚，最早种植地点应该是北桑坦德，随后沿着三条山脉呈“之”字形折返传播，1807 年传到麦德林地区。1835~1875 年间，咖啡种植终于普及哥伦比亚全境山区。但直到 19 世纪末，咖啡种植业才在哥伦比亚显得真正重要起来，并开始为 20 世纪哥伦比亚咖啡的崛起积蓄实力。

第一次世界大战前，哥伦比亚在世界咖啡版图上无足轻重，邻国巴西才是真正的王者。1912~1913 年，刚刚经历过内战、百废待兴的哥伦比亚开始大张旗鼓种植咖啡，咖啡种植热潮兴起。没过几年恰逢第一次世界大战爆发，满目疮痍的欧洲对于咖啡的需求量锐减，很多到欧洲的航线都被封锁或取消，大量原本直接运往欧洲的咖啡只能就近运到美国，极少部分再从美国转口运往欧洲，而美国本地成为最重要的咖啡消费市场。这样一来，原本几乎只喝巴西咖啡的美国人开始接触到性价比更高的中南美洲咖啡，尤其是种植于高海拔火山土壤中、风味更加突出的哥伦比亚咖啡开始崭露头角，原本给巴西的大量咖啡订单被哥伦比亚抢走。

在世界咖啡舞台上，哥伦比亚咖啡以营销推广见长，而且是当下颇受商学院推崇的品牌人格化营销策略——1958 年，哥伦比亚国家咖啡生产者协会（FNC）精心打造了一个哥伦比亚咖农胡安帝滋（Juan Valdez）的形象，并成为哥伦比亚咖啡蜚声世界的超级 IP；2002 年，还在此基础上打造了胡安帝滋咖啡门店。君不见，那位戴着帽子、牵着骡子、和蔼可亲的哥伦比亚咖农大叔早已出现在全球各地，从咖啡店到企业茶水间，几乎无处不在。

目前，哥伦比亚是全球第三大咖啡产国，全国有超过 35 万座咖啡种植园，面积达到 100 万公顷，占全国耕地面积的

20%，吸纳从业者 400 万人，占到农牧业就业人口的 35%。

## 关于 FNC

20 世纪前 30 年，蓬勃发展的咖啡贸易让咖啡成为哥伦比亚的支柱产业，当时每磅咖啡生豆能卖到约合今天 3 美元的价格，可见利润丰厚。1927 年，哥伦比亚国家咖啡生产者协会成立，我们经常将这个拥有超过 50 万会员的非盈利组织称为 FNC。与很多咖啡产国不一样的是，由于哥伦比亚咖啡产业体量巨大，给了 FNC 太多工作要做的同时，也赋予了几乎没有天花板的成长空间，FNC 终于发展成今天这般的庞然大物。FNC 不仅将触角延伸到本国咖啡及相关产业的方方面面，还在根本上塑造了哥伦比亚咖啡产业的现状。研究哥伦比亚咖啡产业发展，在某种程度上就是在讨论 FNC 的工作情况。这在其他咖啡产国并不常见。

与全世界迥然不同的哥伦比亚咖啡分级制度便出自 FNC。为了在全球推广哥伦比亚咖啡，FNC 创造出两个别具特色的等级：哥伦比亚特级（Supremo）与哥伦比亚优选（Excelso），前者是最高等级，后者略逊一些。哥伦比亚特级和优选是依据咖啡生豆粒径大小进行的分类，颗粒更大、粒径一致性更加的 Supremo 只能确保在外观品相上胜过整体稍小、一致性稍差的 Excelso，却不能保证在品质和风味上胜出，更模糊了产销履历，使得回溯种植、采收和处理等上游信息变得非常困难。

事实亦如此，这种“粗暴分类制度”使得大量不同地块、庄园、树种、海拔、土壤、施肥等条件下采收的咖啡，是在无序混合的状态下进行处理，最后通过机械筛选分拣后贴上 Supremo 或 Excelso 标签，稀里糊涂地销往世界各地。当消费者坐在上海咖啡馆里津津乐道于一杯哥伦比亚特级时，其实他啥也不知道，咖啡师也同样一脸懵。

如上描述只是讲述 FNC 确定分级时不可避免的“历史局限性”，并非要抹杀其巨大功劳。2004 年 12 月，FNC 向政府申请注册“Café de Colombia（哥伦比亚咖啡）”地理标志。稍后政府批准“Café de Colombia”为“原产地名称—地理标志（D.O.-G.I.）”。因此，这个 logo 成为哥

伦比亚咖啡生产者协会的官方标志。Café de Colombia 成为全球少数冠以国名出售的咖啡，也可以被视作地理标识与品牌形象成功结合的典范。

FNC 在培育优质商业咖啡品种方面同样不惜余力，并掀起好几轮规模浩大的咖啡种植运动。例如，1967 年前后掀起的卡杜拉种植运动，1980 年掀起的哥伦比亚种植热潮，1998~2004 年掀起的 40 万公顷改造计划，2005 年发起的第二轮改造计划……作为一个掌控全局者，FNC 要考虑全球气候变化、咖啡病虫害威胁、减产、土壤肥力和人工施肥不足等状况下哥伦比亚咖啡产业的整体利益，有时便不能一味从品质风味角度来思考。2005 年前后开始大力推广 Castillo 便是综合考量下的产物，虽然这导致一些被寄予厚望的哥伦比亚咖啡杯测分数不那么惊艳。

## 风味特色

地域复杂性带来哥伦比亚咖啡风味的多样化。哥伦比亚国境之内，能够寻觅到无数种可能，满足不同客群的喜好。西科迪勒拉山脉主要由白垩纪砂岩和汾岩组成，大体上同太平洋海岸线平行，平均海拔高度在 2000 米以下。中科迪勒拉山脉高俊雄伟，主要由古生代结晶状的片麻岩和火山岩组成，平均海拔在 3000 米以上，是火山多发地带。西科迪勒拉山脉与中科迪勒拉山脉之间则是含煤的第三纪红色沉积岩，土地肥沃，气候温和，大名鼎鼎的考卡山谷便是这里。东科迪勒拉山脉则由白垩岩和第三纪岩石组成。

如果土壤中有相当比例火山喷发产生的小直径碎石和矿物质粒子，富含硫黄，往往能给咖啡带来较为突出的酸质和酸强，以及更加丰沛的果香，体脂感则稍逊半筹。中科迪勒拉山脉在此表现得尤为突出，金蒂奥省、里萨拉尔达省和卡尔达斯省恰好坐落其上。石灰石沉淀千万年后形成的堆积层，往往能给咖啡带来更加突出的风味和体脂感。哥伦比亚咖啡风味的丰富性很大程度上便来自三条山脉不同的海拔和土壤地质状况。

## 全年供应

一年两个采收季——主产季和次产季是哥伦比亚咖啡生产的一大特点。事实上，哥伦比亚咖啡次采收季与主采收季产量差异并不大，不同纬度也有不同海拔的小气候环境，导致几乎每个月份都有相当规模的咖啡产出，这一点简直无与伦比。虽然另有极少数咖啡产国同样如此，但不论产量还是品质，都难以与哥伦比亚比肩。这使得全年都能买到当季的哥伦比亚咖啡豆，既满足了市场需求，稳定了价格，还让哥伦比亚咖啡成为全世界咖啡烘焙工厂的心头最爱——使用哥伦比亚咖啡意味着能少几分断粮的风险，实现稳定采购，多几分踏实和底气。还能减少囤货，避免因长时间存放而导致咖啡风味衰减劣化。

## 咖啡世界的中心

在哥伦比亚流行着这样一个传说：上帝创造世界时，给了这个国家特别的优待，赋予它与众不同的地理位置、肥沃的土地和丰富的物产。哥伦比亚的地理位置确实特殊，恰好居于南北美洲中间，赤道横贯国土，一侧毗邻太平洋，一侧毗邻大西洋（加勒比海），好似位于咖啡世界的中心点。

哥伦比亚有着强烈的向外出口意识，对外贸易一直被视作经济发展的动力。其境内任何咖啡产地，都可以找到离自己最近的出海港口，尽可能缩短物流运输成本。此外，布韦那文图拉（Buenaventura）是太平洋岸商港，位于哥伦比亚西部布埃那文图拉湾内卡斯卡贾尔岛上，有海堤与大陆相连，能停靠 8 艘万吨级海轮。卡塔赫纳（Cartagena）是哥伦比亚濒临加勒比海海湾的港口，是通向大西洋的口岸。一群低矮的小岛、运河环礁湖和海湾构成了卡塔赫纳的港口位置及其优越的停泊条件。两个海港都用于哥伦比亚咖啡出口，FNC 派驻人员对出口前的生豆做最终品质检查。需要将咖啡运往亚洲时，可以选择布韦那文图拉港；需要将咖啡运往欧洲时，从卡塔赫纳港更加方便。

巴拿马运河是人类最了不起的工程壮举之一，这项伟大的构想最初由神圣罗马皇帝、西班牙国王查尔斯五世在 1534 年提出，用意是使他们在和葡萄牙人的军事竞争中获得优势。1914 年 8 月 15 日巴拿马运河正式通航后，大西洋和太平洋的航行距离缩短了约 1.48 万千米。原本至少 22 天的航程现在只需要 8~10 个小时。当然，此举也略微降低了哥伦比亚“咖啡世界中心”的重要性。

## 哥伦比亚咖啡产区概述

哥伦比亚产区非常复杂，需要分而讲之。Norte 地区玛格达莱纳（Magdalena）省和 Centro Oriental 地区的博亚卡（Boyaca）省、昆迪纳玛卡（Cundinamarca）

省都是重要咖啡产区，昆迪纳玛卡还是首都波哥大所在地。

Nororiental 地区有北桑坦德尔（North Santander）省和桑坦德尔（Santander）省，其中北桑坦德是哥伦比亚最早的咖啡产区，而桑坦德尔则是哥伦比亚咖啡外销之始。

Sur Oriental 地区有两个省都声名显赫：1905 年成立的 Huila（蕙兰 / 乌伊拉 / 薇拉）省是哥伦比亚最知名的精品咖啡产区之一，也最为国人熟知，其咖啡风味复杂多变。托利玛（Tolima）省毫不逊色，土地肥沃，农业发达，咖啡产量排在全国前列，未来咖啡产业成长空间很大。

Sur 地区的考卡（Cauca）省和 Narino（娜玲珑 / 纳里尼奥）都是哥伦比亚知名的精品咖啡产区，前者以火山土壤孕育咖啡好风味著称，后者是非常接近赤道的高海拔之地，咖啡种植于海拔 1600~2300 米之间，其巨大的地理优势可见一斑。

Interandina 地区的咖啡产区比较多，成立于1830 年的安蒂奥基亚（Antioquia）省中部为哥伦比亚传统咖啡产区，是 FNC 诞生之地。首府麦德林是全国教育文化中心。卡尔达斯（Caldas）省是 FNC 的国家咖啡研究中心所在地，首府马尼萨莱斯每年 5 月举行世界咖啡博览会。金蒂奥（Quindio）省全境都是山区，是国家咖啡主题公园所在地。里萨拉尔达（Risaralda）省与考卡山谷（Valle Del Cauca）省也是哥伦比亚知名咖啡产区。

▲供图：哥伦比亚国家咖啡生产者协会

# 28

# 中南美洲产区：危地马拉、哥斯达黎加、牙买加

在一个中下阶层聚集的咖啡馆里，我直接问道："哪一桌是背叛者？"

——马龙（Malone），1618 年

▲供图：哥伦比亚国家咖啡生产者协会

## 危地马拉咖啡概述

危地马拉全境三分之二为山地和高原，火山密布。直至今日，危地马拉依然保留了很多古老且壮观的玛雅文明遗址，如金字塔和城市废墟等。位于危地马拉北部佩腾省东北丛林中的蒂卡尔遗址就是古代玛雅文明最大城市之一。

危地马拉地处热带，海拔较高，全国面积的一半都是郁郁葱葱的森林，火山灰土壤矿物质含量高，大洋、火山湖、山脉和森林构建了多种多样的小气候环境。危地马拉水资源非常丰富，境内最大湖泊伊萨瓦尔湖、最深湖泊阿蒂特兰湖都享誉世界，水洗处理厂比比皆是。这使得咖啡鲜果可以第一时间得到精致处理，无须长时间存放和运输，这对于提高咖啡品质、降低风味劣化风险意义巨大。

早在 1747~1750 年，咖啡便经由欧洲

传教士带入危地马拉。直到 19 世纪 50 年代，随着人造化学染料的发明应用，可提取蓝靛作染料的槐蓝属植物需求大减，政府开始关注全新替代经济作物，咖啡才获得了发展之机。1859 年，危地马拉商业种植生产了 383 袋咖啡豆。1860 年，产量已达到 1117 袋，而到了 1880 年，咖啡已占到危地马拉出口总额的 90%。

1960 年，危地马拉国家咖啡协会（AnaCafe，又称作安娜咖啡协会）成立。1963 年，危地马拉加入国际咖啡组织（ICO），逐渐成为世界咖啡舞台上的重要一员。

## 危地马拉咖啡分级

危地马拉是拼配咖啡豆时常会选择的品种，广受咖啡烘焙师和品鉴师青睐。与同价位的哥伦比亚、坦桑尼亚等水洗豆相比，危地马拉在诸多方面都毫不逊色。日本一些资深咖啡烘焙师认为，合适的危地马拉咖啡豆用于意式拼配中，香气、酸质、体脂感和顺口苦都是值得期待的，还能给意式咖啡赋予充足的焦糖香和独特的巧克力风味。

与很多依附于安第斯山脉的中美洲咖啡产国一样，彼此之间有共同的海拔高度参考系，海拔高度便成为咖啡等级评定的最重要依据，这一点很好理解，也确实可行。危地马拉依据海拔高度的咖啡等级标准无疑是最为经典的案例，粒径大小和瑕疵分析并不做特别考量。

种植于海拔 750~900 米之间的评定为 Prime（优质水洗豆），事实上这已是最低等级。种植于海拔 900~1050 米之间的称作 Extra Prime（特优质水洗豆），经常简称 EP 或 EPW（W 为水洗）。Prime 与 Extra Prime 我们在国内一般接触不多。种植在海拔 1050~1220 米之间的被评为 Semi Hard Bean（稍硬豆），而海拔 1220~1300 米之间的称作 Hard Bean（硬豆），简称 HB。种植在海拔 1300 米以上的咖啡是最高等级 Strictly Hard Bean（极硬豆），简称 SHB。盲品杯测危地马拉咖啡时不难发现，不同海拔高度对于香气、酸质、体脂感等具有较为明显的影响，国内的精品咖啡业者日常喝到的多数便是危地马拉 SHB。当然，冠以危地马拉 SHB 并不一定就有迷人的风味，还需要使用精品咖啡杯测表来确定品质水准。

## 危地马拉咖啡产区

危地马拉国家咖啡协会（ANACAFE）依据咖啡的风味、气候、土壤及海拔高度等，将全国分作八个特色产区：安提瓜产区（Antigua Classic）、薇薇特南果高地产区（Highland Huehuetenango）、柯班雨林产区（Rainforest Coban）、阿蒂特兰湖产区（Traditional Atitlan）、法拉汉尼斯高原产区（Plateau Fraijanes）、圣马可仕火山产区（Volcanic San Marcos）、阿卡特南果山谷产区（Acatenango Valley）和新东方产区（New Oriente）。

说到危地马拉咖啡产区，大家首先想到的一定是危地马拉安提瓜（Guatemala Antigua Coffee），这无疑是世界上最知名的咖啡产区之一，知名度不亚于埃塞俄比亚的耶加雪菲或牙买加蓝山。早在 1979 年就被列为世界文化遗产的安提瓜是一座始建于 1543 年的古城，旧称危地马拉城。由于地震频仍，城市屡屡遭到破坏，目前看到的旧城多是在 17 世纪，汲取中世纪和文艺复兴灵感建立起来的。

安提瓜古城建于海拔 1500 米的潘乔亚山谷（Panchoy），被阿瓜火山（Agua）、阿卡特南果火山（Acatenango）和富埃戈火山（Fuego）包围。尤其富埃戈火山是座长期维持在较活跃水平的活火山，火山口每天都会喷出烟雾，最近一次剧烈喷发发生在 2018 年 6 月，岩浆喷发时发出巨大爆炸声，火山灰高度达到 11000 米，导致上百人死亡，全国哀悼 3 天。事实上安提瓜古城周边被 30 多座火山环伺，堪称火山之城。正是矿物质极为丰富的火山灰土壤，再加上海拔高度、昼夜温差和雨旱季明显等特点，使得这里生长的咖啡风味卓越，广受世人追捧。

安提瓜地区夏季雨量少，比较干燥，冬季有时会过于寒冷而结霜，这些都是咖啡树生长的负面因素。但由于火山土壤和细微砾石良好的保温保湿功效，大量种植的遮阴树也能防寒保温，极大弥补了如上负面条件，再加上极大的昼夜温差，造就了安提瓜非常独特的微气候环境，正品危地马拉安提瓜丰沛的果香、愉悦的酸质和些许烟丝烟熏风味便是因此而来吧。

据报道，危地马拉出售至全球各地的咖啡豆中，有 18 万 ~20 万袋标识自己为危地马拉安提瓜。实际上，正品安提瓜每年产量不超过 8 万袋。这已经对安提瓜的品牌口碑造成了负面影响，虽然早在 2000 年，政府将其设定为法定产区（Genuine Antiua Coffee）以阻止并打击境外咖啡冒名顶替，不过类似事件依旧难以禁绝。

## 哥斯达黎加咖啡概述

葱郁的热带雨林，巍峨的火山，叫不出名字的野生动物，用玉米制成的各种美食，来自世界各地的冒险爱好者和退休度假老人，全国上下总人口略超过北京市朝阳区……这就是我对这个国家的基本印象。哥斯达黎加北邻尼加拉瓜，南与巴拿马接壤，这个土地面积仅占世界陆地面积 0.03% 的国家，却拥有全球近 4% 的物种，堪称世界上生物物种最丰富的国家之一。全国森林覆盖率为 52%，26% 的国土面积为国家公园或自然保护区，更有“退休天堂”之美誉。

早在 1779 年，哥斯达黎加便从古巴引进咖啡。但直到 19 世纪初期，哥斯达黎加才开始规模化种植咖啡。1820 年哥斯达黎加首度出口咖啡，尝到甜头后，政府于 1825 年前后开始持续推广扶持咖啡种植业。1831 年颁布的一项法令是，如果有人在休耕的土地上种植咖啡 5 年以上，便可永久获得该土地的所有权。有资料显示，1846~1890 年期间，咖啡是哥斯达黎加唯一出口的农产品，其重要性可见一斑。

咖啡对于哥斯达黎加的重要性难以想象，咖啡叶被设计在其国徽之上。据说在哥斯达黎加货币科朗（CRC，Costa Rica Colones）流通之前，很多咖啡庄园都会做出自己庄园的标识铜牌，替代货币在小范围内流通交易，越是实力强大的咖啡庄园，其标识铜牌就越是“硬通货”。

## 哥斯达黎加咖啡产区

哥斯达黎加海岸边是平原，中部被崎

岖的高山隔绝，彻底颠覆了一年四季的常态——这里只有两个季节，4 月到 12 月为雨季，12 月到第二年 4 月为旱季。哥斯达黎加拥有得天独厚的天然环境，足够的海拔高度，肥沃的火山土壤，白天充足的日照，恰当的昼夜温差，稳定丰沛的雨量……这些都是哥斯达黎加咖啡卓越品质的坚实保证。目前，咖啡占到该国出口收入的四分之一，更是在经济作物中排名第一。在哥斯达黎加、危地马拉、萨尔瓦多等中美洲国家，有机种植在咖啡种植业贯彻良好，咖啡树与防风林、经济作物共存，实现了农林间作。另有一些农场还在林间饲养家禽、家畜。

与危地马拉类似，哥斯达黎加的咖啡豆也是按种植海拔高度来划分等级。SHB（极硬豆）生长在海拔 1200 米以上，HB（硬豆）生长在海拔 1000~1200 米之间，生长在海拔 1000 米以下的咖啡豆被称作 SH（稍硬豆）。

在国土总面积并不算大的哥斯达黎加，复杂的地理自然条件造就了优质咖啡孕育的不同微环境。一般来说，较低海拔种植的咖啡风味比较清淡，而高海拔火山土壤产区种植的咖啡酸度较高、香气浓郁、风味细腻。哥斯达黎加八大咖啡产区分别是：桑托斯（Los Santos，又名圣徒）、瓜纳卡斯特（Guanacaste）、特雷里奥（Tres Rios，又名三水河）、中央山谷（Central Valley）、西部山谷（West Valley）、奥罗西（Orosi）、图里亚尔瓦（Turrialba）和布伦卡（Brunca）。其中最有名的是桑托斯、中央山谷和西部山谷。我们以往经常提到的名品咖啡哥斯达黎加塔拉珠（Tarrzu），塔拉珠便属于桑托斯产区。

2000 年以后，哥斯达黎加掀起了一场影响深远的咖啡微批次加工处理革命。小型咖啡生产者纷纷投入真金白银在采收和

处理环节，以谋求更多掌控权和利润。微型咖啡处理厂（Micro Mill）不断涌现，良性竞争下不仅持续推高了咖啡品质，还造就了更多个性化的咖啡风味。从前些年兴起的蜜处理咖啡，到近年来更多更加精细化的处理法，使得哥斯达黎加精品咖啡成为埃塞俄比亚之外又一个“风味海洋”和“欣喜之地”。咖啡微批次加工处理革命首先兴起于哥斯达黎加的原因很多：该国咖啡生产者整体素质较高，掌控着一定的技术能力是一大因素；相当比例的咖啡生产者拥有土地所有权而非单纯的雇佣劳动者，他们有着强烈的主观能动性，则是更加重要的原因。

## 牙买加咖啡

牙买加是加勒比海中面积仅次于古巴和海地岛的第三大岛，原为印第安人居住地。1494 年哥伦布来到牙买加，10 多年后这片土地沦为西班牙殖民地，并改名圣地亚哥。西班牙对当地的土著居民实行奴隶政策，导致岛上土著居民因战争、疾病等各种原因灭绝，后不得不长期从非洲购买黑奴以补充劳动力。如今牙买加人口 90% 以上均是非洲黑人便是这个原因。1538 年，西班牙人建立西班牙城，作为牙买加首府。1655~1962 年这三百年间，牙买加长期被英国殖民占领，目前是英联邦成员国之一。

1728~1730 年，英国人将咖啡引入牙买加，使得咖啡成为蔗糖和郎姆酒之外的第三项重要物产，今天赫赫有名的牙买加蓝山咖啡也就此发端。

## 牙买加蓝山咖啡产区及分级

牙买加的咖啡大体可以分为两类：东部蓝山地区种植生产的咖啡，以及蓝山地区以外种植生产的咖啡。蓝山最高峰海拔 2256 米，是加勒比海地区的最高峰，更是著名的旅游胜地。这里绝少污染，气候湿润，长年日光普照，遮阴树茂密，没有霜冻，更拥有肥沃且透气性良好的火山土壤，这些都为孕育出卓越品质的咖啡创造了条件。但其实蓝山地区还有很多海拔仅有 800 ~ 1000 米的地区，微气候环境绝佳，适宜种植优质咖啡。

1953 年成立的牙买加咖啡工业局（简称 CIB，2017 年并入牙买加农产品监管机构，后者改称 JACRA，统一负责咖啡、可可等农产品的品控管理）对本国出产的咖啡进行品质管控，尤其对蓝山咖啡呵护备至。除了常见的海拔高度、粒径大小、瑕疵占比等传统项目筛选品控，还要对颜色、含水率、密度、感官杯测等进行规定，出品生豆含水率基本都在 11% 以上，再加上被誉为“全球咖啡史上最成功的包装营销”，使得牙买加咖啡享誉全球。

JACRA 规定，只有在牙买加蓝山指定区域（微气候环境适宜匹配）种植的咖啡才能出口且被冠以“牙买加蓝山咖啡”的称呼，出口前的每一粒咖啡生豆都要运到牙买加农业部生豆仓库并进行必要的品质检测——粒径分拣、瑕疵评估、杯测评价等一样都不会少，而这些还只是前提条件。根据官方要求，牙买加蓝山出口商和国外进口商必须获得牙买加农业部颁发的、经历严苛担保和资质审核的许可证，才能从事进出口贸易。牙买加政府更是在全世界范围内注册“牙买加蓝山咖啡”商标，实施“牙买加蓝山咖啡”商标使用授权制度。待到最后的出口环节，每个批次的牙买加蓝山咖啡生豆都会装在 15 千克、30 千克或 70 千克的手工打造的特色木桶中，配上农业部的 ICO 编号证书用以防伪。如上诸多措施组合使用，方是牙买加蓝山咖啡品质的有效保证。

## 牙买加蓝山咖啡的风味

作为一款高品质的阿拉比卡种加勒比咖啡豆，牙买加蓝山咖啡可能并没有惊艳的香气，也没有口腔中爆炸开来的风味，但均衡感非常好，明媚而柔和的果酸与精致均匀的坚果香甜相得益彰。如果觉得醇厚度略显欠缺的话，请啜饮一口后闭眼回味，你会发现香甜余味如甘露般萦绕舌尖，久久不散。难怪我们将其称作“老男人咖啡”——初识之下只看到年龄和沧桑感，似乎并不出彩，深入了解后却惊喜连连，发现其内涵隽永，阅历深厚，令人回味无穷。

作为驰名世界的名品咖啡，牙买加蓝山咖啡是一种血统高贵的铁皮卡衍生品种，种植在海拔 900~1500 米，每年采收季节集中在 6~7 月份，产量很小，名气很大，曾经一度被日本买家大量“扫货”。数年前，牙买加蓝山咖啡在国内可谓声名赫赫，大大小小咖啡店里经常能在饮品单上见到其靓影，这里固然有真实消费市场的反馈，刻意的包装炒作行为也不在少数。且不论其中有多少挂羊头卖狗肉，有多少以次充好，但牙买加蓝山咖啡卓越的品质和良好的口碑，使之成为全世界高品质咖啡之一。

近年来，随着精品咖啡运动的深入，越来越多买家开始习惯用杯测等更加科学客观的方法来评价咖啡，从香气到酸质，从风味到余韵，从体脂感到平衡性……以杯测评分来判断其性价比，并决定是否购买，而单纯的品牌包装溢价越来越不可为。正品牙买加蓝山固然美味，但其中品牌溢价占比着实不少，如果放在一张杯测表上横向比较，就没有太多优势可言了。这也促使牙买加蓝山的庄园们开始尝试从种植到处理加工等环节的创新，以期在风味上再上一个台阶，在杯测表上体现出自己的优势。

▼晨曦中的牙买加蓝山

# 29

# 亚洲产区：印度尼西亚（上）

如果我是女人，我会将咖啡涂在身上，而非香水。

——约翰·冯·杜鲁特（英国剧作家）

▲摄影：智域创始人 大智

## 亚洲咖啡产区概述

亚洲咖啡产区全称应该是“亚洲—太平洋咖啡产区”。这里既有印度、越南、中国、缅甸、泰国、老挝等日渐崛起的大陆咖啡产国，也有印度尼西亚苏门答腊、巴布亚新几内亚伊里安岛等巨型岛屿以种植咖啡闻名，还有诸如印度尼西亚巴厘岛等风景秀丽的海岛上有高品质咖啡产出。仅就自然地理特征丰富性这一项就足以冠绝全球，再论及树种、处理法和风味特征，那就更是迈进了咖啡风味的海洋里，足以沉迷一生。

位于阿拉伯半岛西南端的也门在全球咖啡史上占据着非常重要的地位，“摩卡”一词便缘自这里。狂野复杂、发酵水果、暖色系的“摩卡风味”享誉全球，堪称知名度最高、最美好的咖啡风味之一。也门虽然在地理概念上属于西亚，不过论及咖啡历史、气候、地域、品种、处理法与风味特色，都应该被纳入非洲咖啡产区，才更加科学合理。

## 印度尼西亚概述

有着“千岛之国”美誉的印度尼西亚，是亚洲最重要、知名度最高的咖啡产国之一。

印度尼西亚位于亚洲东南部，疆域横跨亚洲及大洋洲，东西长度超过5500千米，地跨赤道（12° S~7° N），70% 以上领地位于南半球。作为全球最大的群岛国家，印度尼西亚由太平洋和印度洋之间 17508 个大小岛屿组成，主要有加里曼丹岛、苏门答腊岛、伊里安岛、苏拉威西岛、爪哇岛和巴厘岛等。咖啡种植分布在诸多岛屿上，而每个岛屿的纬度、海拔、气候等都有所不同，所以咖啡种植业非常复杂。

印度尼西亚火山多且活动频繁，全国 400 多座火山分布在加里曼丹之外的各岛，其中 120 多座为活火山，全世界六分之一的活火山都在这里，矿物质丰富的火山型土壤给了咖啡最佳的营养，成为印度尼西亚咖啡品质的重要保障。

## 印度尼西亚咖啡简史

1596 年，荷兰侵入印度尼西亚，并于 1619 年在爪哇岛成立荷兰东印度公司（Dutch East India Company）的东印度地区总部。当时，东方的瓷器、茶叶和香料等是该公司的核心关注点，为其谋取了惊人的利润。1699 年，荷兰东印度公司将铁

皮卡咖啡树苗输出至殖民地印度尼西亚爪哇岛栽种并获得成功。到了 1711 年，东印度公司管理下的印度尼西亚爪哇岛开始对欧洲倾销咖啡。由于对内管理咖农十分严苛，对外售价却十分高昂，且欧洲对于咖啡的需求刚性，咖啡一度被视为摇钱树。曾有史料显示，欧洲普通人一年的收入仅能买到 100 千克咖啡生豆。就此也引发了很多经济和道德层面的问题，被以不太光彩的面貌记录进欧洲殖民扩张的历史中。

欧洲殖民者的脚步为包括印度尼西亚在内的东南亚地区带来了咖啡种植业，因此早期的树种也是“根正苗红”的阿拉比卡种咖啡。但是 19 世纪后期一场毁灭性的咖啡叶锈病改变了这一切，多番改种尝试后，对于病虫害抵抗力更加出色的罗布斯塔种咖啡占据了主导地位，并延续到今天。

## 印度尼西亚咖啡产区之爪哇岛

爪哇、巴厘岛、苏拉威西、苏门答腊和弗洛勒斯是印度尼西亚五大咖啡产区。弗洛勒斯产量较小、国人很少接触，其他四大咖啡产区值得逐一介绍一番。

面积 13.87 万平方千米、人口超过 1.45 亿的爪哇岛（Java）既是印度尼西亚的政治、经济、文化、商业和人口中心，是

首都雅加达所在地，又是印度尼西亚最早的咖啡产区，全境所有岛屿上的咖啡种植业都是从爪哇岛开枝散叶的。著名的编程语言 Java 图标就是一杯热气腾腾的咖啡，据说当初 Sun 公司一群高管讨论命名时正好喝着爪哇咖啡，灵感就此而生。

爪哇岛位于赤道以南，咖啡采收季为 6~9 月。爪哇岛为典型的热带雨林气候，河流纵横，四季葱茏，更密布上百座火山，火山灰周期性地给土地追加肥力，再加上足够的海拔高度（800~2000 米），给咖啡提供了非常好的生长条件。呈南北走向的爪哇岛东西均有咖啡生产，相比而言，东爪哇伊真高原上的卡瓦伊真火山附近是最主要的咖啡产区，这个活火山被誉为世界上最美的火山，每年探险游客不断。

## 印度尼西亚咖啡产区之巴厘岛

如果让国人从印度尼西亚 1.7 万多个岛屿中随便列举一个，排在第一位的一定是巴厘岛（Bali）。这座举世闻名的旅游岛曾经是澳大利亚游客的后花园，也曾是日本人最爱光顾的海外旅游目的地，现在则成为中国游客的最爱。巴厘岛地处赤道以南，位于爪哇岛东部，面积 5620 平方千米，地势东高西低，山脉横贯，草木葱茏，风光旖旎，更有 10 余座火山锥，全岛最高峰阿贡火山海拔 3142 米。

巴厘岛的咖啡种植业历史并不悠久，最早只是种植于金塔玛尼高原（Kintamani）一带。山顶终年迷雾缭绕的金塔玛尼火山，山麓上绿油油的水稻梯田和茂密的热带植被，再加上山间潺潺流淌的溪水，这些就是我对此的基本印象。20 世纪 70 年代末至 80 年代初，当地政府开始鼓励咖啡种植生产，罗布斯塔种咖啡迅速占据了主力，阿拉比卡种咖啡占比不及 30%，且多被日本人买去——不仅因为其品质，同时也是旅游经济的附属产物。2011~2012 年间，我最早接触到巴厘岛的咖啡也来自于日本的咖啡企业。这几年随着精品咖啡理念的逐渐深入，水洗或湿剥法处理的阿拉比卡种咖啡越来越常见，流入我国的巴厘岛咖啡也逐渐多了起来。

## 印度尼西亚咖啡产区之苏拉威西

苏拉威西岛（Sulawesi）是印度尼西亚中部的一个大型岛屿，属于华莱士区（Wallace District）。这里拥有许多世界上最独特的生命形式，是动植物探奇类节目最喜欢讲述的地方。从事咖啡业以前，这个岛屿与我唯一的联系就是水族箱里那些漂亮的苏拉威西观赏虾。

苏拉威西岛位于赤道热带雨林气候区，年降水量 2500 毫米以上，多火山地震，多高山深谷，多河网湖泊。虽然咖啡种植业并非本岛支柱产业，咖农也多数将咖啡种植作为副业看待，但由于自然地理条件太过出色，南苏拉威西托拉加（Tana Toraja）和戈瓦（Gowa）、西苏拉威西的玛玛萨（Mamasa）等地经常能找到非常棒的水洗处理咖啡。

# 30

# 亚洲产区：印度尼西亚（下）

有时寂静是那么美好，一个咖啡杯，一个桌子。有时独自坐着是那么美好，我就像是在绞刑架上展开双翼的海鸟一般自由。就让我这么坐着，手边放着一个咖啡杯、一把餐刀、一把叉子。它们的存在是最平白的、不加修饰的，这份寂静是最纯洁的、最美好的。

——弗吉尼亚·伍尔芙 （英国作家、文学批评家）

## 印度尼西亚咖啡产区之苏门答腊

苏门答腊（Sumatra）是一座呈南北走向的大岛，面积 47.34 万平方千米，是世界第六大岛。梵语中将苏门答腊称作黄金之岛，我国古代文献中将其称作金洲。不过苏门答腊确实比金子还要宝贵，一方面源自这座大部分区域都被热带雨林覆盖的“绿岛”是个名副其实的生物宝库，动植物资源之丰富举世罕见，多座国家公园被联

▲印度尼西亚苏门答腊多巴湖区是知名的咖啡产地

合国教科文组织指定为世界遗产保护区；另一方面缘自其特殊重要的地理位置，西濒印度洋，东临太平洋南中国海，东北隔马六甲海峡与马来半岛相望，扼守着海上丝绸之路要道。我国明朝郑和数次下西洋都从苏门答腊经过。现在亚齐博物馆里还陈列着当年明成祖朱棣赠送给亚齐国王的一口大钟。

苏门答腊岛呈西北—东南走向，赤道从本岛中部横贯而过。如果在苏门答腊旅游，能够看到代表赤道线的白色尖塔类建筑，塔顶安放着地球仪造型。我们咖啡人讨论苏门答腊习惯上用北苏门答腊和南苏门答腊来区分。北苏门答腊是更多优质阿拉比卡种咖啡的产区，每年9~12月为采收季，亚齐省（Aceh）塔瓦湖区（Lake Tawar）和苏北省多巴湖区（Lake Toba）是其两大咖啡产区，每个产区又有很多知名度不低的小产地，比如迦佑山(Gayo Mountain)、迦佑山腰旁的塔瓦尔湖、塔肯冈（Takengon）等都是非常知名的精品咖啡产地。而林东（Litong）、锡迪卡朗（Sidikalang）、杜落桑古（Dolok Sanggul）、西里布多洛(Seribu Dolok)则都是多巴湖区的子产地。苏门答腊西南部原本主要生产品质较为低劣的罗布斯塔种咖啡，明古鲁省(Bengkulu)的芒古拉加（Mangkuraja）一带近年来成为新兴的精品咖啡产区，咖啡种植高度与亚齐产区相当，达到海拔1350米，给南苏门答腊带来了新的希望。

## 苏门答腊曼特宁

“苏门答腊曼特宁（Sumatra Mandheling）”是我们谈及印度尼西亚咖啡的第一关键词，几乎可以脱口而出，可见“曼特宁”名气之大，经营之成功。事实上，曼特宁只是苏门答腊咖啡的一个子类，并不能代表整个印度尼西亚咖啡。曼特宁缘自苏门答腊当地一个叫曼代宁(Mandailing)的务农族群，该族群多以咖啡种植与经营为业。第二次世界大战结束后，日本人贩卖该族群种植经营的咖啡，阴差阳错以此命名，无意间将其捧红，后由无意到有意，刻意包装经营多年，才成就了今天的世界级名品咖啡。

如果细究的话，地道的苏门答腊曼特宁应产自多巴湖区（Lake Toba），多个品种混合，传统湿剥法处理，并且用Grade 1或Grade 2进行比较粗糙的分级，再由北苏门答腊省首府、苏门答腊岛最大城市棉兰港（Medan）出口。

苏门答腊曼特宁最为出彩的在于其处理法，以及处理法带来的风味特质。过去，在苏门答腊北部地区，由于咖啡采收季节与雨季重合（有时每天下午都会有一场不期而遇的大暴雨），咖农缺少从容晾晒干燥的时间，不得不利用短暂的晴朗天气，发明出一种非常独特的晾晒干燥策略，当地称作Giling Basah，我们叫半水洗处理法或湿剥法、湿刨法。简单描述就是：咖啡鲜果采收去除果皮后，短时间内做适当干燥，再去除果胶和种皮，让生豆表面裸露出来，继续晾晒直至最终。这种绝无仅有的二次干燥处理赋予了当地咖啡豆深绿色色泽和不太赏心悦目的外观。由于咖啡生豆在十分柔软时就被“粗暴地”机械剥除覆盖物，一定概率会从中央线处微微裂开，形成所谓的“羊蹄豆”。再结合当地品种，别具一格的地域风味由此产生：较低的酸度，较高的醇厚度，香料、烟草、土壤、草本等风味非常明显而独特。

传统曼特宁湿剥法处理的咖啡生豆外观并不令人赏心悦目，如果仅仅目测而不做感官评估，部分还会有全（半）酸豆的特征，因此在阿拉比卡咖啡 QGrader 的生豆考核中，一般都避免使用印度尼西亚湿剥法的咖啡豆。少数精品咖啡业者认为湿剥法处理的印度尼西亚咖啡豆风味过于强烈，且充满瑕疵风味，并开始尝试其他更加主流的处理法，越来越多干净美味的印度尼西亚精品咖啡也在不断涌现。但传统的湿剥法风味独特，并已经取得了广泛的市场认可，拥趸无数，理应有其继续存在的足够理由。

## 陈年曼特宁

喜欢喝普洱茶的朋友都知道，优质普洱茶具有越陈越香的特点。这是因为晒青茶自然陈化和经沤堆发酵制成的熟普洱茶具备生命力，后续会有一个缓慢的酯化后熟过程，逐步形成特有的陈香风格，茶友们谈论的参香、荷香、枣香以及樟香等，其实都是陈年老普洱茶的特殊风味。

咖啡的世界里偶尔也有这种类似玩法，陈年曼特宁便是一例。有些咖农会将咖啡豆在特定温湿度环境下存放三五载，使之继续氧化熟成，豆表颜色变成棕褐色。如果用精品咖啡感官评估的体系来看，这种陈年曼特宁的得分会“惨不忍睹”，但是饮品的世界岂有放诸四海皆准的固定标准，也会有少数人喜欢这种低酸、香烈、浓厚的风味特点，或许就是我们所说的“重口味”吧。

## 猫屎咖啡

咖啡的世界里还经常有些惊喜和噱头，比如利用动物来完成初加工全流程的“特种咖啡豆”，猫屎咖啡、猴屎咖啡、鸟屎咖啡和象屎咖啡等较为常见。

猫屎咖啡，又名麝香猫咖啡（Kopi Luwak）或香猫咖啡，原产于印度尼西亚。Kopi 是咖啡的意思，Luwak 指的是一种俗称麝香猫的树栖野生动物。这种昼伏夜出的热带杂食动物喜欢在果实成熟时节的咖啡园里出没，“偷取”最成熟的咖啡果，剥去外皮后吞下肚，吮吸那层甜美又少得可怜的果肉。咖啡豆质地坚硬，难以消化，与肠道亲密接触后，便随着粪便排泄而出。最初的咖农心疼被糟蹋的咖啡，大肆扑杀麝香猫之余，将满是咖啡豆（带壳豆）的粪便取回，冲洗干净，留下咖啡豆售卖。不知何时，某位商界高人深悟“物以稀为贵”的真理，发现了麝香猫咖啡的商机，并将这一概念进行推广；再后来，《国家地理杂志》、TVB 陈豪主持的《品味咖啡》栏目等也对麝香猫咖啡进行了特别报道。于是，麝香猫咖啡流行开来，并成为“世界上最贵的咖啡”之一。

事实上麝香猫数量极为稀少，对咖啡果的“兴趣”也不甚大，真正贡献猫屎咖啡的头号功臣是果子狸，Kopi Luwak 叫

▲被喂食咖啡果实的果子狸

Kopi Musang 才对。这种食肉猫科动物，吃鸟吃虫之余，偶尔也吃点咖啡果换口味，这一下惹来“弥天大祸”，成为世界上最贵咖啡豆的“加工厂”。

以我国云南为例，有人专门捡拾野生果子狸粪便，获取果子狸咖啡。因其数量稀少，价高而量寡，更有些人捕获野生果子狸进行饲养，给它们喂食咖啡鲜果，人工生产果子狸咖啡。果子狸是杂食属性，同时还要吃些其他水果，甚至要喂鸡给它们吃，这样算下来成本也不低，还费时费力，所以果子狸咖啡的产量也非常有限。2011~2014 年期间，云南“猫屎咖啡”一度大兴，这几年热度有所下降。

目前，欧美咖啡从业者对于麝香猫咖啡产业持负面看法，认为其既没有科学依据，还无谓浪费金钱，更存在虐待动物等恶劣行径。我们抛开道德、法律等层面诸多话题不议，噱头多过实质的果子狸咖啡究竟风味如何呢？仁者见仁智者见智，有人强调咖啡豆在肠道中的微发酵过程给咖啡增加了额外风味和醇厚感，还减少了些许苦味，算得上是一种特殊初加工环节。中国农业大学食品学院的研究生也曾作为课余游戏，在实验室里用生化手段模拟过这种特殊处理法。不过在我看来，麝香猫肠道中的是尚未剥除种皮的带壳豆，这种影响应该微乎其微。只有真正在自然界中，完全避免了人类的束缚和矫情，聪明的麝香猫、果子狸自愿专挑最成熟甜美的咖啡果吃，才能起到精选作用，给咖啡在甜度、香气、回甘和醇度等方面加分。

# 31

# 亚洲产区：奇迹之地越南

比如美酒和咖啡都是水，可一个让你醒，一个让你醉。

——郭采洁《答案》

## 越南概述

越是彼此临近，越是容易忽略。我们的近邻越南便是一例。10 世纪，咖啡刚刚迎来信史时代。越南（旧称安南）趁着我国中原地带五代十国的混乱征伐局面，摆脱了中央政府控制，后又作为藩属国隐忍数百年，直至 19 世纪中叶沦为法国殖民地。1867 年，咖啡由法国人带到越南，直至 1910 年前后形成了一定的种植产业规模。

越南位于东南亚的中南半岛东部，北回归线以南，高温多雨，属于典型的热带季风气候。越南北部与我国广西、云南接壤，西与老挝、柬埔寨交界，国土狭长，呈南北走向，南北长 1600 千米，东西最窄处仅为 50 千米。越南境内四分之三为山地和高原，地形狭长，地势西高东低，北高南低。北部和西北部地区——长山支脉海云山以北地区地形以高山和高原为主，平均海拔 1500~2500 米，甚至有海拔 3000 米以上的险峻高山。海拔较高，其受从亚洲陆地来的东北风及东南风影响明显，全年有较为明显的春夏秋冬四季，拥有非常不错的阿拉比卡种咖啡种植条件。而越南南部地区——海云山以南地区，海拔高度很低，临海平原地区甚至与海平面高度一致，受季风影响有限，更多表现出热带海洋性气候。四季高温并

分成旱季与雨季，大部分地区 5~10 月为雨季，11 月 ~ 次年 4 月为旱季。这样的自然地理条件和湿热气候，则为罗布斯塔种咖啡种植提供了有利条件。

## 举国体制显威力

越南政体与我国具有很多相似之处，同为社会主义共和国，越南共产党也是该国唯一合法的执政党。越南在 1986 年学着我国开始改革开放，允许并鼓励发展私营经济，后来还学着我国建立了社会主义市场经济体制。越南能够如此快速地发展咖啡种植产业，并成为今天世界第二、亚洲第一的咖啡产国，既与“举国体制”关系密切，也与其市场经济改革举措，大量个体和私营企业参与到咖啡种植业密不可分。

## 越南咖啡产地

越南以生产大宗商业咖啡原料为主，消费市场上并无对其产地追溯的强烈需求，这导致其国内目前尚未建立起完备的咖啡产区标识及管理规范。如果我们取一幅越南地图摊开来看，从北部河内北部的山萝省一路往南，一直到胡志明市周遭的同奈省，其实都是咖啡产区，着实是“全国咖啡一片红”。

越南河内周边的山萝省、广治省和清化省等北方咖啡产区，由于拥有足够的海拔高度和其他相关条件，既有罗布斯塔种咖啡种植，也有相当数量的波旁、卡蒂姆等阿拉比卡种咖啡生产。阿拉比卡种咖啡在越南咖啡总产量中的占比不过 5%，但也足以使其成为全球第 15 大阿拉比卡种咖啡产国。

西原又称为中部高原、中央高原，包括多乐省、得农省、嘉莱省、昆嵩省和林同省，被政府规划为全国集中种植咖啡的大本营。其中多乐省是越南咖啡第一大产区，连同周边其他咖啡产区，中央高原一带占据了越南全国 80% 以上的产量，咖啡种植面积 16.42 万公顷，也占到全国 79%。有意思的是，同样是中央高原的林同省有着非常悠久的阿拉比卡种咖啡种植史，据传 1904 年，法国传教士带到我国云南大理宾川朱苦拉村的阿拉比卡种咖啡苗便是来自这里。如今在这里依旧能够找到阿拉比卡种咖啡，不过产量很小。此外，得农省、嘉莱省、同奈省、平福省、昆嵩省、巴地头顿省和奠边省也是越南的主要咖啡产区。

## 越南咖啡之崛起

20 世纪 80 年代，结束战争（越南本国将其称为越南抗美战争）的越南开始进行全面经济建设。考虑到自身自然气候、养分丰富的玄武岩红土资源以及大量廉价的劳动力，政府明智地选择了罗布斯塔种咖啡作为主力，开始大力发展咖啡种植业，走上一条因地制宜的发展道路，虽然比较粗犷，却见效极快。2008 年，越南咖啡出口创汇 19.5 亿美元，德国是其最大的出口市场，紧随其后是美国和西班牙。

这种高密度种植、规模灌溉、密集施肥、无遮阴树以获得最大产量的越南罗布斯塔种咖啡种植模式，虽然广受诟病，却最大限度释放了产能，让越南咖啡产量获得了持续高速增长。多乐省、嘉莱省、昆嵩省、同奈省等地区的许多咖啡种植园单产达到 3~4 吨 / 公顷，有些种植园单产甚至高达 8~9 吨 / 公顷。越南咖啡可可联合会前主席 Doan Trieu Nhan 等一批“越南咖啡成长计划”的策划者和实施者顺势崛起，成为越南一代“咖啡大王”，甚至还有“亚洲咖啡先生”等美誉。到了 2012 年，越南全国超过 100 万人从事咖啡种植，咖啡及相关产业改善了超过 300 万越南人的生活。

与此同时，由于很多农民选择种植咖啡纯粹出于短期经济利益考虑，缺乏有效的整体规划和布局，越南的咖啡种植偶尔也会遇到其他经济作物的冲击，如百香果、黑胡椒、鳄梨等。比如前些年，某些地区一度出现砍伐咖啡树改种经济收益更大的黑胡椒，迅速让越南成为全球最大的黑胡椒出口国。但物极必反，好景不长，黑胡椒因产量激增、品质不佳等原因导致价格快速走低，一些农民这才意识到黑胡椒并非咖啡的理想替代经济作物，于是重新走上了咖啡种植之路。不论是咖啡还是黑胡椒，定植后都需要 2~3 年才能产出，更加凸显出前期整体规划的重要性。

曾有人统计，越南战争之后的 25 年里，越南的咖啡种植面积增加了 25 倍，总产量增长了 100 倍。除个别年份，常年保持两位数的高速发展，迅速成为全球咖啡博弈中的重量级选手。当然，越南咖啡重量轻质，这般产量无序激增也一度带来了全球咖啡价格的走低。尤其是 2000~2004 年间，全球咖啡产量暴增导致价格暴跌，苦了无数在温饱线上挣扎求索的咖农，惹来质疑甚至咒骂声一片。

## 越南咖啡之新希望

近年来，部分越南咖啡业者也意识到如上问题，尤其是随着精品咖啡理念逐渐升温，重量更重质、可持续发展的认知逐渐成为政府和咖农的普遍性共识。绝大多数种植面积都经历可持续种植认证是越南政府的基本思路，越来越多的越南咖啡包装袋上有了 4C 认证、公平贸易认证、荫植认证、UTZ 认证以及雨林认证等。如果去越南最大的罗布斯塔种咖啡产区多乐省考察一番就不难发现这种变化，以往采收后随意堆放在地上、颜色斑驳、异物杂陈的咖啡鲜果并不多见，精心搭砌的水泥晾晒台、轰鸣作响的小型去皮机和脱壳机随处可见，20~30 年树龄的咖啡树开始有计划地做特殊管理或者移栽……这些细节给咖啡品质带来的改变是不言而喻的。

2016 年以来，托圈内友人的福，我在铂澜咖啡学院已经喝到三四款来自越南的精品级阿拉比卡种咖啡，种植海拔最高达到 1550 米，树种各不相同，处理法也五花八门，风味可圈可点，未来或许会成为云南精品咖啡的强大竞争对手。

# 32

# 亚洲产区：不可小觑的印度

人的智力与他喝下的咖啡量成正比。

——詹姆士·麦金托什爵士

▲印度咖啡馆里的咖啡师

## 印度概述

位于南亚的印度不仅领土与我国接壤，更有诸多方面与我国类似：同为亚洲巨擘，同为四大文明古国，同为统一多民族国家，同为世界人口大国，同为农业立国，同入金砖组织等。古印度文明非常悠久，大约公元前6000年印度各地便进入新石器时代。我国秦国一统天下，建立中国历史上第一个大一统王朝时，孔雀王朝正成为历史上第一个基本统一印度的政权，阿育王便是那个时代的王者。

如果同葡萄酒一样，将全球咖啡产国分作“新世界”和“旧世界”，印度是当仁不让的“旧世界咖啡产国”，早在17世纪印度便有了咖啡种植。可惜的是，直到19世纪英国殖民统治期间，咖啡种植业才在印度南部地区发展起来。而且好景不长，对于咖啡叶锈病的担忧，加上一味迎合茶叶国际市场需求，大量的咖啡种植园改为茶园，咖啡种植业再度衰落。据说当时英国东印度公司专门成立一个委员会，并从中国收集了 8 万颗高品质茶树种子，经过培育后种植到印度各处茶园，此举使得随后印度在相当长的时间里都是世界上最大的茶叶产国，直到前些年才被中国反超。

## 印度的咖啡生产与消费

印度的土地资源、水资源和动植物资源都很丰富，森林资源在亚洲仅次于印度尼西亚，如此优渥的条件使其当仁不让地成为世界级农业大国。在茶业的长期“压制”下，印度的咖啡种植业在低调中缓慢前行，直到 1942 年印度咖啡委员会成立，咖啡才重新回到增长的道路上。进入 20 世纪 90 年代，一系列产业上游的制度改革解放了生产力，印度咖啡种植业结束了过往的大幅动荡，开始获得持续高速发展，国内咖啡消费也顺势成长。数据显示，1961 年以来，印度咖啡产量呈波动式增长趋势，从 1961 年的 4.32 万吨到 2014 年的 30.45 万吨，增幅 6 倍有余。2000 年以来，印度咖啡种植面积持续增长。2005~2014 年印度咖啡的年均种植面积达 35.55 万公顷，年均增长 2.64%，远远超过茶叶种植面积年均增长的 1.14%，且这一良好势头还在继续。目前，印度是全球第七大咖啡产国，考虑到其庞大且廉价的劳动力，印度咖啡消费的未来值得看好。

虽然茶叶才是普通百姓日常生活之首选，咖啡的人均消费量并不高，但从数据来看，印度的咖啡消费量也着实可观，每年国内咖啡消费量大约是其产量的 40%。2008~2017 年间，印度国内年均咖啡消费量在 123.28 万吨，其中现磨咖啡年均消费 86.65 万吨，速溶咖啡年均消费 36.63 万吨。相比之下，2017 年中国咖啡总消费量才 25 万吨左右。

## 印度与罗布斯塔种咖啡

印度国土从喜马拉雅山向南一直伸入浩瀚的印度洋中，最北部是巍峨的高原山岳，然后是富饶的印度河—恒河平原，再往南就是德干高原及其东西两侧的海岸平原。德干高原位于印度中部和南部，地质主要是白垩纪的玄武岩，海拔平均为 500~600 米，最高不超过 1000 米。

这种较低海拔地形特征辅以气候形态，使得印度成为天然罗布斯塔种咖啡的大本营，而阿拉比卡种咖啡并无任何优势。“认命”以后，印度便一门心思钻研罗布斯塔种咖啡，从品种改良到处理法优化，无不投入心力并已卓有成效，今天全球相当比例的高品质罗布斯塔种咖啡都出自印度。虽然风味仍较阿拉比卡逊色一筹，但体脂感、平衡性和干净度也可圈可点，成为很多高端意式拼配豆中的“常客”。在精品级罗

▲颇具印度风情的滤泡咖啡

▲咖啡消费在印度

布斯塔种咖啡日渐升温的今天，印度咖啡的明天值得期待。

## 印度咖啡产区

印度的咖啡种植业主要分布在中部和南部的德干高原上，大体可以分作四大咖啡产区：卡纳塔克邦（Karnataka）、泰米尔纳德邦（Tamil Nadu）、喀拉拉邦（Kerala）和安得拉邦（Andhra Pradesh）。

卡纳塔克邦位于印度西南部，西临阿拉伯海，自然资源丰富，农业发达，素有“印度硅谷”之称的班加罗尔就是卡纳塔克邦的首府。在印度各大咖啡产区中，本地区咖啡产量稳居第一位，超过半数的印度咖啡豆产自这里。

泰米尔纳德邦是印度南部的一个邦，南临印度洋，东隔孟加拉湾与斯里兰卡相望。泰米尔纳德邦动植物资源丰富，是四大咖啡产区中唯一能够将咖啡种植到海拔1500米以上的地区，因此除了罗布斯塔，也有不少阿拉比卡种咖啡生产。

喀拉拉邦位于印度西南部，西临阿拉伯海，东靠西高止山，热带雨林气候，人口稠密，历史悠久，文化发达，是印度著名的艺术圣地，全国约有三分之一的咖啡产自这里。

安得拉邦位于孟加拉湾西岸，在印度四大咖啡产区里，产量最少。除了罗布斯塔种咖啡，本产区也有较多的阿拉比卡种咖啡种植。

## 印度季风咖啡

正如印度尼西亚有陈年曼特宁和猫屎咖啡那般，印度咖啡大观园中也有一朵奇葩，那就是印度季风咖啡，又叫印度风渍咖啡。

印度季风咖啡的产生原本只是一种意外。早在英国殖民统治期间，装放咖啡豆的木箱堆积在船舱底部，历经 6 个月的时间漂洋过海运往欧洲市场。这一过程中，恰逢咸湿的印度洋季风侵袭，咖啡豆实际上已经变质，色泽从绿色变为黄褐色，更沾染上浓郁的“大海味道”——咖啡中的果酸被磨掉，坚果、谷物、玄米茶等风味凸显。日复一日，年复一年，欧洲顾客喝到的印度咖啡便是这个味道，习惯成自然，也就爱上。

后来苏伊士运河开通，加上海船提速，从印度到欧洲的海运时间缩短了一半以上，到货的印度咖啡却受到欧洲顾客质疑——原本的黄褐色没了，原本的风味也变了，变得和其他产地的咖啡一模一样。面对不断取消的订单，生豆贸易商赶紧闭门反思，很快就发现了问题所在——欧洲顾客喜欢的印度咖啡恰恰是长时间漂洋过海变质后的咖啡，而不是新鲜的印度咖啡。找到问题后，生豆贸易商先将收集到的新鲜咖啡豆（尤其是日晒咖啡豆）统一运往印度西海岸的工厂进行精确的“风渍化处理”，待色泽和风味达标后，贴上“印度季风咖啡”标签，再启程运输。喀拉拉邦的马拉巴海岸是传统季风咖啡的主要起航地，所以印度季风咖啡也被叫作季风马拉巴咖啡（Monsoon Malabar Coffee）。

# Chapter 5

## 循序渐进，从种子到生豆

1974 年努森女士首次提出精品咖啡概念时，更多强调特殊的地理气候环境孕育独特风味。后来，SCAA 对精品咖啡定义做了完善：精选最合适的品种，种植于最有助于风味发展的海拔、气候和水土微环境。由此不难看出，讲述精品咖啡需要从咖啡树种说起，这里面有大学问，也有大乐趣。

# 33

# 根、茎、叶与花

“咖啡馆里的人特别多，没有椅子或沙发可以坐，即使这样，这种气氛还是非常好的，因为光是享受人群的拥挤以及嘈杂热闹的气氛就值了。”

——意大利作家 Cesare Musatti

## 从植物学分类看咖啡

从一株咖啡树说起，是我们搞懂咖啡的必由之路。从当代植物学角度来看，利用分子生物学技术手段对咖啡树做基因组测序（2014 年已完成），再定向设计并强化咖啡取悦于人的那些性状，是咖啡产业的基本发展趋势。

现代生物学的分类体系从大到小依次为：界（Kingdom）、门（Phylum）、纲（Class）、目（Order）、科（Family）、属（Genus）、种（Species）。实际中还可插入亚单位便于研究和分类，如亚纲、亚目、亚科、亚属等。越往上级，彼此间的共通性越少，差异性越大；越往下级，彼此间的共通性越多，差异性越小。

咖啡树属于现存植物界最高级、最繁盛、分布最广的一个庞大植物类群——被子植物，被子植物占到植物界总数一半以上。被子植物个体的生命活动，一般是从上一代个体产生的种子开始，经过种子萌发形成幼苗，逐渐成长为具有根茎叶的植株。经历一段时期的营养生长后，转入生殖生长，会在植株的特定部位分化出花芽，

由此发育成花朵。此后经历开花、传粉和受精作用，发育出胚、胚乳和种皮，共同组成新的种子。与此同时，子房发育成果实，并将种子包裹保护在其中。如上便是被子植物的生命周期，一代代往复进行。

被子植物门下有一个双子叶植物纲，其下龙胆目之内的茜草科（Rubiaceae）里已发现有13673种植物，是仅次于菊科、兰科和豆科的第四大植物科，占全世界植物总量的4%。茜草科里有一个咖啡属（Coffea Genus），目前我们将129种或为灌木或为小乔木的木本植物归属其中，这些就是咖啡物种，阿拉比卡种咖啡只是其中之一。前几年国内曾有媒体炒作“草本咖啡”，其实那是一种1年生灌木状豆科植物（豆目），与决明子近似，果实经过烘制、研磨、萃取后，有一点接近咖啡的风味和色泽。

基于1753年瑞典博物学家林奈（C.Linnaeus）创建的植物命名双名法（Binomial System），后世完善了《国际植物命名法规》，规定每种植物只能有一个学名（Scientific Name），书写格式为：属名（首字母大写）+种加词（全部小写）+定名人。同时，他于1753年在专著《植物种志（Species Plantarum）》中率先确认了咖啡属之下的阿拉比卡种咖啡。因此，阿拉比卡种咖啡的“大名”应该写作“Coffea arabica L.”。

咖啡原种之下还可以分出数量庞大的亚种，又称作品种（Variety），指的是原种经历杂交、变异、突变等过程后的最终稳定形态，具有相对的遗传稳定性和生物学上的一致性。第二波咖啡浪潮之时，咖啡原种已是消费者认知的终点，如阿拉比卡种咖啡、罗布斯塔种咖啡等，知道这些已可算作是“民间咖啡专家”。到了第三波咖啡浪潮时代，精品咖啡运动深入如斯，我们意识到不同的品种结合不同风土微环境才是孕育出卓越风味的关键，两者缺一不可，品种的重要性日益凸显，因此也将咖啡消费者的认知终点往前推进了一大步，到达咖啡品种层面。

## 咖啡树的根系

根是植物适应陆生生长的核心器官，构成植物体的地下部分，除了支撑植物体，还具有吸收、传输、合成和储存物质（水分、二氧化碳、矿物质等）的功能。咖啡树的根系（root system）是土壤中所有物质的接收端口，但咖啡树根系吸收矿物元素还受到各种环境条件的影响制约，其中以土壤温度、土壤通透状况、土壤溶液中各种矿物质元素浓度，以及土壤酸碱度等影响最为明显。根系出问题导致植株不健康或死亡的情况比比皆是。

所有种子植物的根都包括主根、侧根和不定根。主根是种子萌发时，胚根率先冲破种皮生长而出的根。主根一般是垂直向下伸展，长到一定长度后，再向四周伸展而出的分支就是侧根。侧根与主根保持一定角度，但大体方向都是向下，生长到一定程度，还会继续生长出次一级的侧根，由此往复，不断分枝。阿拉比卡咖啡树的根系比较浅，呈圆锥形向下一层一层分布，一条粗短的主根外全都是发达的须根，所以疏松肥沃、排水良好的壤土特别适合咖啡树生长。因为根系从土壤吸收水分时，首先会吸掉接触部位的水，从而引起根表面静水压的下降，形成根表面和附近土壤之间的水势梯度。当土壤颗粒间隙较大时，具有较高的导水率；土壤颗粒间隙较小时，导水率相应降低。

土壤中水的状况是否有利于植物吸收，除了取决于土壤的水含量，还和土壤中水的运动有关。根系浅的植物通常很在意地表积水、地下水位和土壤中水流的行进趋势。咖啡树往往种植在山坡上，也是因为坡地排水有天然优势，重力作用之下一般不会产生积水。如果在地势低洼处种植咖啡树，就需要修凿排水沟。当然坡体斜度太大，也会给保持水土带来困难，同样不利于咖啡生长。

阿拉比卡咖啡树的根系脆弱，需要从出棚定植时就注意呵护。田间有些咖啡树枯死，便是根系被虫害啃食或缠绕纠缠造成。爱好者室内种植咖啡树也要养护咖啡树的根系，虽然植物根系很长且总的表面积很大，但是根系吸收水分的主要部位是在根的尖端根毛区和伸长区，寿命很短、不断新生的根毛才是吸收水分的重中之重。很多盆栽咖啡树限于条件，对此关注不够，导致生长状况不佳。

植物根系会分泌一些有机酸与土壤进行离子交换，导致不同土壤的 pH 对于植株生长意义重大，且植物在生长过程中也会对其生长环境的 pH 产生影响。结构良好、pH 在 5.5~6.5、不低于 3% 的有机质、含足够用于交换的阳离子的土壤最适宜咖啡树生长。我国云南各咖啡种植区的土壤肥力分布不均，总体来说碱解氮、速效磷丰富，有机质一般，最大的问题是过半土壤酸度过高，这与施用过量有机肥、尿素等氮肥和磷肥，导致土壤酸化有密切关系。有些咖啡种植者已经开始通过施用酸性土壤改良剂来改良土壤的理化状况，并在咖啡树周围建立地盖保持土壤，从而改善咖啡树生长状况，提高咖啡品质。这些举措意义深远，价值远超加工处理环节，需要积极鼓励。

## 咖啡树的茎

茎起源于种子幼胚的胚芽和胚轴，是植物的营养器官之一，也是连接叶子和根系的轴状结构。咖啡树茎直生呈圆柱体，是最典型的种子植物茎的形态。

茎上生长叶片和叶芽的位置叫节，阿拉比卡种咖啡每个节上有一对叶片，叶腋间有上芽和下芽。茎上两个相邻节之间的部分叫节间，不同的植物，节间长短不同。比如，瓜类植物的节间可能长达数十厘米，咖啡树的节间则短得多，不同咖啡树品种之间也有所差异——节间（节的密度）是判断品种的重要标准之一。当然，同一株咖啡树上，也会有节间长短不一的现象，分别叫短枝和长枝。

此外，茎的分支也很重要。咖啡树多属于种子植物中最常见的主轴分枝，因此在生长过程中有明显的顶端优势——顶芽不断向上伸展形成主轴，侧芽则发育形成侧枝，侧枝再按照上述逻辑形成次一级的分枝。不管如何，主轴在生长过程中占据明显优势，所以植株一般比较高大挺立。阿拉比卡种咖啡树从幼苗时就需要呵护枝干生长，这是因为：从主干上生长出的第一分支决定了成年后的树形态势、生长速度、结果多寡等，关系重大；从第一分支上生长出的第二分支则是主要的结果枝，更是十分重要。评估某品种、某海拔高度和某咖啡种植园的咖啡经济产量，便是从分支和节间入手，考量有效挂果节数、单节挂果数、鲜果千粒重量等。

咖啡旋皮天牛、咖啡灭字脊虎天牛、咖啡木蠹蛾、金龟子等很多害虫都会攻击危害咖啡树的茎。云南咖啡产地一些缺乏

养护的咖啡树，有时抓住树枝用力一拽，便能整枝拔下来，这便是天牛等虫害作祟，咬空了树茎内部导致。

## 咖啡树的叶

叶子是种子植物进行光合作用、制作有机养料的重要营养器官，通过咖啡树的叶子（叶绿体）在光反应中生成的同化力再固定二氧化碳形成有机物，其主要的形式是糖，如蔗糖、淀粉等。这已经成为每一位咖啡烘焙师研究的重点课题之一，也是咖啡豆风味之源。在云南咖啡产地，我们不难看到缺乏养护、生了锈病的咖啡树，导致叶片脱落干净。此时纵使已经开始挂果，也会因为缺少叶片光合作用参与，导致果实无法成熟，实在可惜。

阿拉比卡咖啡树属于对生叶序，叶片色泽浓绿，呈修长的椭圆形舒展对生，叶尖剑尖，大部分品种的叶片边缘有波纹状。尖端新抽出的嫩叶呈现出绿色还是红色，是判断品种的重要标准之一，我们经常提及“绿顶”“红顶”“铜顶”就源于此。

祖先是原始森林里高大乔木遮蔽下的小乔木和高大灌木，大部分品种咖啡树不耐强光长时间直射。科学种植的阿拉比卡咖啡树往往会与遮阴树相伴（尤其是低海拔地区），30%~70% 的遮阴对于抵抗叶锈病、稳定产量、提高风味等均有好处。但身处北方城市的咖啡店主室内养护咖啡树，就需要保证较为充足的光照了，我们在北京铂澜咖啡学院是通过定制安装红蓝植物补光灯来解决这一问题。

## 咖啡花

咖啡树一般是 3 年开始开花，并且花落结果，极个别咖啡树品种可 2 年开花。此外，每个叶腋中花芽发育也有先后，因此会形成此开彼落、多次开花的现象，更造成咖啡树整个花期较长的情况。

咖啡开花受温度与水分影响较大，阿拉比卡种咖啡树在过高的温度下生长时会抽生出一些不能正常发育的花芽，甚至因为供水不足出现花芽干枯、萎缩等现象。因此，良好的田间管理与灌溉可以保证花

期相对集中，果实采收期也相对集中。以我国云南咖啡来说，高质量的咖啡种植园里，2 月份便进入繁花期，而管理失当、灌溉不足的咖啡地里，甚至会出现初夏雨季来临才稀稀落落开花的现象。

咖啡树兼有雄蕊和雌蕊的完全花，且雄雌基本上同时成熟，成熟的花粉粒会传到同一朵花的雌蕊柱头上。用科学术语来讲，咖啡树是一种雌雄同花、自花授粉植物。正因如此，一些收集咖啡花的衍生业者会在花开第三天起便将花朵摘下，这样并不会影响到后续挂果。自花授粉是咖啡物种在不利条件下繁衍种群进化形成的一种特性，可以减少咖啡种群内的遗传变异，减缓自然选择带来的冲击。除了咖啡，豌豆、水稻、大麦、大豆等都是如此。即使是自花授粉，有时也需要借助风力或虫做媒介。我们在室内种植的咖啡树，由于空气流动不足够，也会造成挂果少的现象。

阿拉比卡种咖啡花为 4~6 瓣花，最为常见的是 5 瓣花，洁白素雅，芬芳馥郁，较之咖啡饮品的醇香另有一种清幽之美。咖啡花主要盛开在当年生出的枝条节点上，近观一丛一丛，远望顺着枝条呈现出条索状。以我国云南咖啡为例，花期大都集中在 2~4 月，并与温湿度、干旱、海拔等因素密切相关。咖啡树每一朵花的绽放时间很短，2~3 天比较常见，且通常在清晨时怒放。如果想看到盛开的美状，最好起个早床(接近中午时花粉囊裂开，开始自花授粉)。

每一丛白花绽放的枝条节点会长出多则十几颗、少则几颗咖啡果，咖啡果实为多汁的浆果，随着其慢慢成熟，外果皮逐渐由绿色变成红色或紫红色(少数情况下为黄色)。这一成熟期通常需要 8~10 个月。同一株咖啡树上的咖啡果也不是同时成熟，不同海拔更是差异巨大。

聪明的咖啡树会将部分咖啡因运输到咖啡花蜜中。这样做乍一看似乎有扼杀蜜蜂、阻碍授粉的嫌疑，实则不然。蜜蜂摄取微量咖啡因以后，神经元反应被刺激，形成一种大脑“奖励回路”，让蜜蜂对于这一趟“采蜜路径”额外加深印象，从而多次光顾，让咖啡花的授粉效率大幅提高。事实确实如此，含有咖啡因的咖啡花受到蜜蜂青睐光顾的频度竟然是普通花朵的 3 倍。

# 34

# 果实与种子

“我们居住在一个充满种子的世界里，种子早已远远超越森林与田野，遍布人类历史生活的各个角落，它们化作清香宜人的咖啡豆，化作舒适柔软的棉衣，或是激发人类的探索欲望……或是为人类带来灵感……或是左右人类文明的进程。”

——美国作家索尔·汉森

## 咖啡结果

咖啡树的果实是一种核果，也称作浆果。除了种植密度和田间管理等因素，同一品种的咖啡树种植在不同海拔高度对于咖啡果实具有较大影响——种植海拔与果实重量和大小正相关。

咖啡树开始结果后一般需经历数年才到丰产期，丰产期可持续 10 年左右（科学阴植能适当延长丰产期），随后产量开始下降，20 年左右的经济寿命完结后，咖啡树逐渐衰老，其产量、风味都在下降。很多知名咖啡产地的咖啡风味整体走下坡路便是这个道理。这时需进行截干等处理，使之迎来新生命，类似葡萄藤的种植和养护。当然，做好统筹规划，提前补种咖啡树幼苗，完成“新老交替”，避免“青黄不接”是咖啡种植业更加常见的做法。此外，我们在做某项不同外界条件（如海拔高度、遮阴、土壤、光照、灌溉等）给咖啡风味带来的差异性比较性研究时，除了需要选择完全相同的咖啡树品种，还需考虑并选择相同种植密度和树龄的咖啡树，尽可能保证结论的真实可靠性。

我们不妨以云南小粒咖啡（卡蒂姆品种）为例，简述一番花落结果的全过程。

第一阶段：花开后的第 1 个月，果实成长速度缓慢，大体形成一个椭圆形体的青绿色小果实。

第二阶段：进入第 2 个月，咖啡果实开始大量吸水，含水量迅速增加，体积快速膨胀，由此带来增长速度迅速加快，形成咖啡果实的正常扁圆体型，并形成第一个成长高峰期。在这个阶段，做田间管理时应充分注重土壤水分，高度关注干旱等天灾，保持良好的灌溉和供水。

第三阶段：第 4 个月开始的 3 个多月里，果实增长速度逐渐放缓，含水量也始终稳定在 65% 左右。从外表来看，果实颜色由绿变黄，再逐渐变红。从内里来看，果实内果皮逐渐变硬，果实内的果核（咖啡豆）干物质量迅速增加积累。在这个阶段，做田间管理时应充分注重土壤的肥力，保持良好的施肥，否则可能导致果实掉落凋零。

第四阶段：进入第 7 个月直至采收，可以看作是最后一个阶段，果实再次形成第二个成长高峰期，果实体积继续增加，果肉增厚，含水量虽不变但含糖量增加，由此导致果实干物质量迅速增加，但果核内的干物质量并无多大变化。与此同时，果实颜色形成或深红或紫红等最终成熟颜色。

## 采摘咖啡果实

明代《茶录》说，“采茶之候，贵及其时，太早则味不全，迟则神散”，采摘咖啡果与此同理。我们通常根据外观来判断咖啡果实成熟与否，青绿色和黄绿色为未熟果，绿原酸和柠檬酸等含量较高，甜度未能达到最佳，云南咖啡产区叫作青果，不仅难以脱皮，而且口感艰涩寡甜，是咖啡品质拙劣的主要原因之一，应严禁采收。紫黑色、深黑红色的咖啡果为过熟果，此外还有失水干皱的干果、被病虫害侵蚀的病果（果皮上有虫眼或病斑），也都对口感有负面影响，一般不采摘。当然现在也有专门精细采摘过熟果做微批次处理的玩法，主要是寻求那

种丰沛的发酵风味。2018 年，我们铂澜在云南尝试特殊日晒处理了几十千克咖啡豆，取得不错的反响，其浓郁的酒酿风味就来自相当比例的过熟果，不过这终归属于“重口味”的小众玩法。

观察果实颜色的变化，是判断是否合适采摘的重要依据。果皮中含有叶绿素、类胡萝卜素和花色素这三类色素。果实成熟前，存在大量的叶绿素使得果皮呈绿色；随着果实发育，叶绿素降解速度大于合成速度，所以逐渐减少，与此同时类胡萝卜素合成积累则相应增加，果皮呈现出黄色和橙色。待果实长大后，在阳光照射和较大的昼夜温差作用下，花色素的合成大幅加强，使得果实红润鲜艳。因此，深红色、深橘红色或紫红色的咖啡果实适宜采摘，叫作咖啡樱桃（Coffee Cherry），云南本地叫作红鲜果或鲜果。采摘一颗咖啡鲜果在手，手指一捏，被果胶包裹的咖啡豆（咖啡种子）就应能够剥离而出。

人工采摘、机械采摘、摇落法和搓枝法是常见的四种采收咖啡鲜果的方法，后两种方法过于粗暴，甚至可能伤害到咖啡树，越来越少被采用。人工采摘咖啡鲜果时，通常要求随熟随采，分批采收，从里向外采摘，单果采摘，不得将枝条、叶片、花芽和果穗一并摘下，集中收集的咖啡鲜果也要安置在遮阴处并及时处置。目前全世界的精品咖啡几乎都是人工采摘的产物。

机械采摘则比人工采摘粗糙得多，鲜果品质也良莠不齐，且大型采收机只适合在平原地区使用，对坡度陡峭的山地望尘莫及，而优秀的阿拉比卡种咖啡经常生长在高海拔山区坡地。这些都是人工采摘优于机械采收的原因，但咖啡产区用工荒和人工成本暴涨也是难以言说的痛。如果不考虑山区复杂地形和小农经济特点，使用采收机器来代替人工劳动在有些地区还是蛮有诱惑力的。巴西等平原面积广阔的咖啡种植地区，正在大刀阔斧改革用机器采收代替人工采收。

我的朋友、云南保山佐园咖啡庄园番啟佐先生是国内最早的精品咖啡种植专家之一。他曾给我算了一笔账，早在 2012 年，云南保山咖啡产地采摘 1 千克全红果人工成本约为 1 元，而到了 2018 年，大货每千克已经涨到 1.2 元，而采摘 1 千克全红果的人工费为 1.6~2 元，且还有持续上涨的趋势。对于咖啡种植园来说，采收期的劳务等成本费用可能占到全年总成本的一半甚至更多。个别咖啡种植园因为咖啡行情不景气，任由咖啡鲜果挂在树枝上干枯萎缩，这种现象直至今天依然大量存在，令人心痛。

## 咖啡种子

种子植物中的被子植物胚珠包裹在子房里，卵细胞受精后，由子房发育成果实，胚珠则发育成种子。剥去咖啡鲜果的外果皮就是咖啡果肉（中果皮），这是一层甜味浆状物质，可以食用，有甜味，由于其呈现出胶质状，习惯性又称作果胶。果肉（中果皮）再往里就是可以生根发芽的咖啡种子。椭圆形的咖啡鲜果中，一般有两颗种子，有时也会孕育一颗或者三颗。两颗种子是大概率情况，种子呈现半椭球体。一颗种子的呈现橄榄球形，俗称圆豆。三颗种子的叫三角豆。圆豆并不是发育不良的体现，三角豆通常也不用扔弃。咖啡种子的种壳即咖啡果实的内果皮，又称羊皮纸，质地坚韧。带着种皮的完整咖啡种子又叫“羊皮纸咖啡”，云南称作“带壳豆”。

胚、胚乳和种皮是完整种子的三部分，咖啡种子与咖啡生豆之间最大的区别便是有无种皮。种皮是由珠被发育而来的保护组织，具有保护种子不受外力损害、防止病虫害入侵等作用。不同植物的种皮层数、厚薄、颜色等都有较大差异。对于咖啡来说，具有两层珠被的胚珠常常形成两层种皮：外珠被发育成质地宛如羊皮纸的外种皮，而内珠被在发育过程中退化成纤弱的薄壁组织，就是咖啡生豆表面紧紧裹覆着的一层薄膜，我们称之为银皮。

实际工业化生产过程中，剥去外种皮的咖啡生豆往往还要经历打磨抛光等工序，等于只剩下胚、胚乳和部分残存的内种皮（更多残余银皮会在烘焙受热过程中脱离），几乎丧失了繁衍的能力，这才能够成为国际贸易中的咖啡商品的常见形态。

## 咖啡种子的萌发

咖啡种子最好先用水浸泡三天，每天换一次水。待种子足够吸水膨胀，能够沉底，再播散比较好。这一点也符合前文中提到的咖啡种子的聪明之处：咖啡因对于细胞分类、生物生长具有阻碍作用，大量聚集在

咖啡可能自发性突变导致呈现不同果皮色泽，包括红色、黄色、橙色和粉色等。

剥去外果皮后呈现的中果皮，有甜味。

果冻般黏滑质感，厚度为0.5~2.0毫米之间，包含果胶与糖分，不易去除。

像羊皮纸一样又薄又脆的覆盖物，包含羊皮纸的咖啡豆叫作带壳豆。

咖啡生豆的覆盖层，通常因处理法不同呈现银色或铜色，烘焙后残余剥落。

胚乳是种子中储存营养物质的组织，是种子萌发时供给养料所在。

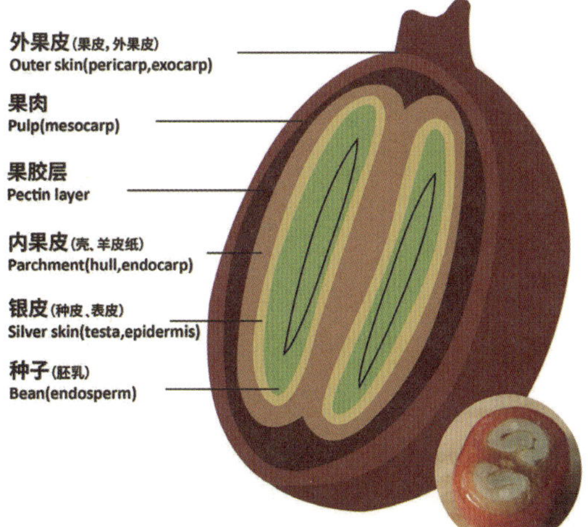

▲埃塞俄比亚咖啡山林中的遮阴树多是假香蕉树

咖啡种子里的咖啡因会起到阻碍种子萌发的负面作用。通过快速吸收水分，种子快速膨胀，能够促使种子里萌芽的根芽远离咖啡因积聚的部位，脱颖而出。待它们脱离咖啡种子（咖啡豆）范围，再进行细胞分裂，进入真正的生长过程。与此同时，咖啡种子也会将咖啡因从不断萎缩的胚乳中渗透排出到土壤中，这种天然“除草剂”的释放能够尽可能抑制周边其他植株成长，保证自身对于周边资源的独占性。

咖啡种子种下去之后，35~45 天发芽，6~10 个月后，幼苗长出数对真叶时就要出圃定植了。定植时株距还会依据品种不同而略有差异，临时遮阴树和永久遮阴树也是有必要的，临时遮阴如花生，永久遮阴如橡胶树、合欢、香蕉树等。云南咖啡产地有识之士正在号召在海拔 1300 米以下的咖啡园将海南黄花梨树作为间种的永久遮阴树。这不仅源于其极高的经济价值，可以大幅增加咖农收入，还因为其根瘤固氮，可增加土壤氮肥，冬天落叶，不争抢阳光。埃塞俄比亚山林中的咖啡遮阴树多是假香蕉树，这种“大肚便便”的植物可以食用，是当地除了英吉拉以外的主食之一。虽然有些国人对其酸臭如“一周没洗的臭袜子”风味嗤之以鼻，我个人倒是蛮能接受。假香蕉树还具有强大的蓄水能力，能够调节咖啡树周遭的空气湿度，从而调节温度，给咖啡树营造最佳生活环境。

# 35

# 三大咖啡原种

“对于我们，咖啡馆是一个巨大的磁场。你怎么跑，最后还是要到那里，一种抵抗不了的吸力，一种上瘾，如痴如醉，欲罢不能。我们迷恋那儿的空气、光线、声音，忘记时间地沉浸在那里，在一群跟自己一样的人当中，可能继续一个人，但大家都心照不宣。”

——“咖啡馆疯子”张耀

▲泰国的罗布斯塔种咖啡种植园

## 三大咖啡原种

咖啡属下目前共有129个咖啡原生物种，自然分布于非洲、印度洋岛屿直至热带亚洲地区，其中50多个原产于马达加斯加。商业种植的咖啡物种除了下文中详细提及的“咖啡三大原种”，便只有艾克赛尔沙等极少数。据说20世纪50年代，我国专家在筹建的海南咖啡园里观察到不同咖啡树彼此间外观差异明显，便做了“中国式命名”：小粒种咖啡、中粒种咖啡和大粒种咖啡，分别对应：阿拉比卡种咖啡（Coffea Arabica）、罗布斯塔种咖啡（Coffea Robusta）和利比里亚种咖啡（Coffea Liberica）。我国云南种植的咖啡，不管是作为绝对主力的卡蒂姆系列，还是残余不多的铁皮卡老品种，抑或是近年来引种的波旁、瑰夏等，都属于阿拉比卡种咖啡范畴，“云南小粒咖啡”的笼统提法倒是不虚。

## 利比里亚种咖啡

原产地在非洲西部利比里亚的利比里亚种咖啡又叫大果咖啡、利比里卡咖啡、大粒种咖啡，其栽种历史并不长，适合在低地种植生长，咖啡树是体型高大、可达 15 米的常绿乔木。枝干整体形态向上、椭圆形或倒卵状且长达 15~30 厘米的革质叶子是其最易辨认的特征。利比里亚咖啡树也开白色花朵，不过不同于阿拉比卡种咖啡的 4~6 瓣花，其花瓣数量在 6~11 瓣之间，又以 8 瓣花最为常见。

▲利比里亚种咖啡树很适合装点为圣诞树（供图：赵洋）

我第一次见到利比里亚种咖啡树是在海口福山咖啡的露天庭院里，徐世炳先生详细讲解，方才恍然。这种枝叶茂盛、迥异于阿拉比卡种咖啡树的绿植，给人的第一印象是：特别适合用来做观赏植物，也特别适合热带地区朋友装点成为圣诞树。

利比里亚种咖啡果实个头较大，生豆体型也较大，头稍尖，状似小船，非常好认。香气浓郁，有菠萝蜜等香气，苦味突出，体脂感厚实但粗糙，咖啡因含量高。更为重要的是，这个原种抗病虫害能力并不占优，所以种植面积持续萎缩，占全球咖啡总产量不到 5%，主要用于制作低端速溶咖啡产品，商业价值日减，多改作物种保存或科学研究性种植。目前，西非、圭亚那、苏里南、马来西亚、菲律宾、印度尼西亚、越南等还有一定量利比里亚种咖啡树种植，我国海南和广东地区也有少量种植。

## 罗布斯塔种咖啡

准确来说，罗布斯塔种只能算“小名”或“别称”，其大名应该被称作甘佛拉种（Coffea Canephora），原产地在非洲中部的刚果。罗布斯塔种咖啡的发现比阿拉比卡种咖啡晚了 100 多年。1857 年，两位英国探险家顺着尼罗河上群找源头，最终到达乌干达。“尼罗河源头寻觅之旅”虽未成功，但他们却发现了与阿拉比卡种咖啡截然不同的咖啡新物种。1895 年，罗布斯塔种咖啡正式被确认。

稍后，一家商业嗅觉敏锐的比利时公司率先以 Robusta（罗布斯塔）命名经销

▲利比里亚种咖啡

▲罗布斯塔种咖啡树

▲阿拉比卡种咖啡

这种刚刚发现的非洲咖啡新物种，其单株产量、病虫害防御能力等都优于阿拉比卡，很快就获得了咖农的青睐，顺利打开了欧洲市场，并将“罗布斯塔”之名根深蒂固起来。“罗布斯塔”之如“甘佛拉”，正好似“吉普”之如“越野车”，以偏概全，却叫人服气。较之阿拉比卡，罗布斯塔喜欢生长在低海拔地区，对于炎热和潮湿的接受度都优于阿拉比卡，更拥有生命力强、抗病虫害能力好、种植管理成本低、浸出率高、体脂感厚实、油脂丰厚等优点，无奈在风味、酸质和香气上却略逊一筹，苦味较重，杂味较多，咖啡因含量约为同量阿拉比卡种的 2 倍，因此并不受大多数咖啡消费者认可。

在那个年代，由于罗布斯塔的主要种植地集中于中西非诸国，而其宗主国多为欧洲国家，这层渊源使得彼此之间形成了常态化的往来关系，也逐渐改变了欧洲人的咖啡消费习惯，他们对罗布斯塔种咖啡风味的接受度非常高，而对单纯的阿拉比卡种咖啡兴趣一般，甚至把水洗阿拉比卡种咖啡称作“淡味咖啡”。到了 20 世纪中叶，伦敦成立咖啡期货交易市场，主要便是针对罗布斯塔种咖啡，也会涉足日晒处理的阿拉比卡种咖啡，这与美国纽约咖啡交易市场以水洗处理的阿拉比卡种咖啡为标的截然不同，两者之间的“分野”就此逐渐形成。

水洗法处理的阿拉比卡种咖啡耗费人工，售价较高，再加上香气与酸质突出，无形中给人以“高高在上”的第一印象。20 世纪 50~70 年代，巴西等主要产国因极端气候、咖啡叶锈病等原因，导致阿拉比卡种咖啡大幅减产，更加拉高了价格，愈发衬托得阿拉比卡种咖啡“高人一等”起来。几乎所有的饮食都是这样，一旦消费者习惯了，接受了，这种感官喜好就容易固化并且产生排他性，阿拉比卡种咖啡的优势就在“美国势大”的背景下一步一步坐实：种植面积越来越大，产业规模越来越大，消费群体越来越大。而罗布斯塔种咖啡因为生命力强、产量较高，反而博得了“粗壮豆”这般不太雅的称呼。

直至今天，虽然阿拉比卡种咖啡占到绝对主力，但欧洲很多传统咖啡消费大国依然是罗布斯塔种咖啡的拥趸，尤其在浓缩咖啡拼配中，罗布斯塔种咖啡仍然顽固地占据着一席重要之地。由于罗布斯塔种咖啡不论是浸出物总量（萃取出的咖啡液容量），还是咖啡因含量，都远超阿拉比卡种咖啡，所以大量被用于生产制作速溶咖啡和罐装咖啡。虽然单独饮用罗布斯塔豆制作的咖啡体验“令人生畏”，但很多传统咖啡烘焙商会将大比例的阿拉比卡种和小比例的罗布斯塔种混合，使拼配出来的成品咖啡不仅成本略有下降，产出率提高，还拥有更加丰厚的油脂、更加独特的苦味、更加丰富的咖啡因和单宁酸，酸味也能得到抑制，层次感比较出众，尤其体现在调配奶咖上。

2002 年，世界精致罗布斯塔种咖啡联盟（World Alliance Of Gourmet Robustas）成立，并且一直在卓有成效地推广罗布斯塔种咖啡的种植和处理法改良。CQI 也于数年前启动了罗布斯塔的 Q 认证项目，相关培训项目已经落地中国。今天，印度尼西亚、印度等产地已经有了较高海拔种植、水洗法初加工的精品级罗布斯塔种咖啡，我也喝到了非常不错的海南罗布斯塔种咖啡，铂澜咖啡学院也顺势推出了一款包含精品罗豆的意式浓缩拼配。虽然这些还只是个例，却让人遐想憧憬，罗布斯塔种咖啡的明天并非一片黯淡。

## 阿拉比卡种咖啡

咖啡的三大原生种中，“根正苗红”的阿拉比卡种咖啡名气最大、种植最多、产量最大、风味最好，也最为今人所喜，我们将其放在最后讲述。1753 年，它由瑞典植物学家确定为咖啡原生种，现已被人们广泛认可为高档咖啡的代名词，频繁出现在各种咖啡的媒体广告标识中，“100% 阿拉比卡”成为某些咖啡爱好者的口头禅。

为何叫作阿拉比卡？这是因为该种原产自咖啡的故乡——埃塞俄比亚，后来通过阿拉伯（阿拉伯半岛南部的也门摩卡港是当时运往欧洲的咖啡等物资集散地）传入欧洲并广为人知，其英文学名上便留存了这段过往。最近这几年，科学家针对基因序列对比研究后，对如上结论有了些许修正：阿拉比卡和罗布斯塔并不是兄弟姐妹这般平级关系，阿拉比卡实际上是罗布斯塔的子代，罗布斯塔是阿拉比卡的双亲之一，双亲中的另一位叫作欧基尼奥伊德斯（Coffea Euginoides），两个原种在苏丹南部交叉授粉后，生出了焕然一新的阿拉比卡种咖啡，并在埃塞俄比亚开枝散叶，为世人所知。换而言之，苏丹和埃塞俄比亚都可以被视作为阿拉比卡种咖啡的故乡。

阿拉比卡种咖啡植株通常不高，略显修长的绿色叶子，较小的椭圆形果实，又称作小粒种咖啡。阿拉比卡种咖啡拥有较低的咖啡因含量、出众的风味、迷人的香气和明媚的果酸，但遗传基因上的先天不足（44 条染色体属于特异、雌雄同株、自花授粉为主）导致其生命力较弱、抵御病虫害能力不强、种植管理成本也较高。由于具有巨大的商业价值，其种植面积最广。根据国际咖啡组织的统计，全世界消费市场上流通的咖啡约有 65% 为阿拉比卡种，产量占到了七成左右。尤其是海拔 800 米以上的高地，更是阿拉比卡种咖啡适宜生长的乐园。

由于个人的好恶不一，再加上加工等环节至关重要，单纯用阿拉比卡或罗布斯塔来对咖啡饮品的风味优劣、档次高低进行评价是不严谨的，事实上罗布斯塔种也有精品。如今，阿拉比卡与罗布斯塔的杂交混种工作正在如火如荼开展中，种间和种内嫁接早已蔚然成风，尤其是利用中粒种、大粒种为嫁接繁殖时承受接穗的砧木，嫁接小粒种咖啡（阿拉比卡种咖啡），目的是筛选出对中粒种、大粒种咖啡亲和性好，嫁接后产量高、品质好的小粒种咖啡品种来。其他咖啡原生种的商业价值也在积极探索中——种植者只是希望获得风味、产量和抗病虫害能力更加出众的商业品种，无关乎其他。

# 36

# 常见咖啡树品种：铁皮卡、波旁、卡蒂姆及其他

你永远不可能获得比豆子本身更好或截然不同的（风味），但是你可以将它弄得更糟。

——ROB HOOS, Modulating the flavor profile of Coffee

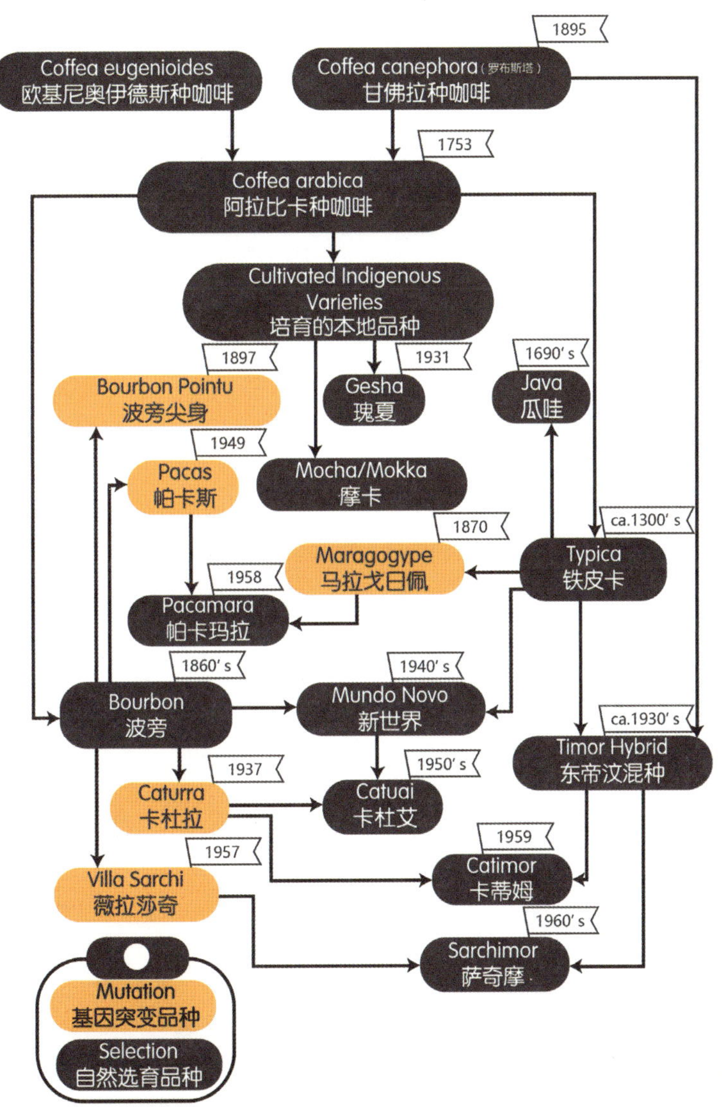


▲常见咖啡树种谱系图

## 从原种到品种

▲绿顶与红顶

原种往下还可以分作亚种、变种和品种。品种（variety）指的是同一个物种内具有来源共同性、差异可识别性、遗传稳定性、性状一致性、个体数量相当性的某个特定群体，同一物种之下品种 A 与品种 B 之间的性状差异应该是唯一的。

一般来说，我们可以将品种分作原始品种和培育品种两类，前者经常又被叫作地方品种、土种、传统品种，往往是在粗放条件下经长期选育而成，甚至可能是自发性基因突变的产物，人为干预痕迹不明显，是非常重要且宝贵的基因库。后者往往是在集约条件下通过水平较高的育种措施培育而成，人为干预痕迹较为明显，多以追求经济效益为主要目的——增强抗病虫害能力或提高产量，往往不以最终呈杯质量做核心考量。过去 500 多年的不断演进，使得咖啡种植形成了庞大的原始品种和培育品种群，它们有着各自喜好的土壤、温度范围、降雨量等自然气候条件，因此被种植于与之相匹配的海拔和经纬度地区。

## 铁皮卡

铁皮卡（Typica）又叫帝比卡，是源自埃塞俄比亚森林中的最古老原生咖啡品种，是与阿拉比卡原种最接近的“祖宗级品种”，一度也曾是阿拉比卡种咖啡中种植面积最大者。古老的铁皮卡早在 14 世纪就被人发现确认，其风味优雅，牙买加蓝山、夏威夷科纳等名品咖啡都是源自铁皮卡的衍生品种。

铁皮卡是咖啡树里的“骨感美人”，树体高大纤细，顶芽多为“红顶”或“古铜顶”，咖啡生豆颗粒较大呈明显瘦长的椭圆体。铁皮卡生来体质羸弱，需要遮阴树伺候，抗病虫害能力差，容易沾染咖啡叶锈病，单株产量也较低，经济效率并不高。不管是在亚洲还是中南美洲，铁皮卡都处于逐渐被取代中。如果不是如火如荼的精品咖啡运动，总有一些愿意为了风味而支付更多的咖啡消费者，只怕铁皮卡被取代的进程还会更快些。

## 波旁

波旁（Bourbon）又叫波本或波邦，也是目前现存最古老的阿拉比卡咖啡树品种之一，堪与铁皮卡并列而论，是早期帝比卡移植到也门后，基因突变的产物。直到 18 世纪初，法国咖啡种植和贸易大兴，法国人才在非洲东海岸的属地留尼汪岛（原名波旁岛 Bourbon）上发现并命名了波旁（Bourbon Varietal），这一发现使得法国人开始刻意关注波旁咖啡树，后来又在也门当地发现了波旁品种的存在，这番过往才最终厘清。

种植密度同样不宜太大的波旁植株较高大，不同于果实成熟后果皮红色、豆身略长的铁皮卡，波旁豆身偏圆，成熟后果皮颜色从黄到红均有，甚至还有橘色。如果说铁皮卡普遍风味更加干净明亮、酸质较为出众，那么波旁则有着出色的风味复杂性，体脂感和坚果巧克力类型的香气更加突出。

到了1810年，波旁岛的原生波旁中又有一部分基因突变为“尖身波旁”，其卓越的风味和更低的咖啡因含量，再加上羸弱的体质和稀少的产量，共同造就了惊人的高价，为世人所追捧成为当今名品咖啡之一。但“成也萧何，败也萧何”，“尖身波旁”难成大器，至今也只是困守一岛，并无开枝散叶的潜力。

在咖啡爱好者的世界里，不少人认为越是原始、传统的原生品种风味越好，因此波旁和铁皮卡的拥趸比比皆是。但是由于波旁和铁皮卡都存在产量低、抗病虫害（尤其是叶锈病）能力弱、收获期长等难以克服的固有缺陷，因此并不受种植者青睐，其种植面积也都处于锐减中，而具有铁皮卡和波旁风味特征的改良品种则浮出水面。可以说，今天世界各地优秀的咖啡豆品种，都与铁皮卡或波旁具有密切血缘关系，形态上有相似之处。单纯讨论品种意义也不大，还必须将其与种植区海拔、土壤、气候、水质、光照等联系在一起分析，这种结合才是产生风味的根本。

## 卡杜拉

1937年被发现的卡杜拉（Caturra）是波旁之下的一个基因突变品种，对于海拔适应性很强，但是种植海拔越高，风味越好。咖啡树叶芽为绿色，植株比较矮小，便于人工采摘，种植密度可以较高，有着很好的产量。虽然抗虫害能力不强，也容易感染咖啡浆果病和咖啡叶锈病，但还是比波旁胜出一筹。

卡杜拉咖啡树的果实有黄色与红色这两种常见颜色，豆体比较小，风味上和波旁不相上下，更为重要的是适应力很强，种植园中不需要遮阴树，可以直接暴晒在阳光下，属于我们所说的“暴晒咖啡”中的一种。

## 薇拉莎奇

1957年最早在哥斯达黎加被人发现的薇拉莎奇（Villa Sarchi）是波旁之下另一个基因突变的新品种，也是近年来新兴崛起、风头强劲的精品咖啡品种之一。同卡杜拉一样，薇拉沙奇咖啡树叶芽为绿色，植株较为矮小，便于采摘，种植密度可以较高，抗虫害能力不强，容易感染咖啡浆果病和咖啡叶锈病，红色果皮，豆体比较小，呈杯风味不错。此外，薇拉莎奇还有着较强的防御强风的能力。

## 帕卡斯

帕卡斯（Pacas）是波旁之下的基因突变品种，1949年最早发现于萨尔瓦多。同卡杜拉、薇拉莎奇一样，帕卡斯咖啡树叶芽为绿色，植株较为矮小，便于采摘，种植密度可以较高，抗虫害能力不强，容易感染咖啡浆果病和咖啡叶锈病，果皮为红色，豆体比较小，呈杯风味不错。

## 马拉戈日佩

马拉戈日佩（Maragogype）又叫象豆（Elephant Bean），也是基因突变的产物，不过其父代不是波旁而是铁皮卡。作为最知名的铁皮卡变种，马拉戈日佩个头比一般阿拉比卡种咖啡豆大很多，往往超过 19 号筛网，是一种巨型豆，堪称小粒咖啡豆之最，“象豆”之名实至名归。

马拉戈日佩历史比较悠久，1870 年被发现于巴西巴伊亚州马拉戈日佩地区，名称由此而来。早在 20 世纪初期便是欧洲某些消费者的专宠，口感温和平衡，香气良好，虽然丰富感与个性略显不够，但良好的卖相却是赢得消费者的重要筹码。前些年国内个别不良咖啡豆经销商拿这种象豆冒充牙买加蓝山咖啡销售，赚取暴利。

马拉戈日佩植株比较高大，叶片很大，果皮为红色，种植密度不高，营养要求也不高，因此产量较低。马拉戈日佩抗病虫害能力很弱，对于种植海拔的要求不苛刻，但种植于低海拔地区不仅风味平淡，还往往有土腥气息，只有将种植海拔提高以后，其风味和香气才有较大提升。

## 帕卡玛拉

萨尔瓦多国家咖啡研究机构于 1958 年人工培育出的优良品种帕卡玛拉（Pacamara）血统比较复杂，是马拉戈日佩与帕卡斯杂交的产物，从其命名中也不难看出这层关系。帕卡玛拉咖啡树植株较为矮小，便于采摘，抗虫害能力很弱，容易感染咖啡浆果病和咖啡叶锈病，豆体仅仅比马拉戈日佩略小一点，但呈杯风味非常不错。沉寂多年之后，直到 2000 年后帕卡玛拉才逐渐绽放光芒，成为中美洲诸国 COE 竞赛前十的常客，现已成为精品咖啡世界的新宠之一。

## 爪哇

早在 1690 年前后就被发现的爪哇（Java）是铁皮卡之下的自然选育品种。爪哇咖啡树植株较为高大，叶芽为褐色，适宜的种植密度不高，营养要求不高，抗虫害能力很弱，但有一定的抗咖啡浆果病和咖啡叶锈病的能力。豆体较大，如果种植在高海拔地区，呈杯风味很好。

## 新世界

新世界（Mundo Novo）又叫蒙多诺沃，最早于 20 世纪 40 年代在巴西被发现，是波旁和苏门答腊铁皮卡自然杂交的产物。20 世纪 50 年代中后期，巴西咖啡种植业受到自然灾害和叶锈病摧残，由于新世界比较适应当地不太高的海拔高度，故此开始被大量种植，并承载着巴西咖啡种植业重续辉煌的光荣使命，因此得名。新世界咖啡树产量较高，抗病虫害能力较强，呈杯风味较好，唯一的问题是植株比较高大，给采摘带来一些问题，这也是后来卡杜艾更受青睐的原因。

## 卡杜艾

卡杜艾（Catuai）又叫卡图艾，被发现于 20 世纪 50 年代，血统比较复杂，是新世界与卡杜拉的杂交混血品种。正是这种血统关系，使得卡杜艾继承了卡杜拉植株矮小的优点，给采摘带来了较大便利，而且卡杜艾种植密度较高，对于强风的抵抗能力也较强。除了波旁，卡杜拉、新世界和卡杜艾是巴西最主要的咖啡树品种。它们之间较近的血缘关系，使得其豆形上比较相似，让人第一眼就能大体认出巴西咖啡豆。

## 东帝汶混种

东帝汶混种( Timor Hybrid )又经常被简称作提摩( Timor )，最早被发现于 20 世纪 30 年代东帝汶，是阿拉比卡种咖啡与罗布斯塔混血杂交的产物。科学家通过对其染色体检测，最终确定了其归属为阿拉比卡。

## 卡蒂姆

卡蒂姆( Catimor )又叫卡蒂莫、卡提摩，是 1959 年葡萄牙科学家将卡杜拉与东帝汶混种提摩杂交后人工培育出的强悍品种，也是当今最重要的商业咖啡树种之一。卡蒂姆咖啡树叶芽多为褐色，植株比较矮小，方便采摘，种植密度很高，产量也很高，适应酸性土壤，对于海拔适应性非常高，种植于高海拔对于风味提升帮助很大。更为难得的是，大约四分之一的罗布斯塔血统使其含有中粒种的多个抗锈病基因，变成了咖啡世界的“超人”，抗咖啡叶锈病能力很强，也有一定的抗虫害和咖啡浆果病的能力。

卡蒂姆问世以来，很多国家和地区的科研机构都致力卡蒂姆品种改良工作，以期在保持其强悍特性的基础上提高呈杯风味，由此产生了一系列升级版卡蒂姆。1988 年，中国热带农业科学院率先将 Catimor7963、矮卡品种分别引入云南保山潞江坝和德宏州瑞丽。之后，雀巢将 Catimor7960 ( P1 )、Catimor7961 ( P2 )、Catimor7963 ( P3 )、Catimor7964 ( P4 ) 等引入普洱，这些大体构成了云南咖啡的“卡蒂姆家族”。全球咖啡叶锈病的大功臣——卡蒂姆就此成为我国云南的主力咖啡品种。目前卡蒂姆系列在云南的种植面积非常大，可以说大家喝到的“云南小粒咖啡”主要就是云南产卡蒂姆。

令人欣喜的是，随着田间管理和处理加工技术的大幅提高，过去数年间云南卡蒂姆风味突飞猛进，广受诟病的“土腥气”“浑浊感”“魔鬼尾韵”基本消失，我们已经能喝到接近 85 分的好咖啡。同时，卡蒂姆的抗锈性也在下降，稳产性与易早衰的问题凸显。挖掘潜力之余，更换树种已成为云南精品咖啡突破瓶颈的必由之路，数百个咖啡良种正在云南各大咖啡产地种植，焕然一新的云南咖啡局面正在形成中。

## 卡蒂姆的遮阴种植

云南主力咖啡品种卡蒂姆虽然属于高产抗锈暴晒树种，但如果种植于海拔 1000 米以下且无任何荫蔽条件，过度的全光照会导致咖啡抗性逐渐减弱，即便身为强悍的抗锈品种，也常发生咖啡褐斑病和炭疽病，天牛害虫抵抗力下降，并且抗旱、抗寒力下降。相反，良好部署实施的阴植至少具备四大优势：第一，在降低农药施用量的前提下提高平均单产，从而提高单位土地面积的综合经济效益；第二，有效控制咖啡植株早衰和大小年收成差异问题，并将植株丰产期延长 3~5 年；第三，提高森林覆盖率，防止水土流失，减少环境污染，保护鸟类家园，改善生态环境；第四，适当缓解干旱、霜冻等极端天气对于咖啡种植业的影响。由此可见，科学合理的荫蔽栽培已经成为现阶段云南咖啡种植和田间管理非常重要的措施之一。

# 37

# 常见咖啡树品种：SL28、SL34 与瑰夏

All you need is coffee.

——网络名言

▲巴拿马翡翠庄园(Panama La Esmeralda)（供图：SCB 悉尼咖啡）

## SL28 与 SL34

SL28 与 SL34 知名度着实不小。20 世纪 30 年代，英法等国科研工作者受肯尼亚政府委托，在位于肯尼亚的斯科特实验室( Scott Laboratories )，从一大堆品种中精心筛选培育出来这两种波旁子代品种。不管是 SL28 还是 SL34，都与中南美洲的“波旁大家族”差异较大，百年来它们已适应肯尼亚高浓度的磷酸土壤，再结合精致水洗处理法，孕育出独属于肯尼亚的明媚酸质和莓果风味。美中不足的是，SL28 与 SL34 也有一些“先天隐疾”，贝壳豆较多，对于咖啡叶锈病的抵抗能力不强，这些多少会影响咖农种植的热情。

SL28 与 SL34 是专为肯尼亚磷酸含量较高土壤而生的芬芳精灵（SL28 更胜半筹），适宜种植在高海拔地区，移植到别处就要逊色三分，但也绝非沦为“街边货”。中国台湾经常举办各种生豆赛与烘焙赛，就曾发现某些特殊批次的豆子风味极佳，颇有些惊艳的水果调性，后来多方了解，发现其品种正是移植而来的 SL28 与 SL34。

## 瑰夏

2004 年开始爆红的瑰夏（Gesha/Geisha）在港台地区也被称作艺伎，是目前世界上身价最贵的咖啡树品种之一，业内有“被上帝亲吻过的橘香花韵”“平生不喝瑰夏豆，便称大咖也枉然”等赞誉。虽亦不乏商业包装，但缘自血统的与众不同，以及由此赋予的卓尔不群的风味，才是瑰夏品种维系高昂身价、受市场追捧的主要原因。

▲部分咖啡生豆对比图

瑰夏咖啡树植株较高大，需要遮阴种植，管理难度大，产量较低。根系不发达，栽种初期死亡率较高，种植密度不高；叶芽分为绿顶和红顶（铜顶），绿顶通常更受欢迎。瑰夏对于咖啡叶锈病有一定抵抗能力，但是抗虫害和咖啡浆果病的能力很弱。随着种植海拔的提高，呈杯风味优雅绝伦。目前除了巴拿马，在埃塞俄比亚、哥伦比亚、危地马拉、中国云南等地也都有种植。

1930 年，肯尼亚向邻国埃塞俄比亚索要一批生命力强悍的咖啡树种以便于品种杂交改良，留了一些心眼的埃塞俄比亚自然有所保留，拿出去的都是不心疼的“孩子”，瑰夏便在其列。埃塞俄比亚官方当时的评价是：“豆身瘦长，其貌不扬，风味不佳，抗叶锈病强，可杂交提升抗病虫害能力……”于是乎，1931 年，瑰夏从埃塞俄比亚西南部瑰夏山取种，1932 年移植到肯尼亚和乌干达。1953 年，哥斯达黎加研究机构 CATIE 从坦桑尼亚取得一些瑰夏种子用作研究，并于 20 世纪 60 年代落户巴拿马，从此开始了漫长的韬光养晦历程。

1964 年，美国银行家鲁道夫·彼得森在巴拿马巴鲁火山下买下当时以乳畜为主业的翡翠庄园（Hacienda La Esmeralda）退休养老。事实上，巴拿马一直是欧美人尤其是美国人的养老天堂，现在也成为最受国人欢迎的医疗旅游、养老地点之一。到了 1973 年，其拥有博士学位的儿子普莱斯·彼得森（Price Peterson）回到巴拿马协助经营家族产业，并参与了庄园向咖啡种植业的转型。直到 2003 年，翡翠庄园边缘一些长期为人忽视的“低颜值咖啡树”突然被特别关注起来。针对性杯测研究发现，这些用作防风林的无名咖啡树结出来的咖啡豆具有与众不同的卓越风味：花香，柑橘……一番追根溯源之后，瑰夏的过往浮出水面。

后来，巴拿马开启精品咖啡事业，“最佳巴拿马（BOP, Best Of Panama）”评选推出不久正需要树立样板，从 2004~2007 年这四年间，翡翠庄园凭借风味卓尔不群的瑰夏制霸冠军，俘获现场所有评审，并创下当时每磅 130 美元的天价。这个价格可是商业级别咖啡售价的百倍之多，着实震惊行业内外，瑰夏的王者地位就此奠定。故事还没结束，到了 2010 年，翡翠庄园的瑰夏创下每磅 170 美元纪录，并在 2013 年用每磅 350 美元打破。到了 2017 年，翡翠庄园用一批日晒瑰夏拍到了每磅 601 美元，而 2018 年 7 月，Elida 庄园的日晒处理绿顶瑰夏则拍到了破纪录的每磅 803 美元。

瑰夏的身价是否值得如此之高？翡翠、Elida 等庄园的成功能否延续？从咖啡店到竞技赛事动辄用瑰夏是否可取？在我看来，只要是基于杯测表，基于客观公正的感官评估，基于实力而胜出，就该令人服气。至于售价高低，使用取舍，那是市场决定的，无须杞人忧天。

瑰夏的崛起带动了探索全新树种风味的热潮，也带动了探索精品咖啡庄园全新营销推广模式的热潮。2007 年，美国纪录片导演 Adam Overton 和埃塞俄比亚摄影师妻子 Rachel Samuel 在为埃塞俄比亚政府拍摄咖啡纪录片的过程中，接触到位于埃塞俄比亚南方州紧邻南苏丹的偏远咖啡产区班奇玛吉地区（Bench-Maji）的原始咖啡森林，深为震撼，由此萌生了创办咖啡庄园的想法。2011 年，Adam Overton 和 Rachel Samuel 在巴拿马骡子庄园主、BOP 评委 Willem Boot 的协助下，回到那片戈里瑰夏（Gori Gesha）森林——瑰夏当初被发现之地，创办成立了瑰夏村庄园（Gesha Village Coffee Estate）。从此，他们在这片 475 公顷、海拔高度 1800~2100 米的地块上精心种植管理咖啡，树种都是从附近精挑细选的野生埃塞俄比亚瑰夏。

2017 年 5 月 31 日，瑰夏村咖啡庄园开启了首次全球公开竞标，2018 年 6 月的在线拍卖再接再厉，31 个批次精品咖啡最终拍卖获得了 312 270 美元的收入，成为有史以来除巴拿马以外最成功的产地精品咖啡拍卖活动，非洲咖啡生豆也第一次被卖到了每磅 105 美元的价格。而瑰夏村种植的三大树种中，除了一个埃塞俄比亚官方研究机构提供的咖啡森林原始样本 Illubabor Forest，剩下两个最重要的都是瑰夏：Gesha1931 和 Gori Gesha。

# 38 风云汇聚处理法：干法处理

“来自咖啡的香气，从来都是浪漫的象征，香气付出的尘封里，开启的永远是动人恋情……多年以后，我轻轻地走来，在咖啡的芳香里，寻找那温温的眼波，和那喃喃私语……”

——钟敏《咖啡情侣》

## 咖啡加工处理

将采摘下来的咖啡鲜果制成咖啡生豆，叫采收后加工处理(post-harvest coffee processing)，简称处理。这是一个承上启下的重要环节，对于获得咖啡风味品质意义巨大，也是现如今精品咖啡产业价值链上最受关注的领域之一，各种新技术、新思路和新策略层出不穷，叫人目不暇接。CQI的Q项目顺应大势所趋，也推出了专门针对处理环节的Q认证体系。

咖啡鲜果的处理分为干法(Dry Processing)和湿法(Wet Processing)两种。在实际操作中，干法处理最直接的目的是获得干果，湿法处理则是为了获得带壳豆，又叫羊皮纸咖啡豆(Parchment Coffee Bean)，再加上存放于产地仓库中温湿度适宜，能够最大限度地保护咖啡生豆含水量，延长储存时间，待出货之前再做脱壳处理。

## 干法处理

干法处理多是日晒法(Sun-Dry)，又称作自然干燥法(Natural/Natural Dry)，这是最为古老且自然环保的咖啡处理方法，不消耗水资源，更不会造成任何环境污染。

日晒处理就是将采摘下来的咖啡鲜果放在非洲晒床、屋顶平台或露台上，直接铺成厚度为 4 ~ 6 厘米的薄薄一层，接受阳光的暴晒。如果咖啡果实堆砌得太厚或翻动不及时，势必影响空气流动和干燥的均匀一致性，造成土腥味、过度发酵味、霉味等各种问题。特定时段或特殊天气下，还需要及时做好覆盖遮蔽等操作，以确保品质。

▲鲜果在晒床上晾晒时，根据品质需求还要不断手选

晾晒干燥过程中，我们只能观察到每天鲜果含水量不断下降，果实颜色加深、表面持续萎缩等变化，实则内里是酵母菌、乳酸菌、醋酸菌、细菌和真菌等微生物抢夺营养物质并彼此竞争蚕食的复杂生化过程，风味也由此产生。传统日晒处理非常粗放，直接堆放在泥土地上晾晒是常态，更不会投入太多人力去做分拣。采摘下来的鲜果本就参差不齐，有红果有青果，可能还有过熟果和少量树叶、树枝等杂物，结果可想而知。因此，传统日晒被视为一种成本低廉、品质低劣的咖啡处理方法，容易给咖啡带来泥土、腐败、过度发酵、浑浊等负面风味。

▲非洲晒床

## 低端还是高端

长久以来，日晒处理法早已变成了低端代名词，但是这些负面问题并非不能解决，最核心的解决之道就是两个字：投入。精品咖啡运动的兴起让微批次高质量日晒变成了现实，从埃塞俄比亚到越南，从中国云南到哥伦比亚，微批次精品日晒处理虽然还只是小众现象，却也已蔚然成风。

如果要精细化生产精品级别日晒咖啡，日晒干燥过程必须有专人负责，全天多次不断翻动果实，以避免发霉、过度发酵、晾晒不均匀等问题，其间还要不断进行手选操作，甚至在全天的某个特定时段做遮盖、聚拢堆积等处理。到了晚间，气温陡然

转凉，露水重，务必将晾晒中的果实收拢遮盖或者直接收回室内，这期间都是巨大的人力消耗。

铂澜每年都会购买十几吨精品级咖啡豆，其中日晒豆占比肯定过半，甚至有一些会直接去产地了解参与处理过程，以便更好地做到全程品控。这样一来，就有了将“加工处理”与“烘焙生产”“感官杯测”结合在一起综合考量的宝贵机会。大量实践来看，较为缓慢均匀的方式徐徐干燥脱水，能够更好地表达水果类迷人风味，并将其有效锁定。而太过迅猛、节奏不稳定的干燥脱水，则要么使得咖啡豆风味直接减损，要么使得咖啡豆风味更易衰减，无法长久锁定。

额外追加的大量人工参与晾晒环节，多重手选导致鲜果数量持续锐减，再加上最佳干燥节奏的把握……这些都是微批次精品日晒咖啡豆价格高昂的原因。有条件的业者都应去产区亲身体验一番，烈日当空，阳光毒辣，站在晒床前埋头工作不消半日，肌肤便有刮骨之痛，全靠满腔情怀热爱苦撑，愈发增了几分粒粒皆辛苦的认知。

当咖啡干果达到适当的含水量后，就将其收拢起来，要么直接储存，待售出前再用机械剥除外果皮和硬壳，要么此时就送到干处理厂( Dry Mill )，做机械脱壳( hulling )、分级处理( grading )，直接以生豆的形式存放待售。

## 日晒基本风味

干燥过程中，部分糖分和其他风味物质从果胶层转移到豆体内，再结合极为复杂的生化反应，导致日晒较之水洗更易在醇厚度、甜度、香气和风味复杂度等方面胜出，这也是如今微批次精品日晒大受欢迎的原因。但想要处理得当也着实不易，技术含量高、失败概率高已是普遍共识。香气、含糖量、pH 都需要精妙把控，时机拿捏不准，迷人的柑橘、莓果及核果香气可能就变成了干果或酒酿风味，再一不慎就染上了香料或乳酪风味，接下来各种负面风味会如撒开缰绳的狂奔野马，一晒床的鲜果都有被毁掉的可能。

# 39

# 风云汇聚处理法：湿法处理

咖啡本身就是一门语言。

——成龙

▲靠近清洁水源是建设水洗处理场的关键

## 湿法处理

湿法处理又叫水洗法（Washed Processing/Fully washed），始于18世纪中期，其出现就是为了针对当时大宗咖啡商品粗犷的日晒处理，获得香气和风味更精致、酸质更明媚靓丽、口感更加柔顺、干净度更好的咖啡。虽然这样做势必增加成本，但因为能够卖出更好的价钱，所以也能提高利润。

近年来，精品咖啡圈里一味追求爆炸式的风味呈现，希望将每一杯咖啡都做成口腔里厚实饱满的"水果炸弹"，这使得日晒、蜜处理和其他特殊处理法大受追捧，水洗法反而略显沉寂落寞，更没有得到应有的重视。直到亲身考察全世界几大咖啡产地后，我的认知发生了翻天覆地的变化：当前只有水洗处理法才是高效率、批量化、稳定化生产高品质咖啡的手段。其商业价值和意义是微批次日晒处理还无法超越的。对于这一点，所有在咖啡产地处理工厂干活的工人都看得很清楚。

## 第一步：浮选

水洗第一步叫浮选，就是将采收的咖啡鲜果倒入一个流水线式的蓄水槽中冲洗，微批次时也会借助大水桶手工冲洗，成熟鲜果较重会率先沉底，枝叶、杂物和浮果（干果、病果、未熟果等统称）则更易于漂浮，这样容易快速分离去除，极大提高操作效率和咖啡品质。此外，浮选还能降低果实温度，为发酵等后续处理创造有利条件。有时精品微批次干法处理也会先浮选，再用晾晒或工业电扇将果实表面快速吹干。个别小作坊因不具备浮选条件，也未考虑在此额外追加人力投入，导致各种粒径较小的浮果“蒙混过关”。这样它们很容易“搭顺风车”到达后面的发酵和干燥环节，成为咖啡呈杯风味不佳的“原罪”。浮选完成后，有时会进行控温下的果内发酵若干小时，精确测量含糖量和 pH 的变化，再投入下一个环节。

## 第二步：剥皮

到了第二步，我们会将咖啡鲜果倒入去果皮机（Depulper）中，快速将外果皮和大部分果肉（Pulp）等剥除分离。有时进行这项操作前，还会按一定孔径大小特制筛子，将咖啡鲜果按照大小大概区别开，这样便于精准调节去果皮机的间隙，做到更加高效的去皮操作。

## 第三步：发酵

咖啡鲜果的果肉含有大量果胶体，它们牢牢地裹覆在咖啡种子之上，非常顽固，不易清除。于是第三步需要进行发酵，其实这里所指的发酵与酿酒工业中的“发酵”

▲水洗发酵池

有些区别，并无那般剧烈。我们会将残留果胶体的咖啡种子（带壳豆）浸泡在干净的发酵池（Tank）中，水量多少并不一定，其目的是借助微生物发酵来去除果胶体的黏性，使其分解变成更容易溶解于水从而被剥除的物质，还咖啡种子以“清爽干净”的本来面目。

今天很多具备环保意识的咖啡人认为，水洗法发酵池中产生的废水含有一定毒性，不能随意排放，以免对环境带来污染。已经有一些国外水洗处理厂引进水质处理设备，将发酵池和后续冲洗槽中排出的废水收集起来，并将酸度从 3.x 提高到 5.x，这样 pH 已经可以正常养鱼，并借助生物净化逐步排放回大自然了。

发酵是一个能影响咖啡豆风味口感的重要环节，一般分作干发酵（Dry Fermentation）和湿发酵（Submerged Fermentation）两类。此外就是发酵时间，全程一般控制在 12~36 小时，有些特殊拉长水洗发酵可能会长达 72 小时。结合海拔高度、温湿度和天气状况，发酵池中水量、换水频率、水温和 pH、豆表黏感、豆表气味等，都较多依仗操作者的个人经验来酌情判断——越热的环境发酵进程越快，凉爽的环境则相应进程缓和些。发酵浸泡的时间

▲自动化的果实粒径筛选及浮选（供图：云南普洱艾哲咖啡）

过长可能会导致乳酸醋酸生成过多，从而产生负面风味。一家水洗工厂里一般只有一两位老师傅能够通过目视、嗅闻、捏揉等手段完成这些工序，灵活把握分寸，从一旁众人的崇敬眼神里，不难想见其地位。

▲冲洗时工人们节律一致的号子是一道风景

## 第四步：冲洗

第四步叫冲洗。从发酵池出来之后的清洗环节会在流水式蓄水槽中由众人一起作业进行，这个步骤非常重要，有时不仅会将豆表残留物清洗干净，还能借助这一形式进行简单分级，因此也极具仪式感。

众人一起，手持船桨一般的工具，吆喝着搅动水流，在流水式蓄水槽中反复冲洗并推动咖啡豆（带壳豆）往前跑，越是颗粒大、重量大、质地饱满的优质豆子，越会提前沉淀下来，越是颗粒小、重量轻、质地轻浮的劣质豆子，越会走得远，到了水槽最后部位才沉淀下来。我们在水槽中不同位置设置不同的挡板，预留不同的出口，就可以完成分级工作了。在埃塞俄比亚好几处水洗处理厂，我都见到了水槽最后部位出来的豆子，不仅品相差，而且大量残破豆和果皮混杂其间，也有工人专门进行收取和晾晒，用于供应本国咖啡消费市场。

## 第五步：干燥

完成上一步操作的带壳豆含水量很高，往往超过 50%，需要通过此项操作使其表面干燥，且水分含量降低至 12%。水洗处理的晾晒干燥和日晒干燥处理法几乎相同，最好在非洲晒床上平铺成厚度为 2 ~ 4 厘米的薄薄一层进行晾晒，良好的空气对流和专人参与翻动，可以保证干燥的质量并避免二次发酵（此时的二次发酵往往会带来负面风味和口感），特殊时段或天气条件下，还需做好覆盖处理。待咖啡豆（依旧是带壳豆）干燥达到适当的含水量之后，便妥善收集起来存放。咖啡豆以带壳豆的形式在产地静置存放 2 ~ 3 个月是合

▲印度尼西亚苏门答腊北部某产地的咖农正在水泥地上晾晒干燥咖啡豆

▲水洗完成后的带壳豆也需要晾晒干燥

▲午间时段紫外线最强烈之时要做短暂遮盖

理做法，这样对于稳定其含水量及水活性、延长储存期，乃至改善咖啡风味、降低涩感等意义巨大。待销售出货前，再进行最后一步操作——去壳抛光。

如果天公不作美，我们就需要在室内使用干燥机来人工烘干咖啡豆。事实上，世界各地不管是干法还是湿法，采用机械来干燥并不少见。根据经验，单纯使用机器干燥很难获得最佳的口感，纵使以机器干燥的咖啡豆也需要适度经历一下阳光的沐浴。

## 第六步：去壳抛光

我们可以将去壳抛光视为最后一步操作。直接进入销售环节前，带壳豆需要进行去壳操作，脱壳后的咖啡豆再用抛光机进行表面抛光处理，杂物和部分银皮也会被去除。因为去壳抛光过程中产生的粉尘和噪音，这一步操作我个人不愿旁观参与，但也加深了对于咖啡来之不易、粒粒皆辛苦的认同感。

目前很多先进的去壳抛光机械还带有咖啡生豆的基本筛选功能，能流水线式地将咖啡豆进行分级处理。此外，还可以使用风力、振动筛、比重等不同原理的分级专用机器进行该项工序。在人工成本低廉的地区，依靠或坐或站在流水线皮带传送带两侧的工人来人工分拣挑选瑕疵豆，还是最为常见的形式。

## 水洗基本风味

水洗咖啡豆含水量较高，外观品相好，绿意盎然。由于极少许风味物质在水洗及发酵过程中流失，可能在醇厚度、风味复杂度等环节略逊日晒半筹，但胜在酸质明亮活泼、香气优雅、干净度好，能较好呈现品种的本真风味。如用水洗风味比喻女性，那么更加浓香醇厚的日晒则偏男性风格了。

# 40

# 风云汇聚处理法：其他处理法

你是我的红药水，他只是杯黑咖啡。你会问我累不累，他却让我不能睡。

——林夕《女朋友的男朋友》

▲毕业于铂澜的 QGrader 李冠廷作为云南年轻一代的咖啡企业家，致力传统咖啡产业的全面升级。他的艾哲咖啡不仅从巴西购置了全套先进的咖啡处理加工设备，还在努力打造高素质的人才队伍

## 半干处理法

半干处理法（Pulped Natural/Semi-Dry）其实非常主流，其鼻祖是巴西，也可以叫作“巴西式去果皮日晒处理法”。过往巴西咖啡加工以粗糙的日晒处理法为主，主要面对大宗咖啡商品消费市场。20 世纪 90 年代，一直艳羡邻国哥伦比亚水资源丰沛、水洗法“随便折腾”的巴西决定因地制宜探索一种全新加工处理方法，消耗更少的水资源，却能大幅提高咖啡品质。经过多次尝试后，由 Pinhalense 公司首先推出。

半干处理法的前两步与水洗处理法完全一样，将采摘收集的鲜果进行浮选操作，简单去除枝叶和浮果。随即将经历了初次分拣的果实倒入去果皮机（Depulper）中，快速将外果皮和大部分果肉（Pulp）等剥除分离。

接下来的步骤就与水洗处理法有了些出入，而进入日晒处理法的环节——将表面尚残余大量果肉和果胶黏着物的咖啡种子（带壳豆）移到户外晾晒场，进行晾晒干

▲先进环保的咖啡干燥设备燃料只是咖啡羊皮纸壳

燥。其间也需要专人进行翻动操作，确保透气良好、干燥均匀一致。

由于从全程来看，多着力日晒干燥环节，所以叫“半干处理法”。较之传统日晒处理法，其好处多多。首先，前期类似水洗处理法的浮选、机械去果皮等操作，大幅提高了工作效率、提升了咖啡豆品质，额外消耗的水资源却非常有限。其次，晾晒时带壳豆表依然有大量果胶附着，果胶中糖分及其他风味物质会在晾晒过程中徐徐渗透，使咖啡豆具备日晒处理法的诸多风味优势：果香浓郁、甜度丰沛、醇厚度高。再者，半干处理法虽引入了水洗处理法一般的前期步骤，但独独不做发酵池中的操作，这样传统水洗过程中衍生的额外酸香物质便自然少了些，降低了咖啡的酸度与酸质，也讨好了部分消费者。最后，传统日晒处理法是在咖啡果实的状态下晾晒，对于日晒进程及好坏的判断把握全凭经验。此时却可以清清楚楚地晒，明明白白地看，对于品控也增加了一重保险，降低了加工处理环节的风险。

半干处理法的推广运用，大幅提升了巴西咖啡豆的品质与国际地位，让巴西也有了越来越多的精品级咖啡。如今我们在国内喝到的巴西精品咖啡豆，处理法五花八门，从水洗到日晒无所不有，但半日晒却是绝对主流。在巴西，越来越多的精品咖啡生产者会放弃更有效率却品质低劣的采收机械，改为人工全红果采收，再快速送至处理厂进行半日晒处理。巴西精品咖啡酸度适宜、巧克力坚果风味明显、高甜醇厚、平衡感强等基本风味就此深入人心。

## 蜜处理法

巴西式半干处理法传到中美洲哥斯达黎加等国，在此基础上略做改进——更加精准地控制去果皮机口径，刻意使残留于带壳豆上的果胶多寡有别，再到晒床上徐徐晾晒干燥。中美洲诸国使用的西班牙语 Miel 恰好是蜜的意思，倒也很贴切，便被称作蜜处理（Honey Processing）。大体而论，半干处理法与蜜处理可以算作一回事。

果胶残留越多，带壳豆包裹越厚实，内里就越看不透彻，掌控起来越不容易，晾晒时间越长久，瑕疵风味出现的概率越高，但果胶中糖分和其他风味物质越便于渗透到咖啡豆中，最终使咖啡豆近似于日晒处理的风味呈现。反之，果胶残留越少，晾晒的带壳豆越“清爽暴露”，内里就越暴露出来，掌控起来越容易，晾晒时间越短，瑕疵风味出现的概率就越低，但可以渗透到咖啡豆中的果胶中糖分和其他风味物质也相应少了些。

一般来说，蜜处理咖啡呈现出的风味介于水洗处理与日晒处理之间，在此范围内，还可以做进一步细分探讨。表面附着有不同果胶残余量的带壳豆在晾晒之时会呈现出截然不同的视觉效果——果胶残余量越多，色泽越深；果胶残余量越少，则豆表色泽越浅。这些又与最终风味呈现有一定关联，于是一般便将蜜处理细分为：黑蜜、红蜜、黄蜜和白蜜。其中黄蜜大约对应果胶残余量 50% 的情形，豆表呈现金黄色，也是巴西式半干处理法中晾晒干燥时的果胶残余量。当果胶残余量较黄蜜更少时，金黄色变成了黄中透白的色泽，叫白蜜，是最浅的一种蜜处理。当果胶残余量在 70% 左右时，晾晒中的豆表呈现红褐色，所以又叫红蜜。而当绝大多数果胶都保留之时，豆表色泽呈现黑棕色，又叫黑蜜。

## 半水洗处理法

半水洗处理法（Semi-Washed）又常被称作机械式半水洗处理法，本质上也与巴西式半干法处理近似，是在其基础上因地制宜改良的又一种处理方法。巴西式半干法处理影响深远，意义重大，既能批量生产出好咖啡，又能大幅节约用水，降低成本，减少污染，但并非每个国家的产地都有如巴西般的自然条件——很多产国产地更加潮湿多雨，保留着大量果胶的带壳豆宛如裹着一层甜腻腻的厚衣服，需要较长时间才能完成干燥，而这个过程中滋生霉菌、导致变质却不是小概率事件。

为此，很多中南美洲和亚洲咖啡产国改进并发展出半水洗处理法：从去果皮机里出来的带壳豆再倒入刮果胶机（Demucilager）中，其间只需要辅以少量水，便能将带壳豆表的果胶刮除得干干净净，再将“干净清爽”的带壳豆拿到户外晾晒干燥，不仅耗时短，干燥效果好，还不用担心豆表果胶滋生霉菌等问题。

根据以上讲述不难看出，因地制宜创造出来的半水洗处理法咖啡风味介于水洗处理法与半干法（蜜处理）之间，由此从水洗处理到半水洗，再到半干法（蜜处理），最后是日晒，形成一个基于处理法的完整风味图谱。消费者可以做一些预判断，来辅助购买决策。

## 印度尼西亚湿剥法

如果观察过印度尼西亚苏门答腊曼特宁的咖啡生豆，便会被其与众不同的“丑陋外观”所震撼：豆表色泽更加莹绿深沉，呈现出半酸或全酸豆特性者不在少数，豆体形状参差各异，其中不乏从中心线处微微裂开者，被形象地称为“羊蹄豆”。曼特宁咖啡生豆呈现如上品相外观特征，与其处理加工方法关系密切，当地称作 Gilingbasah，我们不妨称作印度尼西亚湿剥法或湿刨处理法。如今细看制作流程，会发现它与上文讲述的半水洗处理法大体接近，因此也有些人将其视为半水洗法的一种，似乎并无不妥。

印度尼西亚湿剥法产生的根源在于：苏门答腊北部咖啡产地每年咖啡采收季节与雨季恰巧重合，没有条件在户外将咖啡果（豆）从容晾晒干燥。当时并无烘干机等室内大型干燥设备，纵使有也不可能买得起，更不可能用得起。为此，当地咖啡从业者因地制宜，想出了一个两次分阶段干燥的方法，简单来说就是趁着采收季节的短暂晴天，间歇式处理咖啡，并间歇式快速晾晒干燥。

具体怎么做呢？首先将采收的咖啡鲜果进行去果皮处理，去完果皮后，将还有大量果胶残留的带壳豆进行短暂干燥晾晒。只需数个晴天即可，为的是将其含水量降至 30%~35%，减少腐败变质风险，便于后续操作。然后将残留果胶的半干带壳豆进行机械式剥除内果皮——让含水量仍然很高、处于柔软状态下的咖啡生豆直接裸露出来。由于机械式外力强行施加给柔软的咖啡生豆，导致部分生豆出现中间线裂开等现象。什么状态下的晾晒干燥最快速有效？答案不言而喻，咖啡生豆赤裸裸暴露在外，实现了最快速的晾晒干燥，这一过程也只需数个晴天即可。但这种“赤裸裸”的晾晒干燥也使得豆表过早暴露在外，“颜值”自然打了折扣。

分阶段两次干燥的印度尼西亚湿剥法是一种很有创造性的因地制宜咖啡处理方法。除了豆表外观便于识别，其风味上也有特点：低酸，醇厚，余韵悠长，容易带上些木质、烟草、香料等风味。凡事过犹不及，如果湿剥法处理过程中太过粗犷不羁，木质、泥土、皮革、发霉等风味就会强势涌现，给感官带来负面体验。

近年来，印度尼西亚咖啡产业在树种与处理法更新方面做了很多文章，越来越多印度尼西亚咖啡喝起来像“中美洲咖啡”，好喝却少了些地域性，只是希望高品质的湿剥法能够长久保留，永远留下这种地域特色风味。

## 处理法大爆发

处理法大爆发是如今的状况，有人拍手称快，也有人保持谨慎，甚至给予批评。各种厌氧及多重厌氧处理有之，先将咖啡红果冷冻后再解冻处理的有之，使用各种酒桶发酵处理的有之，剥去外果皮后与其他品种果皮、果胶混合存放的有之，浸泡发酵环节添加各种酵母的有之……随着特殊处理法的流行，微生物发酵等诸多应用科学有了用武之地，咖啡风味也呈现出更多可能性，并给精品咖啡终端消费环境注入了更多内容和体验。

▼通过小咖侠等工具查询可以看到五花八门的加工处理法

# 41
# 脱壳、包装与运输

独处的时候，一杯咖啡，一本书，让别人的故事温暖你……

——张皓宸《你是最好的自己》

▲干果脱壳机（供图：肖波）

## 静置与脱壳

除了印度尼西亚湿剥法，几乎所有完成了干燥处理的咖啡干果或带壳豆，都需要一个脱壳处理的过程。脱壳处理会有专门的脱壳工厂，叫干处理厂（Dry Mill），专指干燥后的这一道工序，与湿处理厂（Wet Mill）用于剥除外果皮和果肉果胶作区分。当然也有一些咖农会购置小型脱壳设备，就在自家院子里进行。

为了给咖啡豆穿上一件“外衣”以便较长久保存风味品质，脱壳往往不能操之过急，通常会在出货销售之前酌情进行，尤其是水洗处理的带壳豆。因此，从干燥完成到脱壳处理之间会有一个等待过程，称作存放静置期。幸运的是，此时干果或带壳豆水分已经降低到足够程度，只要外界储存条件不出现大的问题，只要管理操作者不犯错误，也不用过分担心腐烂霉变。再加上产地良好的温湿度条件，很多人认为短则 1 个月、长则 3 个月的静止（Resting），反而对于咖啡含水率和水活性的均匀一致化，从而驯化口感、稳定风味十分有利，遂已成为普遍做法。比如说在牙买加蓝山地区，通常会将咖啡静置存放 45 天，使其含水率稳定到 11%、风味保存状态达到最佳，这时再进行包装出售。

脱壳是一个产生噪音与烟尘比较大的过程，最好集中化操作，操作者需要戴上口罩做好自我保护。脱壳与抛光往往连在一起，之后往往还会有色选仪、风力筛、重力筛等分级筛选设备，再辅以站立在流水线皮带滚动传输带两旁的工人手选，好咖啡由此而成。人工筛选无疑是一个非常枯燥的环节，但是对于咖啡品质提升意义巨大，能够最大化避免出现“一颗老鼠屎坏了一锅粥”的情况。人工筛选也有一定技术含量，绝非看着不顺眼就挑出来，工人需要经过培训，对于典型性的瑕疵豆外观特征了然于胸，并形成一种类似条件反射的快速识别。因此，用来部分取代人工、降低人工成本的色选仪就价值凸现出来了。通过典型瑕疵豆特征的识别学习，色选仪可以不断提高识别精准度，成为脱壳工厂以及烘焙工厂的好帮手。

## 生豆包装

经过分级的咖啡生豆已经成为商品化的咖啡豆，下一步是使用结实牢固、成本合理、干燥无异味的材质进行包装、储存和运输。

黄麻袋是最常用的咖啡生豆包装主材，便宜易取得，也几乎不存在对于环境的破坏。属于椴树科黄麻属的黄麻又叫作火麻，是一种可以广泛生长在热带及亚热带地区的一年生草本植物。黄麻纤维是最廉价的天然纤维之一，还具备吸潮性能好、散失水分快等优点，天生就是咖啡包装袋的首选。

▲埃塞俄比亚的咖啡生豆处理厂

▲云南保山的咖啡生豆处理厂

2006 年底我初入咖啡行业，之后那些年见到的咖啡生豆包装，除了牙买加蓝山过于“奢华浮夸”的标志性木桶，几乎清一色都是黄麻袋。不同的产国产区企业会有不同的标识图案印制在麻袋上，大部分都粗陋不堪，偶尔也有让人眼前一亮的精品艺术，从色泽到图案都让人欣喜，由此产生了一门收藏细分门类——咖啡生豆包装袋。直至今天，图案美观的咖啡生豆黄麻袋都是炙手可热的商品，广受咖啡爱好者、艺术设计师和咖啡店主等人群欢迎。

根据生产国各自的习惯和标准，一袋咖啡生豆的重量并不相同，如巴西每袋生豆60千克最常见，埃塞俄比亚、我国云南等也都遵循这一标准。哥伦比亚等国会采用每袋69千克的标准，别看分量仅仅增加了不到10千克，差别却很大，这种黄麻袋中的咖啡生豆往下坠，导致往上抬的时候重心也往下坠，越发使人感到沉重。如果是巴西豆到货，一个小伙就能轻易搞定；如果是哥伦比亚咖啡豆，就需要两个人来抬了。当然，精品咖啡生豆也有30千克的包装袋规格，这样便是女孩子也能搬动。

近年来随着精品咖啡运动的快速发展，一袋咖啡生豆的价值越来越高，品控的需求也越来越高，单纯的黄麻袋已经无法满足客户需求。黄麻袋内里衬套一层叫作GrainPro的谷物包装专用聚乙烯塑料袋以防潮保鲜，是最常见的做法，此举也可以有效杜绝外界有害物质侵入，俗称内袋。现今如果拆开一袋咖啡豆，没有看到内袋都会觉得不可思议。

当然价格更加高昂的精品咖啡生豆如瑰夏等，会不惜增加包装成本，使用更便于保证品质的包装——抽真空包装。每包1千克、5千克和10千克是比较常见的规格。我经常在朋友圈看到买了天价生豆的朋友与咖啡豆热烈拥抱合影，满足之意溢于言表。须知他面前的不大一包抽真空咖啡豆可能价值动辄上万，还要靠在线竞拍等特殊手段才能“抢到”，确实值得秀一把“恩爱”。只是咖啡圈以外的朋友会看得莫名其妙，将其视作“神经病发作”罢了。

## 生豆运输

咖啡生豆的运输复杂且重要，一般分作运到港口的国内运输和装船运输两部分。为了保证运输的顺利进行，销售商往往需要提供：提货单、发票、重量证明、保险证明（CIF适用）、ICO证明、GSP证明、植物检疫证明、熏蒸证明等全套货运凭证资料，甚至还可能需要UTZ、RA、FLO、有机等各种认证材料。

▲埃塞俄比亚 Horizon 集团旗下 Coffee Processing and Warehouse Enterprise（CPWE）在其首都的咖啡生豆处理厂具备3万吨的年储存量

生豆运到港口装船这一步往往不为人关注，实际上却耗费成本巨大，在生豆成本构成中占到非常大的比例。装船运输都是使用集装箱货柜，过去大宗咖啡商品贸易时，有时会直接将生豆倾倒其中，表面简单遮盖，待到目的地，则整箱货柜拖至烘焙工厂。但更多的时候不会这样“粗犷”，300～350袋咖啡生豆是一个货柜能够堆放的总量，精品咖啡又以每个集装箱装300袋以内较为常见。由此不难推算，一货柜商用级咖啡豆价值大约多少，一货柜精品咖啡豆价值又是多少。价格相对低廉的海运是目前全世界咖啡生豆贸易的最主要运输形式，但是耗时冗长、天气变化难测、海关手续繁琐等都是难以克服的固有问题。只有极少数价格高昂的精品咖啡生豆会享受空运的待遇。有时候，我们喝到的咖啡风味与原产地杯测描述不符，并不一定是产地杯测的技术水平问题，咖啡豆数月时间里在海上孤单漂泊，可能也是问题所在。

# 42

# 生豆分级：海拔高度

“咖啡，就好像我的父亲和母亲，那样温暖，那样伟大。”

——哥伦比亚某咖啡产区的一位小姑娘

作为茗茶文化的发源地，“高山出好茶”的理念早已深入人心，因此若提到“高山出好咖啡”的话，认同者应该不少。事实确实如此，意大利 Illy 公司的 Emesto 博士就认为，决定一杯咖啡呈杯风味 70% 来自于基因，30% 来自于种植生长环境。高海拔便是咖啡树典型的优质种植环境。当然凡事不能绝对化，好咖啡的生成是诸多内外要素共同作用的系统性产物，偶有些低海拔地区也能生产高品质的咖啡，如夏威夷科纳等。

## 海拔高，好处多

理由一：高海拔地区年平均气温低，病虫害自然少得多。相应地，咖啡树自身就无须分泌生成更多诸多咖啡因、绿原酸等“驱虫剂”，好风味也就顺理成章了。如果不考虑主要发生在非洲高海拔咖啡种植园的咖啡浆果病，咖啡叶锈病、咖啡玄皮天牛、灭

▲世界各地的阴植咖啡（供图：日本石光商事株式会社）

字虎天牛等病虫害威胁都会随着种植海拔的提高而大幅下降。大量科研数据已经表明：阿拉比卡种咖啡因含量占豆重的1.2%~1.6%之间，与具体品种密切相关，同时也与种植生长的海拔高度呈显著负相关（海拔越高，咖啡因含量越低）。此外，同品种咖啡树种植海拔越高，成熟后总糖含量、平均重量、有机酸等也相应越高，这些都是形成咖啡酸香风味的重要因素。

理由二：高海拔地区年平均气温低，咖啡果实的熟成期长，豆子颗粒体积较大，营养物质的积累比较充分。就好比东北地区一年一季稻，自然要比海南岛的一年三季稻、甚至四季稻好吃得多。一项来自我国云南咖啡产地的科学研究表明，种植于海拔900米的咖啡树较之海拔1110米的咖啡树呈现出明显的生长量差异：低海拔咖啡树的冠幅（树木南北和东西宽度的平均值）、植株高度、节间距离均要超过高海拔地区。与此同时，其树茎粗细、分枝对数则低于高海拔地区。由此可见，种植生长于高海拔地区的咖啡树更加明显呈现出植株矮小、一二分枝密、挂果质量高的特点。

理由三：“早睡早起身体好”是我们打小就听过的说教，其实对人对咖啡树都蛮有道理。温度对于植物光合作用的影响多是因为影响了酶促反应的速度。高海拔地区一天四季，昼夜温差大，有利于光合产物的积累。在白天较高温度下，植物光合速率相应较高，淀粉和蔗糖等合成速度快，而夜间温度较低时可减少呼吸消耗，因而可积累更多的物质。当然，如果外界温度过高，酶钝化，光合作用的结构受损，也会导致光合速率迅速下降。这就又涉及前文提过的遮阴等概念了。

如上三点可以说是高海拔地区出产好咖啡的最核心理由。此外，另有一些原因可供考虑。

理由四：高海拔地区普遍多雾，阳光受到雾珠影响，部分可见光得到增强，从而使光合作用效应增强。

理由五：很多产区经验表明，在低海拔地区种植咖啡，更应适当关注种植遮阴树，避免光照过于强烈导致过度挂果，从而出现植株早衰等现象。高海拔地区则不存在这个问题，咖啡树接受光照多，有利于咖啡果实中营养物质的积累。

理由六：高海拔地区年平均气温低，咖啡豆质地坚硬且膨胀性好。质地坚硬使咖啡豆更加适宜储存，更加有利保质，膨胀性好则更加易于烘焙。

理由七：咖啡中氨基酸和其他芳香物含量会随着海拔升高、平均气温降低而有所增加。所以高海拔地区出产的咖啡豆通常香气浓郁、滋味醇厚。

有些咖啡生产国喜欢根据海拔高度来评价咖啡豆的品质。尤其是中美洲地区咖啡生产国云集，彼此纬度差异不大，一道巍峨的安第斯山脉从大陆纵贯直下，为大家所共享，这为咖啡生产国建立彼此可资借鉴的海拔高度分级评估体系奠定了基础。因此，我们在认识墨西哥、危地马拉、萨尔多瓦、哥斯达黎加等中美洲诸国的咖啡豆分级时，尤其需要关注按产地海拔标高的等级描述。譬如墨西哥的咖啡豆，种植在海拔 1700 米以上者被认为是最高品质，冠以 SHG 标识，意为：Strictly High Grown，即特优级咖啡豆。萨尔瓦多、洪都拉斯的咖啡豆，种植在海拔 1200 米以上者被认为是最高品质，也冠以 SHG 标识。而海拔稍低一档出产的咖啡豆，被认为品质稍低一个级别，常常将最前面的 S 去掉，简称 HG。再譬如危地马拉的咖啡豆，种植在海拔 1350 米以上者被认为是最高品质，冠以 SHB 标识，意为 Strictly Hard Bean，即最硬豆或极硬豆。哥斯达黎加的咖啡豆，种植在海拔 1200 米以上者被认为是最高品质，也冠以 SHB 标识。而海拔稍低一档出产的咖啡豆，被认为品质稍低一个级别，常常将最前面的 S 去掉，简称 HB。

## 海拔高度与纬度

海拔高度需要与纬度结合在一起考量，越是接近赤道的高海拔地区，越是梦寐以求的好咖啡所在，至少可以视为潜力巨大，值得期待。站在一幅全球地形图面前，沿着赤道找寻一圈高海拔地区，全世界咖啡种植潜力榜便跃然纸上了：印度尼西亚、厄瓜多尔、哥伦比亚、乌干达、肯尼亚……

如果远离赤道，纬度相应较高，咖啡种植的海拔高度就可以相应低一些。比如我国云南咖啡种植地区，一般在北纬 22~23.5° 之间，绝大多数咖啡都种植在海拔 700~1200 米之间，海拔再高一些的话，气候就过于寒冷而不利于咖啡树生长了。近年来随着品种改良和田间管理技术的提高，咖农们也在逐渐探索一些更高海拔的适宜的微气候环境，比如说保山潞江坝南部山区海拔 1400~1670 米的咖啡种植区，德宏芒市雷午山有一片海拔达到 1800 米的咖啡种植区，普洱澜沧县麻卡地有海拔 1450 米的咖啡园，西双版纳勐海县有海拔 1500 米以上的咖啡庄园等。

此外，巴西等很多咖啡产国海拔高度并不突出，如果以此来做咖啡分级评定的参考只能是“以短示人”，并不可取。于是，它们另辟蹊径，另创一套评价体系，我们在巴西一章节中有详细解读。

# 43

# 生豆分级：粒径大小

“大量浓烈的咖啡使我保持清醒，让我感觉温暖，让我拥有神奇的力量。那是一种愉悦的痛苦，我情愿接受这样的痛苦也不愿变得麻木。”

——拿破仑

针对同款咖啡豆，粒径尺寸较大的往往生长周期更长久，所获资源更优越，营养储备更丰沛，口感自然更加丰富、滋味更加醇厚。精品咖啡时代，我们更多依据呈杯风味来判定优劣，咖啡生豆外观品相虽然依然不可忽视，但重要性有所下降。

咖啡生产者根据这一特性，使用不同孔眼大小并标号（筛孔直径以 1/64 英寸为标准单位，18 号孔洞代表筛孔直径为 18/64 英寸）的一组铁盘筛网对咖啡生豆进行过筛分类，由此诞生了又一个重要的咖啡豆评价体系。筛孔越大，代表标号（称作“目”）越大，表示咖啡豆品级越高。再加上相同大小的咖啡豆摆在一起，视觉上齐整，和谐养眼，也便于卖出高价。因此这一评价标准成为一项国际通行标准，巴西、哥伦比亚、肯尼亚、坦桑尼亚、牙买加等咖啡产国都已广泛采纳。

## 目数转换公式

将生豆放在筛网上震动过筛，不管是何树种的生豆，其厚度和宽度往往都小于长度，竖直往下更容易通过。再将英寸与毫米之间的换算考虑在内，不难列出公式：豆身厚度（毫米）=25.4×（目数 ×1/64）。巴西式粒径筛选是任选 100 克无瑕疵的生豆样品，再将多个筛网上下叠置（从上到下顺序为：19 目 Flat，13 目 PB，18 目 Flat，12 目 PB……13 目 Flat，8 目 PB，10 目 Flat），生豆置于最上方，最下方是平盘，筛选一下，不同大小生豆落于对应层中，粒径分布清晰可见。

## 圆豆

咖啡豆分公母吗？如果有心人百度一番，会看到一些描述咖啡豆分公母的文章，并提到公豆风味优于母豆云云。其实，作为雌雄合体、自花授粉的植物，咖啡树果实中的种子并无公母之分。正常的一颗咖啡鲜果中，椭圆球体状的内核由两粒咖啡种子并在一起组成，平面相对冲内，弧面对外，这种常见形态咖啡种子去壳后的咖啡豆被称作平豆（Flat Berry），也就是某些人口中的所谓“母豆”。

但事无绝对，一个咖啡果实通常产两颗豆子，有时还会出现一颗、三颗甚至四颗豆子的现象。我们着重说说产一颗豆子的情况。咖啡果内部的两颗种子因故没有分裂，初加工之后呈现出一颗完整的椭圆体咖啡豆，称作圆豆（Peaberry 或 Caracoli），即所谓的“公豆”。

圆豆的多少在一定程度上反映了咖啡果实生长发育的好坏与品质，但并不是瑕疵。咖啡鲜果经加工得到的圆豆质量与数量，不同成熟期差异均极为显著。在埃塞俄比亚古吉的山林间，咖农凭借经验观察告诉我，每年采收刚开始的那段时间，圆豆的占比明显较高，随着采收季深入，圆豆占比会逐渐下降。哥伦比亚一位拥有农学硕士学位的咖啡种植老专家也和我分享了他的研究成果。他认为咖啡树从营养生长向生殖生长的过程中，花芽分化受环境影响较大，是造成圆豆生成的重要原因之一。每年采收期来临时，圆豆占比到达第一次峰值，且颗粒个头相对较大、品质较好。随后圆豆占比、颗粒大小和品质均呈现缓慢下降直至持平的趋势，待到临近采收末端，圆豆占比会迎来第二次峰值，与之相伴随的是，圆豆的个头和品质也有所提升。这两个圆豆峰值究竟哪个更为突出，则与咖啡树品种以及种植的海拔高度有密切关系。比如说在种植于高海拔地区的咖啡树，采收尾期往往会迎来圆豆数量和质量的最高峰值。

# 44

# 超级实用的CQI 生豆评估（上）

咖啡促使你快乐却不沉醉，咖啡诱使你灵魂澎湃，咖啡让你远离悲伤、疲惫和衰弱。

——本杰明·富兰克林

## 一颗老鼠屎坏了一锅粥

有句俗话叫“一颗老鼠屎坏了一锅粥”。同理，哪怕是一颗瑕疵豆的存在，对于一杯、甚至一大壶咖啡口感的破坏性也是不容忽视的。数十年前，日本咖啡专家认为，1颗瑕疵豆足以影响50克咖啡豆，并鼓励通过手选来辨认、剔除瑕疵豆。此外，分辨不同的瑕疵类别，能够追溯并指导上游生产加工工艺，意义巨大。

传统以巴西为首的咖啡产国生豆评级往往是抽取300克咖啡生豆样品，挑拣出其中的瑕疵豆。以初始满分100分开始计算，根据挑选出的不同性质的瑕疵豆进行扣分。但若根据美国精品咖啡协会（SCAA）及国际咖啡品质学会（CQI）标准，精品咖啡的认定主要是从生豆评估和杯测感官评估两个方面着手。作为二者之一的生豆评估，咖啡生豆需取样350克评估，无疑更加严苛一些。

## 新鲜为上，新豆最好

根据 CQI 的技术标准，首先我们要简单关注如下四点：色泽、含水量、粒径分布和气味。生豆评估标准对于咖啡从业者的重要性不言而喻，纵使对于普通咖啡爱好者也非常简单实用。如能将其掌握，再结合接下来要讲的一级瑕疵特征，将受益无穷。

含水量高、水活性适当的当季高品质新豆会在这个标准中脱颖而出，存放过久或不当的过季豆、老豆、陈年豆、劣质豆则因含水量不足、品相不佳而先行败下阵来。相信大家对此不会有所异议，不管是每日所食的大米和面粉，还是日常饮用的茶叶和咖啡，刨除那些“特例”，都是奉行越新鲜越好的基本准则。

## 生豆颜色

生豆颜色是第一项。辨析生豆色泽在 CQI 生豆考试时会涉及，考虑到精品咖啡可能会有截然不同的处理法，而且 CQI 也并未要求样品必须是当季新豆，这些都势必给生豆颜色带来差异——水洗处理颜色偏绿，日晒处理颜色偏黄，含水量高的新豆颜色偏绿，含水量低的陈豆颜色偏黄。据此，CQI 允许精品咖啡生豆的颜色从蓝绿色一直到浅黄色，共计给出了 6 种生豆呈色图示：蓝绿色（Blue-Green）、豆青色（Bluish-Green）、绿色（Green）、微带青色（Greenish）、黄绿色（Yellow-Green）和浅黄色（Pale Yellow）。但有两种生豆颜色是不被允许的：鸡蛋黄色（Yellowish）和棕色（Brownish）。

## 生豆含水量

第二项是含水量。SCA 允许精品咖啡生豆含水量在 8%~12.5% 之间，对此我深表认同。但 CQI 的标准则更加严格，并将水洗处理法的阿拉比卡种咖啡生豆含水量限定在 10%~12% 之间。这一点很有道理，低于下限往往是因储存时间过长（过季豆）或存放不当，高于上限则有干燥环节未能尽全功、风味稳定持久性不足之虞。所幸对于日晒处理并未过于严苛要求。我买过很多评分在 85 分以上的当季精品日晒豆，含水量都在 9%~10% 之间，这是干法处理带来的固有现象。此外，含水量这一项也并未体现在 CQI 的官方生豆评估表格上，换句话说，可以将其视为 CQI 的描述和建议而已。

在日常烘焙生产中，我们会用水分密度检测仪来精确测量咖啡生豆的含水量。时间久了，经验越来越丰富，靠一双眼睛和一双手也能“十拿九准”。每到一款新的生豆，同事之间便会玩起猜含水率的“传统游戏”，最偏离实测数值的同事会被要求请客吃饭。由于大家都是“资深人士”，估测数值和实测值之间往往误差不会超过 0.3%。含水量高的生豆，除了绿意浓重外，表面更加莹润有光泽，抓一把在手也更有沉甸甸的手感。含水量低的生豆则不仅绿意消退，透出黄色，表面的光泽也被干涩粗糙所取代，抓一把在手上掂量，也是轻飘飘的。生豆仓库温度恒定在 20℃、湿度稳定在 60% 便于维持生豆 12% 的含水量。

## 颗粒大小一致性

第三项是生豆颗粒大小一致性。CQI 要求生豆粒径大小应该尽可能齐整一致，这绝不仅仅是外观品相问题，大小过于参差，经常折射出上游某些环节的粗糙不严谨或缺少筛网分拣等应有环节。使用标准圆孔筛网评估时，生豆大小差异率不应超出约定大小尺寸的5%。

## 关于气味

第四项是气味，气味是明确标注在CQI生豆评估手册上的评判项目，其重要性不言而喻。抓一把精品咖啡生豆放到鼻端嗅闻，精品咖啡不能出现令人不愉悦的异味（foreign odor）。事实上经验丰富的咖啡烘焙师都有体会，越是品质卓越的当季精品咖啡生豆，越是能够散发出水果、蔗糖、蜂蜜等令人沉醉的美好甜香。相反，越是品质低劣的生豆，或者越是不当存放时间过长的生豆，美好的气息越是被令人不愉悦的负面气息所取代。

## 主要瑕疵 / 一级瑕疵

CQI生豆评估标准的重头戏在于典型瑕疵的识别判定上，这也是QGrader考核的重中之重。这套标准将典型性的生豆瑕疵按照重要程度分作一级瑕疵（Category 1）与二级瑕疵（Category 2）两类（两个目录），匹配典型特征图片并设有瑕疵咖啡豆数量与完整瑕疵点数之间的换算公式。一款生豆是否晋级精品级，很大程度上便要看这一环节了。

一级瑕疵被认为是导致咖啡品质严重劣化、风味拙劣的重要根源，它们往往是在种植、采收、初加工与储存等环节中出了问题，抑或是温度、湿度与时间等要素不当，甚至会导致曲霉菌、青霉菌附着繁衍，从而带来赭曲霉毒素污染问题。一级瑕疵会给咖啡带来发酵、恶臭、泥土、苯酚树脂等严重不良风味，甚至影响饮用者健康。

CQI精品咖啡生豆评估标准对一级瑕疵持零容忍态度——即不允许样品中存在Category 1中所含类型的哪怕1个完整瑕疵点数（full defect）。一级瑕疵共计有6种，具体包括：全黑豆（Full Black）、全酸豆（Full Sour）、干果 / 豆荚（Dried Cherry）、发霉豆 / 霉菌豆（Fungus Damaged）、外来异物（Foreign Matter）和严重虫蛀豆（Severe Insect Damage）。其中，全黑豆、全酸豆、发霉豆、干果和异物这5项一级瑕疵，350克取样中但凡找出1颗豆子，便等同于1个完整瑕疵点数，从而使

全黑豆
FULL BLACK

1 Bean = 1 Defect

全酸豆
FULL SOUR

1 Bean = 1 Defect

干果/豆荚
CHERRY PODS

1 Bean = 1 Defect

霉菌豆
FUNGUS DAMAGED BEAN

1 Bean = 1 Defect

外来物
FOREIGN MATTER

1 Foreign Matter = 1 Defe

严重虫蛀豆
SEVERE INSECT DAMAGED I

5 Beans = 1 Defect

▲咖啡生豆一级瑕疵样图对照表

本批次咖啡失去了评定精品级咖啡的资格。而对第 5 项“严重虫蛀豆”的容忍度略高一点，在 350 克取样中但凡发现 5 颗豆子，便换算成 1 个完整瑕疵点数，失去评定精品级咖啡的资格。

## 次要瑕疵 / 二级瑕疵

除了 Category 1 罗列的一级瑕疵（严重瑕疵），CQI 生豆评估手册还编制了一个 Category 2，其中罗列并图示了一系列其他典型性瑕疵，统称为二级瑕疵或次要瑕疵。二级瑕疵的出现同样会劣化咖啡风味，但不如一级瑕疵那么严重，甚至有些更多只是对外观品相造成影响（“颜值不足”也是影响售价的大问题）。

CQI 同样关注二级瑕疵，但其定义的精品咖啡标准中对于二级瑕疵的容忍度相对较高，350 克样品中不得多于（可以等于）5 个二级完整瑕疵点数。同样的，CQI 设置了一套换算公式，用以详细描述每发现多少颗对应的二级瑕疵咖啡豆，可以换算为 1 个完整二级瑕疵点数。从中可以看出，同样属于二级瑕疵，其“严重性”彼此有别，酸豆和黑豆依然属于“重点关注对象”，而只有 1~2 个小虫眼儿的轻微虫蛀豆显然十分常见，过于严苛并不利于咖啡种植业健康发展，反而会打消种植者积极性，所以就“高抬贵手”——每挑选出 10 颗轻微虫蛀豆才被折算成 1 个二级完整瑕疵点数。

二级瑕疵共计 10 种，具体有：部分黑豆 / 半黑豆（Partial Black）、部分酸豆 / 半酸豆（Partial Sour）、带壳豆（Parchment）、漂浮豆（Floater）、未熟豆（Immature/Unripe）、缩水豆（Withered）、贝壳豆（Shell）、破碎豆 / 切痕豆（Broken/Chipped/Cut）、果皮 / 果壳（Hull/Hust）、轻微虫蛀豆（Slight Insect Damage）。

▼咖啡生豆二级瑕疵样图对照表

半黑豆
PARTIAL BLACK

3 Beans = 1 Defect

半酸豆
PARTIAL SOUR

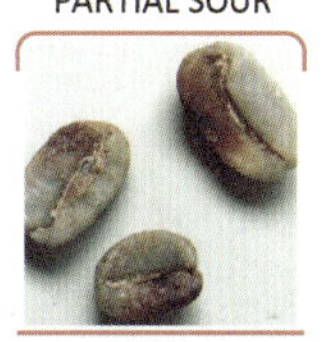

3 Beans = 1 Defect

带壳豆
PARCHMENT

5 Beans = 1 Defect

漂浮豆
FLOATER

5 Beans = 1 Defect

未熟豆
IMMATURE BEAN

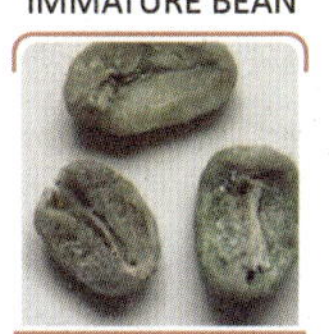

5 Beans = 1 Defect

缩水豆
WITHERED BEAN

5 Beans = 1 Defect

贝壳豆
SHELL

5 Beans = 1 Defect

破损豆/缺口豆/切痕豆
BROKEN/CHIPPED/CUT

5 Beans = 1 Defect

咖啡果皮/果壳
HULL/HUSK

5 HULL/HUSK = 1 Defect

轻微虫蛀豆
SLIGHT INSECT DAMAGE

10 Beans = 1 Defect

# 45

# 超级实用的CQI生豆评估（下）

咖啡从到达胃囊的那一刻便开始拨动你的思绪。你会不断生出新的点子，想出好的比喻，思如泉涌。咖啡是文学创作的伙伴，它让写作变得不再挣扎。

——巴尔扎克

## 全黑豆/部分黑豆

黑豆的颜色应该着力于“黑”字，不论是黑得深沉还是黑得略浅，都能算作黑，而非很深的棕色、棕黄色等。加工处理的干燥环节因处置不当导致过度发酵并受到微生物污染，是造成黑豆的主要原因。黑豆不仅严重败坏咖啡呈杯品质，会带来发酵、发霉、臭酸腐等令人极度不悦的风味，还有感染赭曲霉毒素的可能性，从而给饮用者身体健康带来风险，被视为咖啡豆品质的大敌。全黑豆属于一级瑕疵，和 1 个一级瑕疵的完整点数是 1（颗）:1（个）的换算关系。部分黑豆属于二级瑕疵，和 1 个二级瑕疵的完整点数是 3（颗）:1（个）的换算关系。必须有超过 50% 豆表完全正常才能算作部分黑豆，否则一律划归到全黑豆范畴。

为了避免产生黑豆，建议只采摘成熟咖啡果实（而非过熟果），且尽力避免在处理干燥过程中不当的过度发酵。到了最后的分拣筛选环节，黑豆往往只有在去除了羊皮纸壳后才会被看到。由于其体积通常较小，密度也略低一些，可以用振动筛的方式加以清除。烘焙生产前的人工手选或色选仪机选也可以非常容易地辨别出黑豆来。

## 全酸豆 / 部分酸豆

同样被精品咖啡视为大敌的就是酸豆了。酸豆的鉴别范围很广，不论是棕色、黄色、黄棕色、红棕色或浅棕色，只要不是正常的咖啡生豆颜色且不能算作黑色的，就可以视为酸豆了。与黑豆鉴别标准完全一致，必须有超过 50% 豆表完全正常才能算作部分酸豆，否则一律划归到全酸豆范畴。换算公式也相同：全酸豆属于一级瑕疵，和 1 个一级瑕疵的完整点数是 1（颗）:1（个）的换算关系。部分酸豆属于二级瑕疵，和 1 个二级瑕疵的完整点数是 3（颗）:1（个）的换算关系。

实践证明，采摘过熟果实，或捡取掉落地上的果实，或在水洗发酵池中浸泡时间过长，发酵用水更换不及时受到污染等，都有可能因微生物感染，侵染豆体，从而造成酸豆。酸豆会严重败坏咖啡品质风味。根据感染程度不同，可能会给咖啡呈杯风味带来恶臭、发酵、发霉等严重负面风味。由于传统印度尼西亚苏门答腊曼特宁的湿剥处理法，其生豆呈现出类似酸质特征的比例较高，比较难以判断。

为了避免产生酸豆，我们给出以下建议：

1. 高度关注种植在低海拔或高湿度地区的咖啡树，它们往往风险最大。

2. 只采摘成熟咖啡果实而非过熟果实。

3. 已经掉落地面接触泥土的咖啡果实，纵使看似成熟完好，也应该果断丢弃不用。

4. 切实做好咖啡果实采摘与去果皮处理之间的衔接工作，保证高效及时，不给咖啡果实长时间堆放发酵的余地。

5. 调校去果皮机的间隙，避免刮伤咖啡豆表。

6. 如果做水洗处理，高度关注发酵池中的浸泡时长，不仅不重复使用发酵用水，还要及时检测并更换用水。

7. 发酵池角落较长时间堆积剩余的豆子要果断扔弃掉。

8. 科学管理晾晒干燥过程，及时翻搅使透气性良好且干燥一致。

9. 不要无故终止晾晒干燥过程。

10. 到了最后的分拣筛选环节，酸豆往往只有在去除了羊皮纸壳后才会被看到。由于其体积通常较小，密度也略低一些，可以用振动筛的方式加以清除。烘焙生产前的人工手选或色选仪机选也可以非常容易地辨别出酸豆来。

## 发霉豆 / 霉菌豆

发霉豆也是精品咖啡大敌，与全黑豆、全酸豆换算公式一致。准确鉴别发霉豆有一定的难度，常常容易与酸豆混淆。目测观察的话，豆表必须明显受到霉菌感染才能确认。

发霉豆的判定需要更加严格，但是发霉豆的产生却可能发生在从采收到晾晒储存的任何环节，只要是霉菌感染便容易产生发霉豆，而带来霉变的根本原因还是微生物的繁殖。众所周知，霉菌等微生物在养分、水分及氧气充足的环境中生长繁殖能力很强，而咖啡生豆自身含有脂肪、蛋白质等成分，可以为霉菌的繁殖提供良好的营养条件。再加上咖啡生豆多半不会储存在隔绝氧气的真空环境中（霉菌多属于需氧微生物），只要外界温湿度适宜，微生物就会开始繁殖，释放出二氧化碳，导致咖啡豆出现霉变现象。其严重带坏咖啡品质，会给咖啡呈杯风味带来恶臭、发酵、泥土等令人极度不愉悦的风味。

为了避免产生发霉豆，基本预防处置策略与上述酸豆内容相似。此外，足够的温度与湿度是产生发霉的外界条件，不要在温湿度条件不当的环境储存咖啡豆。

## 严重虫蛀豆 / 轻微虫蛀豆

虫蛀豆是比较常见的咖啡生豆瑕疵。严重虫蛀豆属于一级瑕疵，和 1 个一级瑕疵的完整点数是 5（颗）:1（个）的换算关系。轻微虫蛀豆属于二级瑕疵，和 1 个二级瑕疵的完整点数是 10（颗）:1（个）的换算关系。根据 CQI 规则，350 克生豆样品纵使最终被判定为精品级咖啡，其实也可能存在相当数量的虫蛀豆。

危害咖啡的害虫种类繁多，目前统计就有 800 多种，我国云南的咖啡害虫便有上百种，其中以咖啡旋皮天牛、咖啡灭字脊虎天牛、咖啡木蠹蛾、咖啡根粉蚧和咖啡绿蚧等最为常见。它们攻击危害咖啡树不同部位，比如说根粉蚧主要危害咖啡树根部，吸食植株汁液。虫蛀豆的产生原因非常简单，就是各种咖啡果小蠹虫在咖啡生长过程中啃食咖啡造成。事实上，这些蠹虫至少整个幼龄期都生长在咖啡果实里，其间不断钻蛀咖啡豆。雌雄虫甚至在咖啡果实里交配，交配完成后，雌虫会飞到别的果实上钻孔产卵，这样幼虫又在新的果实中开始新的生长周期。越是在海拔高度较低地区种植的咖啡树，越可能有严重的虫蛀问题，最多时可导致减产 90%。目前，我国云南咖啡产地并未成为咖啡果小蠹的灾区，我们咖啡人庆幸的同时，也要高度注意个人行为，不要轻易将海外其他咖啡产地的不明咖啡植株或果实等带到云南，避免给云南咖啡产业带来不可挽回的灾难。

判定虫蛀豆时，要考虑咖啡果小蠹虫攻击咖啡豆的状态，一进一出为一次完整攻击啃食，通常会留下两个细小孔洞，我们将这种视为轻微虫蛀豆。三个及以上的细小孔洞则证明经受了超过一次完整攻击，判定为严重虫蛀豆。此外，有些虫蛀豆孔洞周边会有隐隐发绿的颜色，这只是受到攻击部位发黑前的征兆，不能算作霉菌豆。

## 关于其他瑕疵豆

外来异物被视为一级瑕疵可以理解，从采收到加工处理，再到晾晒干燥和存放，任何工序的粗糙不严谨都可能混入异物。它们可能是任何物体，很难归纳具体产生的呈杯负面风味。如果混入的是小石头，还可能对后面的研磨环节造成巨大干扰，甚至损害研磨设备。

干果 / 豆荚也属于一级瑕疵，由于全部或部分外果皮包裹，导致无法判定内里咖啡豆的品质，一律将其视为一级瑕疵。与全黑豆、全酸豆换算公式一致。

不同于内里看不清楚的干果，果皮 / 果壳属于二级瑕疵，有可能给呈杯咖啡带来泥土、发霉、浑浊等负面风味。

漂浮豆一般体型较大，密度较低，颜色发白，呈现白色或黄白色。漂浮豆往往是不恰当的储存或晾晒干燥造成的，有时会给呈杯带来干草、过度发酵、泥土、发霉、寡淡等负面风味。

缩水豆并不多见，豆表呈现出类似葡萄干、核桃等皱皱巴巴的纹理，往往是咖啡果实生长发育的过程中，干旱缺水造成的。如果缩水豆数量较多，会给呈杯带来干草、稻草、寡淡等负面风味。

贝壳豆的出现多半源自咖啡树的基因。我们发现，有些咖啡树品种贝壳豆数量极少，而有些咖啡树品种如肯尼亚 SL28 和 SL34 等，贝壳豆占比则较多。

与后面要讲的破碎豆不同，贝壳豆是自然生长过程中造成，不是外力硬伤导致，所以破碎的边缘非常圆润，浑然一体。

破碎豆 / 切痕豆是咖啡在去除果皮或脱壳的时候，因为机器设置不当造成的外部硬伤。咖啡豆破碎往往日晒处理较多，而豆表出现刮伤切痕则往往水洗处理较常见。较多的破碎豆会给咖啡呈杯带来浑浊、发霉、泥土、过度发酵等不良风味。

带壳豆就是没有脱壳的咖啡种子，在此略过不提。单说比较常见的未熟豆，往往是采收时机、采收技术不当等原因造成，越是咖啡树种植在高海拔及高纬度地区，果实成熟不一致，就越容易出现这种情况。未熟豆外观识别不难，一般体型较小，颜色发青，边缘较为锋利，两头弯弯往中间翘起，银皮紧紧裹覆难以剥除。较多数量的未熟豆会给咖啡呈杯带来青草、干草、青涩等负面风味。

# 46

# 咖啡生豆里究竟有什么

初识咖啡，便被它深深地诱惑了，义无反顾地“失身”于它……一步一步地让那个被中世纪欧洲的主教和君主们称为“魔鬼”的褐色精灵引诱着，迷惑着，再也无法自拔。

——作家李卫

近几年，高效液相色谱等各种分析手段纷至沓来，业内外掀起一股探究咖啡中活性成分与健康功效的热潮。即将离开咖啡产业上游，拥抱咖啡烘焙之际，我们借此简述一番咖啡生豆的主要构成。

## 糖类

糖类是一切生物体维持生命活动所需能量的主要来源。根据我国发布的居民食物构成，人们每天摄取的热能中 75% 来自于糖类。据此，不妨将食物中的糖类分成两类：第一类，人可以吸收利用的有效糖类，如单糖、双糖和部分多糖；第二类，人不能消化的多糖类，如纤维素。

糖类是咖啡生豆中含量最多的物质，在阿拉比卡种咖啡生豆中，糖类在干物质中占比甚至可达 60%。研究发现，咖啡复杂香气的第一大来源呋喃类化合物，以及大量醛、酮化合物都是糖类物质热解的产物。此外，糖类还在咖啡味道、体脂感等感官要素的构成上发挥着重要作用。

## 蔗糖

▲咖啡呈杯的诸多美好风味都与蔗糖关系密切

无法再进行水解的糖就是单糖，它们是一些具有两个或更多羟基的醛或酮类，能溶于水，有甜味，比如甘油醛、葡萄糖、果糖、阿拉伯糖（果胶糖）、半乳糖等。咖啡及餐饮店主们最熟悉的是果糖，经常会用其调制饮品。它们能以游离态存在于水果和蜂蜜中，是蔗糖的组成成分，也是天然存在的最甜的一种糖。

由两个连接成一起的单糖称为二糖，它们是最简单的多糖，能够水解，如乳糖、麦芽糖、蔗糖等。生活中常用的白糖、冰糖、红糖的主要成分都是蔗糖，它是自然界分布最广的二糖，是甘蔗和甜菜的主要成分，也在咖啡生豆有大量存在（阿拉比卡种咖啡豆蔗糖含量约是罗布斯塔的 2 倍），更是咖啡豆中糖分的主要存在形式。蔗糖易溶于水，其甜度仅次于果糖，超过葡萄糖、麦芽糖和乳糖，更参与美拉德反应和焦糖化反应。咖啡呈杯风味中的酸、香、甜、苦和体脂感均少不了蔗糖的功劳。

蔗糖熔点 180℃，加热到 200℃左右变成褐色，这一过程是咖啡烘焙非酶褐变反应的一部分，是咖啡烘焙着色、增加风味的重要原因之一。此外，不仅蔗糖很甜，蔗糖经水解生成的混合物会成为转化糖，而转化糖中含有果糖，甜度超过蔗糖本身。

## 多糖与纤维素

多糖是超过 10 个以上的单糖组成的聚合糖高分子碳水化合物。一般不溶于水，无甜味，不能形成结晶，但是多糖可以水解产生一系列中间产物，最终完全水解得到单糖。自然界中分布最广、含量最多的一种多糖——纤维素就是由葡萄糖组成。纤维素不溶于水及一般有机溶剂，是植物细胞壁的主要成分，占植物界碳含量的 50% 以上。例如，棉花的纤维素含量接近 100%，而一般木材就是由纤维素、半纤维素和木质素组成，合在一起称作木质纤维素，其实这也是咖啡豆细胞结构的基本组成。

## 脂肪物质

常温下呈液态的叫油，呈固态或者半固态的叫脂（肪），合称油脂。油脂属于类脂化合物，是由多种高级脂肪酸与甘油生成的甘油酯，能够水解生成脂肪酸。阿拉比卡种咖啡生豆中脂肪物质在干物质中占比可达 14%~18%，远高于罗布斯塔种咖啡生豆，这也是其香气表现远优于后者的根本原因。

咖啡生豆的油脂主要储存在豆胚里，烘焙过程中，大部分芳香物质都溶解浓缩在其中，并在研磨萃取后重新呈现出来。油脂丰富是阿拉比卡种咖啡的重要特色和

▲生长环境的美好会让咖啡树身心愉悦，咖啡也变得好喝

优势，其不仅是咖啡体脂感的重要来源，同时也是咖啡表达香气的重要载体——没有它们，咖啡将魅力全无。

咖啡醇和咖啡豆醇是咖啡豆中最重要的两种咖啡油脂，它们对于芳香物质的收纳作用使其成为咖啡表达迷人香气的载体，但更多研究却也暴露了其两面性。一方面，咖啡醇和咖啡豆醇带来的生化效果可以减少某些致癌物质的作用，一些文章提及咖啡具有降低肝癌和结肠癌风险的作用便与此有关；另一方面，咖啡醇不但会提升胆固醇水平，也对肝脏上的一系列酶有影响，因此会对咖啡消费者尤其是女性健康带来些许潜在危害。好在这种隐患的排除非常简单——一张小小的咖啡滤纸足以将其彻底清除。

## 蛋白质

蛋白质是一类非常复杂的天然有机高分子化合物，广泛存在于生物体内，是组成细胞、形成生命现象的基础物质，也是构成人体的物质基础。人体除了水分，剩余质量的一半都是蛋白质。只有少数蛋白质能够溶解于水，比如鸡蛋白。但是蛋白质在酸、碱或酶的作用下能够发生水解，水解的最终产物是氨基酸（$\alpha$－氨基酸）。阿拉比卡种咖啡生豆中，蛋白质在干物质中占比可达 11%~13%，而到了熟豆中占比则下降为 5%~8%。在咖啡烘焙过程中，最重要的创造风味的化学反应——美拉德反应就是蛋白质（氨基酸）与糖之间十分复杂的多级反应，构成咖啡香气的吡嗪类化合物和硫化物都与此相关。此外，构成咖

▲未熟果实中绿原酸含量高

啡味道（尤其是苦味）、余韵、体脂感等感官要素也都得益于它。

## 酸性物质

这里的酸性物质是指咖啡生豆中包含的一系列具有酸性的有机化合物，绝大多数为咖啡生长过程中自然合成，也有极少数是在加工处理过程中产生。酸性物质在阿拉比卡种咖啡生豆干物质中占比为5.5%~8%，烘焙过程会有大量受热分解，到了咖啡熟豆中，酸性物质占比减少为1.2%~2.3%。

对于咖啡呈杯风味来说，有机酸是极其重要的，但其产生机理却不尽相同。比如说，植物的自然生长过程如光合作用和呼吸作用会生成绿原酸、柠檬酸、苹果酸等有机酸。而咖啡烘焙的过程中首先分解生成乙酸、乳酸、奎宁酸、咖啡酸等有机酸，导致有机酸浓度提高，随着持续催温加热，有机酸慢慢消耗掉，其浓度才逐渐下降。当然，加工处理环节也可能有所生成，只不过占比极低。

## 绿原酸

绿原酸是由咖啡酸与奎宁酸（奎尼酸）脱水缩合的产物，又叫咖啡单宁酸，是植物体在有氧呼吸过程中，由葡萄糖经过一系列酶促反应最终得到的产物，也是木质素合成中一个重要的中间产物。对于咖啡树来说，绿原酸如咖啡因一般，也是咖啡树抗

▲采收环节的放纵粗糙会让后续所有工序都变得毫无意义

虫害以及抵抗恶劣自然环境的“生物武器”——咖啡树如果生长环境恶劣，就会增加绿原酸浓度，由此构建一套抵抗病虫害的天然防御机制。绿原酸会随着咖啡果实的成熟在种子中积累，并借此抵御外敌侵入。罗布斯塔种咖啡中绿原酸含量比阿拉比卡种咖啡高很多，这也是罗豆烘焙后往往苦味更加突出的原因。

绿原酸具有抗菌、抗病毒、增高白细胞、保肝利胆、抗肿瘤、降血压、降血脂、清除自由基和兴奋中枢神经系统等作用，是许多中药材的有效成分之一。更为重要的是，绿原酸是一种强抗氧化剂，因为它含有 R-OH 基团，能形成具有抗氧化作用的羟自由基，以消除氢基自由基、超氧自由基和超氧阴离子等自由基的活性，从而保护组织免受氧化作用的损害。由此可见，摄取适量绿原酸对于人体健康非常有利。遗憾的是，若从饮用体验角度来说，绿原酸尖锐粗糙、有涩感（收敛感），并不令人愉悦，更不能给人以明亮活泼的新鲜感，咖啡从业者尤其是咖啡烘焙师，一直在想办法除之而后快。

绿原酸本身受热并不稳定，咖啡苦味的最大来源正是其受热分解物。烘焙过程中，部分绿原酸会分解为奎宁酸与咖啡酸，并在进入二爆前持续存在。这导致浅焙—中焙的咖啡有机酸浓度提高、酸味增加。但问题并非如此简单，咖啡酸是涩感的来源之一，奎宁酸则是苦、酸、涩的重要来源之一。虽然适量的奎宁酸能够增加咖啡呈杯的明亮感、体脂感和复杂度，但过犹不及，需要严格控制其生成量。一些烘焙程度不深的咖啡常伴有令人不愉悦的苦涩和酸涩，便与烘焙策略不当导致绿原酸及分解物关系密切。与此同时，部分绿原酸在一爆后降解生成绿原酸内酯（Chlorogenic Acid Lactone），是浅焙咖啡苦味的主要来源，但这种苦属于符合咖啡特色的顺口苦，适量浓度下可以接受。待二爆密集期往后，绿原酸内酯进一步降解（绿原酸第二阶段反应产物）生成的苯基林丹（乙烯儿茶酚聚合物）则苦味强烈，成为深焙咖啡豆苦味的主要来源。到了二爆尾端，80% 以上的绿原酸都会被降解消耗掉。

除了前文讲过的烘焙过程，未熟豆和死亡（黑色）咖啡豆中绿原酸浓度较高，可见未挑拣干净瑕疵豆也可能导致咖啡苦涩泛滥。

## 生物碱类物质

咖啡因在前文已有论述，在此略过不提。与咖啡因一样，葫芦巴碱是咖啡生豆中含有的另一种生物碱类活性物质，是仅次于咖啡因和绿原酸的咖啡豆“指标性物质”。与咖啡因一般，两者均是咖啡苦味的次要来源之一。不同的是，咖啡因热稳定性强，在烘焙受热过程中“岿然不动”，会更多在咖啡啜吸的尾端及余韵中感受到它的存在；而葫芦巴碱则会在 160℃以上受热降解为二氧化碳和烟酸（烟草酸 / 维生素 $B_3$）、吡啶等芳香物质，是咖啡美好风味的重要参与者。咖啡生豆中葫芦巴碱含量与咖啡树种、生长环境、处理加工等关系密切。阿拉比卡种咖啡生豆中的葫芦巴碱含量与咖啡因大体相当，远高于罗布斯塔种咖啡生豆；在处理干燥环节，葫芦巴碱会随着温度升高而导致含量下降。

由于咖啡豆中原本并不含有烟酸，葫芦巴碱热解反应是其唯一来源，而烟酸浓度又与咖啡烘焙程度正相关——烘焙越深，浓度越高。因此，烟酸含量也成为判定咖啡烘焙程度的依据之一。

▼咖啡熟豆中烟酸含量是判断烘焙程度的重要依据

# Chapter 6

# 创造风味，关于咖啡烘焙

至今已逾800年发展历程的咖啡烘焙，除了单纯基于烘焙效率和生产速溶咖啡的商业咖啡烘焙，长久以来流派纷呈，众说纷纭。有人将之看作暗黑艺术，有人将其视为迷宫，还有人将其当作私相授受的学徒产物，更有人将其视作不可轻易示人的个人系统。今天，我们则认为咖啡烘焙是一门科学。

# 47

# 初识咖啡烘焙

风味来源于咖啡豆本身，烘焙只是将其表现出来。

——Michael Sivetz，Coffee Technology

## 咖啡烘焙是科学

咖啡生豆几乎没有风味且质地坚硬，通常不能直接食用或饮用，而我们在咖啡店里见到的多是咖啡熟豆，它们有着或深或浅的褐色，更加膨大的体积，更加松脆的质地，还带有诱人的香气，它们是咖啡生豆加热焙烤后的产物，我们将这一过程叫咖啡烘焙（Coffee Roasting），这是咖啡世界里最具技术含量、最魅惑人心、最值得深入探索的环节之一。

至今已逾800年发展历程的咖啡烘焙，除了单纯基于效率和生产速溶咖啡的商业咖啡烘焙，长久以来流派纷呈，百家争鸣。有人将之视为艺术，甚至是在反复煎熬和苦闷中追求希望的暗黑艺术；有人将其视为难以捉摸，需要凭借气运才能达到彼岸的迷宫；还有人将其当作私相授受的学徒产物；更有人将其视为不可轻易示人且不可名状的个人系统。

如上这些对于咖啡烘焙的理解不能说全无道理，但会带来很多潜在问题，比如学习咖啡烘焙的效率、合格咖啡烘焙师的养成、咖啡烘焙师的成长天花板等。而今天，我们则认为咖啡烘焙首先是一门科学，即咖啡烘焙学。何为科学的咖啡烘焙呢？咖啡烘焙是一个可以明确定义、可以清晰理解、可以建立统一标准来支持和发展的体系。任何人都可以通过积极高效的学习和实践迅速成为一名咖啡烘焙师。当然，精品咖啡烘焙科学还处在进化中，目前并不完善，在相当长时间里也不可能完善。目前全世界精品咖啡烘焙师大多处在这样一条迭代进化的轨迹中：首先认可咖啡烘焙是科学，积极学习基本共识，构建完整框架体系，再自我训练发展，不断反哺烘焙科学，推动精品咖啡烘焙学持续发展。

## 创造咖啡价值

咖啡烘焙是咖啡价值链上最核心的增值环节，是纵贯咖啡产业链的桥梁，是通过热传递改变咖啡生豆物理及化学属性并生成咖啡熟豆的过程。咖啡生豆在烘焙过程中受热，将导致咖啡体积、颜色、味道、气味、密度、成分等改变，咖啡特色风味在此过程中创造，许多奥秘至今仍在探索中，优秀的咖啡烘焙师也因此备受尊崇。

如上这段文字尽述了咖啡烘焙的所有内容，若要问我最重要的是哪一点，我会毫不犹豫地说“增值”二字。咖啡生豆是农产品，而咖啡熟豆是食品，甚至是高档食品或轻奢食品，两者之间的连接便是“烘焙”。创造价值是咖啡产业链健康持续发展的关

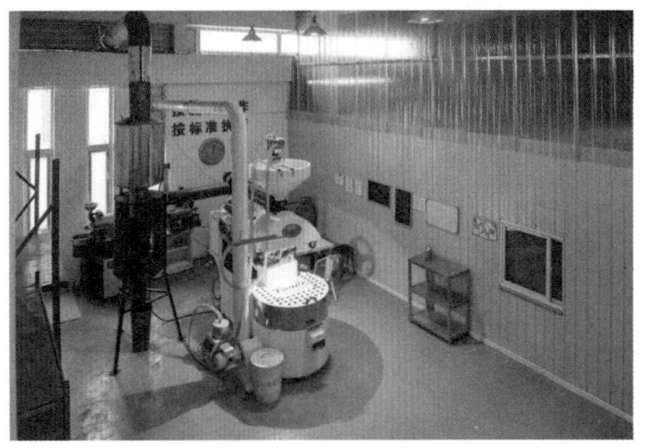

▲位于辽宁葫芦岛市北港工业园区的美达辰星烘焙厂是一家由铂澜学员初创不久的精品咖啡烘焙企业，是一个从初创咖啡门店向咖啡产业链上游拓展事业的成功案例，也是目前铂澜咖啡学院的合作伙伴之一

键，咖啡烘焙则是“创造价值”的核心所在。因此，大到一个咖啡消费国或地区，应该尽可能多地进口咖啡生豆而非熟豆，将增值环节留在本国，充分挖掘咖啡价值；小到一家咖啡店，也应该更多进口咖啡生豆，积极开展咖啡烘焙生产，为本店创造更多利润。如今，自家烘焙（Home Roasting）已经成为精品咖啡店的标配，此举看似增加了初始投资，实则不仅给本店创造了更多收益，还优化了本店品控，增加了个性色彩和品牌可识别度。越来越多的咖啡玩家和发烧友也会购买小型烘焙设备，投入数百元到数万元不等，在自家烘焙新鲜咖啡。

## 产业上下游之桥梁

“从种子到杯子”六个字说来容易，细究起来，仅仅是上游生产便涉及 70 多个国家地区，如果再将终端咖啡门店算上，几乎涉及地球上的每个角落。想让一位数万里之外的巴西咖农明白中国北京咖啡店顾客对于巴西精品咖啡的风味喜好，从而在自家种植、采收和处理环节有所调整，实在是一件“难如上青天”的事情。因此，产业链

整合和协同就显得尤为重要。目前比较常见的做法是，某家资金雄厚、野心勃勃的终端品牌门店“激流勇进”往上游走，一直走到咖啡产地，将产业全程揽在怀里，并于门店中展示给一众顾客看。

事实上还有更佳的模式可以讨论——突出咖啡烘焙的环节、放大烘焙师的价值。咖啡烘焙正好处在产业链居中位置，上联产地，下接门店，是当仁不让的主导环节，是最容易理解消费者和生产者的环节，是理应最有发言权的环节，也是提高整个产业链的运作效能、最终提升产业链所涉企业利润率的最佳切入点。

## 一个半透明的匣子

咖啡烘焙过程中有1000多种化合物生成，其中约有850种挥发性芳香物质已被鉴定出来，还有一些物质究竟是什么正在探索中。咖啡成为人类日常饮食中化学成分最为复杂的食物之一。更为关键的是，这些物质究竟是基于哪些热反应产生的？这些反应促发的外部条件是什么？如此多的化学反应之间的关系是什么？中间产物和反应生成物彼此之间的关联又是什么？……很多问题至今还没有准确答案，这导致咖啡烘焙目前还是一个半透明的匣子，科学家还在锲而不舍探究中。保持学习的能力和开放的心态对于咖啡烘焙师来说至关重要。

## 巧妇难为无米炊

更加重要的认知是，一杯咖啡的诸多风味都来源于咖啡豆本身，烘焙既是一个创造风味的过程，也是一个合理表现风味的过程。只是这个表现过程需要巨大的创造性，而非简单的复制粘贴。正所谓“巧妇难为无米炊”，作为一名咖啡烘焙师，我们的技术认知、硬件条件等决定了最终风味走向，但无论如何不可能获得比豆子本身更好或截然不同的风味，但实际操作时将它弄得一团糟却不难。事实上，包括我在内任何一位烘焙师，都有过因技术失误毁掉一锅好豆子，暴殄天物后痛苦自责的经历。

## 咖啡师与咖啡烘焙师

对于工作于吧台一线的咖啡师来说，日常接触的都是咖啡熟豆，仅能靠研磨和萃取来对某款特定咖啡的风味做微调。既然无缘创造风味，那么将顾客反馈的诸如“咖啡不好喝”等投诉直接甩锅给烘焙师也是常有之事，而烘焙师想要不背锅确实不易。正是这个原因，今天的专业咖啡竞技实际考较的都是团队实力，而非仅仅上场完成冲泡工作的咖啡师本人。君不见，所有在世界级赛场上获得好名次的咖啡师背后，往往都站着一位优秀的咖啡烘焙师。另一个有趣的话题是，专业咖啡烘焙师都习惯用更加流程化的杯测方法来检验烘焙成果，而不是手冲或其他，这样也可以避免咖啡师研磨萃取的“修饰”作用。

## 创造咖啡风味

咖啡烘焙过程发生了一系列极其复杂的化学变化，生成了一大堆风味物质。任何一款咖啡生豆在手，却并不意味着能够与某种确切的风味进行联结。不同的咖啡烘焙师、不同烘焙程度、不同烘焙曲线、不同烘焙设备，乃至温湿度气压等外界因素，都会直接决定杯中风味。基于这一点，我们也可以认为咖啡烘焙这一环节是创造咖啡风味的。

## 受约束的创造

假如我们拿到某款咖啡豆 A，明确的化学成分含量及占比是已知的，一杯咖啡风味的可能性虽然是一个无限集合，但是令人愉悦的好风味总量是有限的，最终呈杯风味的方向性也是明确的。作为一名咖啡烘焙师，我们应该知道自己创造性的工作也受到无形约束，我们努力的结果是尽最大可能去接近满分 100 分——令人愉悦的好风味最大化，事实上完全达到或超过 100 分都是不可能的。将咖啡豆 A 烘焙成咖啡豆 B 的风味更只能是天方夜谭罢了。

▼在日本，一名优秀咖啡烘焙师意味着数十年锲而不舍的求索（摄影：黄海强）

# 48

# 咖啡烘焙设备谈

在欧洲，喝咖啡的转变是伴随着宗教改革而出现的。咖啡具有的使人清醒和高效的潜力，正好符合这个时代的新兴思想。咖啡从化学和药理学上实现了理性主义和新教伦理力图实现的精神和理性主义。

——某欧洲学者

▲摄影：黄海强

## 业余烘焙：手网烘焙

业余烘焙中最常见的便是手网烘焙，这是一种非常古老的咖啡烘焙形式，早在奥斯曼土耳其时代便广为流行，而且远比今天工艺精美。我们只需要准备一个金属手网、一台瓦斯炉（也可用煤气炉）、一双隔热手套和一个计时器（手机计时亦可），投资不超过 300 元，便可以展开有模有样的烘焙操作了。烘焙实践中不难发现：看似简陋的手网烘焙虽然消耗体力，但却具有火力（热力）可调节、观察便利、排烟通畅等优点。如果你技术一流且一丝不苟的话，手网烘焙绝对值得信赖。

当然，手网烘焙并非毫无技术性可言。首先，如何保证火力均匀稳定便大有讲究，除了人为离火距离，有经验的手网烘焙者会在瓦斯炉上安装一个聚热环，让手网受热均匀一致。其次，手网烘焙操作时手腕翻动的幅度和频率也有学问。要观察以何种幅度和频率进行手腕翻动时，手网中的咖啡豆恰好处于最佳的翻滚状态，这一点也关乎受热均匀一致性。

## 业余烘焙：铁锅明火炒豆

能够与手网烘焙一决高下的便是铁锅明火炒豆。虽然埃塞俄比亚传统咖啡烘焙使用的是平底锅（带侧向排气孔洞的升级版平底锅），但平底铁锅其实更适合煎炸食物，不适合进行频繁翻炒操作。传统的圆弧底厚壁大铁锅则是我们焙炒咖啡豆的首选。用这种方法焙制咖啡豆，品质也不错，不过同样是个体力活。

## 业余烘焙：平锅电磁炉煎豆

第三种家庭烘焙手段是使用煎牛排那种厚底平锅，在电磁炉上翻炒豆子。这种方法难度较大，咖啡豆容易受热不均，所以品质难以与前两种相提并论，初学者可以每次少烘焙一些。手网烘焙、铁锅明火炒豆和平锅电磁炉煎豆成功的关键都在于，应事先准备一个手持式红外线测温枪，再结合观察豆表颜色变化、嗅闻香气变化和聆听爆点，来综合判断所处的烘焙进度。如何能够尽可能做到咖啡豆的均匀焙制，可以说是这几种烘焙法的第一道难题，也是最核心问题。

## 业余烘焙：旋转烤炉

不管手网烘焙还是铁锅炒豆，实则古已有之，今天只是在此基础上略作改良。两者有一个共同问题：效率低下。为了解决效率问题，须将咖啡放置于一个稍大的容器中焙制。数百年前，人们便发明了将咖啡豆放置于一个有孔洞的箱体容器中，既不使明火接触咖啡豆表，也便于排气排烟。从形状来看，球体或圆柱体等，不一而足。今天，将咖啡豆放置于有孔洞的金属箱体中，下方为明火或加热丝，既可以手摇，也可以电机驱动旋转，我们称之为旋转烤炉焙豆。

早在奥斯曼土耳其时代，这种旋转烤炉明火焙豆便已十分流行，由于烘焙过程中势必大量排烟，放置于室内未免污染环境，更使得主人不愉悦。于是，常常由仆人在户外庭院中操作。今天我们还能找到不少类似画作：室内烛光摇曳，觥筹交错，主客尽欢，仆人则站立在户外，手摇咖啡炉，烈火熊熊，浓烟滚滚，好一派热火朝天的景象。另一个结论也不难得出：过往咖啡烘焙只是地位低下的苦差事，与今日迥异。到了 19 世纪，

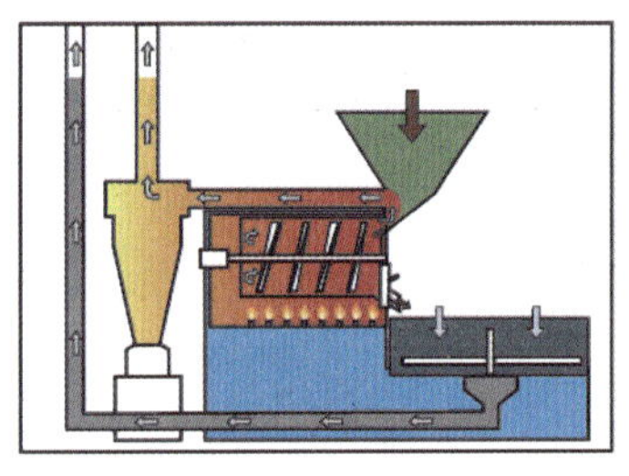
经典滚筒咖啡烘焙机
(Classic Drum Roaster)

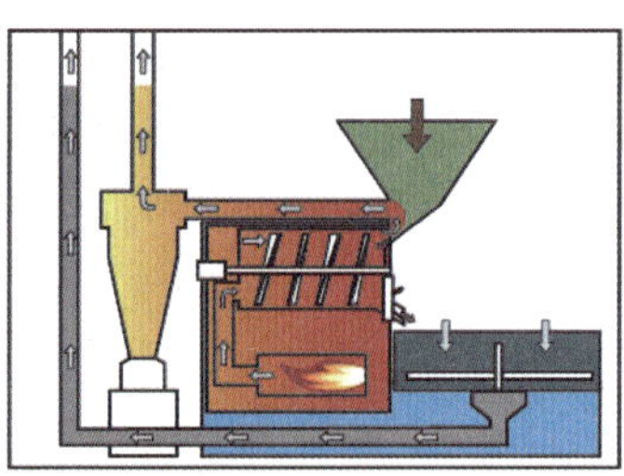
改良版滚筒咖啡烘焙机
(Indirectly Drum Roaster)

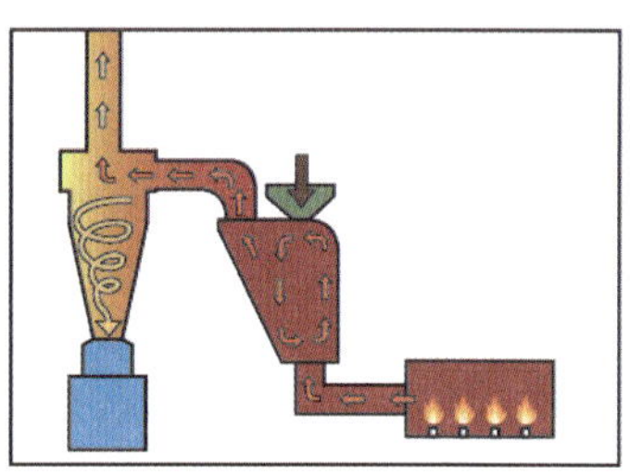
流床式热风咖啡烘焙机
(Fluid-bed Roaster)

▲常见咖啡烘焙机结构示意图

法国人发明了一种宛如机械钟表般小巧精致的旋转烤炉烘焙装置，用上发条来取代人力旋转，其灵感应该来自同样上发条的机械发音乐器——八音盒，着实堪称艺术品，值得购买收藏。

升级版“旋转烤炉”就是在电烤箱中使用转炉烘豆子。这种方法无法观察咖啡豆的状态变化，甚至听不清咖啡豆的爆裂声，排烟问题也无从解决，所以焙制出来的咖啡豆品质相较最差。如上四种家庭烘焙还有个共同的老大难问题——难以做到烘焙结束后的快速高效冷却，这可能导致咖啡豆风味在最后时刻“严重走样”。除了用电扇降温，还可以购买小型的电动风冷装置,3 分钟之内将咖啡熟豆降至室温。

## 专业咖啡烘焙分类

进入 18 世纪中后叶，随着工业革命出现，机器逐渐取代人力，大规模工厂化生产取代个体工场手工生产。再加上 19 世纪初铁路和商标法几乎同时出现，这些都刺激了工业化咖啡烘焙生产的发展，越来越多设计新颖、性能精湛的专业级大中型咖啡烘焙设备陆续登场，并在 20 世纪达到一个高峰。Jabez Burns&Sons、Probat、GOTHOT、Petroncini、Fuji Royal、Kirsch&Mausser 等咖啡烘焙企业都是那个时代舞台聚光灯下的明星。

2000 年后，随着精品咖啡大众化，又有越来越多小型专业咖啡烘焙设备涌现，价格在万元以下，这无疑是咖啡发烧友和咖啡从业者的福音。不管一次能够烘焙咖啡豆 200~300 克，还是 80~500 千克，直火式、半热风式和热风式是我们最常见的三大烘焙设备分类。

直火式烘焙机是将咖啡豆放入筒壁打孔的滚筒中，以明火直接接触咖啡豆的形式进行焙制。通常来说，小型甚至微型的非专业烘焙设备往往会采用这种原理，其优点是构造简单，造价低廉，易于操作，缺点是咖啡豆直接接触明火，容易导致受热不均且膨胀不足。事实上，有少数日系咖啡烘焙师迷恋这种原理，并会专门定制专业的直火式滚筒烘焙机。如果构造设计合理，操作专业得当的话，直火烘焙能够很好地表现咖啡香气等风味特色，再配合冲泡环节，可以将精品店的技术特色表达得淋漓尽致。

半热风式烘焙机是在直火式基础上改进而得，又称作半直火半热风式烘焙。滚筒筒壁无孔洞或经由隔板阻隔，明火不会直接接触咖啡豆，虽然筒壁的传导热依然占到相当比重，但更多让产生的热风进入滚筒来焙制咖啡豆，大幅增加了对流热在热传导中的占比。这种改进使得咖啡熟豆的膨胀性很好，品质得到了大幅提高，操作可控性也不错。

热风式烘焙机简称热风机，既可以做得极小巧用于打样，也可以做得体型巨大用于大型商业烘焙生产，是目前的大热门，也被很多人认定是烘焙机未来的发展方向。热风式烘焙机能够最大化减少传导热和辐射热在热传导中的占比，单一突出对流热，让咖啡豆在热风中悬浮翻滚。这样做的好处不仅仅是咖啡豆的膨胀性极好，提高了烘焙效率和萃取效率，还使得操控性增加，烘焙生产的稳定性大幅提高。其实早在1929年，德国人便发明了设计非常成熟的热风烘焙机——Air Fountain Roaster，LUFO。这台烘焙机拥有全程可视化设计、自动除烟尘、2千克的最大单锅烘焙量，能够在3分钟时间内完成烘焙操作。

## 滚筒式咖啡烘焙机

发明于20世纪初的滚筒式咖啡烘焙机（Drum Roaster）又叫鼓式烘焙机，是目前最主流且经典的烘焙机设计架构。烘焙过程中不断旋转翻滚的金属制滚筒是其标志性装置，一眼就能识别出来。这种设计架构使得烘焙师可以缓慢地烘焙咖啡豆，并从容不迫地进行有效干预、灵活调整，从而精确掌控烘焙结果。又恰逢精品咖啡浪潮，工匠精神回归，滚筒式烘焙师成为全世界微批次烘焙的宠儿。

为了使烘焙受热更加均匀且高效，滚筒中往往会设计一组精心计算过的搅拌叶片，Probat公司最早采纳的这种设计目前已经被广泛采纳，并成为滚筒式烘焙机的标配。

前文讲述的直火式和半热风式往往设计成滚筒式原理的咖啡烘焙机，大小尺寸各有不同。我使用过每锅200克的小型滚筒烘焙机，也用过每锅30千克、一人多高的滚筒烘焙机，还见识过咖啡烘焙工厂里每锅300~500千克的钢铁巨人，几乎是“镶嵌”在楼宇中宛如一体。每当下豆出锅时，滚滚热浪袭来令人心惊。不仅滚筒中安置了特殊的水冷装置，硕大的冷却盘上还安装有防护隔离罩，避免引起工伤事件。

为了进一步缩短烘焙时间、提高烘焙效率、优化控制精准性、改善烘焙品质，滚筒式烘焙机也在不断升级改良中。除了增加各种电子设备和辅助软件，提高对流热在传导中的占比是基本思路。我们可以从Giesen、Probat乃至国产三豆客等滚筒式咖啡烘焙机的新型号中看出这一趋势，诸如另开燃烧室、减少滚筒热传导等设计创新频频出现。

## 流床式咖啡烘焙机

20世纪20年代最早出现、70年代逐渐成熟的流床式咖啡烘焙机（Fluid-Bed Roaster）又叫风床式烘焙机，是目前非常经典的热风式烘焙机。原理是通过喷射已经加热好的热空气来翻滚加热咖啡豆，使咖啡豆在更短时间内实现更好的膨胀，从而实现高效精准烘焙作业。除了用于工厂级咖啡烘焙，在国内电商平台上，我们也能买到很多千元至数千元不等的微型热风式烘焙设备，不失为玩家或小店的经济型烘焙解决方案。

除了流床式烘焙，还有离心碗式烘焙机（Bowl drum centrifugal coffee roaster）、切向式烘焙机（Tangential coffee roaster），国内倒不多见。

# 49 做一名骄傲的咖啡烘焙师

趁故事还不曾讲述前，且喝一杯叫回忆的咖啡，听一场叫往事的烟雨。

——白落梅《你是锦瑟，我为流年》

## 何为优秀咖啡烘焙师

第一，熟悉咖啡产业上游产区、庄园、品种、采收、加工处理、生豆储存等相关知识，知悉如上诸多因素与咖啡生豆品质风味之间的对应关系，能够熟练进行生豆的分级和品控。

第二，熟练操控烘焙设备及相关软件，甚至是做到“人机合一”，能够精确把握咖啡豆烘焙全程，保证咖啡豆能够获得高质量的焙制，避免各种烘焙失误和烘焙瑕疵。

第三，良好的烘焙习惯，丰富的实操经验。不是机械地复制烘焙曲线来操作，而是能够根据入豆温、入豆量、含水量、密度、温湿度、气压等内外因及时预判微调，从而保证稳定如一的风味供应。

第四，具备扎实的咖啡感官评估和研

磨萃取能力。

第五，以顾客体验为本，尊重消费市场，具备经常走出烘焙间与顾客深度交流、虚心受教的意愿。

第六，安全生产大于天，始终将安全摆在第一位，掌握干粉、泡沫、二氧化碳等灭火器在不同场景下的使用，深刻理解“火三角”并能够在实践中应用，切实做好各项安全保障工作。

## 想要什么风味

如果说咖啡烘焙重在“创造风味”，那么咖啡烘焙师的核心使命便可以归纳为两件任务：第一，想要什么风味？第二，怎样去实现？这两个问题是有先后顺序的，任何咖啡烘焙师拿到一款咖啡生豆之后，都应按此思维路径来思考。

想要什么风味？这是一个并不简单的问题。首先基于对这款豆子信息的研究分析，勾勒出一个尽可能客观的风味轮廓。产国、产地、庄园、采收年份、品种、处理法、分级等基本信息可以从供应商处拿到，有经验的烘焙师可以通过目测来对产国、品种和处理法等信息进行大体验证。接下来，最好能够对水活性、含水量、密度等生豆属性进行定量测定。有了这些数值，就可以结合过往的咖啡烘焙记录表来把握这款豆子的烘焙节奏。事实上，只要烘焙设备固定不变，过往又留存有足够翔实的烘焙记录，就可以提前判断出这款豆子下锅的基本曲线，不至于出现措手不及、控制不住等“菜鸟现象”。

如果有条件的话，咖啡烘焙师最幸福的事情莫过于自己去世界各地找豆子，将“寻豆师”的职位也兼任起来。我自己就在屡次“寻豆师之旅”中获得了极大满足，也从中学到了更多烘焙间、杯测室和吧台前学不到的东西。我们知道，影响咖啡豆品质的外因主要是气候和土壤两个方面，海拔高度、温度、湿度、降雨量等算作气候因素，而土壤成分、地质结构和土壤酸碱度等要在土壤环节来分析。此外，还有更多内部因素在决定这一切，比如咖啡树品种、树龄、树种与微环境的匹配度、种植密度、阴植状况、剪枝施肥、采摘、处理法、发酵、干燥等。

## 四个问题做减法

为了设计出最优的烘焙计划，我们还需要通过几项自问自答来做减法，约束即

▲中国首位女性 CQI QGrader 导师张夏（Summer）是供职于美国知名咖啡品牌 Onyx Coffee Lab 的咖啡烘焙师，也是目前铂澜咖啡学院的 Q 课导师

将开展的烘焙实操。

问题 1：顾客（尤其是大客户）是否已经提出明确需求？任何时候我们都要学会充分尊重顾客，尤其是大客户。如果他们已就烘焙程度、外观色度、风味走向等提出明确要求，我们应该在充分沟通的前提下给予执行，哪怕在我们看来可能稍嫌怪异或略有遗憾。

问题 2：多数目标消费者对此款咖啡的基本风味喜好是什么？尊重主流消费者对此的基本风味取向就是在尊重市场，尊重这份职业。在没有问题 1 约束的情况下，我们很难理解随意将一款传统曼特宁生豆做浅焙。

问题 3：当下是否有对此款咖啡的明确流行风向？移动互联网时代，每天都会涌现迥然不同的流行趋势和风味追求。前几年爆红的北欧式浅焙肯尼亚便是一例，天知道明天的年轻人会喜欢什么。

问题 4：烘焙师自己的风味喜好是否应该展现？为了避免成为一个没有灵魂的烘焙师，我们都希望能够将自己的风味喜好和倾向投射在烘焙成果上，只是需要学会把握一个度，学会尊重消费者，与市场适度妥协。当然，也有个别成功的咖啡烘焙师，由于建立了非常强大的个人品牌，可以自主开展烘焙，其成果自有粉丝来追捧和买单，令人艳羡佩服。

## 风味稳定性从何而来

除了如上核心使命，如何保证每一锅风味的稳定如一是咖啡烘焙师日常工作的主要要求。对此我有四点建议：第一，深入了解烘焙机性能，尽可能做到人机结合；第二，“事前规划，过程记录，事后总结”是实现稳定性的保证；第三，添置必要的软硬件设备，用定量分析和数据评估取代感性猜测和经验判断；第四，烘焙实践中尽可能让固定不变的常量增加，变量减少。

▼摄影：黄海强

# 50

# 咖啡烘焙三部曲

更羡慕街边咖啡座里的目光，只一闪，便觉得日月悠长、山河无恙。

——余秋雨《行者无疆》

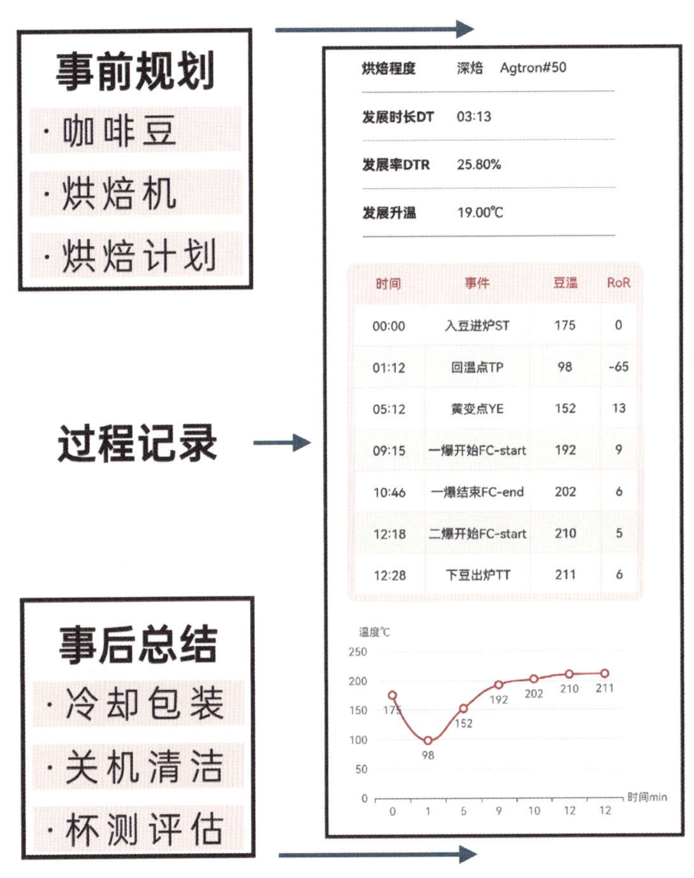


▲咖啡烘焙三部曲

我们将一次咖啡烘焙的全过程分作三个阶段：操作准备、烘焙过程和结束作业，分别对应前文讲述过的“事前规划，过程记录，事后总结”十二字原则。

## 操作准备

操作准备阶段我们需要做三方面工作：咖啡豆、烘焙机和烘焙计划。如果已经从生豆商手里拿到了详尽的产地信息，便可以将关注点放在咖啡烘焙机上，除了检查设备可靠性和排烟管道通畅性，还要及时检查集尘器、烟囱、管道、银皮抽屉等处是否有积累的烟尘碎屑。检查妥当后，通电自检，再点火加热。对于最常见的1~6千克滚筒式半热风咖啡烘焙机来说,20~30

分钟的预热必不可少，只有整台烘焙机预热彻底，内部储热达到预定要求，才能实现良好烘焙。

在烘焙机预热的时间里，我们可以去称量分析咖啡生豆，并简单设计烘焙计划，如果要求特别高，可能还需要对生豆进行逐一手选。根据我们的经验，纵使采用QGrader的生豆分级标准来精细手选，只要不涉及填表，半小时内足可精挑3千克咖啡生豆。除了电子秤必不可少，如果手头有水分密度检测仪、水活性检测议、筛网等设备，我们还应如实记录生豆的含水量、密度、水活性、粒径分布等重要数据。

咖啡生豆密度一般与种植海拔高度呈正相关。作为一名咖啡烘焙师，我们知晓某款咖啡生豆的绝对密度并无特别意义，比较不同咖啡生豆之间的相对密度意义更大些，只有横向比照，才能够更好地掌控烘焙曲线的变化：密度越高，风味物质含量可能越高，往往匹配相应更长的烘焙时长。密度更高的罗布斯塔豆往往烘焙时长超过阿拉比卡豆，也是这个道理。最后就是设计烘焙计划，尤其是对入豆量、入豆温、一爆发展、烘焙程度、豆粉值等做一些预设。虽然各种咖啡烘焙记录表上都有烘焙计划一栏，但是往往被大家所忽略，实则失去了一个提升的机会。WRC（世界咖啡烘焙大赛）就明确要求每一位参赛的烘焙师必须做好入豆下锅前的烘焙计划，等烘焙成果出来后，再看事先规划的内容究竟有多少得以实现，并将此算作最终成绩的重要组成部分。烘豆赛杯测评分表最后一项“cup to profile”译作“风味描述准确性”，指的便是选手在评分表上写的风味描述和评委实际喝到之间的差别。

## 烘焙过程

目前主流咖啡烘焙学将整个咖啡烘焙过程分作高温脱水、正式烘焙和快速冷却三部分，本书则将正式烘焙进一步分解。在此过程中，我们需要如实填写咖啡烘焙记录表(Roast Log)，尤其是在咖啡生豆入锅后出锅前，按照时间轴如实填写各项操作（如入锅、出锅、调整火力、改变风压、调整转速等）、咖啡生豆的重要变化（如回温、黄变、一爆、二爆等），以及火力（燃气流量）、管道风量（风压）、豆温、风温等数值。对于滚筒式半热风烘焙机来说，一锅正常的咖啡烘焙过程应该处在一个合理时间范围内，8~15分钟最为常见，过分快炒和慢焙都可能带来负面风味。

这个科技日新月异的时代堪称懒人的福音，从Giesen到三豆客等烘焙机都已内置非常出色的烘焙记录软件，Artisan、Cropster、Roastmaster等第三方软件也越来越智能，甚至内置大量公式可以计算脱水时常、升温率、发展率、一爆后升温等。S7pro、Ikawa pro等更有自带APP来轻松解决记录问题，极大方便了烘焙师，也有助于提升烘焙的稳定性。但凡事有利也有弊，如果一贯依赖烘焙软件，也会弱化烘焙师的某些基本技能，增加系统依赖性。

快速冷却是烘焙过程中不可缺失的重要组成部分。其核心工作便是将出锅的高温咖啡熟豆快速（3~5分钟）冷却至接近室温（低于30℃），如果是精品咖啡小批量烘焙，通常不考虑会对咖啡熟豆品质带来些许负面影响的水淬冷却，而是采用单纯的风冷措施，并更加严格控制冷却时长。因为咖啡熟豆出锅冷却之时，如果不能快速冷却，豆表温度虽然已经下降很多，但豆芯依然高温灼烧，化学反应未能及时终止，此时会产生复杂的“自烘焙”现象，从而带来焦苦等负面风味。一般 2 千克以上的烘焙机会在冷却盘中安装搅拌装置（Stiring device）来提高冷却效率。

我们铂澜咖啡学院使用 Giesen W6A 6 千克满负荷生产时，为了保证咖啡熟豆能够在 3 分钟以内降至室温，一开始加装了一部电风扇对着冷却盘中的豆子吹，以辅助降温，但效果并不好。后来专门设计制作了一台大功率负压风冷机，此举投入不大，但是对于保证烘焙质量意义重大。

## 结束作业

咖啡烘焙记录表上并不是每一项都需要在烘焙过程中填写，有很多需要计算的内容建议放在第三步来实现。

咖啡熟豆快速冷却完成后，不应做过长时间的暴露摊放，而应尽快称量并包装保存。此时，咖啡烘焙机处于通电关火的缓缓降温过程中，我们绝不能武断关机走人——咖啡烘焙机内部温度很高，杜绝火灾隐患极有必要。只有当烘焙机温度下降到安全温度之时，才能进行关机断电操作。咖啡烘焙师可以从烘焙机使用手册上查询厂家建议的关机温度。当然，这个等待时间里并不是无事可做：一方面称量咖啡熟豆，再做一次熟豆手选，同时填写完善烘焙记录表；另一方面彻底清理烘焙机及排烟管道，收拾一下烘焙操作间，为结束作业做准备。

此外，“事后总结”也涉及每一锅足够的留样，进行豆粉值测算以及感官评估——杯测或萃取测试，并将感官评估的结论与烘焙记录表进行对照比较。如果有咖啡师以及一定数量的咖啡顾客来参与的话，这项工作的有效性将大幅提升。不得不说“事后总结”是比较繁琐和麻烦的步骤，但往往也是烘焙师技术得以真正提升的“临门一脚”。

▲丹麦哥本哈根精品咖啡名店 The Coffee Collective 的烘焙作业

# 51

# 剧变尽在此间中：脱水阶段

寂寞的我在寂寞的夜，寂寞地想着寂寞的你，寂寞的风，寂寞的雨，寂寞地数着每颗辰星。而寂寞的夜啊，寂寞地泡在咖啡因里。

——九把刀《等一个人咖啡》

## 营造烘焙过程仪式感

为了便于讲述，我们将“正式烘焙”分解为褐化和发展，再结合前期脱水，共计三个阶段，逐层推进，一气呵成。咖啡烘焙师置身其中，亦需要有一些沉浸式的仪式感。

烘焙一炉豆子的过程宛如走进一座营造精美的中式园林，纵不立文字，但明心见性，一步一景，步移景换，时时有惊喜，处处有不同，想要停步回眸，已然与来时迥异。烘焙一炉豆子的过程又好似欣赏一曲西方歌剧，了解剧本、深谙剧情必然是前提。有了这些基础，再去听剧中的歌曲才能感受到音乐所传达的情感。久而久之，再也不会感到过程冗长乏味了，而会对每一段旋律、每一个乐句，甚至对每一个和弦、每一个伴奏音型都十分敏感，完全沉浸其中，醍醐灌顶。

接下来我们以最为普及的滚筒式半热风烘焙机为例，详细描述一番咖啡豆经历的诸般历程，一切剧变尽在此间中。

## 不变的起点：脱水干燥

当我们将处于室温的咖啡生豆倒入完成预热后的烘焙机滚筒中，原先内部积聚的热量被咖啡生豆吸收并导致水分蒸发，称为“脱水阶段（Drying Phase）”，这是咖啡生豆入锅烘焙后迎来的第一个阶段，是使用任何设备进入咖啡烘焙过程的必然起始。

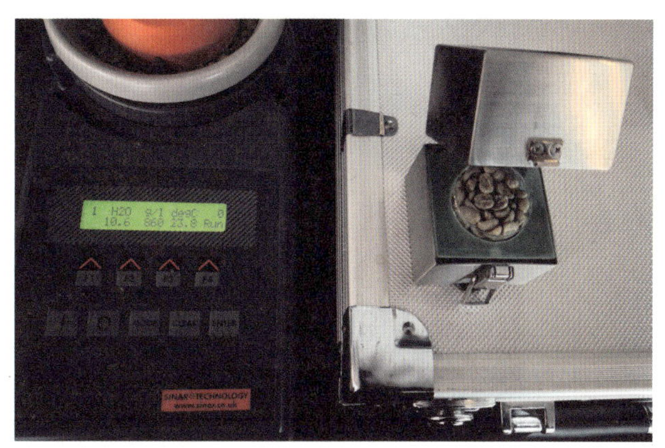

▲含水量（左）及水活性（右）检测仪

脱水阶段需要一些时间，20 千克以下的烘焙机用 3~6 分钟来脱水较为常见，具体时间既与烘焙机的设计架构、滚筒尺寸等有关，也与预热阶段的储热量、加热源、火力大小、滚筒转速、风压设定、生豆量等有关，不能一概而论。例如，早在 20 世纪 20 年代，工业化咖啡烘焙生产定义的“快速烘焙（Quick Roasting）”为全程 15~20 分钟，其中脱水阶段可能长达 8~10 分钟；到了 20 世纪 30 年代，快速烘焙为全程 10~12 分钟，与我们今天 SCA 样品烘焙的全程时间基本一致，脱水阶段为 3~5 分钟；而到了 20 世纪七八十年代，工业化咖啡烘焙生产技术突飞猛进，一度将快速烘焙全程的时长缩短为 40~100 秒，大家可以想象第一阶段脱水干燥是如何短暂就能够有效完成。

## 含水量与水活性

前文已讲过，咖啡生豆的含水量在 7%~13% 之间，而精品咖啡生豆的含水量一般在 8%~12.5% 之间，大量水分均匀分布于咖啡生豆紧致的结构中。当一款咖啡生豆含水量较高时，通常会呈现出蓝绿色或绿色，而含水量较低时，则更多呈现出黄绿色或黄色。但是仅仅停留在目测水平还不够，烘焙师往往还要借助水活性检测仪和含水量检测仪等设备来加以明确。

咖啡烘焙的热传递是一个由表及里、由外至内的过程，脱水阶段也大体如此。如何均匀一致且恰到好处地脱水，关乎后续化学反应的开展，与最终呈杯风味关系密切，因此也决定了烘焙成败。首先，水是烘焙过程中的重要传热介质，其比热容在常见液体中几乎最大，生豆中的水分有助于均匀一致地受热升温；其次，很多生成风味的重要化学反应需要适量的水来参与；再者，积聚的水蒸气等脱体而出是产生第一次爆裂的主因。

物质中水以结合水与自由水两种状态存在。水活性（Aw）是食品或其他产品中游离态及非结合水产生的水蒸气压力的测量值，亦可以看作是对含水量（MC，Moisture Content）的进阶诠释：所含自由水的多寡。对一颗咖啡豆来说，结合水可以看作是安全水分，主要存在于大约 100 万个细胞结构中，与蛋白质等胶体结合牢固，常温下不易丧失。而水活性代表的自由水则更多游离于细胞之外，稳定性较低，会随着外界温湿度变化而改变，影响微生物活性，影响物理性状稳定性（保质期），关乎生化反应速率，更与烘焙策略制定关联密切。目前铂澜咖啡学院将 0.50~0.70 作为当季新豆水活性的理想区间，并关注水活性在储存过程中的稳定性。

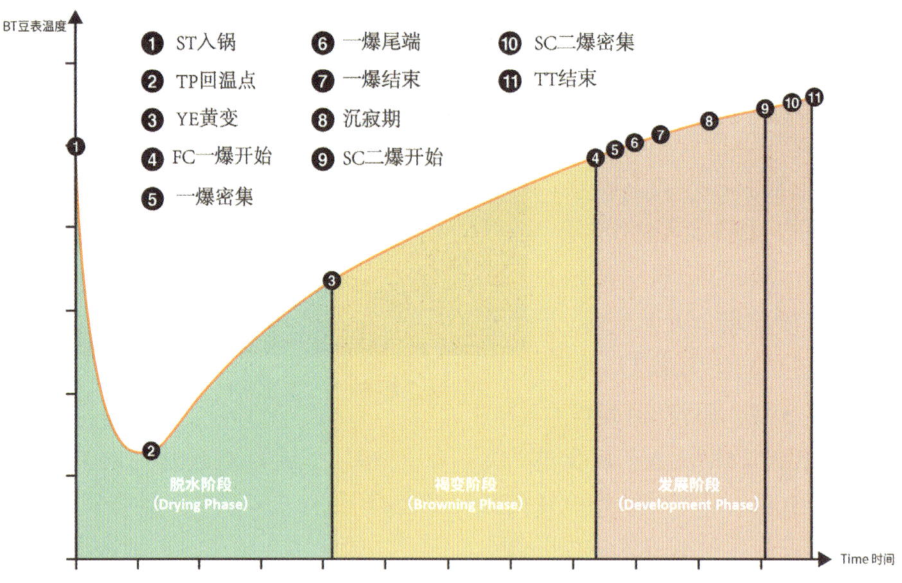


▲咖啡烘焙曲线及关键点示意图

## 入锅温度

虽然智能化的烘焙记录软件越来越多，但是在咖啡烘焙学习过程中，我们依然要求学员们学会制作烘焙曲线图，每一个重要的时刻体现在这张图上就是一个横轴为时间轴、纵轴为豆表温度的二维坐标点，形如：点 P（时间 t，温度 T）。

如果将每一个较小的时间片段（如 30 秒）都在烘焙曲线图上标注一个点，再将所有标注点连在一起的话，会发现脱水阶段的曲线形似字母“V”或“U”，而起始落笔的那个时间轴（横轴）0:00 的点就叫作“下锅入豆点”。此时此刻咖啡生豆正要入锅却尚未入锅就绪，实时显示的“豆温”与豆表实际温度无关，温度探针更多反应的是此刻锅炉内的储热状态——温度显示高，锅炉内储热多；温度显示低，锅炉内储热少。

“下锅入豆点”是需要高度关注、前期设计、如实记录的第一个重要时刻。入锅温度的高低直接影响了整个烘焙过程的进程和曲线，定下了整锅豆子烘焙的基调：是快，是慢，是迅疾，是徐缓，起着决定性作用。大多数情况下，后续烘焙过程中的火力和风门调节只能算是既定轨道上的纠偏把控和布局微调，却难以彻底扭转本次烘焙的大格局。

优秀的咖啡烘焙师会在下锅入豆前的烘焙计划里明确入锅温度，笃定而从容，绝不会临时“随机应变”。为什么呢？答案来自于热力学第二定律，热传递是改变系统内能的方式，而温差是热传递的推动力，调节温差是影响热传递进程的主要手段。等待入锅的生豆量恒定，又处在相对稳定的室温状态下，那么代表锅炉内储热多寡的入锅温度高低决定了彼此间的初始温差，从而决定了接下来整个传热的进程。

## 探底与回温点

细细究来，用字母“V”与“U”来描述入锅之后的脱水阶段曲线未必精准，这是因为探底到达最低点会稍作停留，豆表温度不再下降并短暂“拉锯”之后，再重启上扬。如果用三豆客 R500 满载 700 克烘焙的话，温度探底仅会持续 2 秒左右，而 Giesen W6A 每锅 5 千克烘焙则维持探底温度 8~10 秒，而如果换作 Topper 30 千克满载烘焙的话，探底过程要持续 1 分钟以上。

探底温度持续时段的前点叫作“探底点”，后点叫作回温点( Turning Point，拐点)，是除了最初下豆入锅时刻，我们应该如实记录的第二个重要时刻。这个点是豆表温度经历了短暂的最低点后开始上扬的前一秒，具备非常丰富且重要的含义。很多有经验的咖啡烘焙师认为这个点才是真正的“定基调”，决定了接下来的烘焙进程和曲线态势。他们操作同一台烘焙机时，会尽量保证每次烘焙作业的回温点都是稳定一致的，这样可以更加稳定可靠地把握烘焙全程。那么怎样能做到呢？入豆量大致恒定，入锅温度大致一致。我在这里用了“大致”一词，是因为随着外界温湿度和气压变化，也有微调的必要。

## 脱水阶段的其他隐秘

脱水阶段的咖啡豆以一系列物理变化为主，其中又以水分不断脱除、重量持续减轻为第一要务。事实上，整个咖啡烘焙过程 10%~20% 的失重中，水分减少乃是第一大占比的要因。碳元素通过二氧化碳的形式逸散排在第二，豆表银皮碎屑的脱落只能排在第三。

此时此刻，创造风味的诸多化学变化虽尚未开始，但已在积极蓄势。我们通过视窗或取样目测观察的话，咖啡生豆在此阶段变化不明显，含水量逐渐下降导致绿意消退，渐渐发白。放到鼻前嗅闻也并无明显变化，类似青草的生豆气息依旧。直到接下来的第二个阶段开始，生豆气息才被甜香逐渐取代。

需要格外注意的是，由于本阶段水分的大量存在，且热传递本身有一个由表及里的循序渐进过程，虽然在此阶段探针显示的咖啡豆表温度已经超过 100℃，但实际上豆芯温度一直还处在 100℃以下，直到含水量下降到 6% 左右，豆体温度才开始进入快速爬升通道中。

## 脱水与绿原酸

绿原酸分解物是咖啡苦味的最大来源。对于浅焙—中焙的咖啡，部分绿原酸会水解为奎宁酸与咖啡酸，导致有机酸浓度提高、酸味增加的同时，也带来了酸苦味和涩感。一些脱水阶段操作失误的烘焙策略下的浅至中焙咖啡豆，令人不愉的苦涩便由此而来。如果脱水干燥阶段顺利完成，适宜的含水量导致后续部分绿原酸受热不再是水解，而是会发生脱水反应生成绿原酸内酯，这是一种苦中带甘、强度恰当的“顺口苦”，是普遍可以接受认可的“咖啡味儿”。反之，如果脱水不到位，含水量还特别高，温度已经上来了，就会导致绿原酸受热的主要发展趋势是水解生成咖啡酸与奎宁酸。奎宁酸是苦、酸、涩的重要来源之一。咖啡酸不仅是涩感的来源之一，其进一步反应生成的儿茶酚聚合物苯基林丹比咖啡因苦 10~20 倍，是咖啡豆深度烘焙前令人不愉悦的苦味主要来源。至于二爆密集过后，绿原酸第二阶段的反应产物苯基林丹大量生成，这种对阿尔兹海默病和帕金森综合征都有抑制作用的物质苦味十分强烈，是深焙咖啡豆强烈苦味的主要来源。

# 52

# 剧变尽在此间中：褐变阶段

咖啡这种东西很容易受时间影响，人也一样，不需要着急。

——芳村功善《东京食尸鬼》

## 中间阶段 / 褐变阶段

经历了回温点之后，咖啡豆进入徐徐脱水的过程，均匀一致且节奏良好的脱水至关重要。脱水进展到某个阶段后，多余的水分已被带出咖啡豆体，咖啡烘焙进入第二个阶段，我们可以称之为“中间阶段”“转黄阶段”或“褐变阶段”（Browning Phase）。判断“脱水阶段”与“褐变阶段”之间的转换点需要综合把握。

## “三变”判断转换点：黄变、香变、质变

首先，在这个转换点到来之时，咖啡烘焙过程中第一个也是最重要的化学反应随之到来，它就是美拉德反应（Maillard Reaction），这个大名鼎鼎的非酶褐变现象的最大特点就是颜色明显加深。我们可以通过透明视窗对锅炉中翻滚的咖啡豆进行观察，也可以直接使用取样棒来做取样目

测观察，会发现咖啡豆出现明显转黄迹象，故此我们将这个转换点称作“黄变”。

如果我们更进一步，将取样棒上抽取的生豆样品放到鼻前嗅闻的话，会发现相较于脱水阶段的青草、干草、稻草等气息，此时开始出现一些明显可查的甜香——烤面包或印度香米类似的气味，这也是美拉德反应相伴随的现象，所以我们也将这个点称作“香变”。

▲通过取样棒，我们可以了解烘焙过程中咖啡豆的实时状况

还可以再进一步，如果我们斗胆不惧高温灼烫（出于安全考虑，我并不推荐此法），从取样棒中快速取一颗咖啡豆放进嘴里用牙去咬，再对比下锅前的咖啡生豆，会发现虽然此时咖啡豆仍然质地紧实，但较之生豆那种绝对坚硬来说，已经出现些微的松软迹象，这是咖啡豆由原本的“玻璃态”向“橡胶态”转化的征兆，所有非晶态高分子材料都有这种特性，于是我们又将这个点称作“质变”。

综合“黄变”“香变”和“质变”这“三变”是比较有效的判断方法，我们需要这个转化点的二维坐标在烘焙记录表上如实填写并习惯标注为“黄变”，此点之前的阶段称作“脱水”，之后的阶段便是“褐变”。

## 褐变阶段的解读

需要强调的是，在“褐变”阶段，美拉德反应已经启动，但起初并不剧烈，脱水依然是本阶段的重要任务之一。“褐变”如同“脱水”一般，虽然并不是整个咖啡烘焙过程中变化最为剧烈的阶段，但却对接下来的烘焙进程以及最终呈杯风味影响巨大。举例来说，如果“脱水”和“转黄”阶段并没有恰到好处地脱除水分，不管是水分脱除不足，还是水分脱除太多，都会给后续烘焙进程带来负面影响，从而影响呈杯风味，过了本阶段再去补救已经来不及。前者水分脱除不足，而水的比热容较大，势必影响均匀烘焙，豆表豆粉差值过大，甚至出现“外焦里嫩”等严重现象——豆表焦苦，豆芯青涩未熟。那么如果出现水分脱除太多的情况呢？由于后续烘焙过程中有些重要化学反应属于水解反应，必须有水的参与，水分过多去除会使得绿原酸水解等反应无法进行，从而影响风味发展。

随着转黄阶段持续进行，咖啡豆不断吸热，以褐变反应——美拉德反应为主的化学反应也不断在提速。一方面，这使得我们观察到的咖啡豆表升温斜率开始放缓；另一方面，咖啡豆表与豆芯的温度持续上升且温差不断接近中，咖啡豆表面颜色不断加深：起初呈现为黄色，转为黄褐色，进而向褐色发展。很多咖啡烘焙师会在烘焙记录表上额外记录一个时刻——“肉桂色（Cinnamon）”，这是第一次爆裂来临前非常重要的时刻，也有很多含义可以解读。在此过程中，由于咖啡豆需要不断吸热，因此不管秉持何种烘焙理念，也不管采用何种操作手法，持续供给足够的热量都是必要的。与此同时，咖啡豆体开始膨胀，豆表的最后一件外衣——银皮开始脱落。

## 美拉德反应

1912 年，由法国化学家 L.C.Maillard 初步提出的美拉德反应是一种很普遍的非酶褐变反应（non-enzimic browning），又叫作“梅纳反应”。除了本文提及的咖啡，其实喷香的面包、诱人的牛排、美味的烤鸭……日常生活中许多美食的热加工、烹饪和存储等环节，不管是色泽还是香气，甚至营养价值和性状，美拉德的身影无处不在。美拉德反应早已广泛存在于食品工业的方方面面，是目前食品工业尤其是食品香精制造领域研究的热点之一，连茶叶和烟草工业也在利用美拉德提质增香。

美拉德反应是羰基化合物（糖类）和氨基化合物（氨基酸和蛋白质）通过缩合、聚合等分阶段复杂反应而最终生成蛋白黑素的非酶褐变反应，中间产物众多，终产物结构繁复，抑制美拉德反应困难，对其干扰因素又极多。

咖啡熟豆中大部分可挥发性芳香气体都是拜美拉德反应所赐，更加幸运的是，美拉德反应在咖啡烘焙过程中贡献的气味几乎都是令人愉悦的。咖啡生豆中还原糖与蛋白质含量、豆温、风压或进气量（氧气含量）、酸碱度、时长控制、生豆含水量及水活性等诸多因素，都可以影响到美拉德反应的进程。

## 抗氧化活性来源：蛋白黑素

直到 1953 年，科学家才对美拉德反应的机理提出了比较系统的解释，大体明白了前期、中期和后期这三个阶段。前期反应主要包括羰氨缩合和分子重排，对于控制整个美拉德反应意义巨大；中期反应主要表现为分子重排产物的进一步降解；后期反应是中期反应产物进一步缩合、聚合，形成复杂的高分子色素——蛋白黑素，这种又叫作类黑精的褐色物质是美拉德反应的最终产物，由无规则的高分子组成，且存在方式各异。

咖啡等食品中的蛋白黑素常以非共价键的形式与其他物质结合，主要由胺类、酚类、酯类、呋喃、羰基化合物、吡咯、吡嗪和吡啶等组成。蛋白黑素具有一定的抗氧化、降血压、消炎抑菌、抗诱变和消除活性氧，对多价金属离子的生物活性具有抑制作用，而且安全效能较高、性价比很好，是美拉德反应生成物的主要抗氧化成分，而咖啡豆在中度烘焙时抗氧化活性最强——既不是某些咖友执着的浅度烘焙，也不是过去曾热衷的重度烘焙。

此外，蛋白黑素等美拉德反应产物不仅是咖啡熟豆的色素，是造成咖啡渍的“罪魁祸首”，还是咖啡致苦的次要因素之一，一杯咖啡的苦味大约有 10% 来源于此。

# 53 剧变尽在此间中：发展阶段（上）

人一生会遇到约 300 万个人，两个人相爱的概率是 0.000049，所以你不爱我，我不怪你，我也不怪这家咖啡馆。

——刘同《你的孤独，虽败犹荣》

## 什么叫发展阶段

转黄阶段持续进行到一定程度后，咖啡豆已经吸收了足够的热量，咖啡豆体内部积聚越来越多的气体——以水蒸气为主体，也有大量二氧化碳及微量一氧化碳等。这导致豆内压力远超外界大气压，甚至能够达到 25 个大气压( 2533 kPa )。 如此之高的内压蓄积，宛如一颗颗小型炸弹，豆内压力增加太多到达临界点之后，积聚

## 为啥会有第一次爆裂

第一次爆裂的主因是以水蒸气为主体的庞大气体在豆体内积聚到一定程度后，突破了临界点，撕裂咖啡豆体并爆裂而出。

如果将每一锅豆子看作一个整体，含水量的多寡、烘焙时的火力、前期脱水干燥的状态等都与一爆密切相关——可以导致一爆提前到来，可能推迟一爆到来时间，可能弱化一爆的声响，也可能强化一爆的声响。但是对同一台烘焙机来说，同款咖啡豆的一爆开始时间是基本稳定的，往往会在 3~5℃的范围内波动，不会有太大偏差。倒是针对不同的烘焙机设计架构及温度探针，同一款豆子的一爆开始时间不尽相同，更换了烘焙机，一切就要从头测试，这一点务必注意。

如果将一锅豆子中的每一颗当作个体来观察讨论，由于每一颗咖啡生豆的含水量、体积、密度、形状、大小、质地等都或多或少存在着差异，这导致第一次爆裂不可能是整齐划一的一声巨响，而是一长串时而稀疏、时而密集的爆裂过程——有先行爆裂的“投机分子”，也有最后才突兀爆裂的“捣蛋分子”，这些都是“混淆视听”的个例，不用太过注意，而“群体性的开始”才是一爆真正的起点。

的大量气体撕裂了咖啡生豆结构，“集体越狱”而出，体积急剧膨胀甚至接近至生豆的 2 倍大，并产生清脆的爆裂声响，我们称之为第一次爆裂（FC，First Crack），简称“一爆”。

一爆的到来，意味着创造咖啡风味、塑造呈杯风味的各种化学反应都已闪亮登场且在剧烈进行，也意味着烘焙师到了全力以赴的出锅倒计时刻。我们需要以秒为单位，密切关注烘焙的发展，通过取样来观察咖啡豆表颜色并推测当前粉值、嗅闻咖啡豆香气变化，找到最佳的烘焙程度，然后果断下豆冷却。从一爆开始到最后的出锅冷却，虽然其中还有若干个重要时间点需要关注，但这一完整过程决定了咖啡风味发展生成，更是最终呈杯风味的关键所在。我们将从一爆开始至最终出锅下豆所经历的时间称作发展时长（Development Time，DT）并重点讨论，这个阶段也称作发展阶段（Development Phase）。

## 一爆与浅度烘焙

第一次爆裂从开始转而爆声密集，再由密集到逐渐稀疏，并最终结束，这是一个完整的过程，通常经历1分半至2分半钟。我们可以根据需要酌情记录：一爆开始、一爆密集、一爆尾端和一爆结束等不同时间点，并由此产生我们常说的四大烘焙程度中的浅度烘焙（浅焙，Light Roast）——为了便于记忆，我们可以将浅焙看作是与一爆的“纠缠”。

如果进一步细分，浅焙还可以被分作两个焙度。刚刚进入一爆直至一爆密集被称作“极浅烘焙（Very Light Roast）”，由于绿原酸等残留过多而芳香物质生成还十分有限，此阶段仅有一些尖锐单调的酸质，口感酸涩寡淡，风味整体发展不足，往往并不讨人喜欢。浅焙的第二个焙度指的是从一爆密集直至尾期，称作“肉桂色烘焙（Cinnamon Roast）”，这时释放出来的芳香气体以低分子量的花果草本类型为主，有时还是容易有酸过于突出、甜度不足、体脂感不够等评价，但风味发展呈现较之极浅烘焙已经是大幅改观，少数优质咖啡豆在这个阶段会有令人惊艳的表现。

如此精细地记录和分析整个一爆过程，更可以看出在此阶段咖啡风味的瞬息万变，咖啡烘焙师不仅需要以秒为单位精细化观察记录，随时做好出锅下豆的准备，还有可能涉及火力与风门（风压）的调节，让这个阶段的热传递进程满足我们的需求。当然更多情况下，烘焙师会在到达一爆前，或进入一爆时，或开始一爆后，适当减缓热传递进程（甚至关火滑行），将发展期适当拉长，让一爆过程更加徐缓可控。

## 沉寂期与中度烘焙

由于每一颗咖啡生豆都是迥然不同的个体，一爆的结束并不意味着听不到任何爆声，相反依旧有零星的爆点渐次响起，但从整体角度来说，一爆确实已经结束了。这时已经进入四大烘焙程度的“中度烘焙（Medium Roast）”范畴。原产地精品咖啡由于更希望突出树种、处理法与地域相结合的个性化风味，过深的烘焙会抹掉棱角和特色，较浅的烘焙程度则更易于实现如上目的，而浅焙往往又稍显发展不足，于是中度烘焙就成了大概率的“靶心”。

一爆结束后，得到释放宣泄的咖啡豆又进入一个安静的吸热储能阶段，几乎不再听到爆裂声，这个一般不超过2分钟的阶段我们称之为“沉寂期”。沉寂期的咖啡豆内实则并不沉寂，各种与风味有关的化学反应如翻江倒海一般在进行中，第二次爆裂更在积极储能酝酿中。

我们将中度烘焙分作两个细分阶段：中等烘焙（Medium Roast）和中强烘焙（High Roast）。中等烘焙往往用来描述一爆结束之时，此时酸质已经发展到达顶峰，香气也往往攀上了顶峰，释放的芳香气体依旧以低分子量为主，香气的可识别度很高，如花香、果香、草本香等。一爆结束是很多价格高昂的精品咖啡豆的烘焙“靶心”，此时出锅下豆，酸质与香气都没有太

▲韩国 Stronghold 全热风烘焙机 S7 Pro

▲完整的咖啡烘焙应该将实操作业、感官评估与数据分析等相结合

大问题，只是需要通过调整烘焙策略来增加体脂感和甜度，让风味平衡感做得更好一些。

中强烘焙指的是一爆结束后、二爆开始前的沉寂期，这是一个非常重要的烘焙“靶心”，是拥有较大概率使咖啡好喝的阶段，也是 SCA 建议的杯测样品烘焙程度。其基本特点是：酸质不再尖锐，变得更加明亮而圆润；香气依旧丰沛，花果类香气还有大量保留的同时，坚果、焦糖和巧克力等类型的中等分子量芳香分子开始释放，甜度丰沛，并与酸完美融合形成美好的“酸甜震”，体脂感和余韵等也有所加强。

## SCA 杯测样品豆

最早由 SCAA 提出的杯测样品豆烘焙策略现已成为 SCA 及 CQI 基本遵循的标准，虽然有人觉得这种烘焙程度太深，也有人觉得太浅，但有时“中庸”也有其好处，大量烘焙实践及基于普通消费者的盲测评估证明，最大比重的消费者会钟情于这种焙度，不那么酸，也不那么苦，足够香甜。SCA 杯测样品豆的烘焙基于如下这几条：

1. 使用样品烘焙机，完整烘焙时长为 8~12 分钟（从入锅到出锅下豆）。

2. 烘焙后 30 分钟至 4 小时内，用杯测粗细度研磨、Agtron “Gourmet” 测定豆粉值 #63.0（Colortrack：62 / Probat Colorette 3b：96）。

3. 出锅下豆时，采用风冷方式快速冷却，而非对品质有所劣化的水淬冷却。

4. 咖啡熟豆冷却后，需妥善包装保存起来，留待杯测使用。

5. 使用过去 8~24 小时内烘焙完成的咖啡豆进行杯测评估，保证新鲜度。

## 第二次爆裂

短暂的“沉寂期”之后，咖啡豆开始迎来第二次爆裂，简称二爆（SC，Second Crack）。我们同样可以将其细分为二爆开始、二爆密集、二爆尾端和二爆结束这四个子阶段。如果我们仔细聆听，会发现二爆的声音与一爆并不相同，更加轻微，愈发密集且略显沙哑。这是为何呢？如果说第一次爆裂主要是水蒸气为主体的气体脱体而出的话，那么二爆的主因则是众多热解反应导致碳元素以二氧化碳的形式撕裂豆体纤维，脱体暴走的过程。

## 选择出锅下豆时机

只要是 DT（发展时长）>0，都是可以考虑的出锅下豆时机。针对相同烘焙机、同款咖啡豆、固定烘焙曲线研究时发现，大约一爆尾端—结束时，随着酸性物质浓度积累达到顶峰，酸度会率先迎来峰值并步入持续下滑轨迹，形成一条完整抛物线。香气和体脂感紧随其后，先后迎来峰值再步入持续下滑通道。而苦味则随着烘焙程度提升不断增强，尤其在二爆后显著提升，构成了一条向上攀升的曲线。

除了甜度是人人追求的本能喜好，欧美咖啡消费者及全球年轻的精品咖啡拥趸们更加关注香气、风味、酸质等环节，这导致浅焙至中焙非常流行。而东亚地区大众消费者则更加关注醇厚度、平衡感和余韵，应多考虑更深些的焙度。

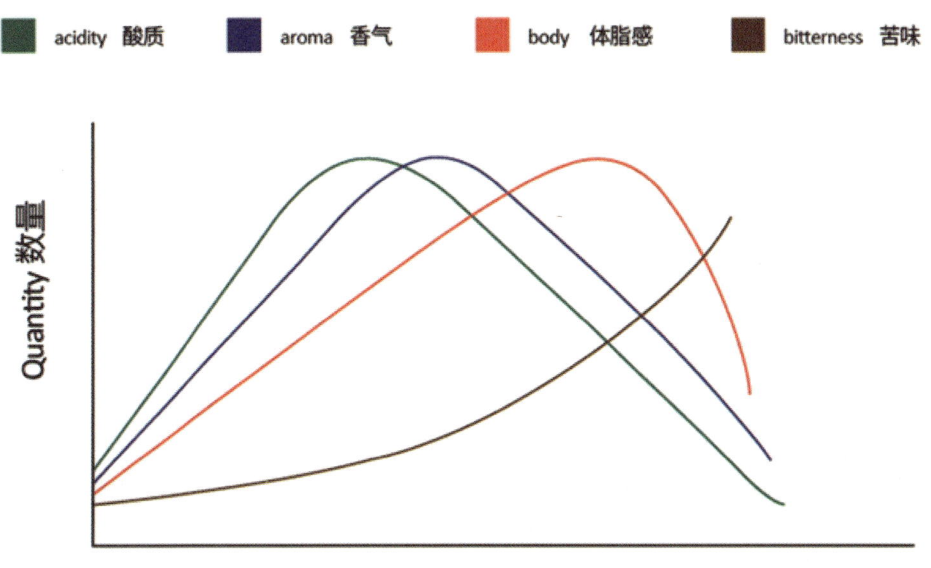


▲咖啡烘焙过程中的风味交替变化

# 54

# 剧变尽在此间中：发展阶段（下）

每天的咖啡，都让我有不同的品味，不同的时间，不同的地点，不同的咖啡师，不同的咖啡人生，不同的感悟。

——佚名

| | | 烘焙程度参考 | 美食风味指数 | SCAA色卡 |
|---|---|---|---|---|
| 浅烘焙 Light Roast | 极浅烘焙 Very Light Roast | 进入一爆 | #100 | |
| | | 一爆密集 | #95 | #95 |
| | 肉桂色烘焙 Cinnamon Roast | | #90 | |
| | | 一爆尾段至结束 | #85 | #85 |
| 中烘焙 Medium Roast | 中等烘焙 Medium Roast | | #80 | |
| | | 一爆结束后 | #75 | #75 |
| | 中强烘焙 High Roast | | #70 | |
| | | 二爆前沉寂期 | #65 | #65 |
| 中深焙 Moderately Dark Roast | 城市烘焙 City Roast | | #60 | |
| | | 部分进入二爆 | #55 | #55 |
| | 全城市烘焙 Full City Roast | | #50 | |
| | | 二爆开始至密集 | #45 | #45 |
| 深烘焙 Dark Roast | 法式烘焙 French Roast | | #40 | |
| | | 二爆密集 | #35 | #35 |
| | | | #30 | |
| | 意式烘焙 Italian Roast | 二爆尾段 | #25 | #25 |
| | | 极度深焙 | #20 | |

▲咖啡豆烘焙程度简述（色值对应仅供参考）

## 中深烘焙

从触及二爆开始，咖啡烘焙依次会迎来后两个重要的烘焙程度：中深焙（Moderately Dark Roast）和深烘焙（Dark Roast），有时也会笼统称之为深焙。

我们首先研究一下中深焙。刚刚触及二爆经常被称作“城市烘焙（City Roast）”，它是中深焙之下的第一个程度，酸度的棱角被打磨得更加圆润，释放的芳香气体以中等分子量为主，酸香中夹杂着明显且诱人的烘烤坚果、烤吐司、香草、黄油、焦糖、巧克力等气息，甜度和体脂感愈发凸显，苦味并不多，故而十分讨人喜欢。很多咖啡从业者认为这个阶段是各种风味指标相得益彰的极佳均衡态势，不管是用于滤泡式咖啡还是意式咖啡都可以，因此又被称作“全风味烘焙(Full Flavor Roast)”。

进入二爆直至转向密集的短暂过程，我们称为“全城市烘焙(Full City Roast)”，这时大分子量芳香分子开始逐渐出现，焦糖巧克力类香气依旧丰沛，并随着烘焙程度加深而渐多，随着酸度大幅下降，苦味逐渐凸显，咖啡豆表面莹润有光泽。在意大利北部，这是比较常见的烘焙程度，换而言之，这已经属于经典意式浓缩咖啡比较常见的烘焙“靶心”。

## 深度烘焙

我们将二爆密集直至尾端定义为“法式烘焙(French Roast)”，这是进入深度烘焙的第一个阶段，也是意大利传统咖啡烘焙比较常见的烘焙“靶心”，咖啡香气中带有树脂、香料、烟熏、碳烤等深沉内敛的风味，咖啡豆表面出油明显，体脂感圆润厚实，回甘持久。至二爆结束时，咖啡豆表面已经油乎乎“惨不忍睹”，豆体呈现出较为明显的碳化迹象，我们将其称之为“意式烘焙(Italian Roast)”。事实上只有极少数咖啡烘焙师会有针对性瞄准这个程度作为“靶心”，“意大利”一词略有背锅之嫌。

## 焦糖化反应

焦糖化反应(Caramellization )是咖啡豆中的糖类尤其是单糖在没有氨基化合物存在的情况下，加热到熔点以上的高温(一般是170℃以上)时，因糖发生脱水与降解从而发生的一种非酶褐变反应，咖啡的最终呈杯风味也有其功劳。由于咖啡烘焙传热由表及里的基本规律，焦糖化反应往往会在一爆前后开始绽放，这也是进入一爆之后的咖啡豆会有一个着色明显加重加速的原因——美拉德反应与焦糖化反应这两大褐变现象同时进行中。

## Agtron 粉值

前文我们已经讲过，咖啡烘焙过程尤其是一爆开始阶段是呈杯风味的主要生成期，其幕后推手便是两大褐变反应：美拉德反应与焦糖化反应。由此可见，咖啡烘焙程度的加深正好伴随着咖啡颜色的加深，两者之间拥有极为密切的关联，可以彼此参照印证——烘焙程度深，则势必颜色深；反之亦然。正是基于这个基本逻辑，1996年SCAA与美国食品科技企业艾格壮联合推出了一款重量级咖啡烘焙生产的品控设备——Agtron咖啡烘焙色度检测仪(如下简称Agtron)。数百年来一直因人而异、毫无章法和标准可言的咖啡烘焙程度在判定上第一次有了全球标准。

为了说清楚Agtron的原理，容许我举个例子。炎炎夏日，人们都喜欢穿浅色衣服，因为浅色衣服上身，吸热少、反射多，穿衣人相对凉爽一些。而到了冬天，人们穿上深色的衣服则更加温暖惬意——黑色衣服吸热多，反射少。Agtron便是借由分析特定化学成分群组物质对于光度计的反应来判定烘焙程度，这个特定化学成分群组物质对于咖啡风味产生明显线性关系，且会直接反应在咖啡风味上。我们将盛满咖啡熟豆或咖啡粉的样品盘推进Agtron中，设备会发射红外线照射并接受统计反射光。咖啡豆(粉)烘焙得越深，吸收越多、反射越少，读数则越小。反之，咖啡豆(粉)烘焙得越浅，吸收越少、反射越多，读数则

▲铂澜咖啡学院里，学员使用 Agtron 测量咖啡粉值

相应越大。

Agtron 的检测结果直接反应成 #0.0~#100.0 之间的数值，数值越低代表烘焙程度越深，数值越大代表烘焙程度越浅。其中，#0.0 代表化学成分完全热分解成碳分析，完全没有风味与香味特征。#100.0 代表着感官的“临界点”，代表此时咖啡风味以及香气开始呈现，基本上与一爆开始吻合。本书更多讨论的是精品咖啡熟豆商品，烘焙程度如果用 Agtron 数值表示的话，更多居于 #55~#75 之间，Agtron 将其称作“商业风味指数”。需要注意的是，Agtron 既可以用来测量豆表色值，也可以用来测量研磨后的粉值。但只有粉值才与咖啡的最终呈杯风味挂钩，豆表值只是我们用来推测粉值的桥梁——基于由表及里的传热过程，豆表颜色一般会更深一些，但究竟深多少却与烘焙曲线相关。随着咖啡烘焙程度的加深，咖啡豆表与粉值逐渐趋同，且到了某一个时刻，咖啡豆表与粉值会完全一致。

Agtron 是如此重要且好用，现已逐渐取代其他国别或企业级的烘焙色度标准（如 L 值等），成为全世界通用的咖啡烘焙程度测量工具，各种便宜的 Agtron 替代品也如雨后春笋般冒了出来，并获得烘焙师们的认可。当普通咖啡爱好者还在努力学习用“浅焙”“中焙”“深焙”等词语描述咖啡烘焙程度时，其实咖啡烘焙师们一直在使用 Agtron 豆粉值来交流，且更加精准有效。

当然，也有人会质疑 Agtron 的有效性，认为依此难以实现标准化生产品控。我们确实可以人为设计出若干条不同的烘焙曲线来“伺候”同一款豆子，使得最终 Agtron 粉值完全一致，但显然这些咖啡在呈杯风味上并不相同。如上这种质疑者看似有道理，但显然都不是真正的咖啡烘焙师。我们在做烘焙品控和标准化时，会综合考量多个参数，从不同的维度来锁定生产过程，从而最终保证每一锅咖啡风味的一致性。Agtron 只是我们借助的核心参数之一，却并不是全部。

## 发展率

一爆开始直至烘焙结束这一阶段的“发展时间”是咖啡烘焙的“主战场”，其既是颜色快速加深的过程，也是各种创造风味的化学反应闪亮登场、剧烈张扬、各展所长的舞台。除了单纯研究发展时段，我们还需要将其与一爆到达时间结合起来探讨，于是将全程烘焙时长作为分母，发展时间作为分子，创造出一个叫发展率（DTR）的概念来定量分析比较。标准化咖啡烘焙生产中，发展率已成为仅次于 Agtron 咖啡粉值的品控核心参数。

## 热传递与 RoR

由温差引起并推动的热能传递是咖啡烘焙的本质，而温度就是用来表示物体冷热程度或者说度量物体分子热运动剧烈程度的物理量——温度高，热能多，温度低，热能少。因此，我们需要给咖啡烘焙机搭配灵敏度和精确度出色的温度探针，以实现对热传递进程的最佳掌控。

为了表示热传递进程的快慢急缓，我们常用咖啡烘焙记录曲线图上的一个正切函数来体现——咖啡豆表的升温斜率（升温速率，RoR，Rate Of Rise），表述起来形如：“每分钟升温 XX℃”或“每 30 秒升温 XX℃”。咖啡豆烘焙的全过程中，不同阶段的 RoR 各不相同，也有着各自的规律。

▲铂澜咖啡学院的咖啡烘焙教学一角

针对同一阶段来说，不同的 RoR 会带来不同的呈杯风味效果，自然就会有一个相对适合的 RoR 范围，数值过大或过小往往都不好。RoR 是如此重要，已经成为今天咖啡烘焙师最关注的数据之一，主流的咖啡烘焙辅助软件也都有实时显示 RoR 的相关功能。

## 三类热传递形式

延续前文讲述的热传递话题，传导、辐射和对流是三种主要的传热形式。

传导（conduction）是固体之间传热的主要方式，是指当不同物体之间或同一物体不同部位之间存在温度差时，高温向低温发生的热传递。在咖啡烘焙过程中，滚筒内壁与咖啡豆之间，转动叶片与咖啡豆之间，不同咖啡豆之间，同一颗咖啡豆不同部位之间……都在发生着十分复杂的热传导过程。好在傅立叶定律（热传导定律）为我们确立了探讨咖啡烘焙热传导的切入点，从中我们可以知晓要将关注点放在温差、接触面积和导热系数上。那么含水量、入豆量、滚筒转速、火力等诸多因素的改变，究竟带来热传导的哪些变化，答案就不言而喻了。大量的咖啡烘焙实践证明，适当增加传导热能够给咖啡带来体脂感和余韵，但是传导热太多或者占到主导时负面问题也会很多，烘焙师们常常畏之如虎。

对流（convection）针对气体或液体等流体，指的是流体内部由于各部分温度不同而造成的相对流动，即通过自身各部分的宏观流动实现热量传递的过程，要比热传导更具备“穿透性”，自然界大气环流就是一种最常见的自然热对流。现代烘焙机中由于电机的存在，自然对流和强迫对流并存。对流是咖啡烘焙过程中最重要的传热形式，咖啡豆“浸泡”在热空气中翻滚，传热简单纯粹而高效。大量实践证明，增加对流热能够给咖啡带来更好的膨胀性、更高的萃取率，以及更好的香气、酸质和干净度，喝起来更加透彻。

辐射（Radiation）指的是能量以电磁波或粒子形式向外扩散传热。自然界中在绝对温度零度以上的所有物体都在进行着热辐射，更加有意思的是，辐射纵使在真空中也能进行。咖啡烘焙过程中，滚筒内壁与咖啡豆之间，咖啡豆与咖啡豆之间，都在发生着复杂的热辐射。有一些咖啡烘焙机，为了增加咖啡体脂感和甜度，会刻意增加辐射热在热传递中的占比。

目前占到主导地位的滚筒式半热风咖啡烘焙机属于慢速烘焙设备，热传递是一个非常复杂的系统，各种传热形式在其中均有一定占比，虽然极大增加了烘焙过程中的变数，但也给人为干预创造了有利条件，便于表达烘焙师的“个性”。烘焙师需要摸熟自家机器的“秉性”，扬长避短，针对不同豆子以及冲泡萃取功用来定制烘焙策略和曲线，很多个性化的“独门技巧”也是因此而生。资金充裕的烘焙师则会购置多台不同的烘焙设备，来实现最优匹配。

# 55

# 咖啡熟豆：购买有七招

咖啡给了我冷夜里的温热，也给了我无数个不眠的夜。我在无眠中伴着它的芬芳回味着一段段有咖啡和没有咖啡的日子。或欣然，或心酸，却把生活沉淀得简单起来。心头掠过一丝说不出的滋味，原来也正是咖啡的味道。

——田维《花田半亩》

## 从生豆到熟豆

咖啡熟豆是消费终端咖啡商品的基本存在形式，也是广大咖啡爱好者脑海中能够直接关联的咖啡形态。

从咖啡生豆烘焙成为咖啡熟豆，除了颜色加深，重量也减轻了10%~20%，体积膨胀了30%~100%，再加上大量水蒸气和二氧化碳等气体脱颖而出、豆表原先紧紧包裹的银皮彻底脱落……使得咖啡熟豆的密度大降，质地由原本的坚硬紧实变得松脆。如果在足够倍数的放大镜下观察，熟豆宛如活性炭、蜂巢或蜂窝煤。这种结构使得咖啡熟豆实际上一直处于“城门洞开”的状态中，内里可挥发性芳香气体随时可以逸散，外面的氧气也随时可以侵入并劣化风味。

咖啡熟豆含水量如此之低，极低含量

的蔗糖也并非附着于表面，使得微生物作怪的可能性不大，我们不用过分担心如其他食物那般的发霉变质，但是风味的丧失和氧化、劣化却无时无刻不在进行中，由好喝到难喝可能只是短短数周时间。对于咖啡熟豆，我们需要关注的不是保质期，而是赏味期。

## 购买熟豆有七招

为了购买到心仪的咖啡熟豆，我们给你推荐七招。

1. 关注烘焙生产日期。新鲜程度永远是咖啡熟豆最为重要的指标。根据国家相关规定，对外售卖的咖啡熟豆商品必须拥有 SC 标识（食品生产许可证编号），并明确标注有烘焙生产时间以供购买者参考。对于精品咖啡顾客来说，一要拒绝购买无烘焙生产日期的商品，二要购买日期尽可能临近、新鲜度有保证的商品。从购买之日算起，过去 2 周内烘焙的咖啡熟豆便是非常棒的选择。

2. 不要迷信大品牌和超市货。基于新鲜度考虑，大中型超市货架上那些看似光鲜靓丽的大品牌咖啡熟豆可能不应作为首选。某些知名品牌的进口咖啡熟豆，若是细细查看其烘焙生产日期，只怕已是遥远过去的产物，与新鲜相去远甚。很多消费者还在锲而不舍地购买，其实并非基于自身品尝体验，而纯粹是为其品牌折服，形成了一种固定的消费习惯罢了。事实上，你家楼下某某名不见经传的自家烘焙店，由于新鲜度足够，也足以秒杀某年某月生产出来的某某进口大品牌了。

3. 先喝后买很重要。相信身边很多朋友都有逛茶叶店的经历，决定购买之前先好好逛上一圈，挨家挨户比照着喝上一轮，最适口好喝的便是心仪之选。其实这是一种非常成熟的购买流程，同样适用于购买咖啡熟豆。如今很多专业咖啡门店可以为顾客提供购买前的品尝或杯测服务，如果你专业技术能力足够，先来一轮杯测做个横向对比，再决定最终购买的商品，何乐不为？

4. 小包装为先，分次购买为上。咖啡熟豆有各种包装形式，从最普通的铝箔包装袋到高大上的充氮气金属桶。如果从性价比的角度来说，铝箔包装袋依然是首选，但是个人爱好者不同于店家采购，宁可增加购买频度，也要尽可能购买各种小包装，而不要过多寄希望于自家长时间的良好储存。那么多小分量的包装合适呢？200~250 克分量包装的咖啡可供一名爱好者美美喝上 1~2 周，也不会因重复购买带来太大负担。

5. 坚持购买咖啡熟豆而非咖啡粉。严峻的问题依旧存在：很多顾客贪图省事购买咖啡粉，甚至是在门店买了价格不菲的咖啡豆，要求直接研磨成粉再带走。我们铂澜咖啡学院电商团队小伙伴告诉我，目前在线售卖的咖啡熟豆订单中，约有 10% 的顾客会明确要求直接研磨成粉再发货。铂澜优秀学员、捌比特咖啡创始人阚欧礼先生则给我分享了他们家更加惊人的数据：咖啡熟豆订单中直接要求研磨成粉的接近 50%，而搭配各种器具（如聪明杯等）售卖的咖啡熟豆中，超过 70% 都被要求直接研磨后再一并发货。我会用一个不太恰当的比喻来劝诫购买已研磨咖啡粉的顾客：既然花同样的钱，为什么非要买别人熬煮过一次的肉骨头？

6. 购买前关注烘焙程度。对于阿拉比卡种咖啡来说，浅焙—中焙咖啡豆主要用于滤泡式咖啡冲泡制作，对应如手冲、法压壶、虹吸壶、爱乐压、聪明杯、滴滤壶、杯测等器具设备，较为明亮活泼的酸质和花果类香气是较大概率冲泡后能够获得的感官体验。如果你是一名嗜酸达人或酸香爱好者，自然应该多关注一番浅焙。但浅焙咖啡熟豆往往“瘦骨嶙峋”，研磨后冲泡时焖蒸的膨胀性不佳，一则需要提高冲泡水温，二则别将不佳的膨胀性与品质不好做关联，这就大大错怪商家了。

中焙咖啡熟豆使用场景与浅焙咖啡豆近似，只是风味呈现上略有差异，花果类迷人香气可能略有下降，但换来更加柔和的酸质、更加出色的体脂感、更多坚果焦糖巧克力类香气，以及更加出色的酸甜平衡。中深焙—深焙咖啡熟豆既可以用于滤泡式咖啡，也更多用于萃取意式浓缩咖啡。如果你是为泵浦式意式咖啡机购买咖啡豆，如果你希望调制牛奶咖啡品尝，那么深焙可能是更好的选择。

极个别精品咖啡烘焙商会用 Agtron 豆粉值取代烘焙程度给予标注，这给普通咖啡顾客带来了一些技术门槛。爱好者不妨记住咖啡粉值大于 #75 约等于浅焙，小于 #55 约等于深焙，两者之间是中焙。还有些国外进口的咖啡熟豆，包装袋上会标注诸如浓郁指标等说明，也大体等同于烘焙程度。

7. 了解咖啡产地履历。关注“来源可溯性”算得上是“进阶招数”。正常情况下，产地庄园、种植海拔、咖啡树种、采收年份、处理方法等基本信息可以从包装袋标签上轻易获悉，它们甚至可以在我们脑海中大致勾勒出这款咖啡的风味轮廓，例如“危地马拉阿蒂特兰湖某某庄园海拔 1800 米精致水洗”“埃塞俄比亚古吉罕贝拉海拔 2200 米某某处理厂日晒”，任何有过品尝体验的人读罢就能深刻体会到这其中巨大的差异！精品咖啡烘焙商往往也更加乐于分享，主动上前询问只会受到更加热情的服务而不是冷眼漠视。

# 56

# 咖啡熟豆：新鲜至上

咖啡飘散过香味，剩苦涩陪着我。

——邓紫棋《回忆的沙漏》

## 咖啡熟豆的劣化

一支封装在瓶中的葡萄酒是有生命的活物，无时无刻不在发生着变化，可能风味巅峰此时尚未出现，我们将其称作“熟成”。刚刚完成冷却的新烘咖啡熟豆则没有那么“幸运”，从呱呱坠地之时起，大体就一直处于无可挽救的劣化衰老过程中，我们要趁着新鲜尽快享用。

咖啡熟豆的劣化主要是两个方面因素综合在一起造成的。第一个因素是“从里到外”。咖啡熟豆中的挥发性芳香气体无时无刻不在缓慢逸散。如果知晓咖啡烘焙常识，会更加清楚这其中的本质：溶解在二氧化碳中的芳香物质随着二氧化碳等气体从咖啡熟豆网孔状的结构体中逸散而出。这个因素会导致存放时间越久、存放过程中包装越不妥当的咖啡熟豆香气流失得越多，冲泡制作的咖啡越来越缺失风味。第二个因素是“从外到里”。咖啡熟豆包装不妥或存放条件的诸多问题（温湿度）导致氧气或水汽的入侵，前者导致氧化，后者导致受潮，总之都是风味劣化，原本鲜美的咖啡变得寡淡且带有泥土、木头、牛皮纸等明显令人不愉悦的感受。

## 咖啡熟豆的包装

铝箔袋是目前最常见的咖啡熟豆包装，拥有价廉、避光、厚薄可定制、可安装从内向外单向排气的排气阀等优点。铝箔袋可以定制厚度，厚度单位一般称作“丝”，是用千分尺测量出来的单位，100 丝等于 1 毫米。我们在超市购买的双层购物塑料袋一般只有 5 丝厚，而咖啡熟豆包装袋则可以选择 20 丝以上。铝箔袋上可选择安装的单向排气阀虽能避免腐败味道的生成，却不能阻止咖啡香气的逸散，目前也没有环保回收再利用的技术。此外，带有橡胶密封圈的玻璃储豆罐、陶瓷储豆罐、锡制储豆罐也都是不错的选择。

另有一种比较常见的是加压包装（或充气式包装），成本比较昂贵，但储存效果很好。通常采用铝制氮气加压桶装。咖啡豆烘焙完成后不久，就被装入抽真空的罐中，并填充一定量的惰性气体，保证储豆罐中适宜的内压。咖啡熟豆在这种加压状态下保存，使得香气能够存留在脂肪上，品质能够较好地保存更长时间。但实际使用来看，加压包装只在单纯存放之时管用，一旦第一次开启，便失去了全部功效，性价比就显得不那么高了。

## 咖啡熟豆的保存

1. 排气保存。尽量排出储豆容器中的剩余空气，减少咖啡熟豆与空气的接触。如果从未开启过的铝箔袋上安装有单向排气阀，可以用透明胶条将其临时性封住。如果使用的是已经剪开袋口的铝箔袋，需要先用手挤压排出空气，再用封口夹或封口条来密封保存。如果使用的是储豆罐，则可以装入咖啡豆后再塞入一块棉花，压得紧实一些，这样也可以排出大部分的罐中空气。

2. 避光保存。保存咖啡熟豆时应避免光线直射。尤其是透明玻璃储豆罐，需要放置在遮光的阴暗处。

3. 避免高温。切记不要放置在高温环境中。密封完备的咖啡豆在保证不会“窜味儿”的前提下，可以放入冰箱或蛋糕保鲜柜中保存，2~8 ℃为宜。从中取出时，应该适当静置，使之温度缓慢回升到室温状态后，再开启包装袋并研磨使用。也有一些咖啡人会将咖啡熟豆储存在零摄氏度以下的冷冻状态，待使用时提前半天取出，随后静置，当温度缓缓恢复至室温后，再开袋使用。此举可以避免水汽在咖啡豆表凝结。

4. 密闭保存。很多学员问我是否可以将咖啡熟豆放置在普通冰箱中保存，我往往摇头否定。因为我担心那样能否真正做到密闭。事实证明，很多咖啡熟豆因为包装不严，或者包装袋表面含有大量肉眼看不见的细微孔洞，导致密闭性不够好。这样，一旦进入潮湿、多味的冰箱中，咖啡熟豆品质的迅速恶化也就不难想象了。

5. 关注新鲜周期。若将刚出锅的熟豆马上研磨萃取，此时往往不是咖啡风味的“巅峰时刻”，比如说碳酸（豆子中二氧化碳与水结合生成）与烟尘微粒会增加品尝时的艰涩、辛烈与烟呛感，过量二氧化碳也会对萃取品质带来挑战。于是，短则数小时、长则数天的密封静置很有必要。在此期间，过量二氧化碳会缓缓释放，称作“养豆”或“醒豆”。在此之后，我们应根据实际储存条件，建立一个新鲜周期的概念，规划使用进度，比如说“30 天尝鲜计划”“3 周新鲜倒计时”等。

# Chapter 7

## 临门一脚，研磨与萃取

滔滔不绝数十章节之后，脚踝还带着泥土的芬芳，我们终于走进了温暖的咖啡店，来到研磨与萃取的吧台前。清清嗓子，整整衣冠，坐直身子，我们一起来还原咖啡的真相——一杯美好饮品。市面上关于咖啡的书籍着实不少，而其中十之八九都聚焦于研磨及萃取，其重要性可见一斑。我们的话题将要从何说起？

# 57

# 瞅瞅！啥叫专业研磨

“许多热爱咖啡的人常常想要升级设备，我强烈建议优先考虑升级你的咖啡研磨机。”

——詹姆斯·霍夫曼

## 从研磨原理说起

直接使用石杵和石臼可以进行最原始的咖啡豆研磨，这种“撞击碾压式”研磨对于咖啡豆细胞壁的破坏性最小，使得咖啡芳香物质的存留度提高，是理论上的最佳研磨策略。我去埃塞俄比亚先后购置回好几套冲泡制作埃塞俄比亚传统咖啡的家什，其中就有埃塞俄比亚版的木质捣豆器。

确定研磨方式是区分研磨是否专业的第一原则，大部分的非专业研磨都有先天问题。数年前在咖啡爱好者家里很常见一种形如直升机螺旋桨的小型电动研磨机，数十元就能买到。开动后电机带动螺旋桨做高速旋转，短短十余秒便能将咖啡豆搅碎。使用这种小家伙，研磨的粗细程度取决于研磨时间的长短——想要研磨得粗一些，研磨时间就短一点；想要研磨得细一些，就多研磨一会儿。但严重粗细不均的现象比比皆是，过度萃取和萃取不足同时存在，咖啡呈杯风味便可以想象了。更由于咖啡豆的细胞壁被粗暴破坏，再加上切割碎豆过程中产生大量热量，都会极大加速咖啡豆中宝贵香气的逸散。

## 从手摇磨豆机说起

正规的手摇咖啡磨豆机都是基于碾压研磨原理，且拥有小巧轻便、便于携带、无须电源等巨大优势。因此并不是所有人都要购买电动磨豆机，也不是说电动磨豆机一定优于手摇设备。不超过二百元人民币的手摇磨豆机虽然谈不上有啥技术特点，其实已足够应付普通咖啡爱好者的日常所需。更不用说还有 Lido、HG-one、Helor 等动辄数千元乃至上万元的手摇神器留待发烧级咖啡爱好者去发掘。

专业研磨设备终归还是电动磨豆机的舞台。科学合理的专业级研磨理论上应该分作三个步骤进行。首先，将咖啡豆拆分为若干较大的颗粒。接下来，将若干较大的颗粒做均匀一致的初次研磨；最后，根据我们所需要的粗细程度进行最后的研磨。

## 碾压研磨原理

专业研磨设备都是采用碾压研磨原理。平面锯齿刀组和立体锥形锯齿刀组是最常见的两种磨刀结构。

平面锯齿刀组简称平刀，研磨部件是由两片布满锋锐锯齿的环状刀片组成，咖啡粉是从中往边缘切削挤推。两片刀盘的空隙与研磨粗细度密切相关。平刀研磨效率不错，大直径平刀研磨质量非常高，因此占据了相当一部分市场份额。意大利 Mazzer SJ/Major、Fiorenzato F64E、迈赫迪 K30、Baratza Forte 等目前主流机型多为平刀。但平刀的刀盘与咖啡之间的摩擦生热是个问题，咖啡粉升温后会有更多挥发性芳香气体逸散。此外，平刀对于刀盘的锋利度要求较高，相对来说寿命较短，如果未能及时更换，则影响研磨效率和呈杯风味。

立体锥形锯齿刀组简称锥刀，是由两块圆锥铁的立体形式（一内一外）咬合而成，外层固定，内圈旋转，咖啡粉从上往下随着重力作用自然被研磨挤压出来。这种设计提高了研磨效率，咖啡粉发热问题也有所缓解，且使用寿命更高，只是往往均匀一致性略逊平刀半筹。多应用在意式浓缩研磨中的惠家 ZD-17W、Mazzer Robur 等锥刀机型，也有相当的市场认可度。

不赞成单纯讨论两者孰优孰劣，还应从研磨机的整体构架、使用场合等方面进行讨论才更加科学，很多创新设计布局也层出不穷。比如说广受认可的诺瓦 Nuova Simonelli Mythos one 磨豆机就是将 75 毫米平刀磨盘斜置，研磨时前置磨盘不动，后置磨盘向前推动，这样不仅提高了研磨均匀度和效率，也减少了内里存粉。再比如，这些年从日本小富士鬼齿磨豆机兴起开始，滤泡咖啡研磨设备中采用鬼齿刀盘的越来越多，冲泡效果也非常好。何为鬼齿？改称为臼齿（cheek tooth）比较便于理解。可以张开自己的嘴，对着镜子去看一下。排在口腔后方两侧，齿冠上有疣状突起，主要用于磨碎食物的牙齿就是臼齿，又叫槽齿或磨牙。鬼齿磨豆机的刀盘与臼齿十分相像，不再讲究锋利，磨豆过程中进一步减少了切割动作，以碾压碾碎为主，使得咖啡粉以颗粒状为主，更有助于增加醇厚度、保留香气、减少涩感。

此外，工业级研磨机会采用滚筒刀Roller。装修队的泥瓦工师傅对此会非常熟悉，给较大面积的墙体刷漆时，他们使用的那种工具就叫滚筒，和我们今天要讲的刀盘设计十分近似。滚筒刀通常有几组带有纹路的金属滚筒，从上往下依间隙由大至小依次排列，咖啡豆由上方倒入，由于重力作用自然往下，随即被层层碾碎直至最后落下。这种设计原理的工业级磨豆机扭力大、转速慢、发热少、研磨效率高，且均匀度极高，除了售价高昂，着实非常好用。

## 功率大，效率高

单位时间研磨量大，不仅可以满足大批量生产的需要，还使得咖啡粉停留在磨刀间的过程生热较少。对于咖啡发烧友或咖啡店经营者来说，如果需要一台专业设备，有一个比较简单的判断标准：研磨刀片直径越大越好，输出功率越大越好，研磨速度越快越好。专业级的研磨机功率往往在200瓦以上，德国Mahlkonig EK43/EKK43磨豆机是过去数年间最受追捧的精品咖啡研磨设备之一，其刀盘直径达98毫米，功率高达1300瓦，每分钟转速1480转。当你面前摆上的那台专业级研磨机器，只需短短2~3秒便完成高水准的精细研磨时，那种快乐感是不言而喻的。

## 研磨均匀一致，粗细度精确可控

研磨粗细度均匀一致是保证萃取均衡的先决条件。我们曾组织参观过专业咖啡研磨实验室（国外很多咖啡研磨设备工厂里都有），可以见到一种叫作激光粒径（粒度）分析仪的设备。这种设备可以将一次研磨样品通过激光衍射原理成像，再进行粒径大小分布的统计分析，最后以图表等直观形式呈现出来。事实证明，使用任何设备进行任何一次咖啡豆研磨，颗粒大小都不是均匀一致的——过粗和过细粉的存

在是必然。换而言之，萃取的不一致是必然问题，只是程度不同罢了。越是能够在命中“靶心”的粗细度上实现一个尽可能陡然凸起的纺锤形粒径分布图，越是理想的研磨结果——所有咖啡粉质地均匀、粗细一致，萃出率最佳，咖啡呈杯风味、明亮感、甜度、干净度、平衡感等都会最佳。相反，粒径分布范围越广，命中“靶心”的粗细度凸起部分越小，甚至双峰、多峰而不是单峰，这些都可能是苦涩、酸涩、明亮感不足、干净度不够等风味产生的原因。

## 低温研磨，高效散热，芳香类物质逸散少

有些咖啡师倾向于立体锥形锯齿刀组的高端研磨机，不仅研磨效率高，且研磨时发热量低，减少了香气逸散。不少专业研磨机带有可控式的散热风扇，便于将研磨时产生的热量迅速排出，避免积聚，这对于减少芳香物质逸散很有好处。

## 精确定量

此外，以往的专业研磨机都会带有一个手动分量器，用以拨出相对定量的咖啡粉。但是该部件毛病也很多：存留咖啡粉多，清理异常麻烦，精确度低，并且容易溢洒弄脏操作台面。最近几年生产的专业研磨机在此环节有些改进，手动分量器被电控装置取代，可以精确控制研磨出粉量，研磨机也变成了更加体贴、杜绝浪费的电控即出即用型磨豆机。

▲埃塞俄比亚首都百年历史咖啡馆 TOMOCA 里的磨豆机

# 58

# 研磨咖啡豆有学问

太浓了吧，否则怎会苦得说不出话。每次都一个人在自问自答，我们的爱到底还在吗？

——张学友《咖啡》

## 试过直接冲泡咖啡熟豆吗

你试过直接将完整的咖啡熟豆放在杯中冲泡吗？我在教学中还真的尝试过，使用类似杯测的方法，将 20 克中度烘焙的咖啡熟豆直接浸泡在起始温度为 95℃的热水中，4 分钟之后捞出咖啡熟豆品尝“咖啡液”：极其稀薄寡淡。特意用浓度仪检测一下，浓度约为 0.05%（一杯正常滤泡黑咖啡的浓度在 1.15%~1.45% 之间）。事实便浮出水面：研磨咖啡豆的目的是为了让咖啡豆在冲泡之前拥有足够大的表面积，粉水接触总面积几何级数增加，便能够有效萃取出蕴藏在豆体内的风味物质，实现良好的呈杯风味。事实上只要研磨到位，室温的水也能手冲咖啡并做到相当浓度。

## 研磨！冲泡前的倒计时

咖啡粉该如何保存？回答这个问题令人苦恼，因为基本无解。任何普通咖啡消费者，绝无能力和技术手段做到咖啡粉的良好储存，而专业机构的检测数据证明：咖啡豆在研磨的前 5 分钟内，会有接近 50% 的活跃挥发性芳香物质逸散。如果购买咖啡粉（真空工厂流水线上填充惰性气体除外），一定不要对口感和风味抱太大期望，只能将方便作为实际需求出发点。而购置哪怕最拙劣的研磨器具即时研磨使用，也会比直接购买咖啡粉强很多。

## 研磨环节容易出漏洞

咖啡熟豆研磨后，细胞壁的完全破坏导致其处于完全开放状态，四周弥漫着诱人的咖啡香味，这也是咖啡香气的快速逸散过程。此外，与空气接触面积的迅速增加，也会提升氧化速度，让咖啡豆迅速“不新鲜”起来。因此，研磨后的咖啡粉无法保存，研磨操作应在萃取前进行。为了萃取到咖啡里的风味与精华，萃取前研磨咖啡熟豆的过程必不可少，这一看似简单的过程实则蕴藏着很多学问和讲究。咖啡豆研磨时释放的香气浓淡程度、气味特征，也是判断咖啡豆新鲜与否的重要手段。香气越浓，咖啡豆越新鲜，香气越单薄，咖啡豆新鲜度越差。此外，存放时间过长的咖啡豆，研磨时除了释放的香气淡薄，还带有一股酸败陈腐气息，这一点需要注意。在专业咖啡馆围着吧台品尝咖啡时，咖啡师会习惯性地将研磨好的咖啡粉给顾客嗅闻一圈，这既是一种良好的增值体验，也是对自家咖啡熟豆新鲜度和品质自信的体现。

很多朋友在家里 DIY 的咖啡口感风味欠缺，或许并不是咖啡豆品质不佳，也不是烘焙环节有何缺失，更不是咖啡熟豆新鲜度不够，漏洞可能出在研磨环节。

## 研磨粗细是个麻烦事儿

一颗呈现椭圆体的咖啡熟豆表面积约为 3. 4 平方厘米，而研磨成粉末后，总的表面积迅速激增。研磨得越粗，咖啡粉总表面积越小，被空气氧化速度越慢，萃取时与水的接触面积也越小，萃取出的有益成分物质越少，单位萃取时间内咖啡液越是单薄寡淡，但是研磨后香气则更容易保留。反之研磨得越细，咖啡粉的总表面积越大，被空气氧化速度越快，萃取时与水的接触面积也越大，萃取出的有益成分物质越多，单位萃取时间里咖啡液越是浓郁丰富，但是研磨之后咖啡挥发性香气更不易保存。

不同时空下讨论咖啡研磨粗细度是一件非常困难的事情，“粗”或“细”都只是相对而言，纵使大家使用的是同一品牌及型号的磨豆机，由于诸多因素也会造成同一个刻度实际出来的粗细迥异。更不用说不同品牌的研磨设备，刻度之间毫无关联性和参照价值。纵使对于资深咖啡师，尝试性研磨冲泡 1~3 壶以便找到最佳刻度也是常事。

铂澜电商部门小伙伴想出了一个招儿，如果得知购买咖啡熟豆的顾客是绝对新手，为了避免顾客毫无章法地“糟蹋”咖啡豆还无法获得满意体验，有时会刻意附赠几小包咖啡粉样品，并标注与之对应的冲泡器具。据我所知，国内有此操作的咖啡电商企业不在少数，也算是我国所处“咖啡消费发展初级阶段”的真实写照吧。

## 关于研磨粗细度的类比式描述

就像前文讨论不同的烘焙程度那样，

我们有必要对咖啡熟豆的研磨粗细度进行一个描述性归纳，这一点尤其对于咖啡爱好者帮助很大，起码知道在某个研磨区间范围内调整，减少了无谓的浪费。为了便于描述，我们选用了颗粒状的白砂糖、干酵母粉、食盐、面粉这四种常见物品作为重要参考物进行类比。

粗度研磨（Coarse Grind）。粗度研磨并不意味着允许无限粗，而是大体接近白砂糖颗粒晶体的粗细程度。这种研磨程度的萃取度比较低，平均 1 颗咖啡豆被分解为 100~300 个颗粒。适合那些使用较粗滤网，或咖啡进行较长时间浸泡、投粉量较大的咖啡制作器具，实际中使用不多。

中度研磨（Medium Grind）。中度研磨的颗粒大小介于干酵母粉与白砂糖之间。平均 1 颗咖啡豆被分解为 500 ~ 800 个颗粒，微粒直径约为 0.5 毫米。中度研磨使用较广，使用 V60 等便于提高萃出率的滤杯手冲时就经常采用这种粗细度。此外，美式电动滴滤壶、虹吸壶、法压壶等也都可以考虑这种粗细程度。根据 SCA 的技术标准，杯测烘焙用豆的研磨粗细度是 70%~75% 能够通过美国标准尺寸 20 目的筛网，也就是平均 1 颗咖啡豆被分解为 600 个颗粒，微粒直径约为 0.85 毫米（850um）。

细研磨（Fine Grind）。我们经常这么描述细研磨：乍一看已经很细，用手去摸却有些粗糙的颗粒感，放大镜下观察介于食盐颗粒与干酵母粉之间。平均 1 颗咖啡豆被分解为 1000 ~ 3000 个颗粒。如果在家使用摩卡壶，这种研磨粗细度最为合适，可以冲泡制作出浓郁的黑咖啡。此外，虹吸壶、法压壶和一些更强调浸泡的滤杯手冲也可以尝试这种粗细程度。

意式浓缩研磨（Espresso Grind，又叫作精细研磨）。前面讲过的细研磨看似已经很细，实则用来萃取意式浓缩咖啡还嫌不够。我们可以这样描述意式浓缩研磨程度：看上去是细密的粉末，但是用手指捏起来还微有颗粒感。其粗细度介于面粉与食盐颗粒之间，平均 1 颗咖啡豆被分解为超过 3500 个颗粒，微粒直径小于 0.05 毫米（500um）。主要适用于意式浓缩咖啡机萃取 Espresso，是吧台咖啡师最为熟悉的研磨程度。普通手摇磨豆机和数百元的电动研磨机很难高质量实现这种研磨程度，这导致专业级意式研磨设备往往投入不菲。此外，一旦咖啡熟豆进行意式浓缩程度的研磨，意味着其挥发性芳香远比滤泡式咖啡粉更快。有数据显示，滤泡式咖啡在研磨 15 分钟后将流失 60% 的芳香物质，而 Espresso 研磨 2 分钟后就有 48% 的芳香物质逸散损失掉。研磨完成后最快速地投入到萃取环节，可以尽可能将香气留存在咖啡饮品中，而不是白白逸散到空气里。

土耳其式研磨（Turkish Grind，又叫作极细研磨）。极细研磨程度与面粉近似，撒一把在玻璃桌面上，再用杯测匙去碾压剐蹭不会有咯吱咯吱的声响，完全粉末化。平均 1 颗咖啡豆被分解为 15000 ~35000 个颗粒。这种研磨程度主要用来煮土耳其咖啡，日常制作咖啡比较少见。

研磨粗细度与萃取程度乃至咖啡呈杯风味之间关系紧密，但是准确界定和灵活把握对于初学者却有些难度。除了寻找参考物比照，多尝试、多品尝，逐渐建立起正确的感官标准是唯一的途径。

▲咖啡不同研磨粗细度比较

# 59 冲泡江湖三大派

泡咖啡让你暖手，想挡挡你心口里的风。

——梁静茹《分手快乐》

▲土耳其伊斯坦布尔市场上用炭火煮制的传统咖啡

全球几十亿人冲泡咖啡方式虽五花八门，难以尽述，但是如果细细观察，倒也有些门径可供归纳，“三大冲泡门派”呼之欲出。我们制作一杯美味咖啡，如从“冲泡（Brewing）”的过程状态来分析，大抵可分作以下三类。

## 土耳其式咖啡（煮制咖啡）

土耳其式煮制咖啡多做偏深度烘焙、极细研磨，将咖啡粉与冷水、糖一同置于上窄下宽的长柄黄铜壶状器皿（cezve 或 ibrik）以中小火熬煮，待沸腾后离火，冷却后再煮沸，如此反复多次，直至形成漂亮的褐色油脂附着于咖啡液表面，其间甚至可能添加香料（如豆蔻）以增加风味。由于达到沸腾状态的热水与咖啡粉亲密接触时间较长，这种咖啡是真正“煮”出来的。煮制咖啡习惯称作土耳其式煮制咖啡（Turkish-Style Boiled Coffee），是因其

体系缜密、文化内涵深厚、影响力很广，但实则类似的咖啡冲泡方法并不由土耳其专美，至今广泛流传于非洲东北部如埃塞俄比亚、土耳其、希腊以及阿拉伯地区等地，当年美国为人诟病的“牛仔咖啡”也是这般将咖啡壶架在火上熬煮。

土耳其咖啡从烘焙到研磨萃取的独特性使得其风味物质构成与其他流派迥然不同，比如说呋喃、吡嗪、吡咯和苯酚等化合物就更高一些。更加令人着迷的是其文化内涵丰富，女孩子给小伙子做咖啡时，放糖越多越代表心有所属，而如果小伙子喝到了咸味，就赶紧溜之大吉吧。此外，基于这种煮制咖啡形式，土耳其还诞生了咖啡占卜等艺术形式，如今的伊斯坦布尔步行街上很多咖啡馆里依旧能够看到占卜师（以女性为主）的身影。

## 滤泡式咖啡

在常压下或低压下，主要依靠咖啡粉自身重量，进行浸泡和过滤的滤泡式咖啡（Brewing Coffee）是精品咖啡运动之下的宠儿，也是今天最受广大爱好者欢迎的咖啡冲泡形式，又可以具体分作滴滤式咖啡（Drip Brewing Coffee）和浸泡式咖啡（Immersion Brewing Coffee）。法压壶、虹吸壶、爱乐压、手冲（Hand Drip）、聪明杯、Chemex壶等绝大多数小型咖啡设备器具都应归入此类。由于萃取时缺乏足够压力，咖啡液浓度一般不高，色泽较为澄澈透亮，表面没有油脂。欧洲家庭喜欢使用的摩卡壶较为特殊，其设计结构使得萃取时密闭空腔内能够产生略微超过一个大气压的增压效果，使得咖啡口感更加浓郁，成为名副其实的浓黑咖啡，早餐用来调制奶咖非常不错，但我们还是可以将其纳入这一类。

使用小型手动设备常压下制作的滤泡式咖啡过往常伴有效率低下、稳定性差、连

▲意式咖啡

▲滤泡式咖啡

续出品能力不强等“先天顽疾”，导致一些咖啡馆在是否将其置于出品单上一直心存疑虑。近年来，各种自动冲泡设备井喷式爆发，滤泡式咖啡的商业前景焕然一新。与意式浓缩咖啡不同，我倾向于在某些特定场合下，滤泡式咖啡应坚持由人手工完成，这样仪式感更强，亲和力更佳，更多凸显人的价值，暗合了咖啡和咖啡馆所需要表达的人文主义气质。

## 意式咖啡（加压萃取式咖啡）

加压萃取式咖啡（Pressurized extraction）最典型的就是意式浓缩咖啡（Espresso），这是一种通常使用咖啡机萃取制作出来的咖啡，是全球三大咖啡冲泡流派中当仁不让的老大哥。

意式浓缩咖啡无疑是意大利人的最爱，又具体分作 Espresso、Lungo 和 Ristretto 三种，但终归是小小的一份，加糖搅拌后两三口直接饮用下肚，早上如果没有一两杯下肚，简直可以成为合法罢工的理由了。我们咖啡学院每年都会邀请意大利讲师来授课，只要他们来的那些天，咖啡机一定要提早开机，务必保证他们进门后第一时间可以美美喝上一两杯，这样一天授课的心情都会好上很多。

其他国家和地区消费者则往往受不了意大利人那种分量少、浓度高、口感烈的饮品，想尽办法兑水稀释，于是就有了 Americano、Long Black、Caffe Crema 等各种黑咖啡。更为常见的饮用方式则是基于意式浓缩咖啡，直接添加牛奶、奶沫等制成奶咖或其他花式咖啡。基于意式浓缩咖啡的咖啡饮品大家庭是目前全世界绝大多数咖啡馆的主力营收来源，绝大多数咖啡师都以此为核心来制作咖啡，并由此派生出牛奶拉花艺术等很多内容来。

# 60

# 萃出率、浓度与金杯萃取区间

每一杯咖啡饮品，包括牛奶咖啡，都是传达你所拥有的咖啡经验和技术的工具，这当中包含了很多细节，所有细节的结合才创造了那杯独一无二的咖啡。

——Dale Harris（2017WBC 冠军）

## 从萃取说起

咖啡豆不管是生豆还是熟豆，其主要成分都是多糖，即木质纤维素。多糖的不溶性导致咖啡熟豆中能够溶解于水的风味物质（且不管是好风味还是差风味）其实只占一小部分，绝大多数成分都不可溶解于水，将在萃取完成后以咖啡渣的形式呈现。

20 世纪中叶以来，欧美很多咖啡专家开始系统研究咖啡萃出率与风味之间的关系，即究竟将咖啡中占比多少的物质萃取出来时，咖啡最好喝？其中最为知名的便是 1952 年，美国麻省理工学院化学博士洛克哈特（Lockhart）领衔创办美国国家咖啡协会（National Coffee Association，NCA）旗下的咖啡冲泡学会（Coffee Brewing Institute，CBI），专门从事咖啡萃取研究。1962 年恰是美国咖啡消费量攀上顶峰之时，这也使得 CBI 影响力随之达到高峰期。到了 1964 年，CBI 解散，洛克哈特博士领衔成立咖啡冲泡中心（Coffee BrewingCenter，CBC）取代 CBI，继续相关研究工作，直到 1975 年底 CBC 撤销。

## 什么是萃出率

我们经常听到冲泡（Brewing）与萃取（Extraction）这两个词。冲泡是动作，萃取则是本质——将咖啡熟豆中的风味物质抽取并溶解到水中，进而得到咖啡液的过程，故此又称作萃出。

什么是萃出率（Extraction Yield）呢？萃出率又叫萃取率或萃取程度，描述的是咖啡粉中实际被萃取出的固体可溶物（Dissolved Solids）所占比例的多少。可以这样计算：冲泡前计算咖啡粉克重 A，冲泡结束完成后将咖啡残渣放入烤箱彻底干燥，再重新称量克重 B。两者相减获得的差值就是溶解到水中的咖啡风味物质总量 C。将 C 作为分子，冲泡前的克重 A 作为分母，就能得到答案了。这种方法看似拙笨费时，实际效果却很好。

我们不奢求将咖啡豆里上千种风味物质一股脑儿转移到杯中（那样做也不会好喝），只希望能够不糟蹋上帝的恩赐、不辜负种植者的辛劳、不浪费烘焙师的付出，将我们所钟爱的果酸、芬芳、甜美、醇厚和余韵等美好尽量留存，并使得各种风味均衡柔美、曼妙怡人。正是基于这些目的，洛克哈特等前辈咖啡专家们经过多年努力探索，为我们分享了很多研究成果：

阿拉比卡咖啡熟豆中有 28%~30% 的物质可以溶解于水中，剩余约 70% 则是完

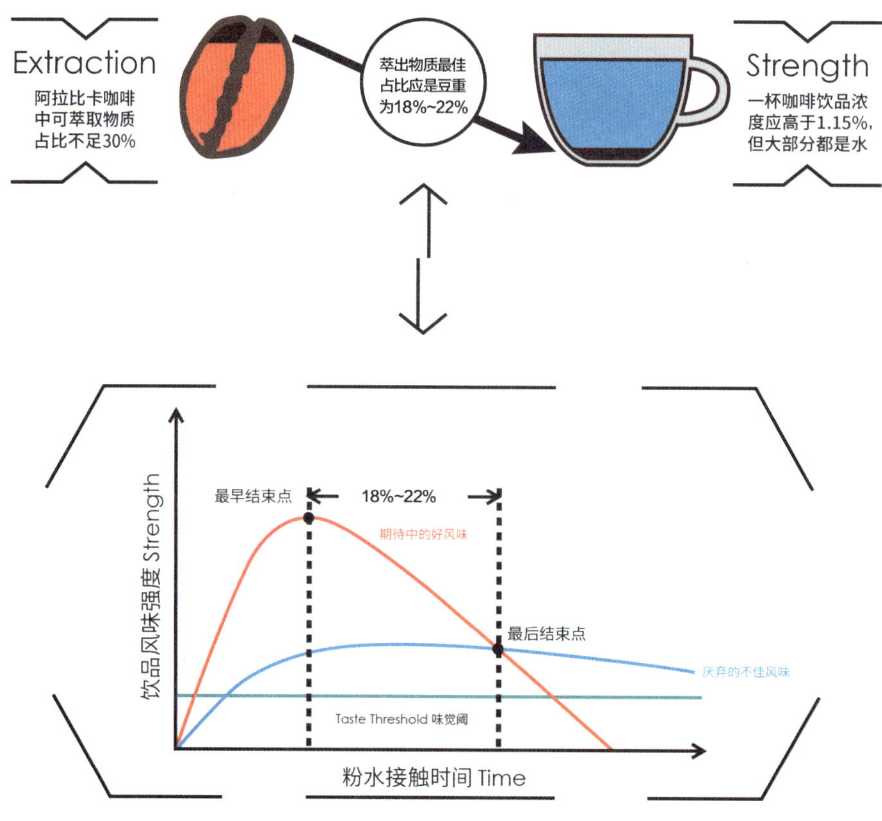

全不溶于水的纤维质，而罗布斯塔咖啡熟豆中可溶解物的占比略微高过阿拉比卡，即罗豆的最大萃出率要更高一些。

萃出率与萃出的总溶解固体量（Total Dissolved Solids，TDS，也就是浓度）两者相辅相成，构成了一个二维坐标系，更决定了一杯咖啡的呈杯风味。

## 萃取不足与萃取过度

假设TDS固定不变，如果萃取出的风味物质不够，呈杯咖啡风味往往单薄、空洞，风味不足，甜度不够，还常常伴随有酸涩，我们将这种情况称为萃取不足（Under-Extraction）。

假设TDS固定不变，如果萃取出的风味物质太多，品尝起来会有苦、涩、浑浊、不干净等负面感觉，我们将这种情况称为萃取过度（Over-Extraction）。

## 金杯萃取区间

在萃取不足与萃取过度之间，阿拉比卡种咖啡存在一个理想的萃取区间（Ideal Extraction Yield），金杯萃取的概念就此浮出水面：一杯好咖啡的美好风味是由咖啡粉中18%~22%的风味物质贡献的。

如果我们将萃取的全过程放在时间轴X（横轴）的正方向上进行讨论，粉水刚开始接触的刹那为零分零秒。那么接下来，亲水性最好的小分子量风味物质会最先被萃取出来溶解到水中，它们在感官品尝中以酸味为主。接下来则是以甜为主的风味物质溶解，随后才是苦味物质，最后是涩感和其他令人不愉悦的杂味。

如果萃取时间过短，那么只有一些单调的酸，甜度不足，其他风味也都稀缺，“萃取不足”指的便是这种情况；随着更多的酸和甜溶解，酸甜平衡，再伴随着适量的其他风味，就是代表萃取合适的“金杯萃取”；如果此时不结束萃取过程而是继续进行的话，则会有越来越多的苦涩和其他杂味溶解进来，“萃取过度”就此形成。但不管怎样“萃取过度”，30%左右的萃出率上限是一道无法逾越的无形天堑。

## 关于浓度

前文我们在X轴（横轴）方向上探讨了咖啡萃出率的问题，如果想要构成一个基本的二维坐标系，还需要一个Y轴（纵轴）。Y轴讨论的是咖啡液浓度，也就是TDS。浓度是个化学术语，指的是某物质在总量中所占的分量。咖啡浓度可以使用质量百分比浓度，指每100克咖啡溶液里溶解其中的咖啡风味物质量（以克计）。也可以使用质量体积浓度，即每1000毫升咖啡溶液里溶解其中的咖啡风味物质量（以克计），两者之间有3%~4%的偏差。

对于任何饮品来说，恰到好处的浓淡程度都严重关乎顾客饮用体验和接受程度。浓度太低，口感寡淡，没有啥滋味，自然不值得去喝；浓度太高，口感过于强烈，各种味道激烈冲撞，难以接受。对于一杯咖啡，纵使萃出率处于18%~22%的金杯萃取区间里，浓度太低或太高都会严重影响呈杯风味。那么合适的浓度是什么呢？浓度的问题其实较之萃出率更加复杂，因为与每一名饮用者的年龄、性别、种族、饮食习惯、口感偏好等诸多因素有关。洛克哈特博士领衔的CBI和CBC为了获得美国民众的咖啡消费数据，在NCA以及美国军方支持下，用了近十年时间进行大规模调查取样，随后又进行多轮专家修订，最终确定了18%~22%的萃出率区间，并推出美国民众版本的最佳浓度区间：1.15%~1.35%（11500ppm~13500ppm）。

待到1998年欧洲精品咖啡协会（SCAE）在英国伦敦成立，金杯萃取区间几乎是最核心的技术标准之一，自然作为头等大事来确定。但“高傲”的英国人怎么可能直接将美国版的数据（同处欧洲的挪威当时也已出了一个浓度区间）拿来使用？于是又一番调查取样分析，最后再次将金杯萃取区间确定为18%~22%，而以英国人为主要样本获得的最佳浓度区间则是：1.2%~1.45%（12000ppm~14500ppm）。

如今SCAA与SCAE已合并为SCA，SCA建议一杯滤泡式咖啡浓度应高于1.15%并符合感官评估结果。

## VST 咖啡浓度测试仪

由来已久的金杯萃取理论并不为更多人接纳，原因便是缺少易于上手的工具来引爆。有人曾尝试用TDS水质检测笔来检测咖啡液浓度，结果谬以千里。直到2008年，美国VST公司推出MISCO研发的咖啡浓度测试仪改变了这一切。这个小小的光学折射仪（Refractometer）利用了光学折射屈光原理（使用波长纯粹的钠光），只需数滴冷却至室温的咖啡液，便能一键检测出咖啡液浓度。由于只是咖啡熟豆中微量的二氧化碳和水分无法捕捉到，VST咖啡浓度仪可以做到常温下误差不超过0.03%，不仅适用于滤泡式咖啡，意式浓缩咖啡也不在话下，更有APP应用可以联动使用。

今天，这个托在掌心的小设备已经成为圈内人手皆有的标配，正因为咖啡浓度如此轻易可以获悉，而咖啡萃出率可以通过品尝再结合查阅冲泡萃取控制表来大致测算（至少萃取不足、金杯萃取或萃取过度可以一口喝出来），那么完整的萃取结果就跃然纸上了。更有VST Coffee Tools等软件可以下载使用，不同冲泡模式下二氧化碳占比等参数都可以精确设定，让冲泡咖啡的诸番细节尽在掌握，人类已基本做到了从数据上管理咖啡风味。

# 61

# 从冲泡控制表说起

喝一杯苦咖啡，为了和生活相遇。

——叶紫

## 滤泡式咖啡冲泡技术控制表（滴滤&浸泡）

Coffee Brewing Control Chart

每升水对应冲泡的咖啡粉量（冲泡比例Brewing Ratio）增加

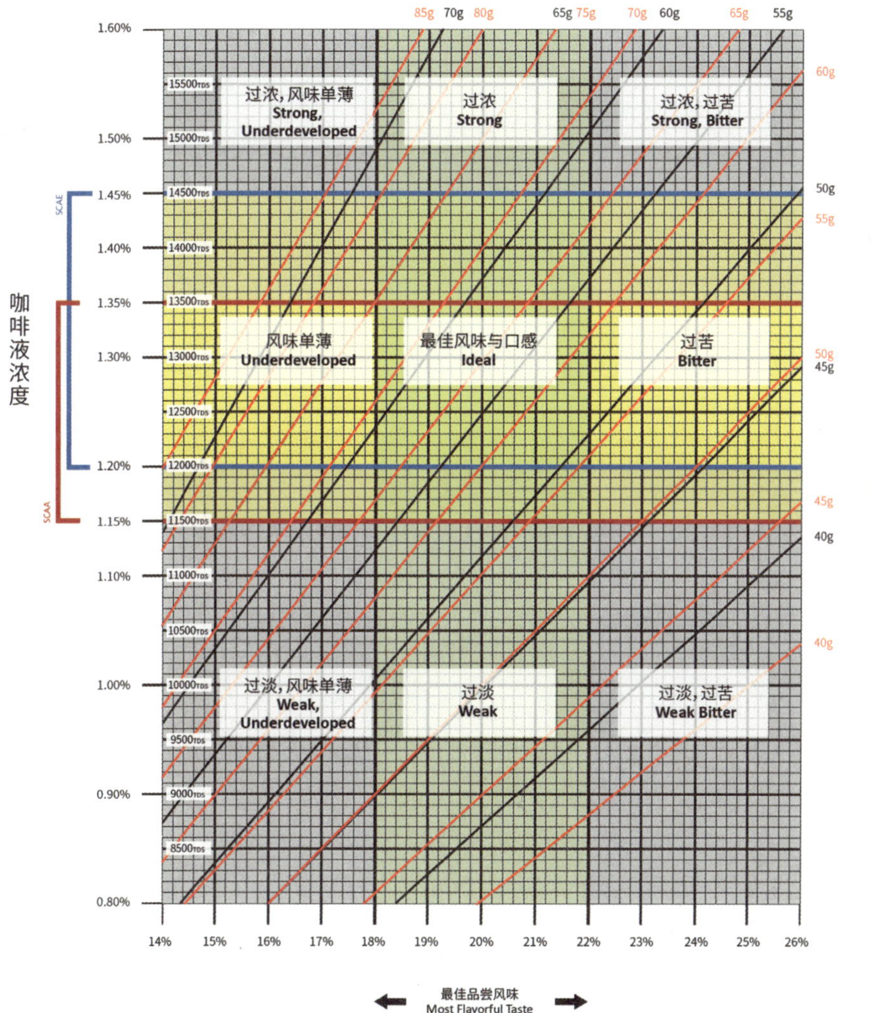


咖啡萃取程度（咖啡溶出物占咖啡总量的比例）

黑色斜线对应滴滤式冲泡，红色斜线对应浸泡式冲泡

## 滤泡式咖啡冲泡控制表

有了横轴（X 轴）代表的萃出率，又有了纵轴（Y 轴）代表的浓度，一个完整的二维坐标系便跃然纸上了，我们将其称为滤泡式咖啡冲泡控制表（简称冲泡控制表）。冲泡控制表展现的是坐标系的第一象限——横轴与纵轴正方向，横轴为萃出率，从 14%~15% 开始，一般到 26% 左右，自然形成“萃取不足”“金杯萃取（18%~22%）”和“萃取过度”这三段。纵轴为浓度，一般从 0.8% 左右开始绘制，一直到 1.6%~2% 结束，也自然形成“过淡”“浓度合适（1.15%~1.45%）”和“过浓”这三段。

横轴三段与纵轴三段彼此交叉，将画面分割为九个方格区域（我们有时也将冲泡控制表称为“冲泡九宫图”），居中的那个方格，不管是萃出率还是浓度都恰到好处，便是我们追寻的金杯萃取“靶心”所在。

## 冲泡比例

读者如果仔细观察冲泡控制表，会发现九宫格之外另有一层玄机——若干条从左下方直至右上方的斜线，它们代表着咖啡粉与热水之间冲泡比例，又叫作粉水比例。我们进一步观察发现，萃出率的中位数是 20%，如果按照 SCA/SCAA 的浓度区间（1.15%~1.35%）计算的话，浓度中位数恰好是 1.25%，而 55 克咖啡粉对应 1000 毫升热水的那条斜线恰好可以经过这个点（20%，1.25%）。将此时的冲泡比例以最简分式的形式写出来恰好是 1:18.18，也经常简化为 1:18。

1:18 是一条非常重要的冲泡比例，我们在做 SCA 杯测时便是按此标准进行。当满足标准的咖啡熟豆按照要求研磨后（平均 1 颗咖啡豆被分解为 600 个颗粒，平均粒径大小为 850um），与 200 ℉（93.3℃）的热水混合浸泡并静置等待 4 分钟，最后过滤获得的咖啡液恰好命中“靶心”——萃出率 20%，浓度 1.25%。

## 金杯萃取的意义所在

我一直反对固执坚守金杯萃取区间来做每一次咖啡冲泡，一杯咖啡好喝与否最终应该由呈杯风味决定，由咖啡饮用者自己说了算，单纯的数字游戏并不能代表一切，每一杯咖啡都严格计算也未免失了些洒脱和趣味。但是，浸润着西方理性光芒的咖啡科学确实要求我们拿出与喝茶悟道截然不同的态度，接触之初你必须接受约束，努力学习钻研，不能放纵无拘，等到达了足够境界，大束缚后方有大自在，将是又一片开阔天地。

金杯萃取概念的提出和实践确实给了我们一些探讨的方向和重要思路，我们得以知晓，在大概率情况下好喝的咖啡应该如何获得。再结合感官评估去修正。

事实上，现在我们大谈新零售、无界零售，越来越多无人咖啡店问世，越来越多全自动智能咖啡冲泡设备出现在我们身边，大抵咖啡都还算令人满意。你以为都是咖啡师或咖啡专家团队在后台日夜奉献吗？品控环节人的参与自然少不了，但最大功臣应归于金杯萃取等技术标准。建议大家按照如下几点循序渐进：

1. 知晓金杯萃取区间的相关概念。

▲供图：伯憩 cafe 许英君

2. 能使结果在冲泡控制表上随心所欲移动。

3. 通过感官评估来不断调整，并最终实现最佳落点。

4. 冲泡控制表上的金杯萃取并非一个具体点，而是坐标系上的一片浩瀚区域，其间蕴藏着无数个点，也意味着无数种不同的呈杯风味组合，最终还是需要感官评估来抉择。

## 影响萃出率的几大因素

大量实验和实践让我们知悉，萃出率与如下因素密切相关。这也可以说是一位咖啡师最需要掌握的技术奥秘：研磨粗细、冲泡水温、萃取时间、搅拌及扰流、咖啡烘焙、冲泡水质。

不过需要格外注意的是，我们接下来要讨论的诸多因素是在明确了某个固定冲泡粉水比例的前提下进行，我们强调“先选线，再实践”。便是为了操作者先明确粉水比例，1:10~1:20 都是可以选择的区间，这样萃取完成后检测出浓度，就可以立马推算出萃出率，甚至无须计算，再辅以品尝鉴别，一切就清晰起来。否则粉量多少在随心变化，注水量也不靠谱，一切都无从谈起。

## 咖啡粉颗粒大小

咖啡粉颗粒大小（Ground particle size）即研磨粗细程度，可以说是最为生猛且直接的改变手段，当需要“大刀阔斧”调整之时，首选改变研磨粗细。

研磨越粗，粉水接触的总面积就越小，析出风味物质总量相应就少，萃取进程速度也相应减缓，进而降低单位时间内的萃出率。研磨越细，粉水接触的总面积就越大，析出风味物质总量相应就多，萃取进程速度也相应提升，进而增加单位时间内的萃出率。

进一步研究会发现，研磨粗细度的调整，不仅改变粉水接触表面积，从而影响咖啡风味物质总量和萃取速率，还因此改变水流通过咖啡表面的速度进而影响冲泡时间。我们经常说研磨得太细，手冲时会导致“淤积”现象，便是这个道理了。

## 冲泡水温

热能是影响萃取进程的重要因素，冲

泡水温（Brewing Temperature）越高，蕴含的能量越大，分子活跃度越高，化学反应激烈程度加剧，对于咖啡豆细胞结构冲击越强，溶解速度提升，萃取进程越快，这些都会提高单位时间内的萃出率。反之亦然。

前文我们已经讲过，今天SCA的精品咖啡体系更多侧重于浅中焙咖啡豆，建议的冲泡水温区间为90.6~96.1° C（195~205° F）之间。如果在实操中要对深焙咖啡豆进行冲泡，适当降低些许冲泡水温也是可以的，在铂澜咖啡学院，我们经常会用88℃来手冲自家的深焙意式拼配豆，同样非常好喝。需要注意的是，仅仅测量粉水接触前的冲泡水温有时并不精确，我们还应考虑到冲泡过程中空气、咖啡粉、器皿、杯具引起的散热效应。

常温甚至低温下的冷萃（冷泡）是现今比较流行的玩法，为了能够实现足够的萃出率，势必需要大幅延长萃取时间，并适当调节研磨粗细度以匹配。不过纵使做到了我们所要的萃出率，其中风味物质占比已然与热水冲泡时有所不同，“不一样的味道”就可以理解了。

## 萃取时间

即粉水接触时间，或者叫萃取时长(Contact Time)。由于咖啡中的可溶性风味物质是逐步析出直至最终彻底溶解于水的过程，而分子量大小以及极性不同，导致其亲水性差异较大，彼此间溶解速率迥异——亲水性最强的酸味最先溶解出来，甜味其次，苦味涩感等溶解得最慢。萃取程度与冲泡时间成正比，我们设计不同的冲泡时间，会带来不同风味的一杯咖啡。

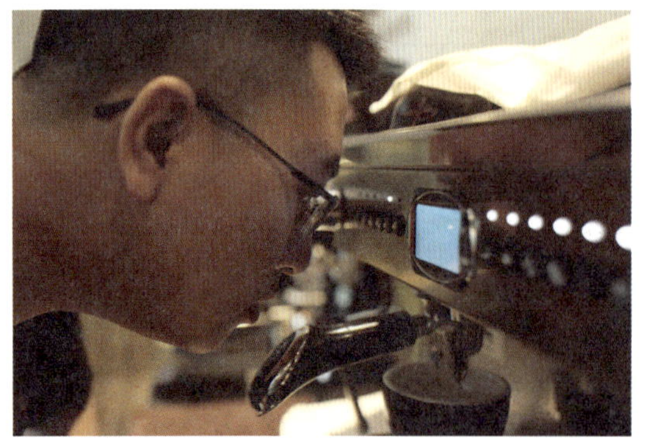

进一步研究发现，酸甜等好风味物质的析出会快速攀升到达顶峰，随后缓缓下降，呈现出先快速上扬随后持续下降的抛物线规律，而苦涩等坏风味析出则是比较平缓的曲线。那么结论就来了：好风味抛物线下落之时与坏风味曲线的相交叉点，便是我们最晚应该结束的时间点。

## 搅拌及扰流

即搅拌剧烈程度(Agitation)。搅拌又叫作扰流，其实是将咖啡粉与水强行混合的过程，不仅能使水有效覆盖接触并通过咖啡粉，还能将咖啡粉分散化以便于萃取均匀一致，是咖啡冲泡萃取过程中必然存在的现象，也是很多咖啡师主动干预萃取进程的重要手段。萃取过程中搅拌得越激烈，或者说粉水之间越是剧烈撞击，则单位时间内萃出率越高。反之，萃取过程越是平和柔缓，则萃出率越低。

对于“搅拌剧烈程度”的理解应尽可能宽泛些，其实搅拌属于扰流的一种。除了搅拌，如果我们用滤杯手工冲泡咖啡，如下因素都与扰流有关，都会影响到萃取：注水（注水大小、手持高度、注水方式等）、滤杯出水、滤杯与滤纸之间的结合程度、焖蒸排气、粉层厚度……

## 咖啡烘焙

烘焙程度比较深或者使用的是热风式快炒，膨胀性较好，浸出物比例相应也高，有利于萃取程度的提升；烘焙程度浅或者属于慢炒，膨胀性较差，浸出物比例相应也低，不利于萃取程度的提升。此外，目前的冲泡控制表更多针对浅焙及中焙咖啡，也就是我们常说的滤泡式咖啡，而对于深度烘焙的咖啡熟豆来说，豆体细胞结构破坏更加严重，咖啡风味物质成分及占比也发生了较大变化，目前已能使用 VST 咖啡浓度测试仪及其提供的意式浓缩咖啡萃取控制表进行分析。

## 冲泡水质

冲泡水质( Water Chemistry ) 非常重要。一杯咖啡中绝大多数都是水，其重要性可见一斑。今天水质已经成为咖啡研磨萃取领域的大热门，我们将在下一章对水进行专门讲解。

## 过滤方式

除了如上讲述的六大要素，我们还需关注不同冲泡器具所采用的过滤方式和材质的差异。冲泡咖啡常见的过滤材质有滤布、滤纸、棉纸、丝网、陶瓷以及金属等，每种材质还可能有不同的厚薄及孔径大小之别，这些都导致咖啡呈杯风味千差万别。举例来说，现如今手冲最常见的滤材是纸质，其孔洞远比以往使用的滤布更加细密，导致萃取得到的咖啡液更加澄澈干净，但也可能导致细粉、蛋白质以及油脂等被过滤掉，风味丰富性有所不足，口感醇厚度有所下降，甚至咖啡的功能性和健康指数也顺带产生变化。

## 萃取质量

萃取质量( Extraction Quality )是研究萃出率之外的关注点。我们不妨进一步往微观层面去思考：如何保证每一粒咖啡粉末都能获得相对一致的萃取度呢？这个问题非常重要。如果咖啡粉末彼此间萃取度差别太大，甚至有不少被过度萃取，还有不少萃取不足，自然会严重扭曲整杯咖啡饮品的风味口感。一旦风味失真，谈何风味出众？这就是与萃取质量密切相关的一个崭新要素——萃取均衡度( Uniformity Of Extraction )，它主要探讨的是微观层面每一粒咖啡粉末是否获得了“一视同仁”的萃取程度，是咖啡最终风味与口感的坚实保证——完美冲泡需要获得一种更具平衡感的风味总量，香气、味道与口感等都真实适宜、恰如其分、不偏不倚。

关乎萃取均衡度的因素很多，我们着重说说研磨粗细度是否均匀一致。对于大多数研磨结果来说，研磨颗粒的均匀度分布状况( Ground Particle Size Distribution )都是一个纺锤形结构——大部分彼此大小接近的颗粒居于纺锤中央，但还有一部分较粗颗粒( boulders )和过细微粉( fines )分布于纺锤形两端，它们的过量存在对于萃取都具有负面影响。前者使得萃取不足，口评往往带来艰涩、寡淡或尖锐，而后者更对萃取质量产生致命影响，让咖啡液变得混浊不堪，使得萃取过度，口评中往往苦味加重。微粉多少已成为评价研磨机好坏的标准之一。

# 62 咖啡与水

水是生命中最重要的元素，因为没有水，你就不能煮咖啡。

——网络名言

## 从“水 4.0 革命”说起

不管是滤泡式咖啡还是意式浓缩咖啡，一杯咖啡中占到绝大多数的永远是水，咖啡本就是一杯饮品，用任何语言也无法形容水对于咖啡的重要性。

我们日常制作咖啡，城市饮用水与咖啡品质休戚相关。最早人们都是临水而居，到了城镇时代兴起，人们将水引入城市，这才有了城市水系统，发展至今已逾2500年。今天在伊拉克北部还能见到公元前 700 年修建的、长达 20 千米的输水暗渠。第一次城市水系统革命发生于第一次工业化浪潮的欧洲城市，当时的水系统还是基于罗马帝国时代的城市排水管道系统，霍乱、伤寒等水媒疾病肆无忌惮地威胁着人类的健康。有意识地进行饮用水处理意味着第二次水系统革命到来，而污水处理厂的兴建则意

▲无尘实验室里对饮用水进行分析

味着第三次水系统革命时代，即我们所处的今天。

由于气候变化、人口压力，过往的供水和排水管网已经无法满足城市发展需要，一场轰轰烈烈的被业内人士称作“第四次水系统革命（即水 4.0 革命）”的运动正在全世界各大城市侧重点不一、措施不同、程度不齐地开展着。比如说在以色列，沿海地区已经建立起非常多的海水淡化处理厂，淡化处理后的水会直接引入全国输水管网系统，全国超过半数的污水净化处理后，还能重新使用再度纳入这套管网中，堪称壮观。而在我国首都北京，目前的主要工作则是上游水源地的生态治理，涉及 14 个流域，更是浩大工程。如果你拿一只售价仅几十元的 TDS 水质检测笔，从国贸到回龙观，再到通州和大兴，测得数据差异之大足以令人咋舌。同一款、同一批次烘焙的咖啡豆，在北京不同城区尚且风味迥异，更遑论在不同城市的不同咖啡馆冲泡。咖啡风味各有不同，这里面固然有研磨冲煮设备和操作者的差异性，我们却往往忽视了水质不同也在其中占据着极大权重。

在我看来，“水 4.0 革命”由城市的水质集中式处理系统与各家各户（或小区、楼宇等）的水处理系统结合在一起构成，前者不仅为了保护水源免受污染，还具备污水恢复处理的基本能力。而后者除了强化节约室内用水，还能够进一步净化饮用水，甚至精确调控水质，对饮用水参数细节了然于胸，提升我们的生活品质。作为一名咖啡从业者对此感受颇深，各种水质处理和监控设备这几年如雨后春笋般涌现出来，调整水质（我们称为“做水”）对于咖啡风味的改善是如此明显，以至于越来越多的人乐此不疲。

## 关于水质的重要概念

我们可以将自然界中的水循环看作是起点，蒸发的纯水上升过程中与二氧化碳结合形成碳酸，这使得冷凝降落的雨水通常都呈现弱酸性。岩石、土壤等与雨水结合，其中部分矿物质缓缓溶解到水中，进一步复杂化了水中的成分。自然界中的水除了水分子，还同时包含着无机离子、溶解性气体、溶解性有机物等化学物质，泥沙、胶体和悬浮物等固体物质，以及细菌、病毒等生物物质的混合溶液，必须经过净化处理才能饮用。饮用水都能冲泡咖啡，但想要咖啡好喝，还需关注水中所含成分和诸多细节。

氢离子浓度（即 pH）是水处理中十分重要、描绘溶液酸碱性的度量指标。我们通过对氢离子浓度进行测量得到 pH，而水中氢离子浓度则与水分子解离程度关系密切。在标准温度（25℃）和压力下，pH 等于 7 的水溶液为中性，这意味着每 5 亿个水分子中才有一个解离的 $H^+$。

硬度（Hardness）：钙离子、镁离子、铁离子、钾离子、锰离子和钠离子是地下水

中最常见的几种金属离子，它们的存在对于结合咖啡中的风味物质有利。硬度在工业上是衡量潜在沉降物的重要指标，比如我们加热高硬度的水就会导致碳酸钙沉淀，从而形成水垢。我们使用咖啡机时尽量使用软化后的水，就是为了避免水垢堵塞管道，降低系统传热系数，并改变管路中水流的摩擦系数。钙与镁这两种多价阳离子是天然水中硬度的最主要组成部分，非严格情况下，水中总硬度（Total Hardness）等同于钙镁离子总量。

碱度（Alkalinity）：碱度是水抵抗 pH 变化能力的量度，是水质变动的缓冲因子，在咖啡感官科学中，我们称其为酸的缓冲能力（Acid buffer capacity）。碱度最主要的来源是碳酸根离子，常以碳酸钙浓度来表达。总硬度和碱度值越低，形成的结垢越少。总碱度越高，冲泡的咖啡中酸度越低，越是缺乏新鲜活力，尤其是滤泡式咖啡，但凡事不可过度，早在 2015 年 SCAA 给出的咖啡冲泡用水建议标准中就提到总碱度（Total Alkalinity）控制在 40ppm，以确保水能足够缓冲减少被腐蚀的风险。

总溶解性固体浓度（Total Dissolved Solids，TDS）：TDS 是溶液中离子、分子、化合物总量的度量指标，但不包括悬浮物和溶解气体，单位为 ppm 或毫克 / 升。当测试水温低于 45℃时，这两个计量单位可以通用。与此类似的概念是电导率（Electrical Conductivity，EC），是以溶液转移电流能力为度量的离子活度，在我们关注的咖啡冲泡用水中，TDS 等于 EC

的一半。售价不足百元人民币的 TDS 检测笔是大家最常用的水质监测设备，但也是最不准确的，且并无具体物质成分的任何信息。最新 SCA 水质手册认为，由于设备精确度、检测温度、是否校正等一系列问题难以规避，常规手段的 TDS 检测存在着正负 30% 的误差（极端情况下误差幅度超过 50%），简单将其作为咖啡冲泡用水标准并不合适，还需进一步细化说明。

## SCA 水质手册

水科学无疑是一门精深庞大的科学体系，所幸 SCA 水质手册（*SCA Water Quality Handbook*）基于国际通用的水质标准，以提升咖啡感官体验、保护咖啡冲泡设备（避免腐蚀、减少结垢）为两大目的，给了我们一些合理建议。

1.新鲜干净、无色、无沉淀、无异味、无氯残留。

2.pH 等于 7（6.5~7.5）。

3.总溶解性固体浓度为 150 毫克/升（75 ~ 250 毫克/升）。

4.硬度为 68 毫克/升（17~ 85 毫克/升）。

5.总碱度达到或接近 40 毫克/升。

6.钠离子含量达到或接近 10 毫克/升。

# Chapter 8

# 工匠精神，滤泡式咖啡

当下，以手冲为代表的各种滤泡式咖啡正当红，尤其在我们所处的东亚文化圈。原因何在？第三波咖啡浪潮下的精品咖啡运动，其核心理念之二便是讴歌单一品种的地域风味，并强调个性化服务等具备仪式感的人文主义之美，滤泡式咖啡因此恰逢其时。再加上东亚文化圈千百年来一直深受茗茶文化熏染，从茶艺至茶道，能人辈出，理解这些如出一脉的理念毫无滞涩，纵使初学也能驾轻就熟，或许较之欧美消费者更能体会其中真味吧。

2
BACK TO BEING YOURSELF
WITH A CUP OF COFFEE

# 63

# 低调实用范儿：法压壶

咖啡，文明世界最喜爱的饮料。

——美国总统托马斯·杰弗逊

## 法压壶简介

大名鼎鼎的法压壶（the French press）流行于世界各地，是最为常见的咖啡冲泡器具之一。法压壶最早由法国人发明，在法国更多被称作 cafetière，在其他国家也叫作 coffee press，1929 年由意大利设计师 Attilio Calimani 和 Giulio Moneta 申请专利，不知道法国人是否会心中不悦？

法压壶简单易用，由于滤网较粗，咖啡液中悬浮的不溶解固体微粒最多，导致咖啡口评时最有质感，咖体较为突出，是制作高品质咖啡的利器，原星巴克老板舒尔茨就是法压壶的拥趸，很多美国好莱坞电影和美剧中，法压壶都是早餐时段高频出镜设备之一。

使用法压壶制作过程中，咖啡粉虽然在热水中做持续的“最亲密接触”，但浸泡式萃取使得萃出率并不比手冲更高，又多使用孔洞更大的金属滤网，反而更容易获得体脂感、平衡感和余韵。由于法压壶看上去实在太中规中矩，毫无惊艳之感，“不够酷炫”，做出的咖啡也更多强调均衡感，少有咖啡馆和咖啡师真心看得上出品稳定的它，遗憾又无奈。

## 法压壶制作咖啡注意事项

法压壶大小规格不一，咖啡馆正常出品时，400 毫升容量的法压壶常用来制作 1 ~ 2 份咖啡，最合适不过。由于这种规格的法压壶比较小，壶体偏长，下压的距离相对较长，这对于提升咖啡的风味与质感都有好处。

法压壶制作时脱离了加热源，且制作时间较长，减少过程中的温度逸失是要点。我们应该选择一个双层壶壁、保温性能良好的法压壶并提前温壶。有些咖啡师为了增加法压壶的保温性能，会在法压壶外围包上热毛巾，甚至将整个法压壶浸泡在热水中。

热水注入后应快速、柔和地搅拌十余圈，使之充分混合，然后迅速将上盖盖住，滤网下端紧贴在液面上。掌握下压的力度与速度是使用法压壶制作好咖啡的前提。一般来说，10 秒内匀速缓慢下压到底是正确的做法。

使用法压壶制作咖啡时，建议咖啡粉研磨粗一些，并配合较大的粉水比为宜。如果研磨得过细，不仅咖啡液中会带有一些残存的咖啡渣，破坏口感，咖啡液表面增大的张力也会阻碍我们平缓向下压。是否筛除极细粉，则要在追求风味干净度与丰富性之间找到平衡点。

# 64

# 实验室理工范儿：虹吸壶

自 500 年前咖啡传入德国，它便搅动了周边的世界，代替酒成为欧洲最重要的饮品，参与了启蒙运动，并为启蒙运动的精神追求提供了胜利支持。

——德国某当代作家

▲摄影：罗丹婷

虹吸壶（Vacuum Pot/Vacuum coffee maker/Siphon）又叫赛风壶，是一款古老且经久不衰的咖啡制作利器。19 世纪 30 年代，平衡式虹吸壶（更多叫作“比利时宫廷壶”）由德国人 Loeff 发明（另一说是 1840 年初发明于英国，1842 年出现于法国）。而第一个真正以赛风壶（Siphon Pot）为名的直立式虹吸壶于 20 世纪 20 年代由日本人河野彬发明，到了 1925 年，取得专利的他成立了一家叫 KONO 的公司，并以 Siphon 为名开始售卖虹吸壶。

论及外观颜值，比利时宫廷壶更胜一筹，但若是论及实用性，还是直立虹吸壶更好一些。使用虹吸壶制作咖啡好像做化学实验一般，本身颜值足够，更往往配以红外线卤素加热灯，具有良好的视觉观赏性。因此，咖啡馆里经常能看到虹吸壶的靓影。

## 虹吸壶制作咖啡的原理

虹吸壶的设计及工作原理主要是理想

▲源于意大利的摩卡壶与虹吸壶不仅结构上近似，都由上下两部分组成，而且下方均有持续热源、浸泡式萃取，便于呈现咖啡的完整风味。摩卡壶一般使用研磨较细的咖啡粉，而冲煮水量有限，制作出来的浓黑咖啡常调制牛奶，可以视作意式浓缩咖啡的临时替代品

气体方程，即平衡态下气体的质量、压强、体积与温度间的对应关系。我们将虹吸壶下壶玻璃球体加热，其中的水被加温后产生蒸汽升压，下壶压力将热水经由玻璃管柱推入玻璃上壶，在上壶中粉水接触完成萃取。待移除或关闭下壶加热源后，下壶降温导致下壶中气体收缩减压，趋向真空状态，上下液面压力差再加上液体自身重力作用（位能差），都促使萃取完成的咖啡液过滤后快速回流至下壶，而上壶中仅剩余咖啡渣。

不同于手冲的萃取原理，虹吸壶属于浸泡式萃取，便于展现咖啡风味的完整性与层次感。小小的设备中蕴含着从火力控制到投粉时机，再到搅拌动作等学问，一旦钻研进去，其乐无穷。更有专用滤纸过滤器可以取代以往的滤布，不仅简化了咖啡师的工作量，还能够有效过滤掉咖啡醇和咖啡豆醇，让咖啡更加健康。

## 虹吸壶制作咖啡注意事项

虹吸壶有很多不同的加热源可供选择，如酒精灯、瓦斯炉等明火加热源，以及卤素灯光波炉等非明火加热源。酒精灯加热可以说是虹吸壶的标配，制作出来的咖啡口感最为柔和，但其火力不够稳定，随风飘忽，外焰与内焰的温差很大，受技术和外界环境条件影响较大。瓦斯炉加热耗时短、效率快，但也需要比较精确地控制火力以保证恒温。红外线卤素灯光波炉升温后，能够不受周围环境影响，保持相对恒温，便于咖啡师稳定出品，而且非明火加热使其更具安全性，尤其适合阅读主题咖啡馆（书店）使用，唯一不足是长时间出品时，光线对操作者眼睛有干扰。

若干年前，关于虹吸壶制作咖啡常会有几个问题：第一，玻璃上壶中投粉的时机选择；第二，萃取完成后上壶中咖啡渣的形状；第三，虹吸壶冲泡适合什么焙度的咖啡豆；第四，粉水接触过程中搅拌的具体手法。当年也不乏“装腔作势”靠特殊手法和怪异理论来谋求关注的虹吸咖啡师。但随着精品咖啡研磨萃取科学的日渐普及，那些都已尘封于历史中，我们意识到如上问题其实都无须纠结，最终呈杯风味的好坏才是唯一的评判标准。

# 65

# 年轻潮范儿：爱乐压

咖啡：我不能解决你的所有问题，但我可以让你变得更好。

——网络名言

## 关于爱乐压

2005 年才被美国人发明的爱乐压（Aeropress）推出至今时间并不长，这个貌似大号针筒注射器的小小器具近年来逐渐兴起。爱乐压融合了多种设备器具之长，萃取出来的咖啡具有纯净度高（借助滤纸过滤）、浓郁度适中（并非依靠重力作用，而是施加了适度压力）、无焦苦味（摩卡壶萃取时容易出现）、操作简便（90 秒内便可以从容完成）等优点，在全世界颇受好评。对于咖啡馆来说，咖啡师使用爱乐压制作出来的咖啡不仅速度快，而且风味比较稳定，值得推荐。

## 爱乐压萃取

爱乐压不仅有正做法和反做法之分，

金属滤片和滤纸也可灵活选择，更可以一次填充多张滤纸来改变萃取过程，从而实现截然不同的呈杯风味。铂澜咖啡学院资深培训师王宇鹏老师是华北地区爱乐压比赛冠军，亦多次凭此 PK 手冲并打进全国冲煮总决赛。我随意将一包豆子给他做测试，让他在最快时间里找到相对更佳的萃取策略。

▲爱乐压的反压法

王宇鹏老师首先测定豆粉值，确定是中浅焙度后，一直坚持使用固定水温（93℃）冲泡，每一次下压也是几乎完全一致的舒缓轻柔，调节的冲煮变量则是冲泡粉水比（锁定萃率时调整浓度，或锁定浓度时变更萃率）或研磨度（同时调整浓度和萃出率）——且每次调整的变量只有一个，这样可以更好地对比结果，变因的增加会干扰测试。如果调整粉水比例，则尽量保证每次的注水总量一致——根据粉水比例来微调每次的投粉量，因为对于爱乐压来说，水量的改变会影响注水和下压的时间，从而导致其他变因无形中增加。

▲爱乐压的正压法

# 66

# 终极玩家的选择：手冲

咖啡是普通人的黄金，它像黄金一样，给每个人带来奢华高贵的享受。

——Abd-Al- Kadir

## 关于手冲

手冲咖啡（Pour-over Coffee）不仅是目前咖啡馆里最常见、最便捷、最有效率的滤泡式咖啡，也是爱好者人群中最有范儿、最具仪式感的咖啡冲泡形式。手冲设备简便，可选择性多，制作可控性强，细节丰富，还兼有一定的观赏性，因此广受好评。在很多咖啡师看来，牛奶拉花和手冲咖啡是两大最核心的咖啡制作技能。而家庭和办公室常见的美式电动滴滤咖啡壶其实就是一台固定化的手冲装置。

尝试手冲咖啡，除了需要准备滤杯、滤纸、下壶（分享壶）和手冲壶，电子秤、温度计、计时器也必不可少。如果使用电子控温手冲壶，则省却了温度计。如果使用电子秤兼有计时功能，则可以将计时器省去。越来越多的高端电子秤还拥有接驳手机 APP，精确生动描述冲煮全过程的功能，大家可以自行考虑。

## 注水焖蒸

第一次注水量少但非常重要，甚至决定最终成败，通常做法是让手冲壶嘴比较接近咖啡粉表面，从中心点开始轻盈快速

地向外绕圈，仅将少许热水浇淋在咖啡粉层表面，并且在靠近边缘之前停止，其主要目的是为了让咖啡粉能够上下均匀地被水浸润。我们的视角是俯视，故只能看到粉层鼓包表面是否被均匀浸润，想要判断粉层内里状态是否同样如此，可以通过观察这一注完成后滤杯底部热水滴落的状态——水流成股哗哗流淌意味着注水焖蒸失败。此外，如果观察到咖啡粉层表面因过度膨胀出现明显孔洞或裂隙，也可能是注水量过大的原因。

有些老师傅强调良好的焖蒸注水时会用“铺水”一词，并拆分作两次进行，第一次给粉层上部铺水，第二次给粉层下部铺水。切记不要将粉层穿透破坏，注水后咖啡粉层质地均匀并整体膨胀开来，排气效应导致咖啡粉颗粒间产生了接下来注水时水流的通道。这样第二次注水时的水流就不会过多停留在粉层上部，从而造成上下萃取不一致。

一个“蒸”字表达了咖啡粉在吸水后会排出二氧化碳，咖啡粉颗粒在排气过程中彼此“推搡”，最终形成整体膨胀的现象。一般来说，咖啡豆烘焙程度越深，豆体越是膨胀，失重率越大（脱水率越高），咖啡豆体内的类似蜂窝巢或活性炭结构越是空间宽敞，也就越是给后续注水焖蒸留下了余地。因此，深焙的咖啡粉吸水更多，也膨胀得更大些。而咖啡豆烘焙得过浅，就会造成吸水不足、膨胀不够等现象。此外，提高水温，也对增加膨胀性有帮助。

## 第二次注水

第一次注水焖蒸后停留数十秒，在此期间观察粉层膨胀状况。粉层膨胀到达顶点随即停止之时，原本饱满有光泽的表面会变得黯淡收缩起来，这是空气热胀冷缩的缘故，导致粉层外表多余的水分被往里吸，这时就是第二次注水的最佳时机。

开始第二次注水便进入正式冲泡过程，有人喜欢小水流，有人喜欢大水流，有人喜欢连续注，也有人喜欢多次分段注，具体手法各异，讲究不同，最终咖啡好喝适口是我们唯一的共同追求。

较之第一次注水焖蒸，此时手冲壶嘴的高度要略微上提，这样可以借助重力作用，让注入的水流直达粉层更深处，从而使得粉层上下做整体性的均匀萃取。

## 冲刷萃取与浸泡萃取

焖蒸完成后的咖啡粉颗粒里其实含有较高浓度的咖啡液，当我们将新鲜热水注入时，高浓度咖啡液体中的可溶物质向低浓度液体转移，这就是我们所说的扩散作用。随后咖啡液落入下方的分享壶里，咖啡萃取随之完成。当我们不断注入低浓度新鲜热水来维持这种浓度差时，咖啡粉颗粒里的物质不断抽取扩散出来，萃取以较高效率持续推进，我们称之为冲刷萃取。

我们可以再设想一番杯测注水的场景，咖啡粉完全浸泡在杯测碗中，由于静置等待而并无搅拌，导致咖啡粉周围的咖啡液浓度不断积累，咖啡粉颗粒及其周边的浓度差不断接近，扩散效应逐渐降下来，萃取推进的效率就受到滞缓，我们将其称之为浸泡萃取。

手冲过程中兼有冲刷萃取与浸泡萃取两重作用。因为有浓度差，冲刷的萃取效率更高，而浸泡的萃取效率则略低。两者各自占比多少，既取决于滤杯滤材，也与注水策略密切相关。再结合前文讲解的研磨萃取知识，大家不难设计出最佳的手冲策略来。

在第二次注水伊始，咖啡粉颗粒内部蜂窝巢一般的豆体结构里还有大量空气存在，所以比水要轻，整体在滤杯中呈现出悬浮翻滚状态而不是纷纷沉底。随着冲泡进程推进，咖啡粉颗粒内部的空腔结构越来越被水填满，咖啡粉变重，沉底加速并最终在底部拥堵起来，导致水位下落缓慢。此时，有人会选择提高注水落点、加大水流冲开底部的拥堵咖啡粉颗粒；也有人会借助这种浸泡萃取态势，让萃取进程慢下来。

## 第三次注水

有时，我们需要通过第三次注水来补足风味、平衡口感。也有时，我们认为萃取的风味已经足够，无须进一步提高萃出率，那么就在第二次注水的基础上实施绕道法（By-pass）直接添加热水调节浓度。决定采用何种具体策略的唯一原因就是呈杯风味。

## 关于滤杯

对于手冲来说，不同滤杯的选择和认知十分重要。

日本 Hario V60 锥形滤杯是如今知名度最高的滤杯。其圆锥体的设计，可以增加咖啡粉层厚度，使咖啡粉能均享“雨露滋润”，增加萃取总面积、提高萃取均衡性；内侧柔缓的螺旋肋骨凹槽设计，提高导气

▲不同的滤杯（滤器）搭配不同的滤材，赋予咖啡截然不同的呈杯风味和个性特色

通透性和给水流提速的同时，还能延长水流路径、促进粉水接触、尽可能保留咖啡风味，再加上超大口径的出水孔，都有利于提高萃出率。细心的朋友会发现，V60 滤杯内壁上部还有一圈短肋骨，这是为了避免滤纸与滤杯完全贴合，从而干扰排气。

说实话，V60 是一款难度较大的滤杯，所有的设计细节都是为了追求一个"顺"或"透"字，适合高阶玩家随心所欲掌控全局，新手用此学习手冲并不合适。V60 需要操作者有着更加精准的水流和节奏掌控，并严格控制总时长，避免萃取过度。

日本 KONO"名门"锥形滤杯是秉承"用滤纸冲出法兰绒滤布风味"的理念设计出来的滤杯，结合 V60 对比研究会发现，KONO 滤杯的出水孔小了不少，再加上非常独特的内壁短肋骨设计，都会极大减缓水的流速，进而降低萃取过度的风险，进一步控制香气逸散损失，使得咖啡香气、体脂感、风味完整性、平衡感等获得提升。

由于 KONO 滤杯内壁的肋骨很短，而肋骨之上的部分内壁是光滑的，我们可以控制投粉量和注水量，使得水位上升到肋骨之上并让滤纸与内壁贴合，这样人为阻止了向上导气，下方唯一的出水孔便形成了更加强大的抽取态势，可以起到提升萃出率、增加水溶性风味物质的作用。

此外，点滴法是 KONO 滤杯比较独特的玩法，可以从中心点持续注水，首先一点一滴式缓缓注入，让粉层从中心点开始慢慢吸水并一圈一圈同心圆式扩大浸润范围。随后改为极细水流，再随后不断增大水流，在此过程中，整个粉层可以被均匀萃取到。

我想将 Kalita 波形滤杯、BlueBottle 波形滤杯和 Melitta 扇形滤杯放在一起来解读，虽然它们造型不一，出水孔数量不一，但由于滤杯底部平缓且出水孔很小，使得限流、控流意味明显，与 V60 相比更偏向于浸泡萃取，无助于提高萃出率，但是对于萃取一致性却大有裨益，使得咖啡风味完整体、平衡感、体脂感均有提升。这一类强调"浸泡萃取"的滤杯更加适合中深焙度的咖啡豆，也更适合入门级玩家和追求稳定出品的店家，偶尔注水技术不佳也不会太过严重影响呈杯风味，给人以"四平八稳"的感觉，是入门学习的很好选择。

## 滤材：滤纸、滤布和金属滤网

与滤杯相匹配的滤材主要是滤纸和滤布。滤纸凭借干净卫生、价格合理、用完即扔（无须保存保养）成为当下的绝对主流。滤纸的材质多样，绵、麻、竹纤维都有。颜色泛黄的通常为未漂白滤纸，颜色雪白的则通常是臭氧漂白滤纸。对于购买的合格产品，其实无须担心异味或漂白剂残留，但在折叠好滤纸放入滤杯后，我还是会用少量热水冲淋：一则是多年养成的习惯性动作，将可能存在于滤纸上的少量残留物冲刷干净；二则是让滤纸与滤杯服帖，以免影响水流速度。

最常见的滤纸造型有如下三种：搭配扇形滤杯的扇形滤纸、搭配锥形滤杯的锥形滤纸和搭配波形滤杯（蛋糕杯）的波形滤纸（蛋糕杯滤纸），三者之间并无高低优劣。更加重要的是考虑滤纸材质的厚薄。材质较薄、纤维细密的滤纸会使得水流速度更快，而材质较厚、纤维粗长的滤纸会使得水流速度延缓。比如说，V60 锥形滤杯就属于难度较大的滤杯，热水导流速度很快，如果用厚滤纸就有适当延缓平衡之效。

极少数店家和发烧友仍然钟情于法兰绒滤布带来的独特口感，并愿意为其付出更多清洁保养时间。如果使用法兰绒滤布，滤杯就大可不必，用一个手持环状钢圈将滤布套住，一手持壶，另一手持圈，更多了几分仪式感和匠人气息。法兰绒滤布使用完毕后需要冲洗或沸煮消毒，并浸泡于清水中冷藏，需要使用时取出沥干即可。待冲泡数十次之后，滤布材质僵化，绒毛脱落不存，就到了更换的时候了。

此外，还有个别金属滤网可供选择，通常为专为某款滤杯匹配的定制款，但实际效果往往不好。

▲咖啡师正在制作手冲咖啡

# 67

# 冷萃咖啡时代来临了吗

但愿你的咖啡浓醇，周一短暂。

——网络名言

## 为什么冷萃咖啡会火

说实话，十二年前从业伊始就接触到冰滴咖啡的我从没有将其视为“正途”，“咖啡永远适合热着喝”，“冰滴器是咖啡馆永恒的装饰品”是我心目中曾经的固有认知。近年来突然出现的冷萃咖啡消费热潮让我开始反思，并重又投入到学习中。

在我看来，冷萃咖啡的突然走红有6个原因。

1. 制作冷萃咖啡需要截然不同的粉水冲泡比例，导致消耗更大的粉量才能萃取出相同容量的黑咖啡，溢价更高些。

2. 冷萃咖啡并非只是将热萃的高浓度黑咖啡加冰块“凉下来”那么便利，而是需要精心设计萃取策略，需要花费更多的时间来获得，有道是“用时间换取精华”。在今天这个工匠精神回归的时代，无疑大受欢迎。

3. 由于冷萃咖啡温度较低，芳香物质不易逸散，而更容易保存其中，这无疑迎合了精品咖啡浪潮下对于特色风味的极致追求。

4. 不论什么烘焙程度、不管什么处理方法，都可以尝试用来制作冷萃咖啡。再加上萃取过程比较缓慢，不太可能出现“彻底失败的作品”，极大满足并取悦了制作者。

5. 冷萃咖啡入口不如热萃咖啡那般张扬肆意，酸质不尖锐，但内敛沉稳中各种风味细节纷至沓来，让你感动连连，是迥异于热萃咖啡的全新品鉴体验，新奇有趣，大受年轻人士欢迎。

6. 各种高颜值、网红级的冷萃咖啡制作工具层出不穷，极大地推动了冷萃咖啡的热潮。

## 制作冷萃咖啡

制作冷萃咖啡主要有冷泡与冰滴两种，前者属于浸泡法，后者属于滴滤法。冰滴又可以分为真正的冰滴与水滴两种。但归根到底是用低温与长时间，将咖啡里的风味慢慢萃取出来。

我们先来看属于浸泡法的冷泡咖啡。1:12 是较常见的粉水冲泡比例，按此将咖啡粉与室温的饮用水轻柔地充分混合，随

后放置于 2~8℃的冰柜中保存 8~12 小时，时间到达后取出并过滤掉咖啡渣，一瓶风味出众的冷泡咖啡就出炉了。既可以即刻饮用，也可以继续将其置于冰柜中，在未来的十天内，其风味会不断“驯化”而变得愈发融合，口感变得更加柔顺，发酵风味也会越来越突显。

我们再来看属于滴滤法的冰滴咖啡。粉水比例同样可以先参考 1:12，冰滴器上端盛水器中既可以使用室温下的饮用水，也可以使用 0℃的冰水混合物。前者水温高导致萃出率略高一些，香气展现更上扬，发酵酒酿风味更加突出，我们可以将流速调节为 1 滴 / 秒，将萃取时长缩短为 5~6 个小时；而后者温度低导致萃出率更低，香气更加内敛沉稳，我们可以将流速调节为 1 滴 /3 秒，整个萃取时长略微延。需要注意的是，滴滤法制作时咖啡被氧化程度较重，风味更容易劣化，所以需要在萃取制作完成后尽快装瓶保存起来，以便延长饮用时间。

# Chapter 9

# 科学范儿，意式咖啡话题

我们有必要系统讲解一番意式浓缩咖啡（Espresso）的历史、技术、流程和设备等，既是一份针对咖啡师的意式浓缩咖啡实战手册，也是一曲献给意大利咖啡文化的赞歌。由于在全世界各地咖啡馆出品中所处的绝对核心地位，意式浓缩咖啡的重要性不言而喻，不掌握扎实的相关技术很难配得上“咖啡师”的称谓，更何况年轻人趋之若鹜的牛奶拉花艺术也构建于意式浓缩咖啡基础之上，更增添了其无穷魅力。事实上，随着越来越多的高颜值、小型化的意式咖啡机涌现，意式浓缩咖啡早已走进了千家万户且还将再接再厉，意式浓缩咖啡还将再迎新的巅峰时刻。

# 68

# 什么是意式浓缩咖啡

“我必须郑重警告：除非你真的很想要有这种新嗜好，否则绝对不要给家里买一台意式浓缩咖啡机……我建议你和我一样，到附近一家咖啡馆，让专业人士为你服务。”

——詹姆斯·霍夫曼

## 意式浓缩咖啡的概念

作为今天全球咖啡零售业的最大功臣以及公认的最佳咖啡品饮方式之一——意式浓缩咖啡（Espresso）首先应被理解为一种针对咖啡萃取的相对独立的技术方法，其次是一种完整且独特的咖啡鉴赏体系，最后才是一份用带有足够压力的热水冲过咖啡粉饼制作而成的浓缩饮品（Concentrated Beverage）。它小巧精致，容量通常只有30~60毫升，是一种可以直接饮用也可以实现各种勾兑的黑咖啡。

意式浓缩咖啡是一套庞大的学问，知识体系宏大，涉及数十个不同的学科与产

业，它重视科学技术，强调动手实践，也有诗人般的浪漫气质；它完美地实现了人与机器的结合，在璀璨的商业舞台上大放异彩，却也散发着浓浓的人文气息；它美味绝伦，前途伟大，却还十分年轻，发展至今不过百年，很多奥秘还有待探索。

不管如何抬高滤泡咖啡的地位，以意式浓缩咖啡为核心或基底的意式咖啡大家庭还是当前绝大多数咖啡师的首要必修课程，也是绝大多数咖啡馆安身立命、发展壮大的主要依赖。

## 制作一杯意式浓缩咖啡

制作一杯意式浓缩咖啡，有意式全自动浓缩咖啡机与意式半自动浓缩咖啡机两种选择。选择前者只需简单地按键操作，而选择后者，再辅以技艺高超的咖啡师，则是实现完美 Espresso 的保证。接下来，我们以意式半自动浓缩咖啡机为例展开叙述。

首先，我们需要一台合格的意式浓缩咖啡机，以及一台能实现意式浓缩咖啡精细程度的研磨设备。很多设备冠以“咖啡机”之名，却不过是一台滴滤咖啡冲泡设备。几乎所有手摇磨豆机和大多数家用磨豆机都无法完成意式浓缩咖啡研磨任务。此外，我们还需要冲煮手柄、布粉压粉器、计时器、电子秤等关联设备。冲煮手柄是咖啡机的一部分，需要与咖啡机的冲煮头匹配，购买咖啡机时会一并附赠，也可以自己单配或定制。比较高档的意式浓缩咖啡机还会附有计时、电子秤等实用功能，通常情况下，计时器、电子秤以及更加顺手的布粉压粉器，都需要自行购买配置。

制作意式浓缩咖啡之前，咖啡机往往需要 15~30 分钟的提前预热储能，并以到达指定温度为预热结束标识，这一点像极了滚筒式咖啡烘焙机。预热完毕，首先开始研磨，并将研磨好的咖啡粉平整而适当紧实地布局到冲煮手柄的粉碗中。做到“平整而适当紧实”需要一定的技术，如果是在繁忙的咖啡馆吧台实操还要兼顾高效就更不简单，以往会有这样一种现象：拉花技术娴熟的咖啡师，却对于调磨和萃取比较发怵，便是因为研磨、布粉、填压等基本技术不过关。好在如今越来越多的布粉和填压“神器”问世，再辅以冲煮头技术改进，不仅极大提高了效率，还优化了萃取质量。

布粉填压完成的冲煮手柄要挂到冲煮头上并牢牢卡住，再点击萃取按键。这时咖啡机会立刻启动泵浦，高压推动接近沸点的热水去冲击咖啡粉层，实际冲泡过程就此开始，萃取出来的咖啡浓液刺穿咖啡粉饼，通过手柄下方的分水口流入杯中。

决定萃取是否结束会有两种可能性。一种由操作者人为判断并操作，或观察咖啡浓液的颜色变化，或记录萃取持续的时间，或统计落入杯中咖啡浓液的克重，抑或综合上述诸多因素。另一种则由咖啡机根据注水总量来自动决定是否结束萃取过程。今天主流意式浓缩半自动咖啡机上都有手控按键和自动按钮，以便两种模式间切换。

## 意式咖啡豆

专为萃取意式浓缩咖啡的咖啡豆简称为意式咖啡豆或意式豆。由于加压快速萃取这一与众不同的风味获得方式，我们往往需要为其构建不同于滤泡咖啡的烘焙策略。在传统意大利咖啡技术体系中，意式咖啡豆多为烘焙程度较深、烘焙技术各家均有私藏学问的拼配豆，一杯呈杯风味良好的 Espresso 被认为取决于四大要素，即 4M，这“咖啡豆及拼配配方”就是其中的第一个 M（Miscela），英文直译为 Mixture，有“混合”之意。Espresso 咖啡豆拼配时，必须同时满足以下三大目标：第一，令人愉悦的丰富香气。第二，和谐均衡且有特色的风味。第三，醇厚兼有质地的咖体。

第三波咖啡浪潮汹涌如斯的今天，这“四个 M”不仅没过时，反而正是学习意式浓缩咖啡的最佳切入点，后文也将按此展开论述。

通常来说，萃取 Espresso 的咖啡豆需要有偏深的烘焙程度，并修饰一番烘焙曲线，这样不仅有助于提升风味值和醇厚

▲供图：凯特国际

度，还对增强风味的均衡感意义重大——呈杯风味良好、均衡和谐的滤泡式咖啡如果改用意式浓缩方式萃取，因为浓度高，原有的平衡感往往会被打破，冲突更强烈，尤其是酸度飙升，让人难以下咽。

先不说烘焙曲线，单论烘焙程度。萃取 Espresso 的咖啡豆应该烘焙到什么程度历来都有争议，但也从来没有过答案，事实上也不可能有标准答案——一群厨师争论做鱼香肉丝需要用多大的火力，会有标准答案吗？我个人对此秉承“中庸之道”，中深焙是较为常用的意式焙度——既不是酸质过于明亮、刻意强调清甜和花果香气的浅焙或中焙，也不是烟火气息浓重、苦味突出的深度烘焙。当然，浅度烘焙萃取 Espresso 且风味出众者大有人在，手冲好喝的豆子做意式萃取同样好喝的也不在少数，这就需要技术精湛的咖啡师来针对性调整完整萃取策略了。

萃取 Espresso 的咖啡豆可能是某一款特定产区及品种的咖啡豆，也可能是由多个不同产区的咖啡豆混合而成。采用单一品种更加符合精品咖啡的理念，可以称作是 SOE（单品意式浓缩咖啡，Single Origin Espresso），一般都是按微批次经营的思路来招揽生意，将豆子置于本店品牌之上，迎合年轻顾客好奇心强、尝鲜意识突出的特点。那么可以想见，这款咖啡豆在特定烘焙曲线和程度下，萃取出来的 Espresso 一定个性卓越，比较能够表达从树种到处理法带来的地域风味。

如果是混合咖啡豆，也被称作意式拼配（Espresso Blend）咖啡豆，则较为复杂。咖啡拼配是 Espresso 学问中的重头戏，需要由烘焙师、品鉴师和咖啡师组成研发团队，精心设计拼配配方，更是一种将自家品牌置于咖啡豆之上，将咖啡豆作为商品为品牌服务的经营策略。在

意大利，比较大的咖啡公司往往热衷于研发自家的意式拼配，3~5 种咖啡豆混合较为常见。我在十多年前刚接触咖啡时，就有一位意大利咖啡专家曾告诉我：完美的 Espresso 有 50% 取决于拼配技术。如今对此理解逐渐加深，意式拼配咖啡豆至少有三个目的：

1. 在确保风味品质的前提下，尽可能降低成本、保证利润。

2. 增加产品的灵活性，不受制于上游生豆供应商，随时可有替代方案。

3. 创造属于自家品牌的风味特色，构建竞争壁垒，增加顾客黏性。

## “Espresso Italiano”标准

不管是为了向意大利致敬，还是追根溯源，我们都有必要温习一下意大利国家意式浓缩咖啡协会（INEI，Italian Espresso National Institute）的“Espresso Italiano”标准，这是咖啡王国意大利对于意式浓缩咖啡的技术描述。

正如我一以贯之的理念，并不建议大家教条般地照抄上述技术标准，将认识与实践束缚在前人的框架中却不知“所以然”是一种不幸。传统意式浓缩咖啡建立在深度烘焙的基础之上，且往往有一定比例的罗布斯塔种咖啡参与拼配，更多是采用 53 毫米的小口径粉碗单头萃取。但是今天全世界各地的精品咖啡店里（包括意大利本国），58 毫米口径的粉碗双份萃取已是绝对主流，更多是烘焙得更浅一些的 100% 阿拉比卡种咖啡，这其中的差异还是非常之大。

更为重要的是，咖啡是一种取悦人的饮品，全世界咖啡馆意式咖啡出品的容量千奇百怪，有的精巧得只是让你尝个味儿，有的豪放得能把你灌个水饱儿，各家咖啡馆所需要的意式浓缩萃取标准也各不相同。此外，由于最近十几年全球精品咖啡馆经营实践、WBC（World Barista Cup）等全球性咖啡师大赛如火如荼展开，以及精品咖啡科学的迅猛发展，意式浓缩咖啡技术标准受到了很大“冲击”，萃取技术标准也在与时俱进，我们需要的只是把握其本质与精神，知其所以然，再灵活运用于实践，最终通过感官评估来做最终审判。

| 1 | 粉量 | 7 ±0.5 g |
|---|---|---|
| 2 | 萃取水温 | 88±2 ℃ |
| 3 | 冲泡水压 | 9±1 bar |
| 4 | 萃取时间 | 25±2.5 s |
| 5 | 杯中咖啡的总容量 | 25±2.5 ml |
| 6 | 杯中咖啡成品温度 | 67±3 ℃ |
| 7 | 总脂肪含量 | >2 mg/ml |
| 8 | 咖啡因含量 | <100 mg/cup |
| 9 | 45 ℃时咖啡液黏度 | >1.5 mPas |

▲意大利浓缩咖啡协会（INEI）Espresso 制作标准

例如，很多咖啡师更喜欢的意式浓缩咖啡萃取水温在 92~96 ℃，且往往填装更多的咖啡粉。由于咖啡粉兼有吸水和降温作用，大粉量也有些许降低实际萃取水温的作用。显然填装更多的咖啡粉，粉饼更加厚实，布粉和填压技术性要求也相应下降，更容易萃取。而意大利人的单份 Espresso，粉饼非常薄，对于压粉技术是

| | | Ground Coffee 干粉质量（g） | | | Beverage 饮品质量（g） | | | Brewing Ratio (Dry/Liquid) 冲泡比例（干粉/咖啡液） | | | Gross Volume Incl. Crema 含油脂咖啡液总容量（oz） | |
|---|---|---|---|---|---|---|---|---|---|---|---|---|
| | | Low 低粉量 | Med 中粉量 | High 大粉量 | Small 少量 | Med 中量 | Large 大量 | Low 低比例 | High 高比例 | Typical 标准比例 | Low1 低容量 | High2 高容量 |
| Ristretto 短份 意式浓缩咖啡 | Single 单份 | 6 | 7 | 8 | 4 | 7 | 13 | 60% | 140% | 100% | 0.3 | 0.6 |
| | Double 双份 | 12 | 16 | 18 | 9 | 16 | 30 | | | | 0.7 | 1.3 |
| | Triple 三份 | 19 | 21 | 23 | 14 | 21 | 38 | | | | 0.9 | 1.7 |
| Regular Espresso Normale 标准 意式浓缩咖啡 | Single 单份 | 6 | 7 | 8 | 10 | 14 | 20 | 40% | 60% | 50% | 0.6 | 1.1 |
| | Double 双份 | 12 | 16 | 18 | 20 | 32 | 45 | | | | 1.3 | 2.6 |
| | Triple 三份 | 19 | 21 | 24 | 32 | 42 | 60 | | | | 1.9 | 3.4 |
| Lungo 长份 意式浓缩咖啡 | Single 单份 | 6 | 7 | 8 | 38 | 50 | 67 | 27% | 40% | 33% | 0.8 | 1.5 |
| | Double 双份 | 12 | 16 | 18 | 75 | 114 | 150 | | | | 1.9 | 3.3 |
| | Triple 三份 | 19 | 21 | 24 | 119 | 150 | 200 | | | | 2.5 | 4.4 |

注：Low[1] 主要针对这些情况：不太新鲜的咖啡豆、100% 阿拉比卡种咖啡、带嘴咖啡手柄、拉杆咖啡机等。
High[2] 主要针对这些情况：很新鲜的咖啡豆、含罗布斯塔种咖啡、无底咖啡手柄、9 个大气压的泵浦式咖啡机等。

▲意式浓缩咖啡冲泡比例

不折不扣的考验。无论何时，制作一杯好喝的咖啡才是我们唯一永恒的追求，其他都是浮云罢了。

## WBC 描述的意式浓缩咖啡

我们不妨再对照看一下 WCE 旗下的世界咖啡师大赛中对于意式浓缩咖啡的描述：

1. 高压萃取：意式咖啡机的萃取压强在 8.5~9.5 个大气压。

2. 萃取水温：萃取所用的水温介于 90.5~96℃之间（195~205 ℉）。

3. 咖啡容量小：一份意式浓缩咖啡容量是 1 盎司（含油脂在内为 25~35 毫升），盛放在一只容量为 60~90 毫升（2~3 盎司）、带杯耳的咖啡杯中。

4. 咖啡粉量少：一份意式浓缩咖啡由数克咖啡萃取得到（具体的克数视咖啡豆品种及研磨度而定）。

5. 短时萃取：咖啡萃取时间最好在 20~30 秒之间，但不作强制规定。

6. 萃取稳定性：同一款饮品所用的意式浓缩咖啡，其萃取时间之差必须控制在 3 秒以内。

7. 服务意识：意式浓缩咖啡为裁判品尝时，必须搭配咖啡勺、纸巾和水。

# 69

# 意式浓缩咖啡进阶篇：粉液比、流速和其他

我用面包和咖啡评判一家餐厅。

——网络名言

## 粉液比

意式浓缩咖啡的萃取同样有冲泡比例的概念，分子为咖啡粉克重，分母为萃取所得的咖啡液克重，最后表达形式为："1：XXX" 或者"XX%"。借用 Scott Rao 在 *The professional Barista's Handbook* 中介绍的 Espresso 冲泡比例数据表我们可以发现，标准意式浓缩咖啡的粉液比在 40%~60% 之间，且以 50% 为中位数。这给我们预设萃取目标勾勒了简单清晰的方向。

我们将手头一款意式咖啡拼配咖啡豆（养豆 5 天）按照标准意式浓缩咖啡的粉液

比进行了萃取测试，尝试了 4 杯，第 5 杯风味开始令人满意起来，随后我们又按此标准连续萃取了 3 杯，数据和风味基本稳定，最终记录如下表所示：

| | | |
|---|---|---|
| 1 | 咖啡机 | La Marzocco GS3 |
| 2 | 研磨机 | EKK43 |
| 3 | 冲泡水质 | 100ppm |
| 4 | 烘焙程度 | Agtron 豆粉值为 #56 |
| 5 | 冲泡水温 | 94℃ |
| 6 | 萃取时间 | 26 秒 |
| 7 | 咖啡粉量 | 20 克 |
| 8 | 咖啡液重 | 40 克 |
| 9 | 咖啡浓度 | 9.84% |
| 10 | 萃出率 | 20.39% |

## 萃取过程三项

我们对照前面的冲泡萃取参数表格来看，大部分情况下 1~5 项都是固定不变的，而 9~10 项一个是浓度，一个是萃出率，是测试所得，也可以暂时放置一边不去管它。那么很显然，居中的三项是我们讨论的重点：萃取时间、咖啡粉量、咖啡液重，我们将其称之为“过程三项”。

萃取时间并非毫无章法可言，根据前文对于研磨萃取的讲解，我们不难知晓：萃取时间过短势必造成萃取不足，而萃取时间过长则难免萃取过度。WBC 建议萃取时间控制在 20~30 秒之间，并最终以呈杯风味来评判好坏。事实上，以 25 秒（±3 秒）为萃取时间的参考值，或者将萃取时间控制到 25~30 秒之间都是绝大多数咖啡师认可的做法，具备普遍适用性。

接下来我们再看咖啡粉量和咖啡液重这两项。根据前文讲解过的粉液比概念得知，一旦明确了需要实现的粉液比，则可以直接由萃取使用的咖啡粉量来推算出最终呈杯的克重——明确结束萃取的时刻。

## 关于流速

问题水落石出：如何保证在希望的萃取时间里得到明确克重的 Espresso 呢？答案也随之浮出水面：控制萃取过程中流速至关重要并决定最终成败，流速好，咖啡往往好喝，流速不佳，咖啡往往就难喝。高压推动热水穿过咖啡粉层（粉饼）的速度决定了最终呈杯风味的多寡与好坏。大部分意式浓缩咖啡机都不支持、不允许或不鼓励灵活调整压力，那么决定热水穿过粉层的速度就取决于粉层给热水带来的阻力大小了。怎么去做呢？

第一种方法：改变取粉量，粉层厚度也就随之改变。这种方法很简单，粉量的改变会带来液重的变化，从而使得风味也处在极大波动中。尤其在咖啡门店吧台出品，我们需要标准化的操作和良好的品控，经常改变粉量简直不可思议。

▲供图：原产地计划 李本龙

第二种方法：改变研磨粗细度。咖啡研磨得越细，咖啡粉颗粒之间的咬合程度就会高，留下的间隙（热水穿过的通道）就越小，热水萃取而过时遇到的阻力相应越大，观察到的流速就越小。

如下是我建议的萃取场景：咖啡师拿到一款陌生的咖啡熟豆，要尽可能多地增加常量，减少变量，每次萃取测试尽可能只改变一个参数。比如，我们可以先锁定每次萃取的粉量，并将萃取时长都控制住（比如说 25 秒）。为了探索风味特色和萃取潜力，我们只需要不断微调研磨粗细，从而改变流速，做出几种不同粉液比的浓缩咖啡来。

## Espresso 与咖啡师

意式浓缩咖啡的 4M 原则 之所以广受推崇，是因为有一个名额留给了咖啡的制作者 Mano（英文直译过来是 Hand），即咖啡师。没有准确的风味评估和对研磨萃取本质的理解，没有优秀咖啡师在咖啡机前完成布粉和填压等一系列精准操作，想要获得一杯好的 Espresso 无疑是痴人说梦。单说布粉和填压，并不是靠力度恰到好处取胜，真正的意义在于：确保萃取之前的咖啡粉饼表面平整，质地均匀。

很简单吗？说来容易实现难。追根溯源还是因为 Espresso 采取了与众不同的高压萃取模式，我们必须保证在高压作用下，使咖啡粉形成对水的均衡阻力，每一颗微观层面的咖啡粉要尽可能与水达到一种“平等的亲密接触”，而水是天生具有惰性的，它会寻找阻力最小、最容易的通道来逃逸。如何在加压状态下，克服水的天生惰性，实现对咖啡粉的最佳萃取，实在不是一件简单的事。好在越来越多的布粉和填压设备面世，再辅以研磨机和冲煮头的升级，都可以为咖啡师分担压力。我们甚至可以说，Espresso 艺术追求的是一种人机合一、探索极致美味的境界，门槛虽不高，天花板却高得很。

# 70

# 意式浓缩咖啡机漫谈

每一个成功人士的背后都有大量咖啡。

——网络名言

想制作一杯风味绰约的 Espresso，一台合格的意式浓缩咖啡机是前提。意大利人 Espresso 的 4M 原则中有个 Macchina（英文意思是 Machine），就为咖啡机保留了一席之地。

## 第一台“雏形咖啡机”问世

如果说“Espresso 是 20 世纪最伟大的咖啡革命”，那么百年来 Espresso 咖啡机的发明和技术变革居功至伟，我参观过意大利金巴利等几家咖啡机博物馆及工厂后，愈发深刻理解了这一点。

第一台“雏形咖啡机”出现在 1855 年的巴黎博览会上。到了 1901 年，意大利米兰工程师贝瑟拉（Bezzera）发明了一种通过密闭锅炉产生高压水蒸气，进而萃取咖啡液的咖啡机，拉开了 Espresso 的序幕。意大利人在随后的 Espresso 时代活跃异常、居功至伟。一位咖啡技术专家在评价意大利人的工艺技术时，提到四个字——

"知冷知热"，尤其是在食品制作加工设备上的成就堪称"独步天下"。

## Espresso 咖啡机发展迅速

数年以后的 1905 年，取得 Bezzera 专利并开始投产的意大利 La Pavoni 双孔咖啡机 Ideale 诞生于米兰，这个由小车间里生产出来的第一台机器赠给了一家叫作"Ideale"的意大利 Espresso bar，因此而得名。圆柱体造型竖置锅炉机身的 Ideale 利用密闭锅炉中产生的高压蒸汽直接萃取咖啡液，左右两侧的冲煮头可以卡挂咖啡手柄来萃取咖啡，虽然高温水蒸气会灼伤咖啡粉，萃取的咖啡油脂丧失殆尽，且苦味强劲，咖啡因也更多，但由于大批量快速生产咖啡成为可能，并在整个欧洲掀起了意式浓缩咖啡的第一波热潮。与此非常类似的咖啡机还有 1920 年意大利 Universal 出品的 Mignonne，以及 1920 年西班牙 Unic-Velencia 仿制生产的体型更加小巧的单头机型 Insuperabile 等。

待到第二次世界大战前，活塞杠杆也被设计到 Espresso 咖啡机里，用来取代水蒸气作为压力来源：提起拉杆时注水，压下拉杆时，推动热水来萃取咖啡，由于萃取时使用的水已经不用达到沸点，所以 Espresso 口感大幅改进。事实上，这是一种设计理念非常先进的变压萃取，高压是缓缓推送而非一蹴而就。这与当前逐渐流行的变压萃取咖啡机有异曲同工之妙，只是水蒸气本身产生的压力往往不足，如果强行加大压力，则可能给操作者带来安全隐患。

早在 1940~1942 年，意大利金巴利（La Cimbali）生产的 Ala、圣马可（La San Marco）生产的 42Mod.3 等咖啡机就纷纷呈现出水平横置设计，使得布局多冲煮头以提高工作效率成为可能。等到 1948 年，La Pavoni 也抛弃了原来圆柱体竖置锅炉机身，制造出第一台卧式锅炉的意式浓缩咖啡机，命名为"LA CORNUTA"（"带角的机器"）。

▲意大利 La Pavoni 双孔咖啡机 Ideale

▲ Faema 于 1948 年生产的三头机型 Saturno

1948 年，意大利米兰 Gaggia 公司在 Achille Gaggia 率领下设计出一款改良后的弹簧控制活塞杠杆原理加压的 Espresso

咖啡机 Classica——弹簧推动活塞，活塞推动热水。这样一来，咖啡师操作时比较省力，更能够提供 8~10 个大气压的压力，加压萃取出来的 Espresso 口感醇厚、油脂丰富、色泽亮丽，出品质量已经与今天的基本一致。由于实现了美好的咖啡油脂（Espresso Coffee Cream），这也被称为是世界上第一台现代拉杆意式浓缩咖啡机。拥有设计专利的 Gaggia 公司在自己投产之前，选择与另一家大名鼎鼎的意大利咖啡机企业飞马 Faema（现隶属于金巴利集团）联合生产制造，因此我们还能看到 Faema 于 1948 年生产三头机型 Saturno。

## 大名鼎鼎的 Faema E61

▲ Faema E61

1950 年，意大利 Faema 公司开始使用电机驱动旋转泵代替弹簧，先给冷水加压，而后再加热。1961 年，意大利 Faema 公司生产出第一台利用泵浦（Pump，又简称泵、帮浦）取代弹簧活塞的 Espresso 咖啡机，即业内大名鼎鼎的 Faema E61。在泵浦提供的 9bar 压力之下，咖啡机中安置的泵主要承担泵水和增压两项作用，奠定了今天主流 Espresso 咖啡机的技术原理。

泵浦式热交换意式浓缩咖啡机是今天浓缩咖啡机的基本设计原理机构，新鲜冷水通过泵浦从外接水管（或水箱）而非锅炉首先流经软水器，再被抽取进来并加压至 9bar 左右，通过锅炉内的换热器管道加热后，能够获得稳定温度的热水，最后经由萃取系统获得一杯充满油脂的美味浓缩咖啡。

同是 1961 年，Lapavoni 还创造了第一台家用意式浓缩咖啡机 Europiccola，其精巧的拉杆式设计让人眼前一亮，更满足了人们在家中制作 Espresso 的愿望。待到 1974 年 Europiccola 大幅升级了锅炉等核心技术，还配上了锅炉压力表，使得连续出品 16 杯咖啡成为可能。

▲早期意式浓缩咖啡机的冲煮头和手柄

## 超级全自动咖啡机 X5

▲ 1967 年，Faema 生产的超级全自动咖啡机 X5

其实早在 1967 年，意大利 Faema 便生产出超级全自动咖啡机 X5，它能够在短时间内完成自动研磨、布粉、填压、萃取、冲洗等全程工作，大幅提高工作效率。而更加不可思议的是，这只是一台锅炉容量仅 8 升、单个冲煮头的“小家伙”。

## 独立双锅炉设计

与上述咖啡机企业一时瑜亮的还有 1927 年成立于佛罗伦萨的 La Marzocco——在第三波咖啡浪潮之下的今天，风头最为强劲的意大利咖啡机制造企业。1970 年，意大利 La Marzocco 推出了 GS 系列咖啡机，它采用了独立双锅炉设计，一个锅炉提供热水和蒸汽，另一个锅炉提供低于 100℃的热水萃取咖啡。当你看到一台四十多年前生产的、冲煮头上方水平拨杆系统、外观酷似今天 Strada 系列的咖啡机摆在面前时，一定会吃惊不小。事实上，除了独立双锅炉设计在业内是“杠把子”，La Marzocco 的拨杆界面从 20 世纪 70 年代到今天一直是一脉相承，成为其品牌机型的最大可识别元素之一。只是当年的传统机械式拨杆已经被今天可以控制预浸泡、精确调节输出压力的电子拨杆所取代。

▲ 1970 年，La Marzocco 推出 GS 系列双锅炉咖啡机

## 振动泵与旋转泵

根据采用的泵的类型差异，又可分为电磁振动泵（Vibratory Pump）与高压旋转泵（Rotary Vane Pump）两大类。前者靠电磁铁带动活塞振动逐渐积聚能量，效率较低，工作时噪音较大，但体积小巧，输出稳定性较差，适合安置于家用机和少数小型商用机中。后者效率很高，输出稳定，但体积较大，主要用来生产对体积要求不大，但对工作效率、连续工作可靠性等要求严苛的专业级商用机型。

## 商用与家用机比较之加热块技术

商用与家用是比较常见的意式浓缩咖啡机分类方式，两者之间其实并无明确的标准，更多考虑如何能连续、稳定、高效出品而不是降低成本，是商用级咖啡机的最大特征。因此，商用级意式浓缩咖啡机一般拥有较大容量的锅炉和多个冲煮头。当然这也导致大部分商用机型都是体积较为庞大、惹人关注的大家伙。如今我国咖啡馆门店里，双头意式浓缩咖啡机占到主流且足以应付出品需求，而在意大利、澳大利亚等国咖啡店里，则能见到更多三头乃至四头的“大块头”。

作为家用意式浓缩咖啡机，我们要更多考虑如何使体积尽可能小巧、如何尽可能压低市场定价。用类似电热水器的加热块技术（Thermoblock）取代锅炉无疑是家用机型的设计思路之一，虽然精确控制加热温度比较困难，但如果不考虑连续出品能力，倒也有可取之处。如今已有国产品牌的家用浓缩咖啡机采用多加热块匹配振动泵，并取得了非常不错的口碑，偶尔兼售些咖啡出品的小店也可以考虑。

## 商用与家用机比较之热交换子母锅炉技术

绝大部分商用意式浓缩咖啡机都是采取锅炉加热，除了早已被淘汰的单锅炉，现今占主流的子母锅炉正逐渐走向没落，而双锅炉及多锅炉大有日渐主流化的趋势。我们从目前依旧占主流的子母锅炉咖啡机说起，这种设计原理的咖啡机全名叫作热交换式子母锅炉意式浓缩咖啡机（Heat Exchanger Espresso Machine，简称作HX），其调节水温是通过调节锅炉气压来间接实现的，压力阀开关通过热胀冷缩原理进行控制——锅炉内压提高，则锅炉内水的沸点增高，热水与水蒸气的温度被进一步提升，稍许加热延迟现象难以避免。因此，这种咖啡机在温控能力方面略显不足，所幸这并不会造成大麻烦。

液体变成气体时需达到的临界点——沸点与外部压强密切相关。当液体所受的压强增大时，它的沸点升高；压强减小时，沸点降低。我们家里使用的高压蒸汽锅蒸食物，能够产生相当的高压，使水的沸点大幅上升，甚至达到200℃，就是这个原理。交换式子母锅炉咖啡机一般将锅炉内蒸汽控制在1 ~ 1.3 bar（常压以外）之间，这时锅炉内水温就能被控制在122.8 ~ 126.1 ℃之间。这么高的水温萃取咖啡显然不现实，它只能用于制造蒸汽压力以及储能，这时穿过母锅炉（蒸汽锅炉）的独立子锅炉用泵抽取新鲜冷水进来，穿过母锅炉的过程中被加热到恰好萃取咖啡的热水，这便是热交换的基本原理。

由此可见，热交换着实是一种非常巧妙的设计。如果我们需要改变冲煮头出水的温度（萃取水温），就需要通过改变蒸汽锅炉的水温或水位高度来间接实现。与此同时，蒸汽强度也相应变化。今天，热交换子母锅炉咖啡机不仅广泛见于商用意式浓缩咖啡机，也普遍出现在专业消费级咖啡机市场上。

## 商用与家用机比较之独立双锅炉技术

为了能够持续稳定地出品，我们需要商用级咖啡机泵压稳定，冲煮头提供的萃

取水温精准而恒定，蒸汽喷嘴压力恒定且干燥，带有萃取预浸功能、实时精确显示压力与水温已经是大势所趋，如果还能实现萃取水温和萃取压力的快速调节就更好了。这些对于新机型都不是问题。

新型的意式浓缩咖啡机通常是带PID冲煮头控温装置的双锅炉（double-boiler）或多锅炉式咖啡机，有一套完整的加热组件独立用于冲煮头萃取用水，另一套完整的加热组件则用于制造蒸汽以及单独出沸水。PID是一套能够完成测温、分析和控温的智能装置，从而直接精确地控制水温，实现更加稳定且高水准的萃取。数年前就开始红遍全球的家用级咖啡神器GS3就是一台独立双锅炉咖啡机，其灵感来源于La Marzocco GS初代机——世界上第一台带有双锅炉单头意式浓缩咖啡机，GS二字来自于意大利语“gruppo saturo”的缩写，意指“饱和冲煮头”。GS3精巧的身躯上移植了La Marzocco Strada咖啡机上成熟的预热系统、PID控制器、双锅炉系统以及数字显示屏，甚至还内置有摆脱上下水系统“羁绊”的水箱，更与后续产品Linea Mini等一道，将家用意式浓缩咖啡机推到一个新的高度，进一步模糊了商用与家用的界限。

## 越来越简单和越来越复杂

越来越简单和越来越复杂一定是两个都可行的发展方向。在全自动咖啡机越来越稳定、越来越智能、操作越来越简单的时代，商用级半自动咖啡机则走上了截然相反的道路。水温精确掌控后，我们就开始尝试改变萃取压力以实现不同的风味，变压萃取是如今高端意式浓缩咖啡机的主战场之一，在此基础上更有各种支持云端存储和分享的萃取曲线编辑器可以选择。需要强调的是，变化永远代表着不稳定，调整永远是放在正常出品前的准备环节。对那些单位时间内咖啡出品任务繁重、品质要求极高的咖啡馆来说，稳定压倒一切。逐杯微调变化几乎只适用于咖啡教学机构和土豪级别玩家。对于那些每隔数分钟甚至数十分钟才萃取一杯咖啡的普通咖啡馆来说，纵使是10年前生产的商用级咖啡机也完全可以信赖，差别只在于外观颜值而已。

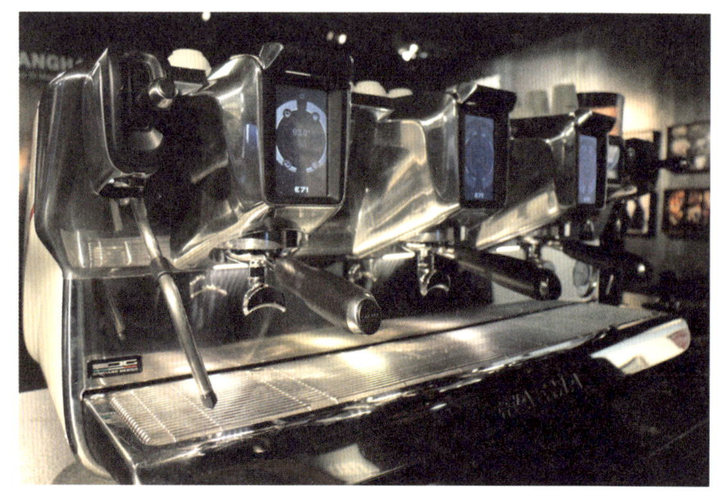

# 71
# 意式咖啡磨豆机

Life begins after coffee.

——网络名言

## 恰如其分的研磨是关键

Espresso 盛在精致的小杯里，香浓醇厚，几口入肚，像极了中国人品茶——是栊翠庵妙玉煮雪烹茶那种，不是牛饮大碗茶那种。如何能够做到这些？我们需要意式浓缩咖啡豆，需要意式浓缩咖啡机，如果使用的是半自动咖啡机，还需要咖啡师来制作完成。此外，恰如其分的研磨也是关键之一。欧美咖啡师认为“咖啡研磨机是获得卓越 Espresso 的钥匙( Coffee grinder is key to exceptional espresso )”，意大利人理解中的 Espresso 4M 原则中，有一个 M 为 Macinino ( 或 Macinadosatore )，翻译成英文为 Grinder，指的就是咖啡豆研磨( 如果从 Macinadosatore 这个单词来看，实际上还包含研磨后的布粉等 )。

前文已讲述，萃取 Espresso 需要采用非常精细的意式研磨程度，其粗细度介于面

粉与食盐颗粒之间，平均 1 颗咖啡豆被分解为超过 3500 个颗粒，微粒直径小于 0.05 毫米（500 微米）。需要注意的是，如上给出的只是需要微调确认的研磨范围，最终的粗细刻度究竟是什么，还要与咖啡豆质地、烘焙程度、排气与否、研磨质量、咖啡机、布粉量等诸多因素结合才能找到最终答案，甚至周遭空气湿度也会带来影响，单纯地纸上谈兵并不现实。我在铂澜也曾经对自家体验店里一款日常出品的意式浓缩咖啡进行了研磨粒径分析，采用 EKK43 研磨，粒径大小主要集中分布在 265~305 微米之间，能够轻松实现 21% 以上的萃出率。

作为一线咖啡师，每天早上开始出品前，试做 3~5 杯 Espresso 并结合品尝来微调粗细度，不仅不能被视作浪费，还应该被认可为非常优秀的职业习惯，值得大加赞赏。

## 研磨机要与咖啡机相匹配

如果抛开人的要素不提，一杯高品质的 Espresso 可以是意式浓缩咖啡机与磨豆机结合的产物，两者缺一不可、相辅相成。咖啡机与磨豆机不匹配会带来“木桶短板效应”，要么成为“名驹拉破车”，要么变成“老马拉豪车”，都不可取。有咖啡店主建议，购置意式浓缩咖啡磨豆机与咖啡机的预算之比约为 1:5。换句话说，如果购买一台售价 5 万元的意式浓缩咖啡机，那么应该购买一台 1 万元的磨豆机。

专业经验同时表明：升级研磨设备更能让我们直接感受到咖啡品质的飞跃，其在这套体系中所占的权重更高一些。换句话说，如果想投入有限资金更换设备来对本店咖啡品质进行提升，那么首当其冲应该考虑研磨设备，将咖啡机与磨豆机的预

算之比调整为 5:2 亦无不可。

另外一种值得考虑的做法是形成“一机多磨”组合搭配，适用于拥有多款意式配方豆、SOE 咖啡豆以及低因意式咖啡豆的咖啡门店，减少了调磨的麻烦，提高了出品效率，也有更加震慑人心的视觉效果。

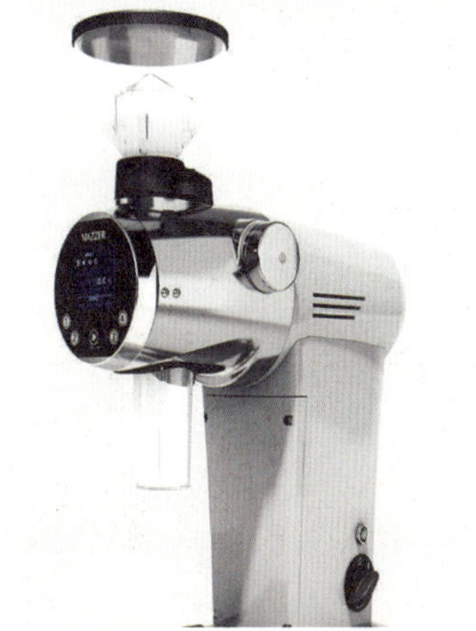

## 关于低温研磨

专业级咖啡研磨设备不论具体构造，研磨过程都是分阶段进行：首先将咖啡豆分解破碎为较大的颗粒，接下来进行初步研磨，最后进行比较精细的研磨处理。磨刀直径大，意味着有效研磨范围宽，研磨颗粒一致性好，咖啡风味、甜度、干净度都会有显著提升。接下来，便要尽可能减少咖啡粉发热，须知咖啡豆中的很多芳香物质挥发性极强，温度稍许增加也会让挥发速度加快。大功率、高扭矩便是解决之道。

玩车的朋友对这个概念不会陌生，转速能够将功率和扭矩这两个孤立的物理量联系起来：功率 = 扭矩 × 转速。很多专业磨豆机正是通过提高功率、增加扭矩、降低转速，来达到减少生热的目的。而精品咖啡豆多生长于高海拔地区，质地更为坚硬，增大扭矩也对于研磨硬豆非常有利。意大利 MAZZER Digital ZM 等单品定磨，不仅配置了 83 毫米平行大刀盘，还将转速下降至 900r.p.m，也是为了减少香气逸散。德国迈赫迪 EK43 无疑是更典型的例子。自从 Matt Perger 在 WBC 竞赛中的优异表现让这个 30 年前就诞生，将谷物、咖啡、香辛料等各种物料一网打尽的研磨机器，成为如今全世界精品咖啡店最炙手可热的装备，1300W 的大功率和 98 毫米的平行大刀盘无疑是亮点。此外，研磨设备电机运行时尽量不将热量传递给磨刀，以减少发热，并内嵌风扇随时散热的装置，就好像电脑机箱或高性能显卡那样。

低温研磨的另一个话题便是有咖啡师会将研磨前的咖啡豆冷冻存放于零摄氏度以下环境中，研磨之时咖啡豆温度越低，实际研磨颗粒越小，萃取率越高，均匀一致性越好。

# 72 从牛奶认真说起

时代已经由“少样品种、大量生产”迅速转变成“多样品种、少量生产”，这也是精品咖啡出现后产生的重大变化。

——日本咖啡大师　田口护

## 从牛奶到奶咖

牛奶不仅包含了构成生命的物质基础——含有人体所需全部氨基酸的全蛋白，是人体补钙的最佳渠道之一，而且其他矿物质的含量也很丰富。牛奶是咖啡当仁不让的最佳拍档，奶咖是全世界顾客饮用咖啡的主要形式。很多人甚至认为，庞大的咖啡生意主要就是贩卖咖啡因和牛奶，外加少许甜味剂。中国居民膳食指南推荐每天喝 300 毫升牛奶（或等量奶制品），其实一大杯拿铁咖啡也恰好能够满足所需。

普通牛奶中的主要成分物质占比相对固定，但随着奶牛品种、奶牛体质、奶牛饲料、季节气候等差异，也会有所不同。纵使同一品牌的同款牛奶，因季节不同，喂养奶牛的饲料也会有变化，有的季节是牧草，有的季节可能变成了干料，这些都会影响到分泌物和产奶品质。我们将牛奶打发之时，这种差异就表露无遗了。缺乏经验的咖啡师只认定某个品牌牛奶，少有变通能力，而有经验者则会关注季节因素来购买不同品牌的牛奶，使奶咖永远保持最高水准。

在大部分奶咖出品中，牛奶占比甚至远超咖啡，其对最终风味口感将起到决定性作用。

## 牛奶的主要成分

在普通牛奶中，水分所占比例高达 87% 左右，水以外的干物质大约占到 13%，这其中又大体分为乳脂质物质与非乳脂物质两大类，前者以乳脂肪为首要关注对象，后者以乳蛋白为关注重点。在产业上游有两项重要的因素影响着乳脂肪和乳蛋白，第一项是饲养管理（如奶牛的日粮、精粗饲料的比例、饲料加工的方法及产奶的不同阶段等）；第二项是奶牛的不同品种。

## 全脂牛奶很健康

在乳脂质物质中，97%~99% 为乳脂肪，即我们常说的牛奶脂肪。乳脂肪是牛奶品质、黏稠度、风味的重要体现，此外，脂肪含量会影响奶泡的稳定性——乳脂肪对乳蛋白形成稳定与支撑。

所谓全脂牛奶就是没有经过额外脱脂处理的普通牛奶，以生鲜牛奶为原料，经过杀菌等工序后，冷却罐装而成。全脂牛奶的脂肪含量达到 3.1% 或以上。对于绝大多数都市中繁忙工作的成年人来说，从摄取热量和营养物质角度考虑，饮用全脂牛奶是最佳选择。低脂牛奶与脱脂牛奶需要经历额外的脱脂工序制成，前者乳脂肪含量在 1%~1.5% 之间，后者乳脂肪含量往往在 0.5% 以下。老年人对于热量的需求已经减少，可以多考虑低脂牛奶或脱脂牛奶。

实践证明，不同脂肪含量的牛奶都可以很容易打发成奶泡。只是全脂牛奶打发奶泡后的持续性略胜一筹，且调制奶咖时风味融合性、余韵以及持久性更好一些。很多咖啡师为了避免全脂牛奶“抢夺”了咖啡“风头”，会使用容量更加小巧的咖啡杯盛装。而反过来，脱脂牛奶调制奶咖更容易凸显咖啡风味，适用于容量更大一些的咖啡杯盛装。

由于乳脂肪极易被人体吸收而不是堆积沉淀，因此并不容易引起人体发胖，相反却可作为很多消化系统疾病患者的有益膳食。在咖啡馆经营中，绝大多数点拿铁咖啡、卡布奇诺等奶咖的顾客，提出选择脱脂牛奶只是出于对“脂肪”二字与生俱来的恐惧，不肯喝全脂牛奶。咖啡师应该理解这些知识点，在日常工作中向顾客解释。对于咖啡店经营者，与其在选择低脂牛奶和脱脂牛奶之间盘桓犹豫，不如拿出更多注意力去关注牛奶中抗生素残余量——提倡使用优质无抗奶，这才是经营中值得提及的健康概念！

## 关于牛奶蛋白

蛋白质是牛奶中最重要的物质之一，乳蛋白合成量及构成是体现乳品品质的核心因素。其中富含人体必需的各类氨基酸，给人体供给能量。母牛产崽后前 7 天分泌的牛初乳属于生理异常乳，有些商家对其热捧，就是因为其蛋白质含量特别高。

牛奶蛋白质又分作酪蛋白和乳清蛋白

两大类，其中前者为主，约占到80%，后者为辅，约占到20%。酪蛋白又叫干酪素、奶酪素，是乳中含量最高的蛋白质，不仅是重要的食品原料，其制成品还具有预防矿物质流失、龋齿、佝偻病、骨质疏松等多种功效，有“矿物质载体”的美誉。蛋白质含量越高，越容易体积膨胀，越容易打发起沫，且奶泡质感会比较稠密厚重——牛奶打发过程中，实则是蛋白将空气包裹成奶泡。

此外，咖啡师需要注意的是，添加了大量牛奶的花式咖啡中不宜加太多糖。牛奶中蛋白质（氨基酸）含量丰富，如果加入过多的糖并一起高温加热，更容易产生影响人体健康的有害物质，牛奶的营养价值也会下降。

## 牛奶加咖啡没问题

科学家告诉我们，富含草酸的食物不宜与牛奶搭配享用，因为牛奶中富含蛋白质和钙，与草酸结合会产生草酸钙，从而影响钙质吸收消化。除了菠菜等大部分绿叶蔬菜、大部分水果、茶叶，巧克力（可可）中的草酸含量也不低。因此，有人担心咖啡能否与牛奶混合饮用。其实，现磨优质咖啡中的草酸含量并不高，两者混合不会造成严重危害，而健康性则显而易见，大可不必过于担忧。

此外，国人素有“养胃”一说，认为喝杯热牛奶能起养胃之效，便是因为当胃部出现酸胀症状时，牛奶可稀释胃酸，牛奶中的蛋白质能暂时在胃黏膜表面形成一层保

护膜，从而缓解症状。从这个角度来说，牛奶占比很高的奶咖适合“养胃”的说法也是成立的。

## 喝奶咖补充维生素

在乳脂质物质中，除了乳脂肪，还富含其他类脂（如磷脂），以及游离性脂肪酸、脂溶性维生素（维生素 A、维生素 D、胡萝卜素等）等。消化系统疾病患者、孕妇、哺乳期妇女和长时间在电脑前工作的白领人群都是维生素 A 的迫切需求者，但单纯补充化学合成的维生素 A 并不可靠，也不安全，而喝牛奶或拿铁、卡布奇诺等奶咖是补充维生素 A 的不错方式。缺乏维生素 A 还会引起味觉、嗅觉等感官灵敏度的下降，个别咖啡从业者热衷于黑咖啡，拒绝奶咖，久而久之，他们在杯测时的感官灵敏程度也可能会衰退，应引起注意。

除了脂溶性维生素，牛奶中还富含维生素 $B_1$、维生素 $B_2$、维生素 C 等水溶性维生素，对于人体非常有益。牛奶中还含有大量的微生物，它既与牛奶运输、加工环节有关，也与产奶源头密切相关——奶牛自身的卫生清洁状态。我在参观奶厂时，看到工人将最初挤出来的少许牛奶单独处理掉，当时非常费解，询问技术人员才知道，最初挤出的那点儿牛奶中细菌含量较多，会增加牛奶中有害微生物及细菌的含量。

## 非乳脂物质——乳糖

乳糖是牛奶中比较高级和特殊的碳水化合物，是牛奶微甜的原因（乳糖远没有蔗糖那么甜），在牛奶中的含量占到 4.5%~4.8%，且在正常加热过程中（100℃以内）保持稳定。乳糖不仅能够促进人体肠道中益生菌（乳酸菌）的滋生，抑制其他有害细菌的生长，还能促进人体对于钙的吸收。消化奶中乳糖的能力，也叫乳糖酶耐久性，是人类新近进化才得来的优势——约 7500 年前出现在欧洲，其他地区也开始陆续出现。实际上，直到现在，世界上很多地方的人（包括一定比例的中国人）都还没有消化乳糖的能力。我们身边也有一些人因遗传因素，导致体内缺乏分解乳糖所需的酶类物质，如果大量饮用牛奶、摄取过多乳糖，肠胃会一时难以分解代谢，造成腹泻等现象。

乳糖的含量与乳房健康程度密切有关，患有乳腺炎的奶牛所产牛奶的乳糖含量就会下降。在商业流水线上忙碌着生产牛奶的奶牛，患乳腺炎的概率可不低。我曾梦想过有朝一日能拥有自己的生态牧场，给奶牛足够的休息和听音乐的待遇，让它们生产新鲜健康的牛奶，那样调制出的牛奶咖啡，会是怎样的美味啊！

## 喝奶咖能补钙

牛奶中的矿物质含量丰富，如钾、钙、磷、钠等。有些咖啡师喜欢用牛奶与豆浆按照一定比例调配，这样做不仅风味出众，在营养学上也有一定道理——豆浆的铁含量丰富，但钙含量不足，牛奶则正好相反，两者相互匹配，相得益彰。1000 毫升牛奶中的钙含量约为 1250 毫克，而且这种钙是极易为人体吸收的天然乳钙，喝奶咖补钙已经成为大家的共识。

## 常温奶与低温奶

供人饮用的牛奶都需要经历杀菌处

理，一种方法是巴氏杀菌，简称巴氏奶、低温奶，另一种是（超）高温杀菌，简称灭菌奶、常温奶。

灭菌奶的杀菌环节温度超过 100℃（120~140℃），几乎是一瞬间完成。灭菌奶保存性能好，能够存放数月之久，也无须冷藏，所以又叫常温奶，在冷链体系还不够发达的我国现阶段非常常见。很多咖啡馆考虑到经营的实际，延长采购周期，会使用多层复合纸盒封装（封装的纸盒很厚实，有 5~7 层包装膜）的灭菌奶。

巴氏杀菌是以法国科学家“巴斯德”命名的一种全球最通用的牛奶杀菌法，其中杀菌环节温度在 100℃以内，持续几十秒至几十分钟不等（国际标准推荐的巴氏杀菌参数组合为 72 ℃ /15s），能够较好地保留牛奶中的有益成分及活性因子，新鲜而健康，可以直接饮用，但牛奶制品保质期短，需要冷藏储存、冷链运输，所以又称作低温奶。

需要说明的是，巴氏奶和常温奶中的蛋白质、钙等核心营养成分的含量是相同的，彼此之间只有极细微口感差别，并无高低贵贱之分。纵使在很多欧洲发达国家，常温奶依然占据着更大的市场份额。2000 年以前，巴氏奶就曾是我国最主要的液态奶消费品种，后来逐渐被常温奶占据上风。这几年行业竞争空前加剧，为了重拾消费者欢心，再加上奶源基建与冷链物流也获得了长足进步，巴氏奶再次成为我国乳品产业的主要发力点，用巴氏奶调制奶咖也成为常态。

# 73 牛奶打发讲究大

你所需要的是爱和更多咖啡。

——网络名言

## 牛奶保存：冷藏非冷冻

我们很少将牛奶冷冻保存，而是选择冷藏，这里有多个原因。首先，牛奶冷冻保存时，牛奶中的钙会导致酪蛋白不稳定，从而造成解冻后酪蛋白凝固沉淀，钙含量越高的牛奶，这个问题越严重。工业上必须冷冻牛奶时，会事先除去牛奶中的钙，或者添加磷酸钠以便增加酪蛋白复合物的稳定性，后续再放入82℃的水浴锅中融化解冻。其次，冷冻牛奶会使得乳脂肪不稳定，造成分层现象。再者，牛奶中的乳糖也会在冷冻时产生结晶作用。

因此，冷藏是液态鲜奶最佳的短期保存手段，通常保存温度为0~4℃，此时牛奶中微生物的生命活动暂停或大幅减缓，给我们赢得了使用时间。

▲供图：原产地计划 李本龙

## 用意式咖啡机打发牛奶

制作奶咖时，我们不仅需要牛奶，还经常需要打发牛奶（Steaming Milk）来制作一种牛奶加工品——奶泡（又叫“奶沫”），无数肉眼难以看到的微气泡充斥于牛奶中，赋予了牛奶良好的流动性、弹性，还有宛如丝绸、提拉米苏般的绝妙口感。

打发奶泡其实需要完成两项工作：第一，恰到好处地加热牛奶；第二，将空气注入牛奶中形成奶泡。手动打奶器自然是一种选择，如果手边拥有一台意式浓缩咖啡机就更好不过了。我们可以通过意式浓缩咖啡机的蒸汽喷嘴，将干燥热空气有一定强度地注入牛奶中，并配合一定的技术手法，奇迹发生了：那些注入的气泡会在旋转过程中均匀碰撞并变成大量微气泡，在口腔里、舌头上如天鹅绒般绵密柔滑的奶泡就这样形成了。

意式咖啡机蒸汽喷嘴的尖端会有出气孔，单孔、双孔、三孔与四孔各有不同，最好选择四孔喷嘴，这样喷出来的蒸汽柔软均匀，便于打发，也不容易直接喷出大股水汽。小锅炉意式浓缩咖啡机（如很多单头机）的蒸汽压力稳定性与干燥度不够，尤其是过多的冷凝水汽严重影响打发奶泡的质量，我们需要提前打开蒸汽喷嘴，先将最前端的水汽释放掉，尽可能让出气干燥。专业的咖啡师会用一块专门的洁净口布包裹住咖啡机蒸汽喷嘴，再做放气排水操作，这样可以避免烫伤且更加优雅。

## 奶泡的质地

奶泡的形态质地有很大差别。一种不太讲求手法，把蒸汽喷嘴的头部较多探入牛奶液面以下，任由少部分热空气强行注入奶液中，大量的空气实际上并未真正注入，而是在奶液翻滚过程中逸出了，牛奶在

操作开始

打发阶段

打绵阶段

此过程中迅速升温被加热。这种奶泡不够绵密细致，可谓“硬”沫，可以堆砌在一些奶咖出品的表面。另一种则需要技巧，高度关注打发时的手法、高度和角度，把牛奶制成绵密顺滑的奶泡。

## 打发奶泡的步骤

首先，我们应该选用冷藏储存于冰箱中的冷牛奶，巴氏奶自然是首选，灭菌奶也没问题。实践证明，日常储存在低于4℃环境下的冷牛奶不仅不易滋生细菌，更容易起泡，且奶泡质量好。反之，那些已经加热过、摸起来微温的牛奶就不太好操作，超过38 ℃的牛奶打发起泡效果更是不佳。

将已经喷过冷凝水、出气干燥的蒸汽喷嘴前段微微没入牛奶液面以下，找准角度，快速打开蒸汽开关至最大开始吹气。不要轻易将蒸汽喷嘴紧贴着奶液面，蒸汽撞击奶液表面（尤其是摸起来牛奶已经温热）后，会迅速出现大量华而不实的大泡泡。

我们需要通过吹气使奶液横向、纵向

或侧向翻滚起来，并伴随着细碎的“擦嗞、擦嗞”声响，干燥的热空气有节律地注入牛奶中，奶液快速膨胀起来，我们称之为“进气切割声”。这一步叫“切割进气”或“打发”。

当牛奶温度感知高过人体时（SCA 强调这一步要加热到 38 ℃），这种“进气切割声”就不能再有，否则大量粗大的奶泡将在表面出现，此时咖啡师会把奶缸往上挪动少许，即蒸汽喷嘴前端更多埋入奶液中，离开切割点，同时去靠近旋转中心点，把上一阶段生成的大大小小的奶泡逐一“扯”下奶液表面并消减掉。这一步叫“融合”或“打绵”。

当牛奶温度到达 50 ℃以后，我们可以开始快速关掉蒸汽，结束打发操作（注：关闭蒸汽的过程中牛奶还会继续升温，因此需提前 5℃考虑关掉蒸汽），结束时给奶泡测温，在 55~65 ℃之间比较合适。实践证明，将牛奶加热打发到这个温区，不仅牛奶咖啡甜感丰富，而且咖啡香与丰富奶香相得益彰。如果技术细节控制得当的话，我们将获得体积至少膨胀了一倍的绵密细滑奶泡，温度也恰到好处。这种奶泡适合制作卡布奇诺咖啡。

当然，每一位咖啡师都有自己的心得体会和打发细节。比如，有些咖啡师喜欢先吹气膨胀再打绵，还有些咖啡师喜欢将打发与打绵同步进行。再比如，由于测温显示的滞后性，打发中牛奶的实际温度往往会比探针式温度计所显示的高 3~5 ℃。但不管如何，打发是一项时间非常短暂、需要严格控制温度的操作，牛奶温度一旦超过 68℃，风味和口感都将发生不可逆的变化，最终影响奶咖品质。

打发出色的奶泡表面不仅细腻光洁，没有大奶泡，还要能够反光，我们称之为“镜面奶”。但此时或许还不是理想中的情形，多少存在着一种分层状态：下层热牛奶居多，上层奶泡居多。有经验的咖啡师会在等待 Espresso 萃取过程中，用一只手拿住奶缸不断晃动，保持奶缸中奶泡的旋转，这样可以让上下层质地更加均匀。还有些咖啡师喜欢用两只奶缸，将打发后的奶泡在其间来回倒上数次，以均匀分配奶泡，且大幅改善分层现象。

## 过期牛奶怎么用

几乎每一家咖啡馆每天都会有少许过期牛奶，直接倒掉是通常做法。但是对于咖啡馆和咖啡师来说，过期的牛奶其实另有妙用——擦皮鞋。首先将皮鞋表面的浮土污物擦拭干净，再用纱布蘸取少许过期牛奶擦拭鞋，皮鞋立刻显得锃亮如新。店员们如此使用，既起到了废物利用的效果，展现在顾客面前的形象也焕然一新。

# 74

# 意式黑咖啡攻略

打哈欠是对咖啡无声的诉求。

——网络名言

## 意式浓缩咖啡

意式浓缩咖啡的定义繁复，各国各地区标准有所不同，但终究是一小份风味浓郁、质地浓稠、口感强烈的黑咖啡饮品，使用高压推动热水快速穿透精细研磨的咖啡粉层制作而成。

在意大利，本国人除了早餐时段可能需要奶咖，去咖啡店里喝的咖啡基本就是小小一份 Espresso，叫作“Caffe”，如果需要双份( Double Espresso )，就叫作“Caffe Doppio”。咖啡与意式浓缩咖啡基本划等号。又一种说法是，意大利人多饮黑咖啡、少喝奶咖与南欧人中有相当比例患有乳糖不耐症有关，大量饮用牛奶可能引起不适。

当然，饮用时加糖必不可少，可能还不止一份糖包，各咖啡店吧台上都摆放着高高摞起的糖包。这并不是因为意大利人嗜甜怕苦，而是因为添加了蔗糖的咖啡会在口腔里产生更好的风味呈现，风味、香气、酸质、甜度、体脂感……均有所提升加强。

以意式浓缩咖啡为基底，兑水或勾兑其他风味物料，能够调制出各种各样的咖啡饮品，我们可以笼统将其称为是以意式浓缩为基底的咖啡饮品（Espresso-Based Drinks）。

## 特浓意式浓缩

特浓意式浓缩（Ristretto/Espresso Ristretto）也直译为芮斯崔多、短份意式浓缩咖啡，是指受限容量的意式浓缩咖啡。顾名思义，一份 Ristretto 较之标准 Espresso 容量更少，浓度更高，口感更加浓醇，风味更加强烈，即更加浓缩地将咖啡风味精华都荟萃其中。需要注意的是，萃取一份 Ristretto 往往使用与萃取标准 Espresso 完全相同的粉量，萃取时长也大体相当，想要实现如上要求，就需要通过改变萃取流速来实现。具体做法：微调研磨粗细度，让咖啡粉更细一些，流速更慢，同样萃取时间里容量更加少。如果从粉液比的角度定义 Ristretto，100%（60%~140%）即 1:1 是可供参考的数值。

## 长萃意式浓缩

长萃意式浓缩（Lungo/Espresso Lungo）是指加大水量、稀释浓度制作而成的意式浓缩咖啡。顾名思义，一份 Lungo 较之标准 Espresso 容量更大、浓度稍淡、

口感较为稀薄。如果采用浅度烘焙至中度烘焙的精品咖啡豆，可能使风味层次性、丰富性呈现更加出色，给我们带来意想不到的惊喜。同样需要注意的是，萃取一份 Lungo 往往使用与萃取标准 Espresso 完全相同的粉量，萃取时长也大体相当，还是可以通过改变萃取流速来实现。具体做法：微调研磨粗细度，让咖啡粉更粗一些，使流速加快，同样萃取时间里容量大约是标准 Espresso 的 2 倍。如果从粉液比的角度定义 Lungo，33%（27%~40%）是可供参考的数值。

同样的思路，如果流速再快一些，容量再多一些，达到标准 Espresso 的 3 倍时，我们就将其称作 Caffe Crema，也是一种常见的长萃意式浓缩咖啡。某些咖啡机上标注着“Caffe Crema”的按键，便是用来萃取制作这种类似美式咖啡的黑咖啡，不过却比美式咖啡更苦，风味也差一些。

## 美式咖啡

美式咖啡（Americano /Caffè Americano）又叫美式黑咖啡、美式淡咖啡，可以看作是一种美国化的 Espresso，是标准 Espresso 与多量热水混合后，Espresso 浓度被大幅稀释后的饮品。有资料称其“始作俑者”为第二次世界大战时在欧洲战场上尤其是意

▲将 Espresso 倒入雪克壶中，再加入糖水和冰块快速摇晃制作出来的冰摇咖啡( Iced Espresso Shakerato )

大利境内作战的美军大兵，他们嫌弃当地的 Espresso 太过浓烈，便要求兑上一些热水后再饮用，久而久之形成一股全球性的风潮。不管你是否喜欢，美式咖啡是今天全球最重要、认知度最广的黑咖啡，在我国同样如此。美式咖啡与拿铁咖啡、卡布奇诺咖啡并称为咖啡馆“镇店三宝”。

饮用美式咖啡的顾客迥异于消费意式浓缩咖啡的人，他们有的是时间，需要手捧一大杯咖啡，浓度恰到好处，一大口接一大口很爽地喝。所以，一个大大的马克杯( 或外卖纸杯 )中，双份 Espresso 兑上 5 倍左右容量的新鲜热水是比较常见的做法。如果顾客提出“加强风味”的要求，我们可以在其中再添加一份 Espresso。

但问题也随之而来，杯中究竟应该先加入 Espresso 再倒入热水，还是将先后顺序反过来呢？其实彼此之间差异并不大，杯中先加入 Espresso 再倒入热水是更加忠于上文美军故事的版本，将其称作 Americano 更加妥当。而如果杯中先加入热水，再倒入 Espresso，则会有更多咖啡油脂漂浮在液面上，我们将其称作“Long Black”，则是目前咖啡馆里更加主流的做法。

# 75

# 奶咖不完全攻略

现磨咖啡是王道。

——网络名言

## 玛奇朵

玛奇朵（Macchiato）又可以译作意式浓缩玛琪朵、玛琪雅朵等，是一款非常典型、同样小巧精致的意大利传统咖啡饮品。

Macchiato 在意大利文里是“印记、烙印”的意思，如果我们往感性方向去理解，玛奇朵象征着一枚甜蜜的印记。但从实际运营角度来讲却是另一番景象：传统意大利咖啡店的前吧台一般空置，目的是为顾客服务，客人们站立一排喝咖啡，一份 Espresso 不过三口便下肚，喝得极快，来去匆匆，咖啡师们通常使用 3~4 头咖啡机，出品速度更是极快，一杯杯 Espresso 流水般呈上来，顾客们凭着点单小票取咖啡，咖啡师不仅技术精湛，辨识顾客的本领也是高超绝伦，眼神一瞥，便能知晓领取咖啡的顾客是否与其购买小票相符。也有些顾客会提出特殊需求，比如在咖啡中加些牛奶，那么咖啡师便会在其 Espresso 杯中倒入少许牛奶以示标记。待到后来，Macchiato 便演化为在一小杯 Espresso 上点缀一大勺绵密奶沫，宛如一朵白云飘浮其上，并将咖啡液面完全覆盖。Macchiato 也成为很多意大利人每天必饮的活力之源。

再到更后来，星巴克化了的 Macchiato 广受全球顾客认知：2 份 Espresso 做基底，添加焦糖或香草糖浆来增强甜感和风味的层次感，不少于 250 毫升牛奶，更加厚实绵密的奶沫，表面还用焦糖酱做些装饰，这便是我们习以为常的焦糖玛奇朵（Caramel Macchiato）。

## 卡布奇诺

卡布奇诺（Cappuccino）是风靡全球的最经典咖啡饮品之一，是意式奶咖乃至意式咖啡的风味巅峰之选，几乎所有咖啡师大赛都要考察制作卡布奇诺的水准。

关于卡布奇诺的来源目前主要有两个版本。一种说法是脱胎于 19 世纪维也纳咖啡馆的出品，另一种说法则是缘自天主教圣方济会的修士整体形象——身上的灰色长袍、中央高高耸起的帽子（抑或是修剪得光秃的头顶）。

过去有一种说法是卡布奇诺饮品中咖啡、牛奶和奶沫的比例应为：1:1:1，事实上这一点很难做到，也没有实际意义，唯一能告诉我们的便是：卡布奇诺由 Espresso、牛奶和奶沫三种成分组成。如果以一份 Espresso 为基底来做经典版卡布奇诺的话，最后呈杯总容量应该小于 200 毫升（150~180 毫升为宜），口感浓郁饱满，咖啡与牛奶相得益彰。不过全球化咖啡馆风潮中，口味并非唯一决定性因素，很多人将容量视为体现性价比的要素之一，再加上牛奶拉花艺术大流行，250~300 毫升大容量的卡布奇诺咖啡杯更为常见，那么我们就需要根据最终口味来决定添加 Espresso 的量。

咖啡店都会用意式浓缩咖啡机的蒸汽喷嘴打发牛奶，通常会在奶缸中倒入约 250 毫升牛奶，打发膨胀后牛奶与奶沫的总容量增加约 1 倍，用于调制 1 杯卡布奇诺绰绰有余。卡布奇诺是最考验操作者技能的意式咖啡饮品，虽然制作步骤非常简单，但每一步都很要工夫，任何一个环节小小的疏漏都能够被有经验的品尝者发觉。因此，很多咖啡店招聘咖啡师，都会要求应聘者上机现场制作一杯卡布奇诺。

▼卡布奇诺咖啡

出色的卡布奇诺应该具备“三美”：Espresso 萃取完美——骨架美；牛奶打发完美——心灵美；牛奶拉花完美——形象美。这“三美”合到

▲拿铁咖啡

一起的话，卡布奇诺应该端在手里温暖无比却并不烫手，更不能烫嘴——牛奶不能被过度打发以至于"被烫伤"，看上去杯中有精美绝伦、线条清晰的牛奶拉花图案。奶香与咖啡香彻底融合且相得益彰，使得卡布奇诺香气沁人心脾。充分搅拌以后喝到嘴里，却是满口香醇滑腻，并无半点苦涩之感，甚至会有莫名的甜感从舌尖层层泛起，叫人兴奋不已。

## 拿铁咖啡

拿铁咖啡（Caffee Latte）是一种 Espresso 与大量牛奶混合的咖啡饮品，风靡全球，粉丝数以亿计。我们在国内将其简称为拿铁（Latte）固然没问题，但去国外咖啡馆点单时也这么说则可能不妥。拿铁咖啡源自意大利语 caffè latte，latte 的词根 -lat- 指"奶"，来自拉丁语 lac（牛奶），所以拿铁（Latte）其实就是一杯纯牛奶的意思，与咖啡毫无关系。

作为最经典的意式咖啡饮品，拿铁咖啡的缘起可能无关意大利，因为意大利人不太可能如此豪饮牛奶（我们前文介绍过南欧人的乳糖不耐症），而很有可能是周边法国等地区——人们喜爱咖啡，但畏惧 Espresso 的浓烈，也喜爱喝牛奶，更喜欢咖啡与牛奶结合的风味。

拿铁咖啡与卡布奇诺的区别只在细节之处：Espresso 加上大量热牛奶（Steamed Milk）。当然，和卡布奇诺一样，拿铁咖啡的最顶端也有奶沫，不过厚度仅有几毫米而已，远不如卡布奇诺的奶沫那么量大厚实。如果用咖啡机蒸汽喷嘴打发加热牛奶，技术操作上无须像制作卡布奇诺时那么精细，加热是第一要务，不用去刻意打发奶沫。盛装拿铁咖啡有时也是一种艺术，在全世界不少咖啡馆里，拿铁会摆脱常见的咖啡杯，选用漂亮通透的玻璃器皿或沉稳敦实的陶瓷碗。

澳洲人对拿铁咖啡进行了一些改良，以玻璃器皿盛装，容量更加小巧，回归到经典版卡布奇诺咖啡 150~180 毫升的规格上（200 毫升以内），咖啡风味更加浓郁，通常会添加两份特浓意式浓缩（Ristretto），奶沫极少而以热牛奶为主，我们将其称作 Flat White，中文译名五花八门，如奶白拿铁、平白拿铁、澳洲拿铁等，星巴克则将其称作馥芮白。精心制作的 Flat White 风味特别赞，契合了今天精品咖啡浪潮下大家对于咖啡风味的追求，所以这些年逐渐走出澳洲，风靡全球。

如果进一步减少 Flat White 中牛奶的占比，制作一份更加精巧的奶咖：Ristretto 中注入 2 倍容量的热牛奶，表面点缀少许奶沫，我们将其称作短笛（Piccolo）。还有一种源自西班牙的容量精巧、口感浓郁的奶咖与 Piccolo 相似，通常是将一份标准 Espresso 兑上等容量的热牛奶，表面点缀少许奶沫，我们将其称作可塔朵（Cortado）。很多商业连锁咖啡馆借用 Cortado 的概念，在其基础上添加风味果露或酒水，调制成创意风味 Cortado。

▲拿铁冰咖啡

▲ Flat White 澳白拿铁咖啡

# 76

# 炫酷！牛奶拉花艺术

你会不会忽然地出现，在街角的咖啡店，我会带着笑脸，和你寒暄，不去说从前，只是寒暄，对你说一句，只是说一句，好久不见。

——陈奕迅《好久不见》

## 拉花、雕花和印花

花式奶咖艺术主要包括三种形式：拉花、雕花和印花。印花（刻花）是利用模具等辅助，将可可粉、巧克力粉或肉桂粉等倾倒在咖啡表面以呈现出图案，有创意却无技术。如今越来越多的3D打印雕花技术涌现，可快速实现非常复杂且逼真的文字或图案。

拉花和雕花统称为牛奶拉花艺术（Latte Art），前者是指往浓缩咖啡中倾倒打发好的牛奶，同时通过手腕抖动等微至毫巅的技术动作，两只手相互协调配合，让两种流动性较好的不同密度的发泡液体在

▲意大利米兰某精品咖啡店出品的每一杯奶咖都有漂亮的拉花，牛奶拉花艺术同样也风靡于咖啡王国意大利

相互作用下碰撞、挤压、融合，最终形成视觉美妙的图案。后者则是利用咖啡油脂、奶沫，或带有颜色的糖浆间的色差对比，辅以雕花针、牙签、吧匙等工具做些“雕刻”工作，使图案愈发完美。拉花是牛奶拉花艺术的基础和重点，雕花则是辅助和完善，拉花考验的是技术，雕花考验的是创意，一个优秀的咖啡师一定是拉花为主、拉雕结合。

牛奶拉花这种需要大量实践的技能是一线吧台咖啡师日复一日积累起来的“看家绝艺”。如何提高速度、创新图案、精进细节、提升美感是“牛奶拉花大师”津津乐道的话题。这几年随着精品咖啡的发展，以及短视频直播的火爆，涌现出一大批拉花艺术达人，他们活跃于各大短视频平台及拉花竞技赛场上，吸睛无数，圈粉大把。如果仅从咖啡风味角度来看，拉花无关咖啡是否好喝，看似“误入歧途”，但不可否认的是，在追求“颜值”的年轻人来看，拉花确实是咖啡吸引他们、让咖啡表达个性的重要原因。

## 牛奶拉花五大步骤

第一步，工欲善其事，必先利其器。首先需要选择一个趁手的带尖嘴的拉花奶缸和大敞口卡布奇诺咖啡杯。赵东洋老师多年来一直在铂澜咖啡学院从事零起点的拉花教学，经验非常丰富，他的建议是：咖啡杯容量若在180~200毫升之间，选用350~600毫升拉花奶缸；咖啡杯容量若在250~350毫升之间，则选用450~750毫升奶缸。目前有惠家、轰炸机、barista gear、latte artist、adacrew等品牌可供选择。

第二步，掌握奶缸与杯子的基本拿法，

拿稳奶缸才能确保流量控制精准，拿稳杯子才能有效避免拉花过程中液体倾洒。一般来讲，奶缸的抓握方式不同，控流时所用到的手部肌肉群也不同，建议以自己感觉最舒服和习惯的方式去抓握。可以用清水代替牛奶，练习流量和流距的稳定控制。

第三步，将拉花流程分阶段练习，揣摩并思考基本图案的呈现过程，注意落点与节奏的把握，左右手的配合，由量变逐步成为质变。桃心和树叶是两种最基本的牛奶拉花图案。

第四步，使用牛奶和咖啡进行基本图案的拉花实践。说到这里不得不强调，Espresso 萃取与牛奶打发的质量对于拉花好坏具有决定性作用，抛开苦练基本功直接学习拉花无疑是本末倒置之举，不应该鼓励。

第五步，对技术进一步精益求精，可以多多学习揣摩他人作品，有了更加深刻的认知之后再尝试创新——加入个人的创意和理解，从而形成独有的风格。

## 开始实战

先萃取一杯 Espresso，再准备一份打发好的发泡牛奶（下文简称为牛奶），奶沫量建议为牛奶液体量的 1/3。然后一只手持握咖啡杯，另一只手端住奶缸，咖啡杯把手与奶缸把手呈垂直角度。将咖啡杯微微向奶缸一侧倾斜，奶缸导流嘴口距离咖啡液面约 10 厘米。接下来我们便开始拉花之旅了。

## 牛奶拉花桃心图案的基本步骤

### 融合部分

将牛奶以垂直角度注入咖啡中，流距与流量成正比，可适当晃杯起到搅拌作用，

▲铂澜咖啡学院拉花教学的常见造型示意图（培训师宋康红作品）

但注意不要冲散表面的咖啡油脂。当液面高度达至半杯左右，即可停止倾倒，完成融合阶段。

### 成型部分

咖啡杯保持倾斜状态，以咖啡液面接近杯口附近为佳。将奶缸下沉，使奶缸导流嘴接近杯口，觑准距离杯口约为 1/3 的位置为牛奶注入点，快速放低奶缸嘴，使牛奶以接近平行的角度“滑”到油脂上，此时油脂液面会出现一团略像豌豆形状的“白色圆点”。

保持流距与落点不变，咖啡杯随液面升高缓缓回正，白色圆点逐渐扩大。此时轻轻左右摆动奶缸，不断滑入油脂液面的奶沫轨迹开始出现 S 形的纹理，并逐渐堆叠成一个同心圆形图案。

### 收尾部分

咖啡杯逐渐回正到水平位置，与此同时将奶缸嘴口向上稍稍抬起，将流量变小。随后一边将咖啡杯与奶缸上下分离，一边将奶缸往杯子前点移动，使得此时注入的牛奶从同心圆中心点切过去，一直走到咖啡杯边缘前点，停止倾倒牛奶。心形图案就此形成。

## 牛奶拉花树叶图案的基本步骤

### 融合部分

将牛奶以垂直角度注入咖啡中，流距与流量成正比，可适当晃杯起到搅拌作用，但注意不要冲散表面的咖啡油脂。当液面高度达至半杯左右，即可停止倾倒，完成融合阶段。

### 成型部分

咖啡杯保持倾斜状态，以咖啡液面接近杯口附近为佳。将奶缸下沉，使奶缸导流嘴接近杯口，觑准距离杯口约为 1/2 的位置为牛奶注入点，快速放低奶缸嘴，使牛奶以接近平行的角度“滑”到油脂上，此时油脂液面会出现一团略像豌豆形状的“白色圆点”。

保持流距与落点不变，咖啡杯随液面升高缓缓回正，白色圆点逐渐扩大。此时轻轻左右摆动奶缸，不断滑入油脂液面的奶沫轨迹开始出现 S 形的纹理，并逐渐堆叠成一个同心圆形图案。边摆动奶缸边将奶缸快速向后移动至杯沿，注意流距和流量不要发生变化，此时液面的 S 形纹理会被拉长至杯沿部分。

### 收尾部分

咖啡杯逐渐回正到水平位置，与此同时将奶缸嘴口向上稍稍抬起，将流量变小。随后一边将咖啡杯与奶缸上下分离，一边将奶缸往杯子前点移动，使得此时注入的牛奶从 S 形纹理中线切过去，一直走到咖啡杯边缘前点，停止倾倒牛奶。树叶图案就此形成。

# 77

# 其他经典花式咖啡

咖啡赋予政客智慧，让他们看清楚黑夜掩盖了什么。

——亚历山大·蒲柏（18 世纪英国诗人）

## 康宝蓝

康宝蓝（Con Panna）是与 Macchiato 类似的一款传统意式咖啡饮品。同样使用小巧的 Espresso 咖啡杯，在基底 Espresso 之上挤上鲜奶油，嫩白的鲜奶油轻轻漂浮在深沉的咖啡上，宛若一朵出淤泥而不染的白莲花。咖啡饕餮之徒们喜欢将康宝蓝不搅拌一仰脖直接喝下，那种苦涩与甜香令人难忘。可惜国人对它的认知度不高，很多咖啡馆里都已不见它的身影。

## 摩卡咖啡

添加巧克力的卡布奇诺是传统意义上的摩卡咖啡（Cafe Mocha），但最近十几年来，随着星巴克等一大批商业咖啡馆的风味改良，咖啡馆里最常见到的摩卡咖啡已是由 Espresso、热牛奶、巧克力酱和打发鲜奶油混合而成的花式咖啡饮品。制作摩卡咖啡所需的热牛奶与拿铁咖啡相同，重点在于牛奶是加热，而非打发。咖啡的醇苦与牛奶、奶油以及巧克力混合后，是一种醇香浓郁、滑腻适口、苦甜交融的丰富滋味。

虽然摩卡咖啡热量较高而广受爱美人士、女性朋友的诟病，但其滋味实在太过诱惑，多年来一直是全世界咖啡馆的经典畅销饮品。此外，很多店家喜欢在摩卡咖啡上点缀肉桂粉、可可粉、饼干碎屑或七彩米，使其口感更加丰富，视觉冲击力更强，但此举对于咖啡风味多有负面效应。

## 皇家咖啡

皇家咖啡（Royal Coffee）作为最知名的咖啡鸡尾酒之一，同样也是一种咖啡的美好展现形式。

▲皇家咖啡

洋溢着贵族气质、浪漫精神和男人味的皇家咖啡是咖啡与美酒的完美融合，据说因法国皇帝拿破仑而得名。浸润过白兰地的方糖燃烧着蓝色火焰，四溢的酒香从匙中流入深邃的黑咖啡里，轻呷一口，醇香醉人。多年前我曾尝试过用数十款不同品牌的白兰地与不同的黑咖啡调制皇家咖啡，大大奢侈过一把，最终结论已然忘了，只留下一番情趣在心间。有人认为皇家咖啡是最有男人味且最受男性欢迎的咖啡，洋溢着男性荷尔蒙的气息，也有人认为皇家咖啡是男女间调情或求爱的最佳饮品。你觉得呢？

作为世界上最美味的酒精饮料之一，狭义的白兰地（Brandy）就是加强版葡萄酒，广义来论还包括葡萄果渣白兰地和其他各种水果白兰地，产地遍布全球，品类与风味五花八门。钦慕干邑（Cognac）文化的朋友自然可以从这一产区选择，“干邑四大”——轩尼诗（Hennessey）、人头马（Remy Martin）、马爹利（Martell）和拿破仑（Courvoisier）都可以用来调制皇家咖啡，加上匹配的咖啡风味不一，就已经有了几何级数的风味呈现可能。如果再将法国雅文邑（Armagnac）、西班牙赫雷斯（Jerez）、意大利格拉帕（Grappa）等考虑在内，便是构建一家咖啡馆完整的夜间酒水单又有何难？智利的知名白兰地 Pisco 会采用花果香气明显的麝香葡萄（Muscat）制成，如果匹配同样花果香气四溢的埃塞俄比亚 SOE，会有非常不错的加成效果，感兴趣的读者可以自行尝试。

调制皇家建议使用容量适中的骨质瓷咖啡杯，首先倒入备好的美式黑咖啡 130~150 毫升（用手冲黑咖啡替代亦可）。将咖啡匙平放在杯口，匙上搁一块方糖。再将 6 克白兰地小心翼翼淋在方糖上，务必使方糖浸润，多余白兰地会盛满咖啡再少许流入杯中。用打火机点燃方糖，可看到蓝色的火焰幽幽燃烧。待方糖燃烧过半，用咖啡匙将其在咖啡中搅拌即可。

## 爱尔兰咖啡

因歌颂爱情而生的爱尔兰咖啡（Irish coffee）是与皇家咖啡一般大名鼎鼎的花式咖啡饮品、全世界最知名的咖啡鸡尾酒之一。爱尔兰威士忌甘甜、芬芳的独特口感与具有澄澈气质的黑咖啡相融，再辅以耐热杯中烤杯升温，鲜奶油点缀，体现了爱情的纯洁高贵、思念的执着无邪。没有品尝过爱尔兰咖啡，何谈思念？

▲爱尔兰咖啡

调制爱尔兰咖啡，我们一般将 15 毫升威士忌倒入耐热的爱尔兰专用玻璃杯中，在杯中先放入一块方糖，使其浸润酒液。随后用打火机点燃杯中爱尔兰酒，约 10 秒钟，让酒香与方糖香融合并散发出来，再将备好的 140~150 毫升美式黑咖啡（用手冲黑咖啡替代亦可）倒入杯中。最后用打发鲜奶油在咖啡上沿杯壁绕圈，逐层向内均匀挤满咖啡表面即可。

▼创意花式咖啡不仅追求颜值，更要追求口感

# 78

# 浅谈全自动咖啡机

咖啡将英国人和整个国家从酒精的深渊中解救出来，但它一直都是个外人。它让英国人变得喜怒行于言表，思维更加敏锐，但这些无法长期保留在英国人的性格中。

——海因里希·爱德华·雅各布（德国作家）

## 从一场“不同寻常”的人机 PK 赛说起

2018 年夏天，铂澜咖啡学院里举办了一场有趣的人机 PK 赛，一方由德国美乐家 Melitta Cafina XT6 全自动商用咖啡机出战，出品之前花 1 小时做参数精心调试。另一方则由经验丰富的咖啡培训师代表人类出战，双方均使用完全相同的咖啡豆和牛奶。

PK 分作两个环节，第一个环节比拼美式黑咖啡，第二个环节比拼奶咖（无拉花且搅拌混合均匀）。公平起见，比赛以盲测形式进行，规定时间内多杯连续出品，我们邀请了多达 40 位观众充当评委团。

两个小时紧张激烈的 PK 全部结束后，大家明显松了一口气，两个环节均是人类胜出。但如果细看，人类一方并非是以压倒性优势胜出，两轮中均有少数评委中意咖啡机的出品，尤其是美式黑咖啡 PK 环节，全自动咖啡机仅以几票的劣势惜败。

## 关于全自动咖啡机

在我看来，这场人机 PK 赛透露的信息很多：

首先，全自动咖啡机这些年技术突飞猛进，尤其是在定价较高的商用机型上，

硬件配置出众，实用性技术挖掘到位。以 Thermoplan Black&White 4 全自动咖啡机为例，与高端半自动咖啡机一样，它也采用了独立双锅炉设计，不仅咖啡加热与牛奶加热系统分开，牛奶加热与奶泡打发的温度还可以独立设定，两套磨豆组件均采用独立的磨豆马达，再辅以萃取流速自动调节的 ISO 校正系统，着实给力。前文提及的 Melitta XT 全自动咖啡机与之功能相当，能够实现不同温度下的高品质奶泡打发，自动清洁系统非常强大，甚至还引入了变压萃取系统。这些都充分说明，那些在半自动咖啡机世界还引以为傲甚至不可思议的技术创新，在全自动商用机世界里早已成了“标配”。

其次，全自动咖啡机的连续出品稳定性是人类难以企及的巨大优势，Melitta Cafina XT8 可以实现每小时 250 杯稳定出品，再加上扫码支付等功能，可实现一站式服务，在某些场合已经具备绝对优势。2017 年至今，无人咖啡工作站、无人咖啡售卖机、新式连锁咖啡品牌等出现了井喷式发展是有一定道理的，全自动咖啡机已经可以取代半自动咖啡机成为某些场景的必然首选。

再者，全自动咖啡机在咖啡出品质量上已经具备挑战人类咖啡师的实力，彻底达到并超越人类只是时间问题，而且时间不会很长。咖啡师们要有紧迫感和压力，但也无须恐惧。全自动咖啡机技术越先进，出品质量越高，却越是无法离开人类的参与，“人机结合”将是个延续的话题。但机器对于人类的依赖不再是漫长而枯燥的日常出品过程，纯粹一线出品的咖啡师岗位已经受到了空前挑战，而机器所依赖的是出品前人类进行的综合参数调试和感官评测，能够提供强力技术支持和全程解决方案的咖啡专家即将迎来黄金时代。

此外，出品技术出众的全自动咖啡机目前定价还高高在上，瞄准的都是高大上的商用消费场景。而瞄准居家、办公室等消费场景的全自动咖啡机虽然定价便宜，但出品质量普遍还难令人满意，未来三五年，这一现象可能会出现改变，越来越多的高性价比全自动咖啡机将走入人们的生活。

最后，创意无限的牛奶拉花艺术、充满工匠精神的手冲出品、人性化和针对性的顾客服务、咖啡感官培养与训练、将咖啡文化融入售卖的体验全程等，才是独立咖啡店所应拥有的筹码。对于咖啡馆，要么彻底享受科技进步的成果，全店升级改造，尽可能降低人工等成本；要么淋漓尽致展现人的价值和魅力，将人性化进行到底。

# 79

# 新贵：胶囊咖啡机

顾客的品位需要时间去培养，如果用太好的咖啡，顾客可能因为难以接受高昂的价格而流失。

——SASA（2015WBC 冠军）

## 胶囊咖啡机

另有一种颜值超高、小巧精致、专为都市一族精心设计的全自动咖啡机，我更习惯称之为超级全自动——胶囊咖啡机（Capsule Coffee Machine）。首先你需要选择中意风味的咖啡胶囊，将其塞入小巧的机器中，一键按下，一杯还算不错的咖啡便呈现在你面前，与速溶咖啡以及那些低端家用全自动咖啡机相比，这无疑能接近你对好咖啡的诸多想象。网上还曾有这么一种说法：判断一家定位于“品质生活人士”的场所（如高档酒店等）是否名副其实，可以关注其室内摆放的是美式滴滤咖啡机还是胶囊咖啡机。

之所以将胶囊咖啡置于意式咖啡章节里介绍，便是考虑到其制作原理与意式浓缩咖啡如出一辙。据说发明者 Eric Favre 便是当年在意大利咖啡馆里喝咖啡时观察咖啡师萃取制作的过程，一时受到启发，才有了今天的胶囊咖啡机。

## 胶囊咖啡机工作原理

我们事先将磨好的咖啡粉密封在铝制胶囊中，可能还会充入惰性气体（更好地将风味封存并延长保质期）制成一粒粒精美的咖啡胶囊。使用时，只需将胶囊塞入咖啡机中，两者必须匹配，咖啡机通常采用加热块技术，利用产生的高压水蒸气，微型电机带动引导槽前进，将胶囊咖啡送进冲泡器里面，并将胶囊压向冲泡器里面的刺针，刺穿胶囊实现破包，咖啡粉与加热系统泵入的热水在高压下混合，美味的浓缩咖啡萃取出来。与此同时，微型电机反转带动引导槽后退，将用完的胶囊带出冲泡室。

## 胶囊咖啡的应用场景

大约 10 年前，我还在北京经营着咖啡馆门店，雀巢旗下胶囊咖啡品牌 Nespresso（奈斯派索）正好开启北京市场推广计划，并将我们这些咖啡馆作为了“主攻目标”进行逐一拜访。一位金牌销售在店里为我私人定制了一场胶囊咖啡体验课，让我第一次见识到这种早在 1976 年便由雀巢发明的神奇家伙，心中着实震撼也颇为心动——任何能够减少用人成本的事儿都会令我们店主心动。

但是对于我们咖啡馆经营者来说，下定决心将块头巨大、售价数万元的半自动咖啡机替换为小巧精美、不过数千元的胶囊咖啡机也并不容易，除了权衡初期购买投入，还需考虑多方面的因素：每杯咖啡出品的物料成本，以及全店的咖啡氛围营造、人文主义精神培育等。事实上果然如此，这些年胶囊咖啡机发展势头迅猛，但走进的多半是家庭、酒店、会所和办公室，很少听说有专业咖啡馆成为它们的客户。

## 胶囊咖啡系统

胶囊咖啡是一套系统，由咖啡胶囊与咖啡机两大要件组成，两者之间需要匹配，雀巢 Nespresso、雀巢 Dolce Gusto、Illy、Lavazza、绿山 K-cup、Tassimo 等都是现在认可度非常不错的胶囊咖啡系统品牌，此外还有越来越多的品牌正在涌进市场。

胶囊咖啡生意的本质非常类似打印机生意——售卖打印机本身虽有利润，但是利润并不丰厚，卖家愿意大幅让利使你轻松拥有机器，却更指望着后续通过售卖源源不断的耗材来获取更多利润——打印机的耗材是墨盒、墨水和硒鼓，胶囊咖啡机的耗材无疑就是咖啡胶囊了。这种生意模型使得咖啡胶囊系统中咖啡胶囊与咖啡机的匹配成为一个现实问题：除了完全开放的绿山 K-cup 系统鼓励咖啡胶囊生产商加入，其他的基本上购买哪家的机器，就必须永远忠诚地购买哪家的胶囊。我的建议是，消费者可以先从选择咖啡胶囊入手，信赖某一家的咖啡风味之后，再去选择对应的咖啡胶囊机。

# Chapter 10

## 好坏优劣，咖啡感官评估

我们所说的味觉有甜、咸、酸、苦、鲜五种，平日我们所尝都是这五种味觉感受复杂混合、相互影响、彼此干扰的结果，最终使得人可以分辨 5000 余种味觉信息。而“辣”其实是化学物质刺激细胞，在大脑中形成了类似于灼烧的刺激感觉，可以理解为热感与痛感的叠加，并不是味觉感受。一杯好咖啡中五味皆有，强弱不一，彼此完美融和，令人神往。

# 80
# 辨味识咖啡：味觉与咖啡

我们太多人，把太多精力放在精品咖啡豆上，而不是放在市场上。可能我们太过于专注追寻瑰夏，并未专注去发掘一些83~84分的豆子，向顾客介绍咖啡做得也不够。

——SASA（2015WBC 世界冠军）

## 从味觉说起

只有能溶解、有味道的物质在口腔中适当刺激，才能给我们带来味觉感受。我们分泌唾液将呈味物质溶解，当溶液中的味觉刺激物反馈到味觉感受器——味蕾时，味蕾中的味觉细胞就将这种刺激的化学能转化为神经能，然后沿舌咽神经传至大脑中央后回，味觉感受就此形成。

我们所说的味觉有甜、咸、酸、苦、鲜五种，平日我们所尝都是这五种味觉感受复杂混合、相互影响、彼此干扰的结果，最终使得人可以分辨5000余种味觉信息。而“辣”其实是化学物质刺激细胞，在大脑中形成了类似于灼烧的刺激感觉，可以理解为热感与痛感的叠加，并不是味觉感受。一杯好咖啡中五味皆有，强弱不一，彼此完美融和，令人神往。

## 雾化喷洒

人的舌头上具有四种乳突，数量最多的

丝状乳突没有味蕾，即没有味觉功能，而环状乳突、片状乳突和菌状乳突都有味觉功能。舌面的不同部位对不同味觉刺激的感受是不同的，舌尖对甜味、舌前两侧对咸味、舌边后部对酸味、舌根对苦味最敏感。小孩子舔冰棍便是为了放大甜的感受，而“两颊生津”则是对于酸味敏感区的真实写照。不恰当的品鉴动作可能会将某一种味道人为放大，最终产生偏颇的结论，比如仰脖子一杯而尽的豪爽派便可能将咖啡液更多往舌根倾倒，从而将苦味人为放大。不管是品酒还是品咖啡，都建议采用“啜吸”的方式，将口腔中的液体雾化，随后尽可能广泛地喷洒在舌面上，更加均衡且真实地感受其味道。

## 味觉因人而异

味觉因人而异，世界上约有 25% 的人为天生味觉灵敏型，约 25% 的人为天生味觉迟钝型，剩余约 50% 为普通人，通过后天训练和潜力激发可以做到优秀。包括 SCA 感官、CQI QGrader 考核在内的诸多关乎感官的职业考核，其实首要任务便是将 25% 左右的天生迟钝型排除在外。

当然，不同种族、年龄、性别等，感官灵敏程度也是概率有别。以年龄为例，人们舌体上轮廓乳头上味蕾的数量平均有 200 个，少年儿童高达 250 个，而到了 50 岁，味蕾数量开始萎缩锐减，到 70 岁以上时，这个数量会掉落到 88 个左右。当然，老年人味觉感知能力的锐减也与唾液分泌减少密切相关。某些亚洲国家的年轻女性就有相对较高的味觉优秀率，更适合从事品酒师、品茶师和咖啡品鉴师等职业。对此我深有同感，很多咖啡零基础的年轻女孩来铂澜学咖啡品鉴就非常轻松，进步之快和成绩之优都令人吃惊，只能用老天爷垂青来解释。

此外，味觉感受能力也与此时此刻的生理状况密切相关。比如说，饥饿时对甜和咸的感受灵敏度就升高，而对酸和苦的感受则下降；吃饱以后，一切就反转过来。味觉的感受性和嗅觉也有密切关系，如果感冒导致嗅觉下降，也会影响味觉感受能力。参加感官考核，最怕的就是感冒，一旦中招，基本上就没戏了。

## 品尝温度很关键

很多人去咖啡店里点咖啡，拿到咖啡后就急不可耐来上一大口。温度很烫怎么办？没事啊，可以一边吹一边喝，很多年纪偏大的国人还会觉得这样“趁热喝”暖胃又养生。实则不然，长期饮用 65℃以上的热饮会刺激和伤害食道和口腔，增加患食道癌的风险。

其实，品尝温度与味道的辨识十分相关。大量研究已证明，最能产生味觉神经兴奋的温度在 10~40℃之间，又以 30℃最敏感。难怪专业的咖啡品鉴和评估中，都要在不同温区对呈杯风味进行评价打分，从热一直喝到接近室温，只有这样才能真实且全面地了解咖啡风味。

## 12 秒理论

根据科学研究，人们感受不同呈味物质刺激的时间和强度都有差异，但感觉差异变化时间范围约为 12 秒。换句话说，我们啜吸咖啡液在口里，不管最终是吞咽还是吐出，应该让咖啡液在口腔中保持数秒钟的停留时间（倒是无须 12 秒那么久），这样才能比较真实且完整地感受。

# 81

# 辨味识咖啡：咖啡中的味道与触感

吸烟与咖啡结合会产生综合影响。不管是否吸烟，饮用咖啡都能对人体起保护作用，而且对非吸烟者的保护作用更强。

——西班牙学者分享于第26界世界咖啡科学大会

## 五种基础味道之一：甜

甜味是人类最重要的基本味觉，在全球几乎所有的文化中，甜都象征着幸福美好。这是为什么呢？糖类分子是植物光合作用的产物，是来自孕育万物的太阳光，代表了生命延续必不可少的能量。当我们感受到了甜，就会本能地产生吞噬获取的欲望，这是漫长岁月中生物进化使然，想要克服谈何容易？

味道有强弱，我们一般将10%蔗糖水溶液在20℃时的甜度定义为1.0。浓度增加，甜度也会增加，但不成正比。甜度高低是评价一款黑咖啡品质好坏的核心因素，

“甜度饱满”“甜度丰沛”“高甜”等都是对于咖啡的溢美之词。精确把握采收咖啡鲜果的时间，保证果实成熟度、测量含糖量是保证咖啡甜度的起点，也是最重要的一步。

黑咖啡呈杯品尝时，感受到的甜味主要来自于焦糖化反应与美拉德反应生成的水溶性甘甜物质，在适宜的咖啡饮用温度范围内(60℃以内)，相同浓度的甜在味觉感受上差异总体并不大，尤其是对蔗糖影响较小，影响最大的是果糖，因此果糖更多被用于调制冰咖啡。

## 五种基础味道之一：咸

咸味是食品中不可或缺的基本味道，是由中性盐类化合物离解出的正负离子共同作用的结果——阳离子产生咸味并能产生副味，阴离子抑制咸且决定了咸的程度。日常饮食中，味蕾受氯化钠中的氯离子作用而产生的感觉就是我们定义的纯正的咸味。以无机盐为例，咸味随着阴、阳离子或两者的分子量增加，会有越来越苦的发展趋势。

黑咖啡呈杯品尝时，感受到的咸味主要来自于水溶性钠、钾、锂、溴、碘的化合物，它们更多来自于种植土壤环境。印度尼西亚、印度的阿拉比卡种咖啡，以及罗布斯塔种咖啡中咸味比较容易被觉察到，且常被我们判定为负面特征。浓度太高或者烘焙太深的咖啡豆，由于有机酸的消耗，咸味比较容易觉察，这也是意式浓缩咖啡更易觉察出咸味的原因。

## 五种基础味道之一：酸

酸味是舌黏膜受到氢离子刺激而产生的一种味觉感受，其中 $H^+$ 酸味剂 HA 的定味基，用来产生酸味感，而阴离子 $A^-$ 是助味基，影响酸的风味。不同的酸有不同的味感，氢离子浓度、酸味剂阴离子的性质、总酸度和缓冲作用等都会影响酸味呈现。

品尝黑咖啡时，复杂的酸感来自于浓度不一、种类繁多的酸味剂——30 多种有机酸和无机酸磷酸。首先，浓度对于酸味影响很大，强酸的酸味必然大于弱酸，因为强酸在相同浓度下会产生更多的氢离子。适宜的低浓度、高品质酸质能使人愉悦并促进食欲，增加咖啡的“骨架感”，浓度过高则会适得其反，会加强苦味、强化涩感、抑制醇厚度。其次，相同氢离子浓度下，各种酸的味道取决于其助味基阴离子。例如，醋酸的酸味反而大于盐酸，当然酸中不同的阴离子会使酸味夹带上其他味道，如苦味、涩感等，导致酸得不纯粹。此外，不同的酸感呈现状态也不同。柠檬酸清爽感与新鲜感突出，感受先强后弱；酸强与柔和度都超过柠檬酸的苹果酸则持续性较强；酒石酸先抑后扬，余韵突出；而磷酸则可能表现出两面性：带来热带水果酸味和活泼性之余，也可能夹带负面尾韵。最后，温度对于酸味影响之大远超其他味道，高温容易使酸味消失，温度下降则酸味愈发明显。

## 五种基础味道之一：苦

作为“中药五味”之一的苦，苦味的呈现机制众说纷纭，目前有空间位阻说、三点接触学说、内氢键理论、诱导适应学说等。多数天然苦味物质都具有毒性，苦感是动物(包括人类)初始排毒反应的天性，并在进化过程中得以延续，动物和人类都本能地厌恶、拒绝单纯和浓烈的苦味。因此，人类对苦的感受来得虽慢，却敏感度最高(阈值极低），最易被觉察。胆汁、奎宁、蛋白质水解物的某些肽、羟基化脂肪酸以及本书关注的绿原酸分解物、美拉德反应生成物类黑精、生物碱等都是致苦物质，只是程度不一。从这个意义上说，拒绝哪怕只是微苦的咖啡、茶、啤酒、可可、橄榄或者其他食物，是一种原始本能反应。而接受这些微苦食物则是后天习惯养成后，摆脱本能局限后的改变。

一杯品质卓越、从烘焙到萃取控制得当的好咖啡主要呈现的是类似果汁的酸甜风味，并没有突出的苦味，但是对个别“苦味极度敏感者”来说，还是会苦不堪言。所幸 2000 年前后，美国和日本都已经陆续研发出完全从天然物质中提取制作的各种苦味抑制剂，可以将其添加到咖啡等食物或药物中，其目的是使人舌头上感知苦味的味蕾受到麻痹，其中的苦味便不会传播到人的大脑。

## 五种基础味道之一：鲜

鲜味来源于日语“Umami”一词，于 1908 年由一位日本东京大学教授首次发现，翌年日本味之素公司便申请了味精专利，但直到 2002 年，科学家才在舌头上找到了谷氨酸钠的受体，正式验证了第五味的真实存在。鲜味剂亦称“风味增效剂”或增味剂，它们不影响其他味觉刺激，只增强其各自的风味特征，从而改善食品的特性，这些年的使用已经非常普遍。

鲜味来自于蛋白质里的一种叫谷氨酸钠的氨基酸，随着 pH 的改变，它甚至可以产生咸、鲜、酸等不同风味变化，着实很难被明确定义。它柔和而余味悠长，引导唾液分泌，好似舌头上一种毛皮般柔软的感觉，刺激喉咙以及口腔上颚。就这种味道感受本身而言，鲜并不美味，但它造就了各种各样的美味食物，尤其是与香气匹配之时。就像其他基础味道，美好的鲜味只存在于一个相对有限的浓度范围，最佳鲜味也有赖于一定量的咸味。与此同时，低盐食物能够保持一种令人愉悦的鲜味。

正是由于鲜味被人们确认比较晚，相关研究也并不深入，所以在一般讨论咖啡品鉴与葡萄酒品鉴时，我们都不会对鲜味着力强调。

## 味道间的相互作用

一杯咖啡中，呈味物质彼此之间有非常复杂的相互作用，简单来说就是味道之间的相乘、消杀、疲劳和转化，我们品尝到的则是最终平衡后的结果。在 SCA/CQI 的咖啡感官学习训练中，会有味觉考核专门探讨这一话题。咖啡烘焙与研磨冲泡的核心使命之一也是通过各种手段来尽可能实现风味最佳平衡，以达到最好的感官体验。比如说，甜味的适量增加会降低酸度，咸味的适量增加会减弱苦的感受，而酸味的增加则可能提高咸度、降低甜感。

## 触感与咖啡

触感也是咖啡呈杯风味中很重要的一环。事实上对于我们中国人来说，口感好坏更是食物决定性的因素。什么是口感呢？可以大致描述为食物在口腔中所引起的感觉的总和，包含味觉、硬度、黏性、弹性、附着性、温度感等。

我们在这里提及的咖啡触感又更习惯被叫作体脂感(Body)、醇厚度或咖体，可以看作是口感的一个子集，更多强调咖啡液在口腔和上颚带来的重量感、黏稠感和顺滑感，非常类似于品酒学中提及的酒体(Body)概念，描述语有“厚重”“轻盈”“柔绵”“顺滑”等。咖啡体脂感是咖啡感官体验中的骨架，支撑起嗅觉与味觉体验，缺少了这个，如同得了软骨症一般。咖啡的滑顺与厚薄口感，主要是优质结合蛋白质、纤维质等不溶于水的微小悬浮物共同形成的胶质体，再加上蔗糖等物质，在口腔所产生的一种奇妙触感。根据不同咖啡冲泡及过滤设备不难判断，如下各款咖啡的体脂感呈现依次下降趋势：意式浓缩咖啡，法压壶、滤布手冲、滤纸手冲。

我们需要将涩感放在咖啡触感中加以讨论。虽然科学家认为涩感物质往往具有抗菌、抗癌、抗氧化、保护神经等作用，但是在感官体验上，这种与唾液蛋白质之间反应形成的或干燥，或粗糙，或褶皱，或收敛的感觉，却令人不愉悦。

在舌头和上颚产生涩感的物质主要有4类，分别是多酚类化合物、酸类化合物、乙醇、丙酮等脱水剂，以及多价金属的阳离子盐(如铝盐)，咖啡中的涩感主要来自于绿原酸和酒石酸等多酚化合物。绿原酸及其烘焙受热分解产生的奎宁酸是咖啡涩感的主要来源。但是好咖啡中的糖分含量较高，能够有效综合涩感。劣质咖啡中由于奎宁酸、酒石酸和咸味化合物成分较多，而糖分较少，涩感很容易暴露出来。涩感的呈现又会加强苦味，降低甜度。

涩感是一种尚在研究中的复杂感觉，人们找到了在保持食物中现有对人体有益的涩感物质(去除涩感物质不易也是原因之一)的同时，又能降低涩感的方法。比如在黑咖啡或茶中加入牛奶，就是由于牛奶中的蛋白质与单宁酸等多酚类化合物产生氢键作用，从而降低了涩感。咖啡中加入蔗糖也能适当降低涩感，这是由于蔗糖可以使唾液量增加，以及蔗糖本身的润滑作用造成的。

# 82

# 闻香识咖啡：嗅觉与咖啡

其实消费者并不在意咖啡师是怎样做出咖啡的，他们真正在意的是咖啡的品质。机器更擅长提供品质稳定的产品，那么就让人去做人更擅长而机器无法实现的事情吧，比如品控和服务。

——Matt Perger（2012WBrC 冠军）

## 嗅觉概述

嗅觉（olfaction）是对空气中化学成分气味刺激的感受能力，而气味是能够引起嗅觉反应的物质。对动物来说，嗅觉是关乎躲避危险、寻觅食物、交配繁衍等生死存亡的核心能力，其实“人之初”同样如此。人的嗅觉比视觉更原始，比味觉更复杂，许慎在《说文解字》就告诉我们，“鼻”本字就是自己的“自”，古时读音也是一般，中文有个词汇叫“鼻祖”，而我们指代自己时都会不由自主指向鼻子，诸多蛛丝马迹都能看出鼻子的地位不同寻常。

事实却很遗憾，整个文明时代都伴随着对嗅觉的轻视或偏见，柏拉图就曾认为芳香剂只是妓女用来取悦他人的，弗洛伊德等哲学家认为触摸和嗅闻算不得高尚。

到了 20 世纪，崛起的现代神经科学也仅将视觉当作发展突破口，嗅觉和味觉尤其是嗅觉被再一次忽视。早期的嗅觉产生理论问世于并不遥远的 1952 年，正如人类进化过程中嗅觉明显且持续退化那般。

直到进入 2000 年，嗅觉系统的研究才取得了突破性进展，化学感受领域的黑暗时代正在终结，其标志性事件之一是 2004 年诺贝尔医学奖授予了研究人体气味受体和嗅觉系统组织方式的美国科学家。更有大量心理物理学研究表明，人类的嗅觉能力其实并不弱，反而具备很好的感受低水平气味的能力，那些被尘封在进化的漫长岁月里的潜能需要激发和挖掘。比如说，嗅觉敏感性远比味觉要高很多，嗅觉能够感受到的乙醇溶液浓度要比味觉感官所能感受到的浓度低 24000 倍。

咖啡烘焙过程中一系列复杂化学反应生成了上千种芳香物质，目前科学家已经分离并确认出 850 多种，并发现呋喃类化合物和吡嗪类化合物是香气的主要来源。

## 人体嗅觉产生机制

最新科研认为，人体内存在着 1000 个基因编码用于辨别最多约 1 万种不同的气味。人体的嗅觉系统由主嗅觉系统、附属嗅觉系统、终神经系统和三叉神经系统这四部分组成，目前只有主嗅觉系统研究相对清晰，其他三类的嗅觉形成机制尚处探索中。

人的嗅觉器官由左右两个鼻腔组成且中间有鼻中隔，覆盖整个鼻腔内壁和鼻中隔表面有一层鼻黏膜，黏膜厚度在 10~50 微米，其表面分泌富含脂质成分的黏液，吸入的空气中必须含有一些能够引起嗅觉的物质——水溶性、脂溶性或挥发性的溴素，这样才能溶解被接纳，从而到达嗅上皮与嗅觉纤毛接触，纤毛里有由多种蛋白组成的嗅觉感受器，这里是嗅觉的出发点，随即嗅觉刺激被传送到嗅觉中枢所在，最终产生嗅觉。

## 提高湿度有助于嗅觉

周遭潮湿的空气有助于提高嗅觉灵敏程度，但我所处的北京则较为干燥，湿度经常只维持在 20%~30% 之间。于是我们在日常做咖啡杯测时，为了提高大家的嗅觉感知，往往会开启空气加湿器，或者建议学员用清水清洗一番鼻腔，尤其是鼻腔内侧。此举不仅可以将灰尘颗粒清除掉以利于呼吸通畅，更因为水溶液比干燥的空气能够俘获更多引起嗅觉的气味分子——它们在水中的溶解系数比在空气中大 10~1000 倍，由此最大化来刺激嗅觉感受器。

## 嗅觉易于疲劳

嗅觉较之其他感官更加易于疲劳，对某种气味完全适应后反而无感，长时间用力去嗅闻往往适得其反，这是嗅觉长期作用于同一种气味刺激而产生的适应现象。正应了古人一句话:“入芝兰之室，久而不闻其香；入鲍鱼之肆，久而不闻其臭。”

我们在嗅闻咖啡时，尤其是多杯咖啡进行横向比较的场景（如杯测），越是心情紧张之下埋头用力嗅闻，效果往往越不佳。而嗅觉对同款咖啡香气的刺激疲劳后，灵敏度再恢复需要一定时间。更为糟糕的是，在嗅觉疲劳期间所感受的气味本质有时也会发生变化，导致发生偏差，这一点在做三角杯测时需要关注。建议可以通过嗅闻一下自己手腕、袖口或其他物体来快速缓解嗅觉疲劳。

## 气味混合效应需要关注

当不同气味彼此混合在一起时，会让结果变得十分复杂。最常见的情况大致五种:

1. 某些主要气味特征受到压制或掩盖，无法辨认混合前的气味。人们利用这个原理发明了空气清新剂、除臭剂等。

2. 混合后气味特征变得不可辨认。

3. 某种原有气味被压制或掩盖。使用调料掩盖某些食材的腥味便是一例。

4. 混合后原来的气味特征彻底改变形成一种新的气味。

5. 保留部分原来的气味特征，同时又产生一种新的气味。我们在嗅闻咖啡香气时，上千种不同的挥发性气体彼此之间发生着极为复杂的如上作用，实际上等同于一位无形的调香师在精心搭配，而对于我们来说，只需要将最终可以清晰辨认的气味描述出来。

## 嗅觉因人而异

嗅觉因人而异，世界上有高达 14% 的人先天性对某种或某些气味毫无嗅感。比如有 2% 的人对于熏天的汗臭毫无感觉。除了嗅觉强度本身的差异，嗅闻者的身体状况、心理状态和实际经验等都会对结果产生巨大影响。不仅不同种族、性别、年龄的人差异巨大，不同职业、生活习惯、所处地域的人也会有截然不同的嗅觉灵敏程度和认知体系。对于每一人来说，每天不同时段生理状态不同，嗅觉差异也很大。一般来说，早间是全天嗅觉最灵敏的时段，而饭后则陷入一个低谷。一旦患上感冒，鼻腔内的嗅细胞被覆盖，使气味物质很难刺激嗅细胞，嗅觉能力就会大打折扣了。

## 嗅香需要一点技巧

嗅觉受体位于鼻腔最上端的嗅上皮内。在正常的呼吸中，吸入的空气并不会大量通过鼻上部，而更多会通过下鼻道和中鼻道进入。这导致带有气味物质的空气只能极少量而且缓慢地通入鼻腔嗅区，所以我们只能感受到比较微弱的气味，“微有所察”便是这个道理。

那么提高嗅觉强度的正确方法是什么呢？我的建议如下：作收缩鼻孔式的适当用力吸气，或煽动鼻翼式的较急促呼吸，与此同时，把头部稍微低下对准被嗅闻物质（如咖啡粉或咖啡液），使气味自下而上地导入鼻腔，使空气易形成抽送入内的涡流。这样一来，气体分子就能尽可能多地接触到嗅上皮，从而引起嗅觉的增强效应。正确的嗅闻最多连续进行三次，避免陷入嗅觉疲劳。

## 啜吸的重要性

我们日常吃东西的时候，通过咀嚼，气流会从口腔上升到鼻咽部，从而让嗅觉器官也参与到美味的享受之旅中，小孩吮吸冰棍，让芳香气体从口腔不断灌入鼻腔，也是同样道理。一旦感冒鼻塞或者捏住鼻子，所能感受到的就只有酸甜苦咸鲜等基本味道了，此时损失掉的可辨识性内容可能非常关键。

曾有研究表明，品酒过程中味觉及口感所占的比重并不少于嗅觉感知，甚至更多。但是咖啡品尝则不同。曾有实验表明，让人们捏着鼻子去盲品咖啡（不告知所饮用的就是咖啡），很多人甚至根本无法判断出喝下去的就是咖啡——超过 90% 的可用来辨识咖啡的信息内容都损失掉了，难怪会如此。由此进一步说明嗅香对于咖啡品鉴的重要性，以及适当关注饮用咖啡方法对于享受咖啡的重要性——我们借助咖啡杯测匙将舀取的咖啡液送到唇边齿间，再通过啜吸的方式喝咖啡，口腔中的咖啡液被雾化并使得更多空气顺势灌入，此举虽然可能发出些许不雅的声音，但却是专业品鉴的不二法门。

# 83

# 闻香识咖啡：咖啡风味轮攻略

事实上，人类在面临困境时，内心深处都会有同一种渴望：喝一杯香醇的、热气腾腾的咖啡。

——Alexander King

## 咖啡香气的分类并不容易

世界上的气味种类繁多，在200万种有机化合物中，约40万种都有气味且各不相同。由于气味没法明确定义，也很难定量测定，所以只能借助于分类进行描述。但是给纷繁复杂的气味分类，究竟应该根据人的感官认知？还是情绪投射？还是化学分子量？抑或是外观性状？对咖啡香气的描述和分类同样面临这些问题，各种版本的咖啡气味谱图或风味轮不断涌现，记录了人们探索的过程。瑞典博物学家林奈曾把植物的香气按照带给人的愉悦程度差异分作七类，后来荷兰生理学家茨瓦登马克在此基础上进行了扩展完善并归纳为九大类，这是我们探讨咖啡香气分类的第一个版本。

1962 年问世的 Jone Amoore 气味分类法认为，樟脑、麝香、花香、薄荷香、乙醚味、刺激味和腐臭味是基本气味，其他气味的产生都是如上七种基本气味中几种气味混合的结果，有欧洲咖啡企业就将此引入自己的标准化体系中。

## 关键：日常嗅觉训练

香气是咖啡的关键，也是走进咖啡世界最核心区域的密钥。一杯咖啡摆在眼前，咖啡品鉴师只需嗅闻一下，啜吸一口，便能说出多个关键词，且言之有物。而毫无经验的初学者则一脸懵圈，难以开口。彼此之间差异为何这么大？这种差异往往并不体现在先天嗅觉能力上，而是因为前者经过了专业系统的训练，哪怕只是数天强化训练也会卓有成效，而后者从来没有将日常接触的饮食气味与记忆建立联结。

在铂澜咖啡学院，我们曾经做过为期数年的细致观察，学员们能脱口而出的风味关键词不超过十个，诸如蜂蜜、土豆、黄瓜、柠檬、巧克力等，板蓝根冲剂、止咳糖浆、烤地瓜等也是大家绞尽脑汁后容易蹦出的风味词汇，显然都是日常生活中密切接触的食物，不知不觉间建立了嗅觉记忆。嗅觉与学员日常生活习惯、饮食结构等也有密切关系。来自盛产水果的南方学员显然具备一定的先天优势，他们能够建立记忆的水果风味明显超过北方学员。例如，这几年随着电商平台的爆发式发展，百香果、木瓜、榴梿、火龙果、山竹等热带水果在北京已经司空见惯。但是十年前，大部分北京居民恐怕都没吃过百香果。而在福建厦门等地，百香果则是路边最普通廉价的零食罢了。更不用说番石榴、释迦、莲雾、麻豆文旦、红皮香蕉等在中国台湾能叫人吃到绝望的水果，只怕一部分北方读者还没见过。

日常习惯的养成更加重要。大家可以去观察身边学龄前的小孩子，但凡吃食物，他们都会习惯性先嗅闻一番，再放入口中咀嚼。而越是成年人，这种“好习惯”保留得越少，拿到食物就往嘴里递送者居多。倒是相当比例的欧美成年人还保留着更多先嗅闻再品尝的习惯，值得学习。我的建议是：从此时此刻做起，从日常饮食生活做起，先嗅闻并刻意记忆，再开始品尝，如此只需坚持一年，你将成为一名“嗅觉高手”。

## 葡萄酒与咖啡闻香瓶

此外，使用一些工具来刻意训练则是快速提升的有效途径。法国让•勒努瓦先生从 1981 年推出第一版嗅觉训练工具酒鼻子( Le Nez du Vin )至今，其研发的葡萄酒闻香瓶和咖啡闻香瓶已经广受认可，SCA 及 CQI 等专业咖啡机构均将其作为咖啡品鉴师的嗅觉训练工具。这几年随着咖啡产业的高速发展，尤其是处理加工环节的日新月异，咖啡风味正处于井喷式爆发期，36 香咖啡闻香瓶已经不够用，这两套闻香瓶完全可以兼而用之，不仅给了我们一整套非常实用的咖啡干湿香气描述关键词表，还是辅助我们日常品鉴咖啡、训练嗅觉感官的好助手。

比如说咖啡闻香瓶，将 36 种香气分作 4 大组别，每组 9 瓶：酶催化组别香气主要在浅度烘焙时集中呈现，糖褐化组别香气

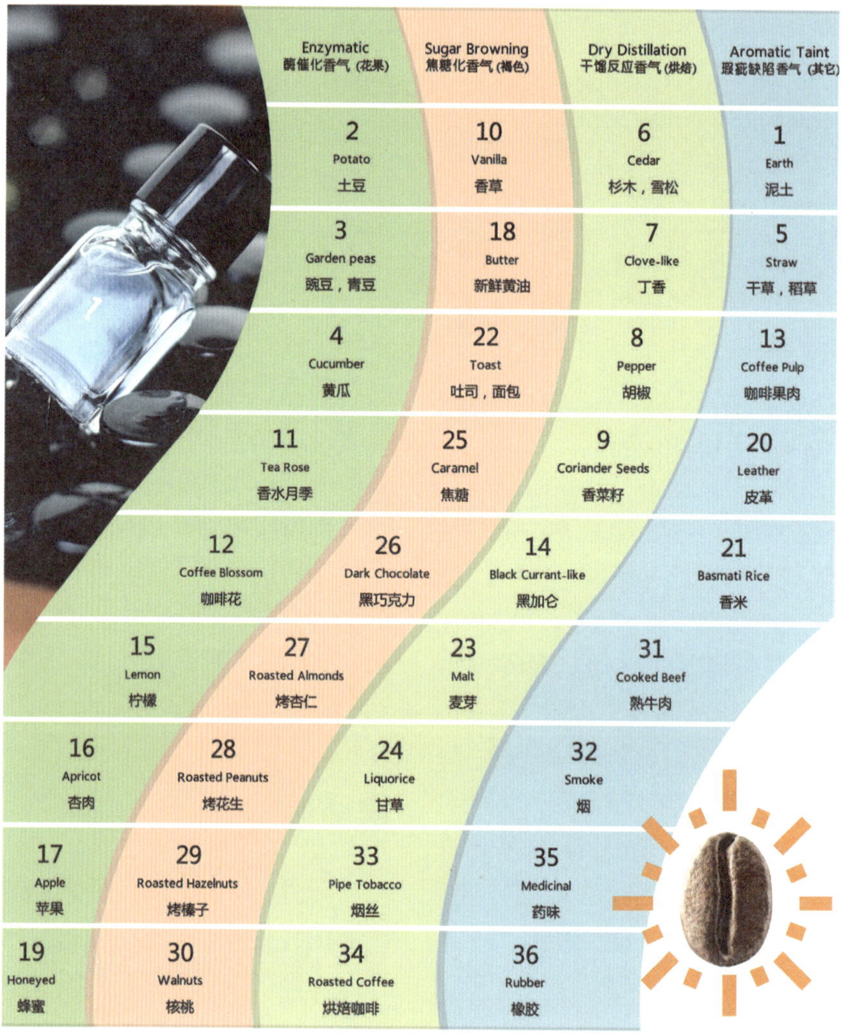

| Enzymatic 酶催化香气 (花果) | Sugar Browning 焦糖化香气 (褐色) | Dry Distillation 干馏反应香气 (烘焙) | Aromatic Taint 瑕疵缺陷香气 (其它) |
|---|---|---|---|
| 2 Potato 土豆 | 10 Vanilla 香草 | 6 Cedar 杉木，雪松 | 1 Earth 泥土 |
| 3 Garden peas 豌豆，青豆 | 18 Butter 新鲜黄油 | 7 Clove-like 丁香 | 5 Straw 干草，稻草 |
| 4 Cucumber 黄瓜 | 22 Toast 吐司，面包 | 8 Pepper 胡椒 | 13 Coffee Pulp 咖啡果肉 |
| 11 Tea Rose 香水月季 | 25 Caramel 焦糖 | 9 Coriander Seeds 香菜籽 | 20 Leather 皮革 |
| 12 Coffee Blossom 咖啡花 | 26 Dark Chocolate 黑巧克力 | 14 Black Currant-like 黑加仑 | 21 Basmati Rice 香米 |
| 15 Lemon 柠檬 | 27 Roasted Almonds 烤杏仁 | 23 Malt 麦芽 | 31 Cooked Beef 熟牛肉 |
| 16 Apricot 杏肉 | 28 Roasted Peanuts 烤花生 | 24 Liquorice 甘草 | 32 Smoke 烟 |
| 17 Apple 苹果 | 29 Roasted Hazelnuts 烤榛子 | 33 Pipe Tobacco 烟丝 | 35 Medicinal 药味 |
| 19 Honeyed 蜂蜜 | 30 Walnuts 核桃 | 34 Roasted Coffee 烘焙咖啡 | 36 Rubber 橡胶 |

▲法国咖啡闻香瓶分类描述表

主要在中度烘焙时集中呈现，而干馏反应组别的香气则主要在深度烘焙时集中呈现。最后还有一个其他组别，其中某个香气对于个别品鉴者来说可能令人愉悦，不过这个组别属于瑕疵缺陷香气，经常由于咖啡从采收处理直至烘焙某个环节的疏漏才会造成这种典型性香气。

## 旧版咖啡品鉴师风味轮

建议大家在简单了解如上内容的基础上，再去学习咖啡品鉴师风味轮（Coffee Taster's Flavor Wheel）。这个于1997年由SCAA顾问专家Ted Lingle编制的风味轮，是继啤酒、葡萄酒之后又一个被广泛接受的饮品风味轮，也是第一个由业内专家编制的咖啡风味轮，今天我们将其称作旧版或经典版。如果说前面讲解的闻香瓶主要用于训练嗅觉，并构建常见气味关键词的记忆，那么咖啡风味轮的实用性则更大。

经典版风味轮的右侧香气（Aromas）部分呈扇形多层布局展开。我们要遵循由里圈至外圈、顺时针方向来观看。由此不难发现，香气被分作酶催化作用（Enzymatic）、糖褐变反应（Sugar Browing）和干馏作用（Dry Distillation）这三大群组，分别整理了从小到大不同分子量的气体分子，大体对应着咖啡烘焙由浅到深的全过程，这一层级与36香咖啡闻香瓶完全一致。

酶催化作用（Enzymatic）组别主要是浅度烘焙下释放的高挥发性、小分子量气体分子，是果实成熟和处理加工阶段酶催化（酶促反应）产生的有机酸等风味物质热解释放的结果，美拉德反应也是造香的重要原因之一。由于这些物质更多与树种基因、生长环境及采收处理等密切相关，是某款咖啡特色风味表达的主要形式，量少稀缺又不耐高温、易分解，更显得宝贵异常。

酶催化作用组别又分作3类：花香（Flowery）、果香（Fruity）和草本香（Herby）。其中花香与果香无疑最讨好，在辨析不清楚细节的情形下，笼统一句“花果类香气”已成为大家对好咖啡最常用的描述用语。但是花果香气之外的草本类香气就不一定那么受人欢迎了。浅度烘焙时常常会呈现的葱蒜味（Alliaceous）和豆蔬味（Leguminous），如果极其轻微倒无妨，如果过于强烈就十分不妙，其问题出自咖啡生豆甚至是树种基因，也有时是由烘焙缺陷如发展不足、焗烤等所致。

糖褐变反应组别主要是浅度烘焙至中度烘焙下释放的中等挥发性、中等分子量气体分子，以美拉德反应和焦糖化反应同为“幕后元凶”，具体又分作3类：坚果类（Nutty）、焦糖类（Carmelly）和巧克力类（Chocolaty）。可以这么说，几乎所有咖啡呈杯风味中都有这个组别的香气呈现，只是程度不同而已。我们在描述咖啡香气时，最喜欢笼统提到这些关键词，想要细分却十分困难。在过去五年的CQI QGrader教学考核中我们发现，糖褐变反应的香气识别是一次通过率最低的嗅觉测试组别，而我考察的欧美咖啡感官教学中，本地学员们明显对此更加驾轻就熟。因此我猜想，这可能与国人从小吃坚果和巧克力数量较少、品类不丰富有关。

干馏作用（Dry Distillation）组别主要是中深烘焙至深度烘焙下释放的低等挥发性、大分子量气体分子，是诸多化学反应综合作用的产物，具体又分作3类：树脂类（Resinous）、香料类（Spicy）和碳烤类（Carbony）。

除了这个咖啡风味轮，另有一个瑕疵风味轮与之匹配，从每一种具体的瑕疵风味中，我们可以追溯探讨造成这种不愉悦风味的具体原因，从采收、处理到存放、烘焙，各环节均有可能。但是随着精品咖啡产业的快速发展和日趋主流化，生豆品质越来越好，人们很难从精品咖啡中捕捉到那么多的瑕疵风味，且消费者无一例外都将注意力放在了着迷的特色风味上，因此瑕疵风味轮的使用场景也逐渐凋零了。

## 新版咖啡品鉴师风味轮

2016年1月，SCAA联合世界咖啡研究组织WCR（World Coffee Research）发布了新版咖啡品鉴师风味轮（Coffee Taster's Flavor Wheel），简称新版咖啡风味轮，这是21年来首次对旧版咖啡风味轮的更新工作，美国多所大学科研机

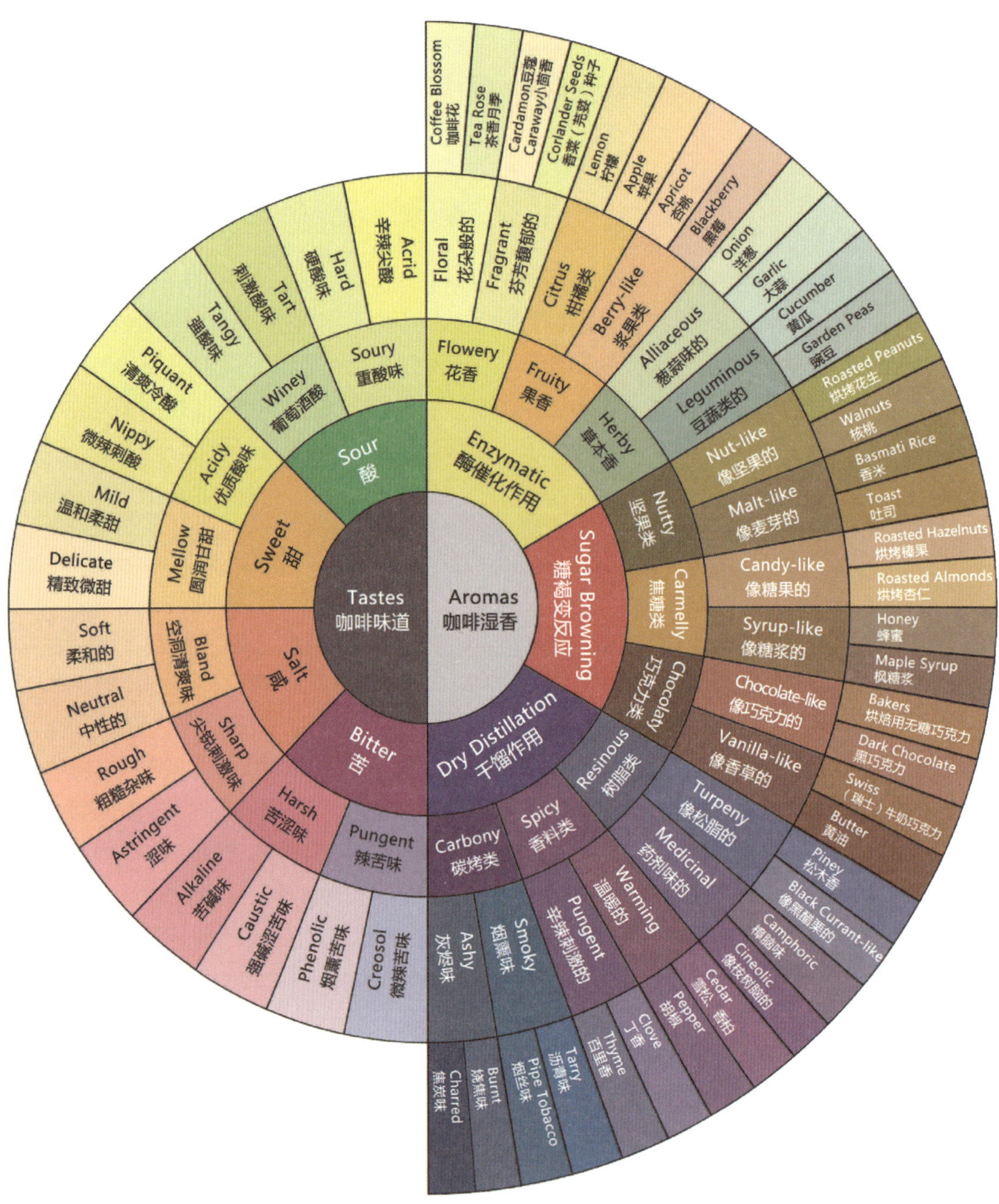


▲ Ted Lingle 等编制的经典版咖啡风味轮

▲小咖侠微信小程序正在通过手机杯测等形式收集不同性别、年龄、地域的中国咖啡消费者对于不同类型咖啡的风味感受，最终构建属于国人自己的咖啡风味轮，让咖啡更加接地气

构的专家参与其中。新版咖啡风味轮参照《世界咖啡感官研究大辞典（*The World Coffee Research Sensory Lexicon*）》中的词汇排列方法进行了大量补充，并将旧版两张风味轮整合为一个，便于大家学习和携带。

## 学习攻略

SCA 官网上详细讲解了新版咖啡风味轮的学习使用方法，感兴趣的读者可以自行下载。我根据自己的理解对其做个归纳。

首先，作为一名初学者我们要整体通读，记忆风味关键词是学习的第一步。相同风味群组使用了类似且贴切的颜色，将有助于我们的记忆。这一步最是煎熬，前路漫漫。正应了那句“昨夜西风凋碧树，独上高楼，望尽天涯路”。新版风味轮中收纳了大量旧版中没有的关键词，仅花果类关键词就有不少全新内容。

其次，我们需要将新版咖啡风味轮用于日常咖啡品尝或专业杯测中，在嗅闻干湿香气和啜吸等环节中实际感受、慢慢体会。脱离了实际场景应用的风味轮只是一张花里胡哨的图表，纸上谈兵没有任何意义，大胆地与他人交流，努力去表达你感受到的关键词吧！

再次，以中心部位为起点，逐步向外围延展去学习和体会，越是靠近外层，描述越是具体详尽。我们尤其要基于每个关键词彼此之间的差异性来体会，关注不同风味关键词之间的关联可以观察彼此间的色差和间隙（GAP）。具体做法：先确定一个香气类别，再努力确定某个隶属于这个类别的具体关键词，这个过程中不要去查看风味轮。待心中有了答案再去翻看，将这个类别中的关键词列表与自己心中的答案进行印证权衡。

新版咖啡风味轮是基于堪萨斯州立大学感官分析中心编写的《世界咖啡感官研究大辞典》所制定的，对照这本手册学习扩展，再关联到咖啡品尝或杯测，就算是进阶了。由于手册中涉及的内容多，关键词也很多，需要付出很多努力，正应了那句话“衣带渐宽终不悔，为伊消得人憔悴”。如果条件允许的话，可以去尽可能多地准备些书中描述的食物，如水果、果酱、果露、花卉、植物等，用以加深印象，建立感官记忆。很显然，我们前文中详细介绍过的葡萄酒闻香瓶和咖啡闻香瓶就可以发挥大作用了。

SCA 官网学习指南建议在完成前面学习的前提下，再一次回到咖啡风味轮，从中心部位起步，逐步向外围延展重新梳理一遍。这一次我们要更多关注每一个相邻风味关键词之间的细微差异，做到明确辨析，并结合风味轮上的配色细细体会，到了这一步就可以说步入了高阶之境。

最后，我们已经有了足够的基础和自信，应该适当脱离风味轮所涉关键词本身，用母语（比如说中文）和我们身边的生活场景来描述解读，想起另一句词“众里寻他千百度，蓦然回首，那人却在灯火阑珊处”。到了这一境界已经可以做到信手拈来，随心所欲，纵使品尝咖啡时，冷不丁冒出诸如柿饼、野酸枣、龙眼、王致和腐乳、老坛酸菜牛肉面、荸荠等“古怪关键词”，也是有的放矢，不算哗众取宠了。

# CCT中国咖啡品鉴师风味轮

## China Coffee Taster's Flavor Wheel

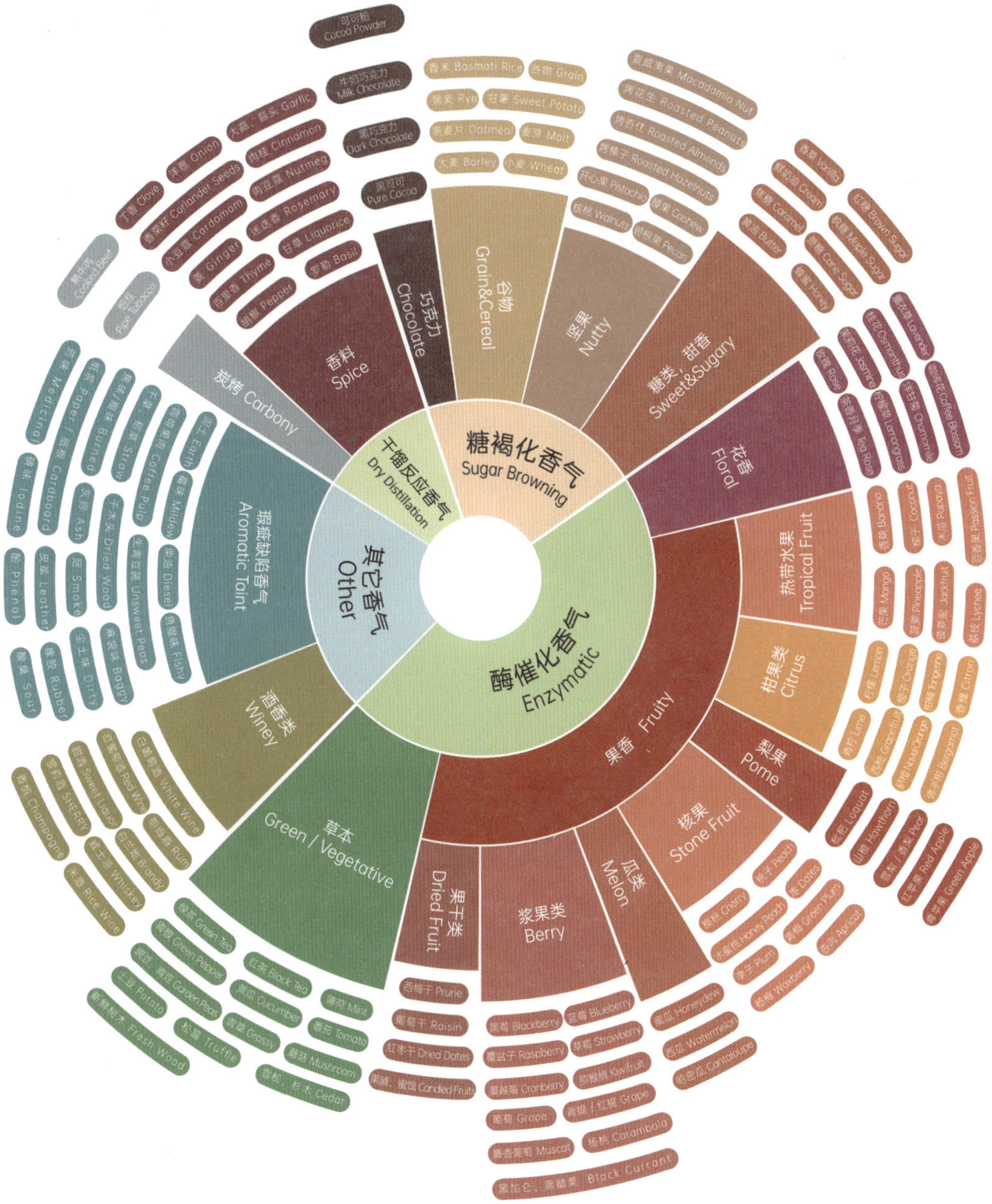

糖褐化香气 Sugar Browning
干馏反应香气 Dry Distillation
其它香气 Other
酶催化香气 Enzymatic

巧克力 Chocolate：可可粉 Cocoa Powder；牛奶巧克力 Milk Chocolate；黑巧克力 Dark Chocolate；黑可可 Pure Cocoa
谷物 Grain&Cereal：香米 Basmati Rice；谷物 Grain；黑麦 Rye；甘薯 Sweet Potato；燕麦片 Oatmeal；麦芽 Malt；大麦 Barley；小麦 Wheat
坚果 Nutty：夏威夷果 Macadamia Nut；烤花生 Roasted Peanuts；烤杏仁 Roasted Almonds；烤榛子 Roasted Hazelnuts；开心果 Pistachio；腰果 Cashew；核桃 Walnuts；碧根果 Pecan
糖类，甜香 Sweet&Sugary：香草 Vanilla；鲜奶油 Cream；红糖 Brown Sugar；焦糖 Caramel；枫糖 Maple Sugar；黄油 Butter；蔗糖 Cane Sugar；蜂蜜 Honey
花香 Floral：薰衣草 Lavender；桂花 Osmanthus；咖啡花 Coffee Blossom；玫瑰 Rose；茉莉花 Jasmine；洋甘菊 Chamomile；柠檬草 Lemongrass；茶香月季 Tea Rose
热带水果 Tropical Fruit：香蕉 Banana；椰子 Coconut；木瓜 Papaya；百香果 Passion Fruit；芒果 Mango；菠萝 Pineapple；菠萝蜜 Jackfruit；荔枝 Lychee
柑果类 Citrus：柠檬 Lemon；橙子 Orange；柑橘 Tangerine；香橼 Citron；青柠 Lime；西柚 Grapefruit；脐橙 NavelOrange；佛手柑 Bergamot
梨果 Pome：枇杷 Loquat；山楂 Hawthorn；雪梨 / 香梨 Pear；红苹果 Red Apple；青苹果 Green Apple
核果 Stone Fruit：樱桃 Cherry；桃子 Peach；水蜜桃 Honey Peach；枣 Dates；青梅 Green Plum；李子 Plum；杏子 Apricot；杨梅 Waxberry
瓜类 Melon：蜜瓜 Honeydew；西瓜 Watermelon；哈密瓜 Cantaloupe
浆果类 Berry：黑莓 Blackberry；蓝莓 Blueberry；草莓 Strawberry；覆盆子 Raspberry；猕猴桃 Kiwifruit；蔓越莓 Cranberry；青提 / 红提 Grape；葡萄 Grape；杨桃 Carambola；麝香葡萄 Muscat；黑加仑，黑醋栗 Black Currant
果干类 Dried Fruit：西梅干 Prune；葡萄干 Raisin；红枣干 Dried Dates；果脯，蜜饯 Candied Fruits
果香 Fruity
草本 Green / Vegetative：绿茶 Green Tea；青椒 Green Pepper；红茶 Black Tea；薄荷 Mint；豌豆，青豆 Garden Peas；黄瓜 Cucumber；番茄 Tomato；土豆 Potato；青草 Grassy；蘑菇 Mushroom；新鲜树木 Fresh Wood；松露 Truffle；雪松，杉木 Cedar
酒香类 Winey：香槟 Champagne；雪莉酒 SHERRY；甜酒 Sweet Liquor；红葡萄酒 Red Wine；白葡萄酒 White Wine；朗姆酒 Rum；白兰地 Brandy；威士忌 Whiskey；米酒 Rice Wine
瑕疵缺陷香气 Aromatic Taint：药味 Medicinal；纸张 / 纸板 Paper / Cardboard；碘味 Iodine；焦糊 Burned；稻草 Straw；咖啡果肉 Coffee Pulp；土味 Earth；霉味 Mildew；灰烬 Ash；干木头 Dried Wood；生青豆 Unsweet Peas；柴油 Diesel；鱼腥味 Fishy；酚 Phenol；皮革 Leather；烟 Smoke；泥土味 Dirty；麻袋味 Baggy；酸臭 Sour；橡胶 Rubber
炭烤 Carbony：熟牛肉 Cooked Beef；烟丝 Pipe Tobacco
香料 Spice：丁香 Clove；洋葱 Onion；大蒜，蒜头 Garlic；香菜籽 Coriander Seeds；肉桂 Cinnamon；小豆蔻 Cardamom；肉豆蔻 Nutmeg；迷迭香 Rosemary；姜 Ginger；甘草 Liquorice；百里香 Thyme；罗勒 Basil；胡椒 Pepper

▲为了适应我国咖啡行业高速发展的需要，CCT 咖啡品鉴师培训认证（China Coffee Taster Training Certification，简称 CCT）于 2020 年立项启动，并逐渐在全国咖啡行业迅速铺开。

# 84

# SCA/CQI 杯测：评估未至，准备先行

我可以用我的双脚在 1 分钟内打出 40 个字。如果喝上 2 杯咖啡，我甚至可以每分钟打 53 个字。

——尼克•胡哲

## 咖啡杯测的意义

同样一杯咖啡分别摆放在一群人面前，请大家给予评价。张三素来随和，点头微笑道：“很好。”李四脸上洋溢着满足至极的神色，伸出大拇指连声赞道：“太棒了！”王五一贯惜字如金，只挤出一个“好”字来。赵六则眉头微蹙，沉默许久幽幽道“还行”……

如上这样做咖啡品评会，越是增加样本量，结果越发叫人崩溃，也不可能得出有价值的结论。咖啡终究是种饮品，任何饮食的感官体验都是非常主观的感性行为，正所谓“萝卜白菜，各有所爱”，如果不能将其量化为一套众人遵循的统一标准，则难以客观呈现，更难以沟通交流。在精品咖啡时代以前，杯测等咖啡感官评估手段虽已诞生，但更多只是某些企业的内部行为，未能全行业普及，主要用来“找瑕疵、挑毛病”，认定咖啡品质更多凭借行业认证、专家背书、品牌营销、故事包装等手段，与咖啡是否真的好喝无关。

作为精品咖啡时代的标配之一，杯测已成为咖啡产业各环节进行购买决策、品质控制、差异评估、风味描述和偏好判定的利器。SCA/CQI 杯测表与 COE 杯测表是目前两大通用的杯测体系。另有 CCT 中国咖啡品鉴师杯测表等也广受欢迎，可以满

ECX

**Ethiopia Commodity Exchange**
**Preliminary Unwashed Coffee Quality Assessment**

Hawassa Whouse

Raw Value ______ Moisture Content ____ % Date ______
Cup Value ______ Retained on Screen 14 ____ % Code No ______
Total Points ______ Origin ______

| Grading Table | | | | | | | | | | | | | |
|---|---|---|---|---|---|---|---|---|---|---|---|---|---|
| RAW VALUE 40% | | | | | | CUP VALUE 60% | | | | | | | |
| Defects (30%) | | | | Odor (10%) | | Cup Cleanness (15%) | | Acidity (15%) | | Body (15%) | | Flavour (15%) | |
| Primary (count) (15%) | Pts | Secndary (Weight) (15%) | Pts | Quality | Pts | Quality | Pts | Intensity | Pts | Quality | Pts | Quality | Pts |
| <5 | 15 | <5 | 15 | Clean | 10 | Clean | 15 | Pointed | 15 | Full | 15 | Good | 15 |
| 6-10 | 12 | <10 | 12 | F. Clean | 8 | F. clean | 12 | M.pointed | 12 | M. full | 12 | F. good | 12 |
| 11-15 | 9 | <15 | 9 | Trace | 6 | 1 CD | 9 | Medium | 9 | Medium | 9 | Average | 9 |
| 16-20 | 6 | <20 | 6 | Light | 4 | 2 CD | 6 | Light | 6 | Light | 6 | Fair | 6 |
| 21-25 | 3 | <25 | 3 | Moderate | 2 | 3 CD | 3 | Lacking | 3 | Thin | 3 | Commonish | 3 |
| >25 | 1.5 | >25 | 1.5 | Strong | 0 | >3 CD | 0 | N.D | 0 | N.D | 0 | N.D | 0 |

| Classification | | | Grade & Points | |
|---|---|---|---|---|
| Yirgachefe A | UYCA | | Grade 1= 91-100 | |
| Yirgachefe B | UYCB | | Grade 2= 81-90 | |
| Jimma A | UJMA | | Grade 3= 71-80 | |
| Jimma B | UJMB | | Grade 4= 63-70 | |
| Sidama A | USDA | | Grade 5= 58-62 | |
| Sidama B | USDB | | Grade 6= 50-57 | |
| Sidama C | USDC | | Grade 7= 40-49 | |
| Harar A | UHRA | | Grade 8= 31-39 | |
| Harar B | UHRB | | Grade 9= 20-30 | |
| Harar C | UHRC | | UG= 15-19 | |
| Harar D | UHRD | | | |
| Nekempti | ULK | | | |
| Forest A | UFRA | | | |
| Forest B | UFRB | | | |

| Raw Defects | | | | | | | | | | | | |
|---|---|---|---|---|---|---|---|---|---|---|---|---|
| SCAA Primary Defects | | | Secondary Defects Observations | | | | | | | | | |
| Type | Bea | Gra | SCAA | 0 | 1 | 2 | 3 | Ethiopia | 0 | 1 | 2 | 3 |
| Full Black | | | Partial Black | | | | | Foxy | | | | |
| Full Sour | | | Partial Sour | | | | | Under Dried | | | | |
| Fungus | | | Floater | | | | | Over Dried | | | | |
| F. Matter | | | Immature | | | | | Mixed | | | | |
| Insect D. | | | Withered | | | | | Stinkers | | | | |
| Pod/Husk | | | Shell | | | | | Faded | | | | |
| | | | S. Insect D. | | | | | Coated | | | | |
| | | | Broken | | | | | Light | | | | |
| Total Primary Grade = (Transfer to Grading Table) | | | Soiled | | | | | Starved | | | | |
| | | | Total | | | | | | | | | |

Classification
Grade

| Name | Signature |
|---|---|
| Coordinator: | |
| Cupper 1: | |
| Cupper 2; | |

C.D- Cup Defect
N.D- Not Detected

▲埃塞俄比亚 ECX 的非水洗咖啡豆等级评估表，其中也包含杯测评估的内容

足不同场景和群体的感官评价需求。

作为一名咖啡烘焙师，我要求公司同事都具备足够的杯测能力，日常烘焙生产都是基于杯测结论来操作，“烘焙—杯测—思考讨论—再烘焙”，这是必须遵循、不断往复进行的工作流程，脱离杯测的盲目烘焙都是在暴殄天物。建议咖啡从业者先学习杯测等咖啡感官评估技能，在此基础上再学习其他咖啡技术知识，这无疑是一条捷径。而对于一名咖啡爱好者，杯测也是探究咖啡奥秘、享受咖啡之美的钥匙。

## 咖啡杯测十件套

专业咖啡杯测应该在光鲜明亮、干净无异味、安静无干扰、温度适宜的环境下进行，爱好者可以适当降低条件。用以称量咖啡豆的电子秤、用以计时的工具（计时器或手机）、用以盛放咖啡的杯测杯（附杯盖）、热水器具（最好附温度计）、用以破渣、撇渣和啜吸的杯测匙是必备的五项装备，如果要求严格一些，吐杯、涮洗杯、厨房专用纸巾、杯测表格（最好附板夹）和铅笔（最好附橡皮）也应该一并备好，这就是我们戏说的“咖啡杯测十件套”。合格的杯测匙只需是一次能舀取 4~5 毫升咖啡液的非活性金属制品即可，不过品鉴师（杯测师）出于专业精神和个人卫生等考虑，随身会配一把私人定制、甚或镌刻姓名的杯测匙，并视之如珍宝，若将杯测匙借与他人使用，可见双方交情之深。

SCA 杯测杯是容量 7~9 盎司（207 ~ 266 毫升）、口径 76 ~ 89 毫米的敞口直身玻璃杯，实际敞口瓷碗更为常见，以至于我们都习惯称之为“杯测碗”。若受条件所限，也可以选择干净无异味的纸杯，只需保证所有的

杯具容量大小和口径尺寸都完全一致。

## 杯测准备：样品烘焙

SCA/CQI 建议杯测使用的咖啡豆样品为杯测前 24 小时内烘焙、出锅后，快速风冷至室温（非水淬冷却），至少应放置 8 小时再包装好，并避光静置排气（无须冷冻或冷藏）。样品熟豆烘焙时长为 8~12 分钟且无瑕疵，以 M-Basic（Gourmet）Agtron 的标准色值来说，豆粉值为 #63（±1），使用色卡对应 #55~60 即可，更多详情可参见烘焙章节。

## 杯测准备：样品研磨

咖啡熟豆样品的研磨粗细度非常重要，可以从网上花几十元购买一个美国标准尺寸 20 目筛网，70%~75% 的咖啡粉能够通过滤网便是我们需要的粗细度，此时平均 1 颗咖啡豆被分解为 600 个颗粒，微粒直径约为 0.85 毫米。

对于爱好者来说，杯测时每个样品称量一杯即可，这样既简单又节省豆子。如果是专业杯测，则需要逐杯严格填写杯测表上样品的一致性（Uniformity）和干净度（Clean Cup），那么同一个样品需要逐杯称量、逐杯研磨，并准备 5 杯。此外，每个样品研磨前必须先用 10 颗以内豆子干洗一下磨豆机，我们称之为“洗磨”。

## 杯测准备：粉水比例

咖啡杯测采用的是完全浸泡式萃取，理想的冲泡粉水比例为 8.25 克咖啡对应 150 毫升热水，即 1:18.18。一般先确定注水总量，再调整咖啡投放的量（±0.25 克）。注水总量怎么确定呢？专业的杯测碗内壁会有水位线标注，可以作为参考。直接注到十分满是更常见做法，这样方便后续破渣和撇渣。

## 杯测准备：杯测用水

杯测用水必须新鲜干净、无色、无沉淀、无异味、无氯残留，不建议使用蒸馏水或纯水，更多细节可以参考水质章节。建议的注入热水在温度 200° F±2° F (92.2~94.4° C，一般取 93℃），随着杯测环境的海拔高度可能会有所调整，比如说在昆明，水的沸点在 94℃上下，杯测时需要直接使用沸水。

## 杯测准备：关于注水

应尽可能将研磨咖啡熟豆与注水冲泡之间的间隔缩短，以减少芳香物质挥发，比如控制在 15 分钟以内。纵使是盖上盖子，也应于 30 分钟以内尽快注水。注水是个技术活儿，短短数秒的注水过程中，在保证所有咖啡粉完全浸润的前提下，各杯注水总量要完全一致，既不能少，也不能从杯口漫出来。

注水伊始粉水开始接触，我们就要开始计时，静置等待 3~5 分钟，这个过程中不可搅拌或挪动，等预设的时间到了，统一开始破渣操作。我们希望每个样品尽可能受到公平一致的“待遇”。所以注水、静置、破渣都要尽可能统一对待 . 如果桌上样品较多，大家彼此间的默契配合就显得特别重要了。

# 85

# SCA/CQI 杯测：感官评估全攻略

窗外下着雪，泡一杯咖啡，握到它凉了，才知道又想起了你。我的期待你如何才能明白！

—— 柏拉图

## 了解评价尺度

我们拿起一张 SCA 杯测表，首先应该关注右上角的评价尺度( Quality Scale )。由于我们是针对精品咖啡作感官评估，6.x 分是我们评价的起始区间，按照 0.25 为最小刻度将本区间分为 6.00 分、6.25 分、6.50 分和 6.75 分这 4 个具体评分，英文描述是“Good”，中文描述为“尚可”，或者称作“还凑合”更加恰当。给予 6.x 并不是令人满意且愉悦的，在精品咖啡评估中应该算作是一种明确的负面差评。

Specialty Coffee Association

Specialty Coffee Association Arabica Cupping Form
SCA杯测表

Name: 姓名
Date: 日期
Table no: 表号

Quality Scale

| 6.00 - GOOD | 7.00 - VERY GOOD | 8.00 - EXCELLENT | 9.00 - OUTSTANDING |
|---|---|---|---|
| 6.25 | 7.25 | 8.25 | 9.25 |
| 6.50 | 7.50 | 8.50 | 9.50 |
| 6.75 | 7.75 | 8.75 | 9.75 |

Sample No. 样品编号 | Roast Level of Sample 烘焙程度 | Fragrance/Aroma 干/湿香气 Score 6–10 Dry 干 Qualities 品质 Break 湿 | Flavor 风味 Score | Aftertaste 余韵 Score | Acidity 酸质 Score Intensity 强度 High 高 Low 低 | Body 体脂感 Score Level 程度 Heavy 厚 Thin 薄 | Uniformity 一致性 Score | Balance 平衡性 Score | Clean Cup 干净度 Score | Sweetness 甜度等级 Score | Overall 综合考虑 Score | Defects (subtract) 缺点(扣分) Taint - 2 Fault - 4 # of cups 杯数 × intensity 强度 = | Total Score | Notes: 备注 | Final Score 最后分数

Sample No. 样品编号 | Roast Level of Sample 烘焙程度 | Fragrance/Aroma 干/湿香气 Score 6–10 Dry 干 Qualities 品质 Break 湿 | Flavor 风味 Score | Aftertaste 余韵 Score | Acidity 酸质 Score Intensity 强度 High 高 Low 低 | Body 体脂感 Score Level 程度 Heavy 厚 Thin 薄 | Uniformity 一致性 Score | Balance 平衡性 Score | Clean Cup 干净度 Score | Sweetness 甜度等级 Score | Overall 综合考虑 Score | Defects (subtract) 缺点(扣分) Taint - 2 Fault - 4 # of cups 杯数 × intensity 强度 = | Total Score | Notes: 备注 | Final Score 最后分数

Sample No. 样品编号 | Roast Level of Sample 烘焙程度 | Fragrance/Aroma 干/湿香气 Score 6–10 Dry 干 Qualities 品质 Break 湿 | Flavor 风味 Score | Aftertaste 余韵 Score | Acidity 酸质 Score Intensity 强度 High 高 Low 低 | Body 体脂感 Score Level 程度 Heavy 厚 Thin 薄 | Uniformity 一致性 Score | Balance 平衡性 Score | Clean Cup 干净度 Score | Sweetness 甜度等级 Score | Overall 综合考虑 Score | Defects (subtract) 缺点(扣分) Taint - 2 Fault - 4 # of cups 杯数 × intensity 强度 = | Total Score | Notes: 备注 | Final Score 最后分数

▲ SCA 杯测表

7.x 分（7.00 分、7.25 分、7.50 分和 7.75 分）是一个重要的评分区间，英文描述是“Very Good”，中文描述为“良好”，或者称作“及格”更加恰当。从单项来看，7.00 分迈进精品咖啡门槛前的最后一步，介于“精品与非精品”之间，而 7.25~7.75 分则属于明确的精品咖啡范畴，感官体验时应该是没有明显瑕疵且基本令人满意的。

8.x 分（8.00 分、8.25 分、8.50 分和 8.75 分）无疑是令人兴奋的精品咖啡，英文描述是“Excellent”，中文描述为“优秀”。我们专业咖啡人给予一款咖啡或某一个单项高度赞赏时，经常会用“上 8 分”来指代。如果是评价咖啡的香气或风味，8.x 分意味着能够明确感受到几个令人欢喜的美好关键词。至于 9.x 分（9.00 分、9.25 分、9.50 分和 9.75 分）则无疑是大神级别的咖啡，非常罕见难寻，英文描述是“Outstanding”，中文描述为“卓越”，在日常杯测中很少出现。

## 评估第一步：干湿香气

在样品研磨的 15 分钟内，我们应该去嗅闻干粉香气（Fragrance），待注水完成后的静置等待期，也可以去嗅闻一下香气，我们称作“壳香”。大部分情况下，静置 4 分钟后开始进行破渣（破杯）操作。专业杯测时会统一约定大家破渣的技术动作，进一步使不同样品的萃取一致性得到保障。常见的技术动作是：以杯测匙的背面从靠近自己的一端向远离自己的一端拨开表面咖啡粉层，一般重复 2~3 次。杯测匙在放进另一杯咖啡之前，需要用清水涮洗（使用涮洗杯）并基本沥干（使用厨房专用纸巾），这样可保证不同杯之间的咖啡液不会彼此混合。

破渣全部完成后再逐一进行撇渣操作，务必尽可能快速地将表面咖啡渣去除干净，这样可以保证啜吸时不会被粉渣呛着。撇渣的最常见方法是左右手各拿一把杯测匙，交叉横持，贴着液面和杯测碗边缘，从远离自己一端向靠近自己一端平平刮一遍。技术熟练的话，仅仅操作 2 下便可以搞定。

撇渣完成后，还有一些时间继续嗅闻咖啡液表面释放的香气，我们将此称为湿香( Aroma )。干湿香气的感受合在一起的总体评价写入杯测表格的 Fragrance/Aroma（干 / 湿香气）一项中。

## 评估第二步：风味、余韵、酸质、体脂感和平衡性

如果从注水开始计时，在 8:30~9:00 之间咖啡液的温度会降至 160 ℉( 约 70℃ )，这时就可以啜吸了。温度太高时着急啜吸并不可取，这样做不仅可能伤害味蕾和食道，感受的风味其实也并不明显，更何况世界卫生组织下属的国际癌症研究机构已经明确警告，长期饮用 65℃以上的热饮可能增加罹患食道癌的风险。有些经验丰富的品鉴师会使用散热良好的银质杯测匙，舀取咖啡液后吹几下再啜吸，这样自然不虞温度过高的问题。

啜吸的第一口温度相对最高，杯测表上的风味( Flavor ) 和余韵( Aftertaste ) 在此温区感受评估，随着温度缓缓下降，140~160 ℉( 60~70℃ ) 应该是我们的第二口，可以评估填写杯测表上酸质( Acidity )、体脂感( Body )和平衡性( Balance )这几项。事实上随着温度下降，我们会多次啜吸来综合权衡这几项，涂改变更也是常有之事，“落子无悔”只适用于下棋，不适用于杯测评分。

我们经常说一款咖啡风味好不好，可见“风味”是反应咖啡品质和特色的核心项目，用以描述咖啡液啜吸进入口腔后直至从鼻腔穿出这一过程中，味觉和嗅觉的综合感受，质地好坏、强度高低以及复杂性都要考量，是介于“干湿香气”与“余韵”之间的感官体验。

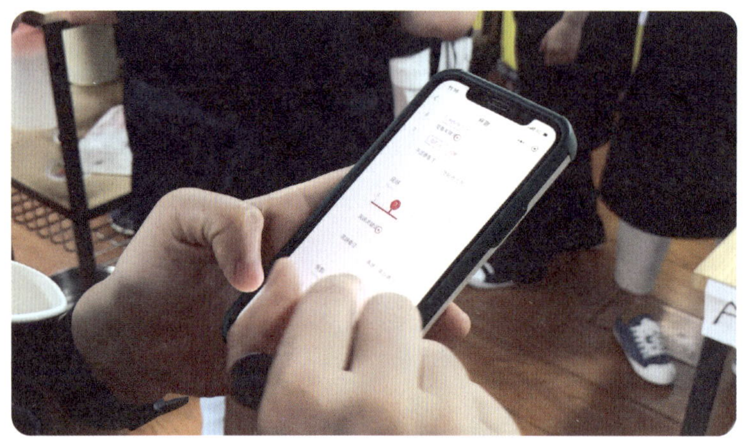

▲使用手机应用来杯测已成为咖啡行业的大趋势

“余韵”紧接着“风味”而至，是咖啡汽化、吞咽或吐出后，接下来短时间内口腔和上颚残留散发的感受。短促、空乏、紧涩、沉苦等都是可以给予扣分的负面评价。

良好的“酸质”经常会用“明亮”“明媚”“成熟水果”“活泼”等修饰，它给予了咖啡骨架感、甜度、新鲜感和活力，让人愉悦生津、胃口大开，是那种水果完全成熟后的甜美风味，而品质低劣的酸质则常用“酸腐”“沉闷”“尖锐”等形容词。可见“酸质”一项得分的高低取决于质地，即令人愉悦的程度，而不是酸度强弱高低。

“体脂感”又叫咖体，根据口腔中舌面和上颚之间咖啡液的触感来评价，是重量感、黏稠感和顺滑感的综合评价，除了“顺滑”一定优于“粗糙”，“厚实”“饱满”可能会获得高分，“轻盈”“柔绵”也有可能得到高分。

“平衡性”指的是风味、余韵、酸质和体脂感这四项之间和谐、调和、互补以及相互支撑的程度，这四项中某一项太过强烈或者太过平淡，都可能是我们在平衡性上给予扣分的合适理由。

## 评估第三步：一致性、干净度和甜度

随着样品温度进一步下降至接近室温时，温度大约在 100 ℉（37.7℃以下）时，我们开始评价一致性（Uniformity）、干净度（Clean Cup）和甜度（Sweetness）。专业杯测之时，品鉴师会逐杯进行针对性评估，并按照每杯 2 分，满分共计 10 分来评判。一旦在某一杯发现问题，我们会在对应小方格上打叉并扣除 2 分。

“一致性”非常好理解，“干净度”则指的是咖啡从啜吸入口到余韵为止，有没有破坏性的、不和谐的负面风味来冲击，不澄澈如一的浑浊感是最有可能在干净度一项扣分的原因。有两种情况需要额外关注。情况一：5 杯相同样品中的第 2 杯出现了干净度问题，那么需要打叉扣分之余，也要在对应的一致性上做扣分处理。情况二：5 杯相同样品中的第 2 杯出现了明显不同于其他 4 杯的风味，明显是另一款好咖啡，那么仅仅需要在对应的一致性上扣 2 分，干净度无须扣分。

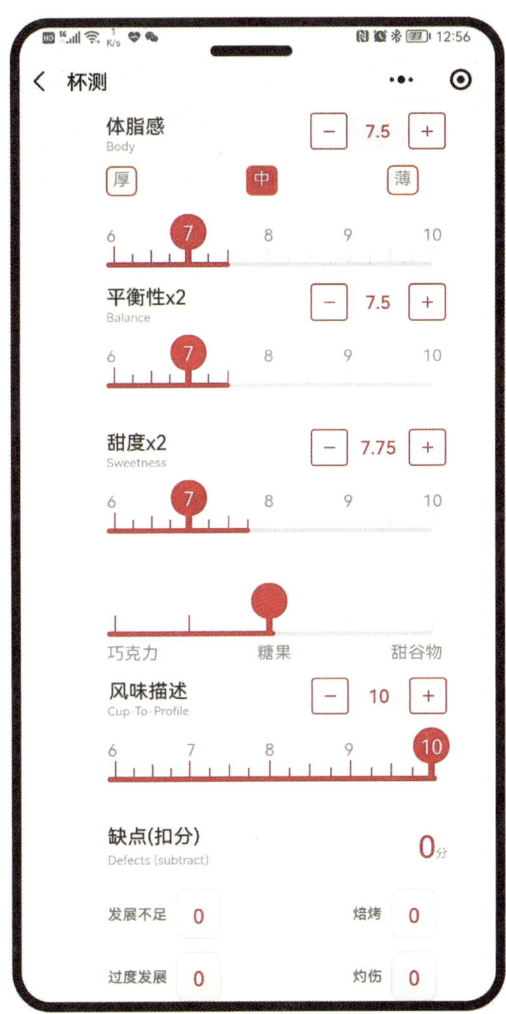


▲用来考察评价咖啡烘焙师技艺的烘焙赛杯测表与普通杯测表有诸多细微差别

我们做阿拉比卡种咖啡杯测时，不能指望黑咖啡如加了蔗糖的甜水那么明显发甜，“甜度”对应的反义词是酸腐、青涩、干涩、青草等风味。在实际杯测中，较高品质的阿拉比卡种咖啡由于果实成熟度足够，一定量碳水化合物的存在，品尝时都可以达到甜度要求，所以这一项常常可以给予满分判定。

## 评估第四步：评分

当杯测样品温度下降至室温 70 ℉（21℃）左右时，就应该停止杯测评价，此时我们先将第 10 个单项综合考量（Overall）填上，完成所有单项评分，再去计算总分及瑕疵扣分。综合考量的分数既要基于前面各个单项的实际得分，不能悬殊太大，也要适当将个人情感好恶融入其中，合理表达你对这款咖啡的整体评价，我们经常将其称为杯测者评分（Cupper’s Point）。

然后，将 10 个单项评分加起来，填写到右上方“总分（Total Score）”中。有了总分后，我们还要计算瑕疵缺陷（Defects）扣分。Defects 指的是负面或不好到足以影响咖啡品质的风味。其中程度比较轻微的强度设定扣 2 分，称

为“瑕疵（Taint）”，是能够被嗅闻或啜吸时觉察，令人蹙眉但并非压倒性的，勉强可以下咽的负面风味。而“缺陷（Fault）”则是程度比较严重的情况，强度设定扣4分，是一种明显的、压倒性的、难以接受的、根本无法下咽、必须立刻吐出的负面风味。瑕疵缺陷按照问题杯数统计后，将其从总分中扣除掉，得到这款样品的最终杯测评分（Final Score）。

## 值得补充说明

所有的单项和最终项杯测评分都写在各个区域的右上角方框中，最简化的一场杯测评分也必须完整填写这些项目才算真实有效。在杯测过程中，另有水平尺度用来临时标记和描述实时感受，垂直尺度用来记录强度（Intensity），备注（Notes）栏用于记录关键词作备忘查询。初学者可以适当简略，随着功力日渐精湛，这里可以记录的东西也会越来越多。

最后得分低于80分的咖啡样品为非精品级咖啡（Not Specialty），品质被认定为低于精品咖啡标准。80分及以上则被认定为精品级咖啡，其中80~84.99分被称为“Very Good”，我们习惯称之为“入门级精品咖啡”或“80+咖啡”，是精品咖啡大家庭中最为庞大的群体。85~89.99分被称为“Excellent”，已经堪称竞赛级精品咖啡，我们习惯称之为“85+咖啡”，严谨杯测下得到90~100分的咖啡样品则是被认定为“Outstanding”，是堪称惊世骇俗、不可多得的好咖啡，是咖啡世界金字塔尖的“明珠”。

通过完整咖啡杯测的讲解我们不难看到，SCA/CQI 杯测之所以广受认可，是因为其既科学严谨、一丝不苟，又并非吹毛求疵，而是充满了对咖啡上游劳动者的关怀。这些年我参加过全世界各地大量生豆评测，对此体会深刻。一方面，对于在种植管理和采收处理等环节认真打理的生产者来说，想要获得 80 分以上的精品级咖啡并不困难，因为遍观整张杯测表，都没有对特殊香气或高级风味的特别照拂，精品咖啡生产者只需要遵循“认真”二字即可。另一方面，一旦“认真”二字缺位，出现了某个环节的明显疏漏或敷衍塞责，那么很容易在杯测时被作为负面感受察觉到，那么不仅很多单项的评分都会下挫，干净度和一致性会论杯狠狠扣分，总分已经非常“惨烈”，最后还要再一次扣除瑕疵缺陷，咖啡样品瞬间就会跌入阿鼻地狱，一年辛苦化为乌有了。由此也进一步说明，认真二字的可贵。

过程婉转，技术庞杂，细节精彩，但当浮华褪尽，咖啡终归只是一杯取悦于人的饮品，好喝才是真谛。全书以讲解感官体验的章节结尾，正是我的点题之意。人生行走得再远再累，端起一杯好咖啡，身心愉悦。

爱上咖啡吧！

图书在版编目（CIP）数据

咖啡 咖啡 / 齐鸣著. -- 2版.-- 南京 : 江苏凤凰科学技术出版社, 2019.7（2023.5重印）
ISBN 978-7-5713-0269-6

Ⅰ. ①咖… Ⅱ. ①齐… Ⅲ. ①咖啡—基本知识 Ⅳ. ①TS273

中国版本图书馆CIP数据核字（2019）第073376号

**咖啡 咖啡**

著　　者　齐　鸣
责任编辑　倪　敏
责任校对　仲　敏
责任监制　方　晨

出版发行　江苏凤凰科学技术出版社
出版社地址　南京市湖南路1号A楼，邮编：210009
出版社网址　http://www.pspress.cn
印　　刷　佛山市华禹彩印有限公司

开　　本　787 mm × 1092 mm　1/16
印　　张　26
字　　数　452 000
版　　次　2019年7月第2版
印　　次　2023年5月第5次印刷

标准书号　ISBN 978-7-5713-0269-6
定　　价　98.00元